JN449481

항공기상학
Aviation Meteorology

홍성길

교학연구사

홍성길(洪性吉)

1940년 대전 출생, 대전중·고등학교 졸업
서울대학교 문리과대학(천문기상학과)졸업(이학사)
공군 간후 50기 임관, 대위(기상장교)예편
영국 레딩대학교 대학원 졸업(이학 석사)
부산대학교 대학원 졸업(이학 박사)
기상청 김포국제공항기상대장, 예보분석관실장, 대전지방기상청장, 기상연구소장 역임
(사)한국기상학회장 역임
(주)휴머노피아, 정보기술연구소장 역임
(사)한국기상전문인협회장 역임
몽골 기상청자문관(지식경제부/NIPA파견) 역임

현재

(사)한국기상전문인협회 고문
(재)한국기상과학아카데미 이사 겸 강사
(주)웨더피아 연구원
강남교회(예장, 노량진 소재) 장로

저서

미기상학(1980, 공저), 기초기후학(1981), 기상분석과 일기예보(1983), 기상과 화재(1987), 기상과 건강(1990), 대기오염과 미기상학(1990, 공저), 일기예보 이야기(1993), 환경인을 위한 미기상학(1998, 공저), 기상분석과 일기예보(개정판, 2013)

머리말

우리나라 국적기가 2009년 기준으로 470대를 넘었고, 5대양 6대주를 누비는 대형 항공사 2개를 비롯하여 6개의 민간 항공사를 보유하고 있으며, 항공기를 자력으로 생산하는 우리나라는 이제 항공산업분야의 선진국에 진입한 것으로 볼 수 있습니다 .

우리나라 국적기의 활동 범위가 전 세계로 넓어진 만큼, 그에 맞게 항공기상(航空氣象)의 지원 범위도 넓어지는 것이 당연하며, 기상정보의 질적인 면에서도 한층 향상되는 것이 당연할 것입니다.

이 책은, 그런 면에서 이전의 선진 세계에서 개발한 좋은 자료를 우리 환경에 적용하는 형식으로 이루어졌습니다. 특히 P.F. Rester의 Aviation Weather(1997)를 많이 참고하였습니다. 저자에게 감사한 마음입니다.

본 항공기상학은 두 가지 서로 다른 입장의 목적을 함께 겨냥하였습니다.

그 하나는 기상학의 이해와 이용을 위해 항공기상학을 필요로 하는 항공업무 가족을 위한 것이고, 또 하나는 어느 정도 기상학을 공부한 기상 가족 중에서 기상학 분야의 범위를 넓히기 위해 항공기상학을 공부하는 분들을 위한 것입니다.

그리하여 항공과 기상학의 원리로부터 항공기상학을 폭넓게 다루었고, 항공기상정보의 이용까지를 망라하도록 노력하였습니다. 이용에 많은 사랑을 기대합니다.

그럼에도 불구하고, 일종의 전문서적으로서의 체계상 제한되는 부분이 많았을 뿐만 아니라, 본 저자의 능력의 한계를 실감하는 계기도 되었음을 고백합니다.

앞으로 하루 빨리 더 좋은 항공기상학 서적의 출간을 기다리는 이유가 여기에 있습니다.

본 저서 편찬에 적극적으로 도와주신 기상청의 관계관들 특히 임용한 과장과 출판을 위해 애써주신 교학연구사 사장님과 직원 여러분들께 깊은 감사를 드립니다.

2011년 가을에

저자 홍성길

차 례

NEWS

오늘날의 항공기상학

1. 항공과 관제

오늘날의 항공운항은 사회 및 경제 활동의 모든 영역에서 필수적이다.

농업분야에서 종자를 파종하거나 농약을 살포하는데 경비행기가 이용되고 있으며, 또한 공중수송으로 화훼와 같은 변질하기 쉬운 농산물의 새로운 시장 개척이 가능하게 되었다. 환경보전 분야에서는 야생동물의 번식, 산불의 진화 그리고 육지 및 해양에서의 오염 감시에 이용되고 있다.

의료분야에서도 고립된 지역이나, 해상 선박에서의 비상사태뿐만 아니라 인구가 밀집된 국가의 혼잡한 고속도로 상에서 교통사고가 발생했을 때, 또는 의약품을 수송하거나 환자를 수송하는데 헬리콥터 등의 항공기가 이용되고 있다. 건설업 분야에서 대형 수송 헬리콥터는 무거운 건축물을 들어 올리거나 세우는 데 이용되고 있다. 때로는 육로를 통해서는 건축자재 수송이 불가능한 장소에 아예 집을 만들어 수송하는 데 사용되기도 한다. 석유산업 분야에서 매우 넓은 플랫폼을 설치하고 시추공을 뚫는 작업 등은 헬리콥터의 이용이 필수적이다.

기상정보는 위와 같은 일반항공(general aviation) 활동에 필수적이며 특히 어렵고 위험한 장소에서 더욱 그 진가를 발휘한다.

국가 경제에 대한 항공산업의 가장 큰 역할은 국내 및 국제 간의 효율적인 수송체계를 담당하는 것이다. 승객, 우편물, 화물 등의 빠른 수송이 산업 및 경제 발전에 아주 중요하다는 것은 명백한 사실이다. 특히 육상 수송로가 없는 지역에서는 더욱 그러하다. 대부분의 산업화한 국가에서는 국제 장거리 여행의 90% 이상이 항공기를 이용하여 이뤄지고 있다. 또한, 효율적인 항공편이 있기 때문에 많은 개발도상국에서도 현대적 관광산업이 해당 국가 경제 발전에 크게 이바지할 수 있게 되었다.

현재 상업용 항공기의 전형적인 순항 고도는 10~13km(30,000~40,000ft)이다. 국제 일정 비행의 평균 속도는 시속 약 675km이고, 평균 탑승 인원은 145명이다. 특히 몸체가 큰 신형 항공기의 수송능력은 대단하다. 장거리 운항을 위하여 최근 4개의 엔진을 가진 항공기가 제작되어 운항이 잦은 대륙 간 항로 즉 서울-뉴욕, 런던-동경, 그리고 LA-시드니 간을 한 번에 450명의 승객을 싣고도 논스톱 운항이 가능해졌다.

현대의 항공활동을 보장하는 거대하고 복잡한 지원구조는 대충 이해하는 데에도 상당한 어려움이 따른다.

공항 건설은 천문학적인 액수의 투자가 필요하다. 활주로, 유도로, 격납고와 앞 계류장, 부수적인 조명시설, 공항청사, 그리고 주요 간선도로 및 철도와의 연결 등이 공항 건설 전에 반드시 고려되어야 할 사항이다. 일반적으로 공항건설이 지역 및 국가 경제에 미치는 긍정적인 효과 때문에 이 엄청난 투자를 가능하게 한다.

항공사는 회계, 탑승권 취급, 판매 및 홍보와 같은 상업 활동과 함께 항공기의 정비, 분해수리 및 보급을 위한 기술적인 시설을 갖추어야 한다. 상업성 비행을 위한 연료는 전 세계적으로 하루에 적어도 1억 달러 이상이 소요된다. 항공사는 예약, 매표, 승객관리 수화물 및 항공화물을 위해 복잡한 컴퓨터 시스템 및 컴퓨터망을 설치하여야 한다. 항공사 간의 협력으로 승객과 화물의 비행에 대한 연계과정을 표준화하고 있다. 항공 정보의 국제적인 전송을 위해 국제항공통신협회(SITA, International Society of Aeronautical Telecommunication)의 지원으로 아주 효과적인 통신체계가 수립되었으며, 덕분에 항공 예약의 대륙 간 중계를 단 몇 분에 끝낼 수 있게 되었다.

항공 관제에 관한 책임은 당해국에 있다. 정부 차원에서 항공의 국제 협력은 국제민간항공기구(ICAO, International Civil Aviation Organization)에 의해서 수행되고 있다. 전 세계의 거의 모든 국가는 시카고협약을 통해 ICAO에 가입되어 있다.

ICAO 규정에는 국제 항공 상의 안전성, 효율성 및 규칙성에 대해 각국의 책임임을 명시하고 있다. 각국은 국내 항공에 대해서도 거의 똑같은 규정을 적용한다. 이 분야에서의 각국 활동의 가장 중요한 점은 비행정보센터, 지역관제센터, 및 계기착륙 시스템이나 무선표지(radio beacon)와 같은 항법 보조시설 등의 항공교통 서비스를 제공하는 것이다. 항공교통 서비스는 비행계획과 기타 운항메시지의 신속한 교신을 위해 설치된 세계항공고정통신망(AFTN)을 통해 국제적으로 연결되어 있다. 이웃한 비행정보센터와 지역관제센터는 서로 직통 전화로 연결되어 있다. 항공 안전에 대한 정부 활동의 또 다른 중요한 부분은 바로 기상정보지원이다. 항공기상에 관한 WMO와 ICAO의 규정은 같으며, 비행 전과 비행 중에 필요한 심도 있고 상세한 기상정보에 대해 규정하고 있다.

2. 기상의 중요성

구름 위 높은 곳에서 시간의 대부분을 시속 875km 이상의 속도로 여행하는 동안 편안

하게 의자에 앉아 있는 대부분의 승객은 비행 중에 역풍이나 순풍에 의해서 도착시각이 어떻게 될까 하는 것을 제외하고는 어떤 기상요소의 영향에 대해서도 전혀 생각을 하고 있지 않을 것이다. 크고 무거운 항공기를 강력한 엔진이 정지 상태로부터 채 1분도 안 되어 이륙속도로 가속하고, 그리고 활주로 끝이 아직도 멀었는데 이미 공중에 뜨게 되는 것을 이륙이라고 쉽게 생각한다. 승객들은 현재의 점보기와 상업용 항공기와 초기의 조잡하고 초라했던 복엽 비행기를 비교해서, 최신 항공기의 운항은 기상상태와는 거의 무관하다고 생각할지도 모른다. 그러나 이런 생각은 사실과는 너무나도 다른 것이다.

실은 관측 혹은 예보된 기상자료가 항공기 운항의 단계마다 필요하며, 종종 운항 자체의 가능 여부를 결정하기도 한다. 항공사들은 안전을 유지하고 증진하기 위해 기상정보의 이용에 관한 엄격한 절차를 개발하였다. 이러한 절차는 관측 및 예보자료가 정보로서의 가치뿐만 아니라 한계성에 대한 충분한 평가를 거쳐 이루어지고 있다.

비행 전 비행계획과 실제 운항에 이용되는 기상요소의 정확성을 위해서는 대기 관측의 정확성 및 예보기술에 대한 경험과 이론적인 지식이 있어야 한다. 여행자가 위험기상 상태를 거의 느끼지 못하는 것은 항공 전문가에 의해 비행계획이 세심하게 수립되기 때문이다. 출발시각, 이륙하중, 항로와 고도, 연료적재, 대체공항 결정, 착륙하중 등은 항공기상기관에서 제공하는 기상자료에 따라 조정된다.

엔진을 장치한 최초의 비행기가 하늘을 날았던 1903년 12월 17일 라이트 형제의 비행기는 당시 돌풍에 의해 손상을 입었다. 근대적인 수송용 항공기는 100여년 전의 이들 원시적인 비행기에 비해 그 성능이 백만 배 이상 향상되었다. 하지만, 여전히 비행장에 나타나는 돌풍은 다른 많은 기상현상과 함께 항공 분야에서 중요한 관심사로 남아 있다.

3. 이착륙 기상

항공기상의 기본 요건은 공항 관측자료의 신뢰성과 대표성이다. 이착륙을 위한 필수적인 기상자료는 풍향, 풍속, 시정, 날씨, 운고, 기온, 기압 등이다.

바람 자료는 활주로와 활주로 방향 선택에 이용된다. 착륙은 일반적으로 측풍(옆바람)이 25kt(45km/h) 이상일 때는 불허된다. 바람 자료는 이착륙할 수 있는 최대 하중을 결정하는 데에도 이용된다.

기온은 엔진 성능발휘와 이륙을 위해 필요한 속도 결정에 이용되기 때문에 매우 중요한 요소이다. 기온이 높으면 대기의 밀도가 작아지므로 적재 능력이 감소하고, 이륙을 위해서는 더 빠른 속도가 필요하며, 따라서 활주로의 길이가 상대적으로 더 길어야 한다. 만약 활주로의 길이가 부족하다면 부득이 이륙 하중을 줄여야 한다. 이러한 문제는 특히 더운 지방의 비행장에서는 대단히 중요한 문제이다. 보잉 747의 경우에 기온이 30℃에서 31℃로 높아지면 최대 이륙하중을 2,000kg은 줄여야 한다. 비행기 전체 하중에 비교하여 2,000kg은 상대적으로 중요하지 않을지 모르나, 이것은 승객 40명의 무게에 해당하고, 2,000kg 무게의 연료라면 9,000㎞를 비행할 수 있는 양이다.

최대 이륙하중은 이륙하는 동안의 바람에 의해서도 역시 영향을 받는다. 15℃ 상온에서 시속 18㎞(10kt)의 맞바람이 불면 무풍 상태보다도 이륙하중을 5,200kg 더 증가시킬 수 있다. 만약 기술적인 이유 때문에 항공기가 바람과 같은 방향으로 이륙해야 한다면, 시속 9㎞(5kt)의 배풍(뒷바람)에 대해서는 이륙하중을 9,000kg은 줄여야 한다.

날씨 상태는 공항 운영에도 역시 영향을 미친다. 다행히도 아주 흔한 일은 아니지만, 어는 비(freezing rain)가 내리면 이착륙은 고사하고 비행장 내에서 비행기의 이동도 허용되지 않는다. 건조지대에서 나타나는 모래폭풍(sand storm)이 비행장에 일어나면 공항운영이 일시적으로 중단된다.

비행장 주위 혹은 비행장 내에 뇌우가 있을 경우는 비행기에 연료 주입작업이 금지된다. 뇌우나 폭우가 내릴 때에는 활주로에 강한 돌풍 현상이 일어나거나 바람의 방향이 갑자기 변할 위험이 있어서 비행기의 이륙은 위험한 일이다. 눈은 비록 조금만 내릴지라도 온도가 영상일 경우에도 상당한 위험이 따른다. 이러한 현상이 있으면 항공기가 출발하기 전에 즉시 동체에 부동액을 뿌려야 한다. 그렇지 않으면 비행기 날개 위에서 녹은 눈이 이륙하는 동안 다시 얼게 되고, 눈과 얼음이 더 쌓여서 마침내 날개의 공기역학적 특성에 역작용을 일으켜 갑자기 양력을 잃게 되어 치명적인 위험에 빠질 수가 있다.

비가 내릴 때에는 비록 현재는 강수가 그쳤다 할지라도 항공기의 성능 및 제동력에는 여전히 상당한 영향을 미치게 된다. 활주로가 젖어 있을 때에는 이륙하중을 많이 감소시켜야 한다. 활주로 위에 1cm의 물이나 질척한 눈이 쌓여 있으면 이륙하중을 25,000kg 정도는 줄여야 하며, 5cm의 눈이 쌓여 있으면 40,000kg을 줄여야 한다. 만약 이륙하는 동안 혹은 이륙 직후에 비행기에 착빙 현상이 예상되면 즉시 엔진의 더운 공기로 날개를 가열시키게 되어 있는 'air bleed'라고 하는 기능을 사용하게 되는데, 이는 엔진의 추진력을 감소시키기 때문에 이륙하중을 1,000kg 이상 줄여야 하는 결과를 가져온다.

최대 이륙하중의 증감은 항공기 운항 면에서 경제적인 손익에 큰 영향을 준다. 최대 이륙하중이 너무 적어서 항공기가 수송하고자 하는 승객, 화물, 목적지까지 필요한 연료, 그리고 예비 연료를 모두 감당할 수 없을 때는 다음 두 방법 중 하나를 선택하게 된다. 재급유를 위해 중간 기착지에 착륙하는 것과 유료화물의 하중을 줄이는 것이다. 앞의 방법은 엄청난 추가 경비를, 그리고 뒤의 방법도 엄청난 수익 감소를 의미한다.

이륙이 허용되는 최소 시정은 항공기의 항법 장비 뿐만 아니라 비행장 내에 있는 활주로의 규모, 활주로 조명, 항법 보조시설 등 비행장 자체의 능력에 의해서도 결정된다. 적절한 장비를 갖춘 최신 항공기들은 짧은 시정에서도 이 · 착륙할 수 있는 능력을 갖추고 있지만, 실제적으로는 시정이 아주 짧고 시일링이 낮은 때에는 수많은 상업용 항공기들의 이·착륙이 미루어지는 경우가 많다.

비행장에서 시정과 시일링은 항공기의 이 · 착륙을 관제하는데 상당한 영향을 미친다. 아주 좋은 날씨에서는 나쁜 날씨에서보다도 같은 시간 동안에 훨씬 많은 항공기를 이 · 착륙시킬 수 있다. 날씨가 나빠지면 항공기의 대기 또는 출발지연으로 주요 공항이라도 수용 능력이 떨어져 공항이 혼잡하게 된다.

비행장에서 측정된 기압은 그 공항에 드나드는 항공기 고도계의 조정에 사용된다. 조종사는 착륙하고자 하는 공항의 기상대에서 제공하는 기압값에 절대적으로 의존하게 됨은 당연하다. 특히 착륙 과정에 높은 언덕이나 기타 장애물이 구름에 덮여 있으면 기압에 의한 고도계의 올바른 조정은 비행기 탑승자의 생명에 관련되는 문제가 되는 것이다.

바람, 시정, 기온, 기압의 조그마한 변화에도 항공운항이 큰 영향을 받는다는 사실은 정확하고 믿을만한 장비가 갖추어진 항공기상관측소의 필요성을 강조하고 있는 것이다. 항공기상관측소는 두 가지 기능을 가지고 있다. 하나는 항공기의 비행에 필요한 모든 기상요소의 변화를 감시하고 그 값을 제공해주는 것이다. 다른 한편으로는 모든 기상업무에 없어서는 안 될 WMO의 전 세계 기상관측망의 한 부분을 담당하고 있다는 것이다. 세계적으로 완전한 하루 24시간 관측 프로그램을 갖춘 정규 관측소의 1/3이 비행장에 있다는 사실은 항공기상관측소가 전 세계 기상관측망에 대해 기여도가 크다는 것을 말해주고 있다.

4. 항로상의 기상

비행에 걸리는 시간, 연료의 소모량 등은 항로 상의 바람과 기온에 좌우된다. 장거리 비행에서 소모되는 연료량은 바람에 따라 크게 달라진다. 특히 온대 중위도에서는 서쪽으로 비행하는 경우와 동쪽으로 비행하는 경우에 큰 차이가 있다. 예를 들면 보잉 747 항공기가 평균 시속 90㎞의 앞바람(정풍)을 받으면서 50,000㎞의 거리를 비행할 때는 바람이 없을 때보다 10,000kg 이상의 연료가 더 소모된다.

장거리 비행에서 불필요하게 많은 예비연료를 탑재하는 것은 상당한 초과 연료소모를 가져오므로 비효율적이다. 초과 연료 하중과 같은 무게만큼의 유료 화물을 줄여야만 하기 때문이다. 제트기류라고 불리는 강풍대는 현대 항공기의 순항고도와 같은 고도에 있으며, 그 길이가 수천 ㎞ 이상인 것이 보통이다. 제트기류의 핵 부분에서는 보통 시속 200㎞(초속 50~60m)의 강풍이 불 때도 있다. 이런 제트기류를 정면으로 받게 될 때는 기존 항로에서 그리 멀지 않은 우회항로를 이용해서 비행하게 된다.

일반적으로 풍향, 풍속은 고도에 따라 변화하므로 비행에 유리한 바람이 부는 고도를 선택하여 비행하면 비행시간을 단축하고 연료 소모를 줄일 수도 있다. 대륙 간 비행은 8~14시간이 소요되므로, 항로를 따라 비행고도에서의 모든 적절한 바람과 온도 자료를 이용한다면 비행계획 수립 시 목적지에 도착하기 위해서 너무 많은 연료를 준비한다든지, 혹은 역으로 연료를 부족하게 준비하는 경우를 피할 수 있다. 화물 적재량과 연료적재량을 결정하는 비행계획은 항공기가 예정된 이륙 준비를 완료하기 전에는 끝마쳐져야 한다. 이것은 비행계획에 쓰이는 바람과 온도 자료는 실제 고층기상관측이 시행된 시간으로부터 12~30시간 후의 예측값이 된다는 것을 의미한다. 수많은 항공사의 국제 항로가 전 지구 상에 분포되어 있으므로 경우에 따라서는 전 지구 규모의 상층 바람 예보가 필요하게 된다. 관측 시간으로부터 12, 18, 24 및 30시간 후의 1.5㎞ 상공으로부터 14㎞ 상공까지 8개 층에서의 전 세계의 상층바람 예측 자료라면 실로 막대한 양이 되는 것이다.

5. 세계공역예보시스템

기상학 분야에서 수치예보는 지금으로부터 40년 전만 해도 불가능한 일이었다. 그 당시 바람예측은 수작업이나, 저성능의 컴퓨터에 의해서 제한된 영역에 대하여만 이루어졌다. 그러나 요즘은 슈퍼컴퓨터를 이용하여 복잡한 수치방법으로 전 지구의 바람과 기온 패턴을 정규적으로 생산하고 있다. 이렇게 얻어진 자료는 고속의 통신 수단으로 항공사에 전달될 수 있다. 각 항공사는 통신 구간 내에서 비행에 필요한 비행계획과 연료 요구량을 빨리 계산하기 위해서 역시 컴퓨터를 사용하고 있다.

예보가 아직 완벽하지는 못하다. 때때로 중·소규모 바람 예측값이 실제 값과 상당한 차이를 보이고 있는 것이 사실이다. 그러나 전 지구규모의 바람 예측은 평균적으로 보면 아주 만족할 만하다. 현재 일반적으로 장거리 비행은 예보 오차에 대비한 추가 예비연료는 5% 미만이다. 민간항공 분야에 정확한 바람 예측 정보가 지원된다는 것은 아주 중요하다. 바람 정보 없이 먼 해양 상공의 항로를 비행한다면 승객이나 화물 대신 불필요하게 많은 연료를 수송하게 되어 운항비가 크게 추가될 것이다. 바람 예보의 정확도가 향상된 덕분에 항공사들은 많은 돈을 절약하게 된 것이다.

매일 많은 비행기가 국가 간 주요 목적지공항 사이의 붐비는 항로를 비행한다. 비행기를 운항하는 모든 국가에서 똑같은 항로와 똑같은 지역에 대하여 매일 비행 예보자료를 생산한다면 노력을 쓸데없이 낭비하는 결과가 된다. 그래서 1970년에 처음으로 특정 국가센터에서 지역예보자료를 생산하도록 하였다. 이 센터에서 전 지구에 대한 항공 바람 예측자료의 집중적인 생산이 가능해짐에 따라 국제협력의 효과는 더 커졌다.

ICAO와 WMO는 공동으로 1983년에 세계공역예보시스템(WAFS, World Area Forecast System) 제도를 채택하였다. 이 제도 아래에서, 두 개의 세계공역예보센터(WAFC, World Area Forecast Center, 런던과 워싱턴)가 상호 독립적으로 전 지구의 바람과 기온 예측 자료를 생산하는 책임을 졌다. 두 센터 간에는 상호 자료교환을 통해 한 센터의 운영이 일시적으로 중단되더라도 다른 센터로부터 지원을 받을 수 있도록 되어 있다.

비행 운항을 위한 항로예보 생산은 사람의 손이 필요하고 또 시간도 많이 소요되는 작업이다. 이러한 항로예보 업무에 종사하는 예보관들은 국지기후에 대한 전반적인 지식을 갖추고 있을 필요가 있으며, 관련 지역에 대한 일반적인 일기 특성을 알고 있어야 한다. 이러한 이유 때문에 지역예보 생산을 세계센터에서 집중적으로 다룰 수가 없다. 따라서 각국은 담당 책임 공역에 대한 위험기상 예보에 대해 책임을 분담하고 있다.

WAFC에서 상층의 바람과 기온, 항로 상의 위험기상에 관한 예보를 제공하고 있지만, 각국 기상대에서 담당해야 할 과제들은 여전히 남아 있다. 각 공항에서는 더 신뢰할 수 있는 비행계획 데이터를 각국 기상대에서 제공한다. 안전운항에 직접적인 영향을 미치는 항공기상의 과제들은 각국별로 수행되어야 하기 때문이다.

이들은 앞서 언급된 바와 같이, 국제공항에서의 일기상태를 관측하고 보고하는 것 외에도 중요한 것은 공항예보의 생산과 전달, 그리고 영공과 국제비행지역에 대한 비행조건과 관련된 기상감시를 수행하는 것이다. 국제공항에서는 브리핑이나 상담 혹은 자동화 수단을 통해서 수많은 항공승무원에게 특정 기상 정보를 제공해야 한다. 이러한 활동에는 공항기상관측소, 공항기상대, 공항통신시스템과 같은 적절한 시설의 설치와 운영뿐만 아니라 관련 기술의 개발과 직원의 훈련까지도 포함된다.

6. 위험기상 정보

비행 중에 나타날 특정 위험기상 현상에 대한 정보는 비행계획 수립이나 실제 운항에 없어서는 안 될 요소이다. 대기 중의 수분(기체, 액체, 고체상태)은 비행에 대한 위험기상 현상을 발생시키는 데 중요한 역할을 하고 있다. 대기 중에 수분이 없다면 대기의 모습은 아주 단순할 것이다. 공기 중 수증기는 대기 중의 안개, 구름, 비의 형성에 결정적인 역할을 한다. 더 나아가 수증기는 연직상승운동의 증가와 강수에 영향을 미치는 대기의 연직안정도에 영향을 미친다. 이러한 과정에 포함된 에너지는 놀라울 만큼 많다. 뇌우를 일으키는 뇌운 중 중간 정도의 것이라 할지라도 뇌운(적란운)에서 방출되는 숨은열은 400킬로톤의 원자탄을 폭발시킬 때 나오는 에너지와 맞먹는다.

뇌운은 항공활동에서 알려진 장애 대부분과 관련이 있다. 가능하다면 뇌운을 통과하는 비행은 피해야 한다. 대부분 민간항공기에 기상레이더를 탑재하고 있지만, 조종사는 항상 자신의 비행에 영향을 줄 수 있는 뇌운의 위치와 강도에 관한 최신 정보가 필요하다. 때로는 뇌운이 민간항공기의 비행고도보다도 더 높은 곳까지 발달하는 때도 있다. 뇌운에 진입할 때 나타나는 위험요소는 심한 난류, 심한 우박, 심한 착빙, 그리고 위험도는 덜하지만 번개가 있다. 또한 이러한 뇌우구름 아래에서 발견되는 강한 하강기류(down burst)는 지면 부근의 풍향 풍속에 급격한 변화를 일으킨다. 이 바람은 저고도에서 비행하는 항공기에는 아주 위험한 요소이다.

강한 뇌우는 때로는 지면에서부터 구름까지 연결된 강한 회오리인 '토네이도

(tornado)'를 형성한다. 이런 현상이 물에서 발생하면 용오름(waterspout)이라 한다. 토네이도는 지표면 부근에서 최대로 강한 바람이 나타난다. 이런 바람은 최대 256kt(시속 460㎞)로 추정된 예도 있다. 항공기가 토네이도의 소용돌이 속으로 들어간다면 거의 틀림없이 피해를 당하게 된다.

구름과 무관하게 넓은 구역에 걸쳐 난류가 나타나기도 하는데, 이는 비교적 짧은 거리 내에서 풍향 혹은 풍속의 차가 클 때 나타난다. 이런 현상을 청천난류(CAT, Clear Air Turbulence)라 한다. 이 CAT는 특히 제트기류와 관련되어 상층 비행고도에서 종종 나타난다. 청천난류는 약한 흔들림에서 강한 충격까지 강도가 다양하게 나타나며, 때에 따라서는 안전벨트를 매지 않은 모든 승객이 나뒹굴 정도로 심할 때도 있다.

청천난류 현상을 예보하는 것은 매우 어려우므로 청천난류 예보의 신뢰성은 제트기가 도입된 이래로 계속 문제점으로 남아왔다. 다행히 오늘날은 청천난류 생성에 대한 수치실험이 거의 실용단계에 있어 앞으로는 좋은 결과가 나올 것으로 기대되고 있다.

기상조건이 착륙에는 지장이 없다 하더라도 거대한 항공기를 안전하게 지상에 착륙시키는 데는 아직도 몇 가지 특별한 유의가 필요하다. 큰 몸체를 가진 항공기가 착륙할 때는 착륙하중이 200톤을 넘게 되며, 활주로에 닿을 때의 속도는 140kt(시속 250㎞)에 달한다. 착륙 후 항공기가 서서히 굴러갈 수 있도록 속도를 낮추어야 한다. 물론 이때 브레이크는 엄청난 힘을 감당하고도 여유가 있어야 한다. 항공기의 최대 착륙하중은 기본적으로 건조하고 깨끗한 활주로에서 활주로 길이의 60% 거리 이내에서 정지토록 조종할 수 있다는 조건 아래 결정된다. 최대 착륙하중은 공항의 해발고도, 활주로 방향의 바람, 활주로 기온과 활주로 상태에 따라 좌우된다.

활주로에 강한 옆바람(측풍)이 불거나 돌풍성 옆바람이 불 때는 착륙이 제한된다. 활주로에 물이 덮여 있거나 눈이 있을 때에는 매우 약한 옆바람에도 착륙이 제한된다.

전자착륙장치의 개발로 안개 속에서 착륙할 수 있는 능력은 크게 개선되었다. 최근 들어 활주로가시거리가 125m일 때에도 자동 착륙이 가능해지고 있다. 그러나 모든 항공기나 모든 공항이 필요로 하는 정확도를 가진 착륙시스템을 다 갖추고 있지는 못하다. 더욱이 옆바람이 5m/s(시속 18㎞)를 초과할 때는 안개 속에서의 자동 착륙이 허용되지 않는다.

일기 조건은 공항에 접근할 때 그리고 착륙할 때 특히 중요하다. 따라서 착륙하는 모든 항공기에 현재의 풍향, 풍속, 순간풍속 및 활주로와 유도로의 가시거리 관측값을 전달해 주는 것은 필수적이다.

7. 일반항공

현대의 항로운항 여객기를 비롯한 항공기의 놀랄만한 기술 발전에도 불구하고 아직도 이러한 항공기의 운항에 기상조건이 큰 영향을 미친다는 것이 사실이다. 따라서 정확한 기상정보의 신속한 제공은 항공운항사업의 안전과 경제성에 대단히 중요하다.

세계적으로 고정익(fixed wing) 항공기의 약 80%가 단발 피스톤-프로펠러 비행기이다. 이들은 70년 전의 조그마한 비행기처럼 일기에 의해 크게 영향을 받는다.

따라서 일반항공(general aviation)에 대한 기상지원은 안전운항에 필수적이어서 항공기상의 가장 주요한 과제이기도 하다. 많은 나라에서는 일반항공의 운항을 위하여 전화로 통화할 수 있는 기상정보시스템(경우에 따라서는 자동화 시스템)을 설치하고 있다. WMO에서는 이러한 작은 공항의 일반항공에 대한 기상지원 업무를 위한 적절한 기술개발을 위해 계속 노력하고 있다.

8. 세계기상감시

항공운항이 국제협력을 필요로 하는 것과 마찬가지로 기상업무에도 국제협력이 필요하다. 항공운항을 위해서 뿐만 아니라 기상업무를 위해서도 일정 시간 간격으로 전 세계적인 실제의 일기실황 분석과 여러 고도에 대한 미래의 전 지구적 순환을 계속해서 계산하는 것은 필수적이다.

요즘 대부분의 일기예보는 농업, 교통, 산업 혹은 일반 국민의 이익 등 어떤 분야에 이용되든지 수치예보 방법에 기반을 두고 있다. 전 지구적인 기상업무는 모든 국가의 기상대가 관측자료의 수집과 교환과 처리에 완전한 국제협력체제를 이루고 있다. 이런 업무는 국내적, 국제적 활동을 위해 필요한 기상정보를 모든 국가에 제공하기 위해 구성된 세계적인 시스템으로서 세계기상감시(WWW, World Weather Watch)라는 이름으로 WMO에 의해 수행되고 있다.

세계기상감시는 3개의 기본 시스템, 즉 세계관측시스템(GOS), 세계통신시스템

(GTS), 세계자료처리시스템(GDPS)으로 구성되어 있다. 세계관측시스템(Global Observation System)은 9,500개의 지상관측소, 600개의 레이더관측소, 800개의 고층관측소로 구성되며, 7,000개의 선박, 200개의 부이(Buoy) 및 일기정보를 제공하는 많은 항공기, 그리고 여러 개의 기상위성이 포함되어 있다.

세계관측시스템을 통해 계속 생산되는 많은 양의 데이터는 현대적인 통신장비와 처리장비를 이용해서만 다룰 수 있다. 이 장비들은 또한 세계기상감시의 두 번째의 기본 시스템인 세계통신시스템(Global Telecommunication System)으로서 모든 국가의 기상대에 연결되어 있으며 기상관측자료 및 처리된 각종 기상자료의 신속한 교환에 이용되고 있다.

세계기상감시의 세 번째 기본 시스템인 세계자료처리시스템(Global Data Processing System)은 여러 국가기상센터에서 기본적인 수치해석 결과를 만들고 이를 세계기상통신시스템을 통해 배포하도록 하고 있다.

항공기상시스템에서 운영하고 있는 세계공역예보센터들은 WWW가 해당 관측자료를 적시에 공급해주어야만 기능을 다 할 수 있다. 더구나, 경우에 따라서는 세계공역예보센터가 GDPS의 지역센터로서의 기능을 수행하므로 WAFS와 WWW의 관계는 매우 긴밀하게 연결되어 있다.

9. 규정

항공기상 분야에 대한 WMO의 활동 사항 중 매일매일의 업무에 필수적인 사항 두 가지가 있는데 이는 세계기상감시의 지원과 규정의 개발이다. WWW가 항공예보에 기본적으로 필요한 관측 및 처리정보를 제공하는 데 필수임은 앞에서 이미 언급되었다. 항공업무의 적절한 국제협력을 위한 규정과 절차에 관련된 WMO-ICAO의 공동 활동은 또 하나의 중요한 활동이다.

항공기상에 대한 세계적인 표준화 작업은 매우 중요하다. 각국의 많은 일기예보 이용자들은 일반적으로 그들이 필요로 하는 일기예보를 어떻게, 언제, 어디서 얻을 수 있는가를 잘 알고 있다. 또한, 자국 언어로 된 정보를 얻기 때문에 언어문제 때문에 큰 장해를 받지는 않는 것으로 보인다. 그러나 항공 분야에서는 일들이 그렇게 쉬운 것이 아니다.

어떤 조종사는 눈 덮인 활주로를 이륙해서 몇 시간 후에는 열대지방에 있는 비행장에 착륙할 것이다. 기후와 일기뿐만 아니라 문자 및 언어가 다를 것이며 또한 비행장마다 시스템도 모두 다를 것이다. 큰 공항에서는 전 세계로부터 모여든 조종사들이 다음 비행계획에 필요한 기상정보를 얻어야 한다. 비록 전문적인 어학자만큼은 아니지만, 예보관들과 승무원들이 대부분은 만족할 만큼 의사를 서로 소통할 수 있어야 한다. 만일 잘못 알아듣는다면 그것은 대단히 위험한 일이다. 그러한 위험은 정보를 제공하는 양식을 정확하게 표준화함으로써 극복할 수 있다.

비행장 보고와 예보는 적절한 WMO의 항공코드로 작성된다. 바람과 위험기상 예보는 국제적으로 승인된 코드와 형식으로 발표된다. 대체로 50만 명 이상에 달하는 많은 조종사와 지상근무자들은 이러한 코드와 형식에 익숙하다고 볼 수 있다. 만일 오늘날의 항공교통량과 목적지공항이 다양화된 것을 생각한다면, 일반적으로 채택된 이러한 생산물과 절차가 없다면 모든 비행에 대해 적절한 기상정보를 공급하는 것은 전연 불가능한 일이다.

10. 항공기상으로부터 얻는 기타 이익

항공운항에서 양질의 기상정보를 이용하는 것은 비행의 효율과 안전을 위해 매우 중요한 요소이다. 현재와 미래의 기상조건에 대해 무시한다면 시간과 연료의 낭비, 불필요한 항로이탈, 비행기에 대한 피해, 심지어는 생명의 손실을 발생시킨다. 막대한 투자와 높은 운항비용을 생각할 때 항공사들은 비행일정의 원활한 수행에 대한 이러한 장애를 피하도록 모든 노력을 기울여야 한다.

비행장에 있는 기상대는 국가 경제 발전에 커다란 이바지를 하는 항공분야 전반에 이바지하게 된다. 항공운항에 대한 기상서비스의 투자 효과는 매우 크다. 예를 들면 정기 여객기의 꼬리 부분에라도 우박 피해를 당했다면 그 수리비용은 숙련된 기상학자의 연봉을 훨씬 초과한다. 세계기상예보센터 중의 하나에서 발표되는 전 지구의 바람과 온도 예보가 정기 여객기의 운항에 이바지하는 실제 값어치에 대해서는 이미 언급한 바 있다. 그러한 경제적 이익을 연간으로 보면 수 백만 달러에 달할 것이며 아울러 간접적인 이익도 매우 클 것이다.

또한, 기상대가 한 공항에 설치되면 그 지방의 날씨에 민감한 농부 및 공업, 상업 종사자들도 중요한 기상정보를 받을 수 있다는 것을 알게 될 것이다. 한 공항기상대는 보통 그 지역에서 항공과 관련 없는 분야에 종사하는 수백 명 이상의 고객을 가지게 되는 것이 보통이다. 즉 다목적 기상대를 운영함으로써 많은 이익을 얻게 된다. 오늘날 기상 자료의 제공이나 기본적인 기상 기능 수행을 위한 인력 및 하부조직의 확보에는 큰 비용이 들기 때문에 기관의 통합운영을 피하기가 어렵다. 더구나 항공기상이 대기과학 기술의 발전을 통해 충분한 이익을 얻으려면 기상학의 다른 분야와 밀접한 관련을 유지하는 것은 필수적이다.

11. 항공기상의 미래

항공기술은 무한히 발전할 것이다. 새로운 재료의 출현으로 더욱 튼튼하고 경제적인 엔진을 만들며, 금속의 약화 및 부식에 견딜 수 있는 더욱 개선된 가벼운 기체를 만들 수 있게 될 것이다. 항공기 탑재 전자시스템은 더욱 높은 정확도로 자동 이착륙 및 자동항법을 가능케 할 것이다. 데이터 연동장치는 항공기와 지상 사이의 음성 교신을 부분적으로 대신하게 될 것이며 항법 자료와 기상 자료를 더 신속히 전달해 줄 수 있을 것이다. 인공위성의 이용은 항법, 항공기 감시와 항로 관제를 개선할 것이다. 상업적 수송항공기의 성능과 경제성을 더 향상할 수 있도록 항공기 설계가 향상될 것이다. 새로운 시대의 항공기는 고도화된 운항 능력으로 유료수송의 장거리화가 가능케 될 것이다. 항공기처럼 이륙하여 로켓처럼 우주를 나를 수 있는 우주 항공기의 개발이 이루어지게 된다.

항공 기술의 발전으로 항공기 운항 시에 기상조건의 영향을 덜 받도록 할 수 있을 것임에는 틀림없는 사실이지만, 그럼에도 기상정보는 여전히 항공기 운항 업무에 필수적인 정보로 남아 있게 될 것이다. 예를 들어 비금속성의 첨단 항공기도 번개나 전자기 장애로부터 보호받아야 하며, 더 빠른 속도와 진보된 날개구조 때문에 항공기는 호우에 대한 민감도가 더 예민해질 것이기 때문이다.

천문학적인 초기 투자액, 그리고 항공운송 분야에서 치열한 경쟁을 치르게 될 현대의 항공회사들은 상업비행에서 비행 전이나 비행 중에 기상정보를 최대한 적절히 이용할 수 있도록 해야 한다.

기상학분야의 과학기술 개발은 현재와 미래의 항공산업의 여러 가지 요구사항들을 틀림없이 해결해줄 수 있을 것이다. 전 지구적인 바람이나 온도 예보를 위한 수치모델은 과학의 발전과 더 충실한 기본 자료의 결과로 크게 개선될 것이다. 또한, 소규모와 중규모 기상현상에 대한 연구는 공항예보의 정확도를 크게 향상시킬 수 있을 것이다.

공항에 도플러레이더를 설치함으로써 그 부근의 급격한 하강기류(downdraft)와 바람시어(wind shear)를 발생시키는 구름의 위치를 조기에 탐지할 수 있게 될 것이다. 다음 세대의 기상위성은 위험기상을 찾아내고 감시하는 결정적인 도구가 될 수 있을 것이다.

대양상의 인공위성 자료는 상층대기의 흐름을 파악하게 해줄 것이며, 특히 제트기류나 청천난류 구역의 위치를 파악하는데 크게 이바지하게 될 것이다.

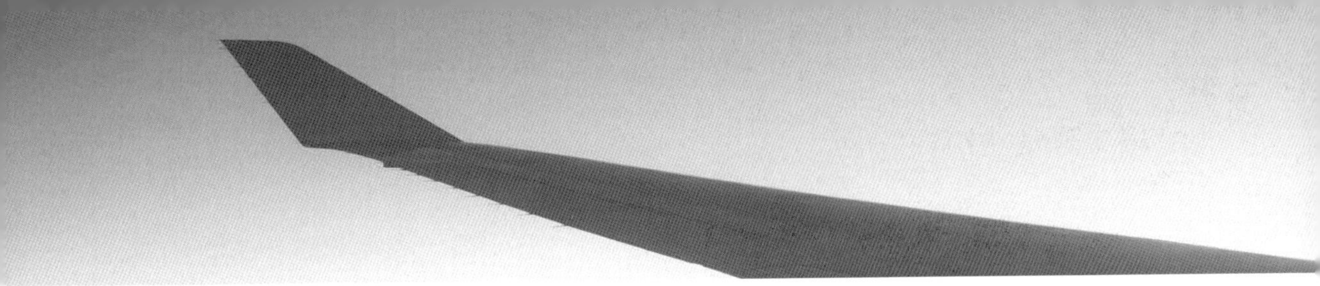

제1장

항 공 운 항

I 국제민간항공기구와 항공조약

1. 국제민간항공기구

1) 국제민간항공기구의 설립

제2차 세계 대전 후, 1944년에 미국 시카고 국제민간항공회의에서 국제 항공의 질서 유지 및 발전을 목적으로 하는 정보 교환과 기술 협력의 촉진을 위해 국제민간항공기구(International Civil Aviation Organization, ICAO)에 관한 규정이 채택되었다.

ICAO는 국제 항공에 관한 모든 기구를 흡수한 세계적인 기구로 발전하였고 유엔의 설립과 동시에 전문 기구로 발족하였다. 국제민간항공기구의 본부는 항구적으로 캐나다의 몬트리올에 두기로 하였으며, 1951년에 캐나다 정부와 이 기구 사이에 지위에 관한 협정이 체결되어 여러 가지 편의를 제공하고 있다. 우리나라는 1953년 11월에 가입하였다.

2) ICAO의 조직

ICAO는 그 최고 기관으로서 총회, 상설의 집행 기관으로서 이사회, 그리고 이사회를 보좌하는 전문 위원회와 사무국으로 조직되어 있다.

① **총회**: 총회는 ICAO의 최고 의결 기관으로서, 적어도 3년에 1회 모든 회원국이 참가하는 총회를 소집한다.

② **이사회**: 이사회는 총회에 대하여 책임지는 상설 기관으로, 총회에 의해 3년 임기로 선출되는 33개국 대표로 구성된다.

③ **전문위원회**: 이사회를 보좌하기 위해 항공위원회, 항공운송위원회, 법률위원회, 공동유지위원회, 재정위원회를 두고 있다.

④ **사무국**: 사무국은 이사회가 임명하는 사무국장과 기타 직원으로 구성된다. 각종 위

원회의 역할을 돕기 위하여 설치되었다. 사무국장은 이사회에 의하여 임명되는 수석 행정관으로서 사무국을 관장, 지휘하는 책임을 지고 있다.

2. 국제민간항공조약

1) 국제민간항공조약의 원칙

미국 시카고에서 1944년에 체결된 국제민간항공조약은 현재 우리나라를 포함한 160여 개국이 참가하고 있다. 국제민간항공조약의 일반적인 원칙에는 다음과 같은 것을 들이 있다.

① **영토 주권의 원칙**: 조약 제1조에서 각국은 자기 나라 영역 상의 공간에서 완전하고도 배타적인 주권 행사를 인정하고 있다. 그리고 제2조에서는 영역의 범위(즉, 그 국가의 주권, 종주권, 보호지, 위임 통치 및 이것과 인접하는 영해)를 규정한다. 국가의 영공이라 함은 그 국가의 국외 영토나 식민지 등을 포함하는 전체 영토와 그 영해의 상공을 가리킨다.

② **부정기 항공의 무해 통과의 자유와 기술 착륙의 자유**: 조약 제5조는 부정기 비행의 무해 통과권과 기술 착륙에 대한 자유의 원칙을 명시하고 있다. 기술 착륙의 자유라 함은, 급유나 정비 또는 승무원 교체의 목적으로 착륙하는 것을 뜻한다. 상업상 여객이나 화물을 내려놓을 목적으로 착륙하는 것이 아니다.

③ **에어 카보타지 금지의 원칙**: 조약 제7조는 외국 항공기에 대하여 자기 나라 안에서의 두 지점 사이를 여객이나 화물 및 우편의 유상 또는 전세로 운송하는 행위를 금지하고 있다. 이것을 에어 카보타지(air cabotage) 금지의 원칙이라 한다.

④ **조약의 적용 제한**: 조약 제3조에서는 이 조약이 민간 항공기에만 적용되고 있음을 명시하고 있다. 이 조항이 적용되지 않는 항공기에는 군용기, 세관용 항공기, 경찰용 항공기 등 국가 기관에 소속하거나, 그와 같은 목적을 위하여 그와 같은 기능을 가지고 사용되는 항공기가 포함된다.

⑤ **조약의 폐기 절차**: 이 조약으로부터의 탈퇴를 위해서는 해당 국가가 조약의 효력 발생 후 3년을 지난 후에, 미국 정부에 조약의 폐기를 통고하고, 미국 정부가 통고를 받은 날로부터 1년이 지난 후에 그 효력을 발생하게 된다.

2) 국제민간항공조약의 목적

국제민간항공기구(ICAO)는 유엔의 전문 기구로서, 목적을 원만히 달성하기 위하여 다른 전문 기구인 국제노동기구, 세계기상기구, 국제전기통신연합 등과 밀접한 관련을 맺고 있다.

국제민간항공조약의 목적은 국제민간항공을 안전하고 정연하게 발달하도록 국제민간항공운송업무가 기회 균등주의에 의하여 확립되고, 또 건전하고도 경제적으로 운영되도록 국제 항공의 원칙과 기술을 발전시키는 데 있다.

국제민간항공조약의 목적으로 다음과 같은 사항을 구체적으로 열거하고 있다.

① 세계를 통하여 국제민간항공의 안전과 질서 정연한 발전을 꾀한다.
② 평화적 목적을 위해서 항공기의 설계 및 운항의 기술을 장려한다.
③ 국제민간항공을 위한 항공로, 공항 및 항공 보안 시설의 발달을 장려한다.
④ 안전하고도 정확하며, 능률적이고도 경제적인 항공 운송에 대한 세계 모든 국민의 요구에 부응한다.
⑤ 불합리한 경쟁에 의하여 발생하는 모든 경제적 낭비를 방지한다.
⑥ 체약국의 권리가 충분히 존중될 것과 모든 체약국이 국제 항공기업을 운영할 공정한 기회를 제공한다.
⑦ 체약국 사이의 차별 대우를 없앤다.
⑧ 국제민간항공에서 비행 안전을 증진한다.
⑨ 국제민간항공에서 모든 부분의 발달을 전반적으로 촉진한다.

(3) 국제민간항공조약 부속서

① 국제민간항공조약은 항공기, 항공 종사자 등에 대한 규칙, 표준 등의 통일을 위해서 국제 표준과 권고된 방식을 채택하고 있는데, 이것을 조약의 부속서로 한다.

② 국제민간항공기구의 항공위원회는 국제 표준 및 권고된 방식에 대하여 부속서의 수정을 심의하고, 그 채택을 이사회에 권고한다.

③ 국제민간항공조약 부속서는 주로 조약에 근거하여, 국제 표준 및 권고된 방식을 정하는 사항의 범위를 정하고 있다. 현재 부속서로서 채택된 국제 표준 및 권고된 방식은 [표 1-1]과 같다.

[표 1-1] ICAO 항공조약 부속서

부속서 번호	제 목
제1부속서	항공 종사자의 면허
제2부속서	항공 규칙
제3부속서	항공 기상
제4부속서	항공로
제5부속서	공지 통신에 사용되는 측정 단위
제6부속서	항공기의 운항
제7부속서	항공기의 국적 및 등록 기호
제8부속서	항공기의 감항성
제9부속서	출입국의 간편화
제10부속서	항공 통신
제11부속서	항공 교통 업무
제12부속서	수색 구난 업무
제13부속서	항공기 사고 조사
제14부속서	비행장
제15부속서	항공 정보 업무
제16부속서	항공기 소음
제17부속서	불법 방해 행위에 대한 국제민간항공의 보호
제18부속서	위험 물건의 안전 수송

Ⅱ 항공로와 비행장

1. 항공로

국토해양부 장관은 항공기의 항행에 적합한 공중의 통로를 항공로로 지정하여 이를 공고한다. 항공로란 항공기의 항행에 적합한 공중의 통로를 말한다. 항공기의 항행에 적합한 통로는 기상, 지형 조건, 항공 보안 시설의 종류와 상태 등에 따라 결정된다.

우리나라에서는 [그림 1-1]에서와 같이 영어 V, G, W, A 등의 문자와 번호로 이루어지는 항로들이 전방향 표지 시설(VOR: VHF Omni-directional Range)과 무지향성 표지 시설(NDB: Non-Directional radio Beacon)을 이용하는 항로들이다. 예를 들면 W-1 항로는 안양-강릉 간, 그리고 A-582는 안양-평택-대구-부산으로 이어지는 NDB 항로이고, G-585 항로는 안양-포항, W-41은 안양-오산-대구-부산 간의 VOR 항로이다.

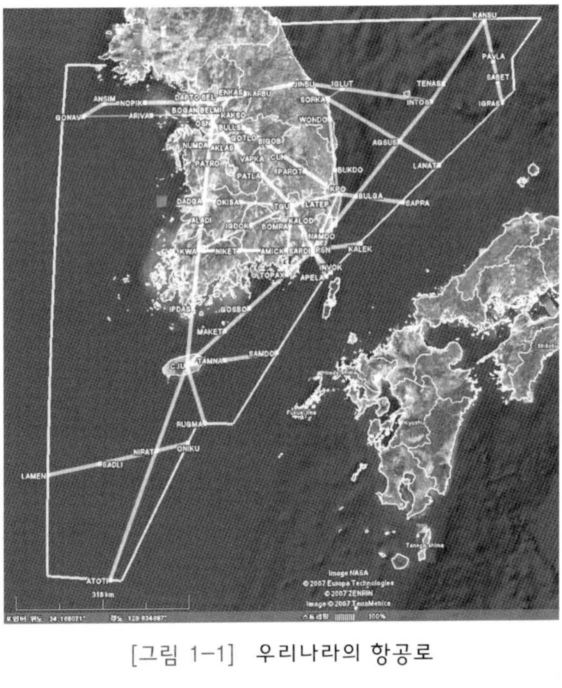

[그림 1-1] 우리나라의 항공로

2. 비행장과 항공보안시설

1) 비행장의 정의

비행장은 항공기의 이·착륙을 위하여 쓰이는 일정한 구역과 이에 부속되는 시설을 말한다. 비행장의 기본 시설인 착륙대는 특정한 방향을 향하여 항공기의 이륙(또는 이수)이나 착륙(또는 착수)할 수 있도록 비행장 내에 설치된 구역을 말한다.

착륙대는, [그림 1-2]에서 보이는 것처럼, 비행장의 핵심 부분으로서, 착륙대의 위치와 방향을 기준으로 하여 진입 구역, 진입 표면, 수평 표면, 전이 표면 등의 공간이 정해진다. 또한, 착륙대는 등급별로 비행장 시설의 기준이 마련되어 있다.

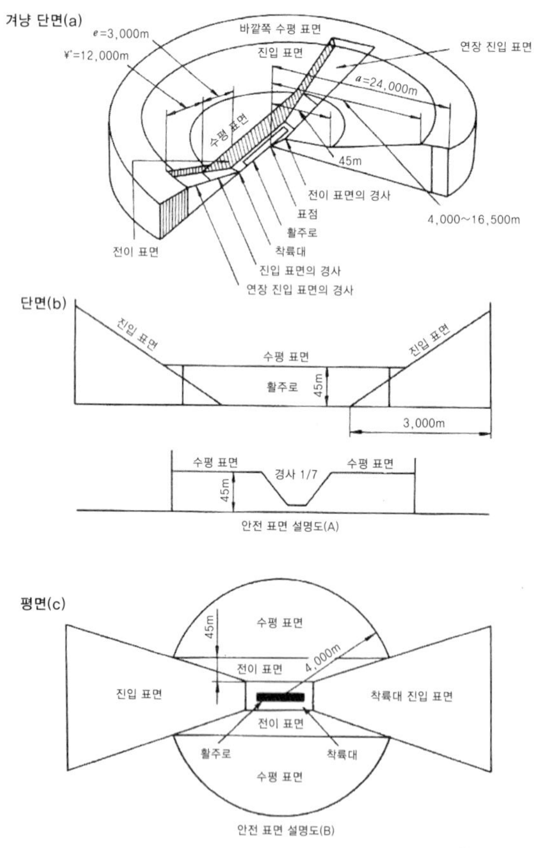

[그림 1-2] **안전 표면 설명도**

진입 구역은 착륙대의 긴 변의 연장 구역에 정해진 평면이다. 항공법에서 진입 구역이라 함은 착륙대의 짧은 변의 양쪽 끝의 두 지점으로부터 착륙대의 긴 변의 연장선 3,000m(계기 진입용에서는 15,000m, 헬리포트에서는 2,000m 이하의 범위 이내의 '연장선')의 두 지점에서 외측으로 연장선과 직각이 되는 직선에 연장선의 10%(계기 진입용에서는 15%, 헬리포트에서는 27%)에 해당하는 두 지점과 당해 착륙대 짧은 변의 양쪽 끝의 두 지점을 연결하여 얻은 평면을 말한다.

진입 표면이라 함은, 착륙대의 짧은 변에 접속하고, 또 수평면에 대하여 착륙대 중심선의 연장 3,000m까지는 50분의 1, 3,000m에서

15,000m 지점까지는 40분의 1 이상의 범위 안에서 정해진 경사도를 가진 평면이다.

진입 표면은 착륙대 방향으로 항공기의 이·착륙의 안전을 도모하기 위하여 장애물을 제거하고, 또 일정한 높이를 초과하는 높이 물건의 설치를 제한하는 기준으로서 설정한 상상적인 경사면으로서, 그 투영면은 진입 구역과 일치한다.

수평 표면은 항공 장애등을 설치하여 장애물의 위치를 표시할 필요가 있는 높이의 한계를 정하는 기준으로서, 상상적인 원형의 수평 표면으로서, 높이는 모든 비행장이 같으나, 그 반경은 활주로 또는 착륙대의 길이에 따라 다르다. 항공법에서는, 비행장의 표점의 수직 상방 45m의 점을 포함하는 수평 표면 중에서, 이 점을 중심으로 하여 4,000m 이상으로 정해진 길이의 반경으로 그린 원주로 포위되는 부분을 말한다. 전이 표면은 진입 표면과 같이 장애물을 제거하거나 높은 물건의 설치를 제한하는 기준으로 설정된 상상적인 경사면으로서 진입 표면의 사변을 포함하는 평면과 착륙대의 긴 변을 포함하는 평면으로서, 착륙대의 중심선을 포함하는 연직면에 대하여 직각인 연직면과의 교선의 수평면에 대한 경사도가 진입 표면 또는 착륙대의 외측 상방으로 7분의 1(헬리포트에는 4분의 1 이상의 범위 내에서 정해진 경사도)인 것 중 진입 표면의 4 변을 포함하는 것과 당해 4 변에 접속하는 착륙대의 긴 변에 의하여 포위되는 부분이다.

2) 비행장의 종류

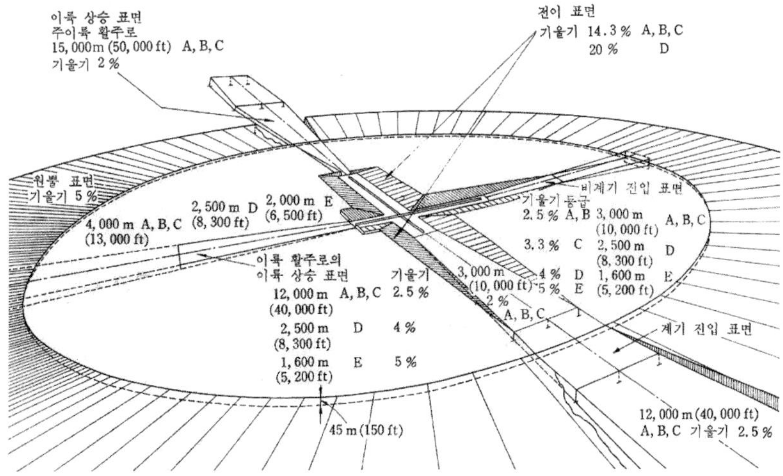

[그림 1-3] 대표적인 육상 비행장의 투시도

비행장은 육상 비행장, 육상 헬리포트, 수상 비행장, 수상 헬리포트의 4가지로 구분된다. 대표적인 비행장의 투시도를 보인 것이 [그림 1-3]이다.

그리고 착륙대의 등급은 육상 비행장과 육상 헬리포트는 활주로의 길이에 따라 구분하고, 수상 비행장과 수상 헬리포트는 착륙대의 길이로써 각각 [표 1-2]와 같이 구분한다.

[표 1-2] **비행장의 종류와 착륙대의 등급**

(a) 육상비행장

비행장의 종류	착륙대의 등급	활주로의 길이
육상 비행장	A	2,550m이상
	B	2,150m~2,550m미만
	C	1,800m~2,150m미만
	D	1,500m~1,800m미만
	E	1,280m~1,500m미만
	F	1,080m~1,280m미만
	G	900m~1,080m미만
	H	100m~ 900m미만
육상 헬리포트	A	90m이상
	B	40m~ 90m미만
	C	15m~ 40m미만
	D	15m 미만으로서 사용 예정 항공기의 투영면 길이의 1.2배 이상

(b) 수상비행장

비행장의 종류	착륙대의 등급	활주로의 길이
수상 비행장	A	4,300m이상
	B	3,000m~4,300m미만
	C	2,000m~3,000m미만
	D	1,500m~2,000m미만
	E	300m~1,500m미만
수상 헬리포드	A	100m이상
	B	50m~ 100m미만

3) 항공 보안 시설

항공 보안 시설은 항공기의 항행을 보조하고 원조하기 위하여 설치하는 비행장 이외의 시설을 총칭한다. 항공법에서는 그 대상을 '전파, 불빛, 색채, 형상 등에 의하여 항공기의 항행을 원조하기 위한 시설'로서 정해진 것으로 규정하며 항공 보안 무선 시설, 항공 등화, 주간 장애표지가 있다.

(1) 항공 보안 무선 시설

전파에 의하여 항공기의 항행을 원조하기 위한 것으로서, 다음과 같은 여러 가지 시설이 있다.

① **무지향성 표지 시설(N.D.B.; Non-Directional radio Beacon)**: 지상 표지국에서 200~415kHz 범위의 무지향성 전파를 발사함으로써, 이를 비행기의 자동 방향 탐지기가 수신하여 탐지기의 바늘이 표지국을 가리키게 되는 방향 정보 제공 무선 시설이다.

② **전방향 표지 시설(V.O.R.; VHF Omni - directional Range)**: 108.00~117.95MHz 범위의 전파를 지상 표지국에서 360° 전방향의 자방위의 선으로 발사하는데, 이를 '레이디얼(Radial)'이라 하여 빅타 항로로 이용하는 방위 정보 제공 무선시설이다.

③ **거리 측정 시설(D.M.E.; Distance Measuring Equipment)**: UHF대의 전자파를 사용하여 항공기와 지상 D.M.E국 사이에 펄스 신호가 왕복하는데 걸리는 시간을 거리로 환산하여 나타내게 하는 거리 정보 제공 장치이다.

④ **계기 착륙 시설(I.L.S.; Instrument Landing System)**: 지상국에서 108.10 ~111.95MHz 범위의 지향성 전파를 발사하여 로컬라이저 코스를 형성하고, UHF대의 송신기가 강하 경로를 제공함으로써 위치 정보를 제공하는 마커와 함께 비행장에 대한 활주로 중심선과 강하 각도를 알려주는 정밀 진입 착륙 원조 시설이다.

⑤ **레이더 시설**: 레이더에서 발사한 신호의 반사파를 수신, 검파하는 장비로서, 목표물에 대한 방위, 위치 정보를 알 수 있게 되는 항공 교통 관제 계통에서 빼놓을 수 없는 주요 장비이다.

⑥ **전술 항행 표지 시설(TACAN; Tactical Air Navigation)**: 지상 TACAN국에

서 1,000MHz대의 UHF를 사용하여 전방향 표지 시설(V.O.R)과 같은 방위 정보와 거리 측정 시설(D.M.E)과 같은 거리 정보를 동시에 항공기에 제공하는 시설이다.

(2) 항공 등화

항공기의 항행을 지원하기 위한 항공 등대, 비행장 등화, 항공 장애등 등의 시설이다.

① **항공 등대**: 야간 또는 계기 비행 기상 상태에서 항행 중인 항공기의 항행을 지원하기 위한 시설이다. 항공 등대로서는 항공로 상의 한 점을 표시하기 위하여 설치하는 항공로 등대, 특정의 한 점을 표시하기 위하여 설치하는 지표 항공등대, 특정의 한 점을 표시하기 위하여 모스 부호로서 명멸하는 신호항공등대, 특히 위험의 우려가 있는 지역을 표시하기 위하여 설치하는 위험 항공등대가 있다.

② **비행장 등화**: 야간 또는 계기 비행 기상 상태 하에서 항행 중인 항공기의 이륙과 착륙을 지원하기 위한 시설들이다. 비행장의 위치를 표시하기 위하여 비행장 또는 그 주변에 설치하는 비행장 등대, 비행장의 위치를 표시하기 위하여 모스 부호로서 명멸하는 보조비행장 등대, 착륙하고자 하는 항공기에 활주로의 방향을 표시하기 위하여 활주로축의 연장선 상에 설치하는 활주로 방향등대, 체공 선회 중인 항공기에 활주로의 위치를 표시하기 위하여 활주로의 외측에 설치하는 등화로서 활주로의 외측 상방에 등광을 발하는 선회등, 착륙하고자 하는 항공기에 그 진입로를 표시하기 위하여 진입 구역에 설치하는 진입등, 착륙 진입각의 양부를 표시하기 위하여 활주로의 말단 부근에 설치하는 진입각 지시등, 이륙하거나 착륙하고자 하는 항공기에 활주로를 표시하기 위하여 그 양측에 설치하는 활주로등, 이륙하거나 착륙하고자 하는 항공기에 활주로의 말단을 표시하기 위하여 활주로의 양 말단에 설치하는 활주로 말단등 등 여러 가지 등화들이 있다[그림 1-4].

③ **항공 장애등**: 야간 또는 계기 비행 기상 상태 하에서 항행하는 항공기에 대하여 항행의 장애가 되는 물건의 존재를 인식하게 하기 위한 시설이다. 고광도(2,000 칸델라 이상)의 항공 장애등과 저광도(20칸델라 이상)의 항공 장애등이 있다.

(3) 주간 장애 표지

주간에 항행하는 항공기에게 항행에 장애가 되는 물건의 존재를 알려 주기 위한 시설이다.

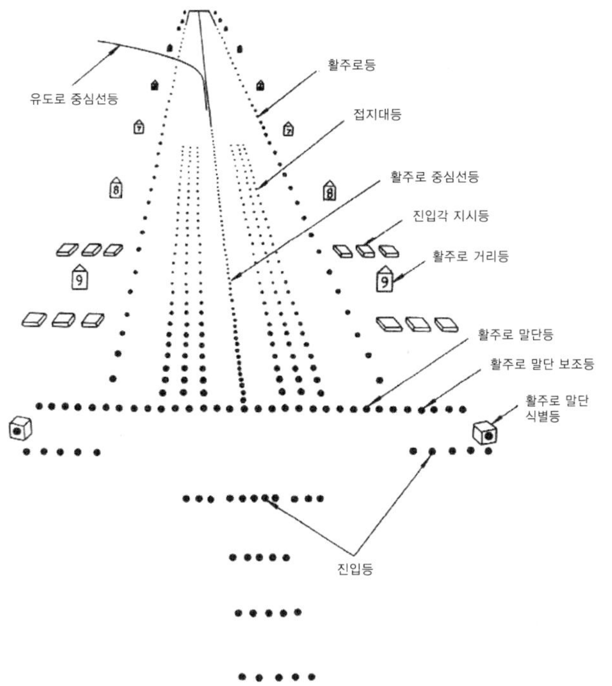

[그림 1-4] 비행장의 등화 배치도

Ⅲ 항공기 운항

1. 운항 장소

1) 이·착륙의 장소

항공기 운항의 안전을 위하여, 육상에서는 비행장 이외의 장소, 수상에서는 특별히 금지하고 있는 장소에서의 이륙과 착륙을 제한한다.

2) 비행 금지 구역

항공기는 비행에 위험이 일어날 구역의 상공을 비행하지 못한다. 항공기의 비행에 대하여 위험을 발생시킬 염려가 있는 구역은,

① 항공기의 비행 자체의 위험을 발생시킬 염려가 있는 구역과

② 항공기의 비행 또는 사고에 의하여 지상의 사람이나 물건에 피해를 끼칠 염려가 있는 구역이다.

예를 들면, 화약고, 원자로 등이 있는 구역이나 주택이 밀집한 구역 등이 후자에 속한다. 비행 제한 구역에서는 그 상공에서의 비행을 일정한 조건 하에서 금지하고 있다.

2. 비행의 방법

1) 시계비행 기상상태

(1) 항공 교통 관제구 또는 항공 교통 관제권에서 비행하는 경우

① 비행 시정이 5,000m 이상일 것.

② 항공기에서 상방으로 150m, 하방으로 300m 범위 내에 구름이 없을 것.

③ 항공기에서 수평 거리 600m 범위 내에 구름이 없을 것.

(2) 관제권 내에 있는 비행장을 이륙하거나 착륙하는 경우

① 지상 시정이 5,000m 이상일 것.

② 구름의 높이가 지표면으로부터 300m 이상(국토해양부 장관이 지정하는 경우 450m 이상)일 것.

(3) 관제구 내 7,300m 이상 높이의 공역을 비행하는 경우

① 비행 시정이 8,000m 이상일 것.

② 항공기에서 상방과 하방 각각 300m 범위 내에 구름이 없을 것.

③ 항공기에서 수평 거리 1,500m 범위 내에 구름이 없을 것.

(4) 관제구와 관제권 이외의 공역을 비행하는 경우

① 비행 시정이 1,500m 이상일 것.

② 항공기에서 상방으로 150m, 하방으로 300m 범위 내에 구름이 없을 것.

③ 항공기에서 수평 거리 600m 범위 내에 구름이 없을 것.

(5) 관제구와 관제권 이외의 공역을 지표면으로부터 200m 이내의 고도로 비행하는 경우

① 비행 시정이 1,500m 이상일 것.

② 항공기가 구름으로부터 떨어져서 비행할 수 있으며, 조종사가 지표면을 계속하여 볼 수 있을 것.

2) 계기비행 기상상태

조종사는 계기비행 기상 상태에서 시계비행을 하여서는 아니 된다. 계기비행 기상 상태에서도 시계비행을 하고자 할 때에는 국토해양부 장관의 허가를 얻어 다음 기준에 따라 시계 비행을 할 수 있다.

① 허가받은 관제권 내에서만 비행할 것.

② 구름에서 떨어져서 비행할 것.

③ 비행 시정을 1,500m 이상 유지하여 비행할 것.

④ 지표면을 계속하여 식별 확인할 수 있는 상태로 비행할 것.

3) 고도의 제한

(1) 최저 안전 고도

항공기는 이륙하거나 착륙할 경우를 제외하고는 정해진 고도 이하로는 비행하지 못한다. 비행 중의 항공기가 사고나 고장을 일으킨 경우, 비교적 손해가 발생될 염려가 적은 지점에 불시착하는 등의 응급조치가 필요한 경우는 예외로 한다.

항공기의 최저 안전 고도는 다음과 같다.

① 시계비행으로 비행하는 항공기는, 비행 중 동력 장치만 정지한 경우에 지상 또는 수상의 사람이나 물건을 위태롭게 하지 않고 착륙할 수 있는 고도와 다음에 열거한 고도들 중 높은 것.

a. 사람 또는 가옥이 밀집해 있는 지역의 상공에서는 당해 항공기를 중심으로 하여 수평 거리 600m의 범위 내의 가장 높은 장애물의 상단으로부터 300m의 고도

b. 사람 또는 가옥이 없는 지역과 넓은 수면의 상공에서는 지상 또는 수상의 사람이나 물건으로부터 150m 고도

c. 위의 a, b에 규정하는 지역 이외의 지역 상공에서는 지면 또는 수면으로부터 150m 이상의 고도

② 계기비행으로 관제구 또는 관제권을 비행하는 경우에는 고시로 정하는 고도

③ 위의 ①. ②. 의 항공기 이외의 경우에는 당해 항공기를 중심으로 하여, 산악 지대에서는, 전방과 측방으로 수평 거리 8㎞ 범위 내의 가장 높은 장애물 상단 상공 600m의 고도, 산악 지대 이외의 지역에서는 장애물 상단 상공 300m의 고도

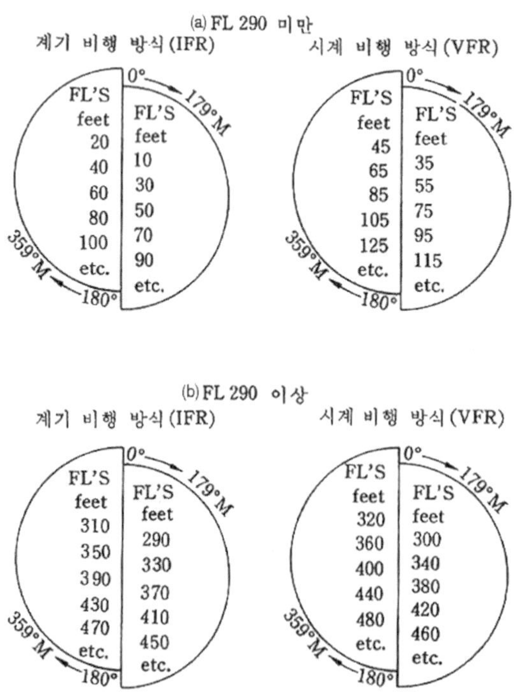

[그림 1-5] 순항고도

(2) 순항 고도

항공기의 순항 고도는 다음과 같다([그림 1-5] 참조).

① 계기비행 방식으로 관제구, 관제권을 비행하는 경우에는 당해 비행 계획에서 정하는 고도, 항공법에 지시된 경우는 그 지시된 고도

② 앞의 ① 이외의 경우는 [표 1-3]으로 정하는 고도

[표 1-3] 순항고도

비행방향	비행방식	고 도
자방위 0도~180도 미만	시계 비행	■ 29,000ft 미만의 고도 : 1,000ft의 기수 배에 500ft를 더한 고도 ■ 29,000ft 이상의 고도 : 30,000ft에 4,000ft의 배수를 더한 고도
	계기 비행	■ 29,000ft 미만의 고도 : 1,000ft 기수 배의 고도 ■ 29,000ft 이상의 고도 : 29,000ft에 4,000ft의 배수를 더한 고도
자방위 180도~360도 미만	시계 비행	■ 29,000ft 미만의 고도 : 1,000ft의 우수 배에 500ft를 더한 고도 ■ 29,000ft 이상의 고도 : 32,000ft에 4,000ft의 배수를 더한 고도
	계기 비행	■ 29,000ft 미만의 고도 : 1,000ft의 우수 배의 고도 ■ 29,000ft 이상의 고도 : 31,000ft에 4,000ft의 배수를 더한 고도

(3) 기압 고도계의 규정

기장은 다음과 같이 기압고도계를 규정한다.

① 평균해면으로부터 14,000ft 미만의 고도로 비행하는 경우에는 비행 경로상 지점의 QNH의 값(출발 시에 출발지의 QNH 값을 얻을 수 없을 때는 출발점의 고도)에 의하여 기압고도계를 규정한다.

② 평균해면으로부터 14,000ft 이상의 고도로 비행하는 경우에는 표준 기압(1013.2hPa)에 의하여 기압고도계를 규정한다.

4) 충돌 예방

항공기는 다른 항공기나 또는 선박과의 충돌을 예방하기 위하여 정해진 진로 및 속도에 따라서 항행한다. 즉, 항공당국은 항공기가 다른 항공기 등과의 충돌을 방지하기 위해, 그리고 비행장에서의 항공기의 이·착륙의 안전을 확보하기 위해 진로권, 간격, 항행 방법 등을 규정하고 있다.

5) 비행의 진로

비행의 진로가 교차하거나 또는 접근할 경우 항공기 상호간의 진로권 순위는 다음과 같다.

① 활공기

② 물건을 예항하고 있는 비행기

③ 비행선

④ 항공기

상호간에는 다른 항공기를 우측으로 보고 있는 항공기가 진로를 양보하여야 한다. 정면이나 또는 정면에 가까운 각도로서 접근하는 같은 순위의 항공기 상호간에는 서로 진로를 우측으로 바꾸어야 한다.

그리고 착륙을 위해 최종 진입경로 상에 있는 항공기와 착륙 조작을 행하고 있는 항공기는 비행 중의 항공기, 또는 지상이나 수상에서 운행 중인 항공기보다 우선적인 진로권을 가진다.

착륙을 위해 비행장에 들어오고 있는 항공기 상호간의 진입 순위는 낮은 고도에 있는 항공기가 진로권을 가진다. 다만, 최종 진입의 경로에 있는 항공기의 전방에 끼여들거나, 이를 추월해서는 안 된다.

전방에서 비행 중인 항공기를 추월(상승 또는 하강에 의한 추월도 포함)하고자 할 때에는, 전방에서 비행 중인 항공기의 우측을 통과하여야 한다.

6) 지상 이동

항공기가 비행장 안에서 지상 이동을 할 때에는 다음 기준에 따른다.

① 전방을 충분히 주시할 것.

② 동력 장치를 제어하는 제동 장치를 가볍게 사용하여도 신속하고 안전하게 정지할 수 있는 속도일 것.

③ 항공기 또는 기타의 물건과 충돌할 우려가 있는 경우에는 지상 유도원을 배치할 것.

7) 난폭한 조종의 금지

항공기는 그 운항 상의 필요한 경우를 제외하고는 저공으로 비행하거나, 고조음, 급강하, 기타 타인에게 해를 끼칠 조종을 하지 않는다.

8) 특수 비행의 규제

(1) 무조종사 항공기

항공기가 비행할 때는 소정의 항공기 승무원을 탑승시켜야 하나, 무선 조종장치가 있는 항공기 등은 허가를 받은 경우에는 조종사가 탑승하지 않을 수도 있다.

(2) 편대비행

항공기의 편대비행은 상당한 위험이 따르므로, 항공 운송 사업용 항공기가 편대비행을 할 경우 사전에 허가를 받아야 한다.

(3) 곡기비행의 금지

곡기비행(曲技飛行, acrobatic flight)이라 함은, 복전(loop), 횡전(roll), 배면(inverted), 기타 비행의 자세나 속도를 급격히 변화시키는 일련의 비행을 말한다. 이러한 곡기 비행은 비행 자체가 일반 항공기로는 위험하기 때문에 특정한 공역에서 하도록 제한하고 있다.

3. 기장의 직무

1) 자체 항공기의 운항에 관한 직무

① 정기 항공 운송 사업용 항공기의 기장은 당해 항공 노선에서 항공기 조종의 경험 및

당해 노선에 대한 지식을 가진 자이어야 한다.

② 기장은 당해 항공기의 승무원을 지휘 감독한다.

③ 기장은 항공기 또는 여객에 위난이 생긴 경우, 또는 위난이 생길 우려가 있다고 인정되는 경우에는 항공기 내에 있는 여객에 대하여 피난 및 기타 안전에 필요한 사항에 대하여 명령할 수 있다.

④ 기장은 항행 중 그 항공기에 급박한 위난이 생긴 경우에는 여객의 구조, 지상 또는 수상에 있는 사람이나 물건에 대한 위난 방지에 필요한 수단을 강구하여야 하며, 또한 여객, 기타 기내에 있는 자를 떠나게 한 후가 아니면 항공기를 떠나서는 안 된다.

⑤ 기장은 다음에 열거하는 사고가 발생하였을 경우에는 국토해양부 장관에게 그 사실을 보고하여야 한다. 다만, 기장이 보고할 수 없을 경우에는 당해 항공기의 사용자가 보고하여야 한다.

a. 항공기의 추락, 화재 기타 항공기의 사고

b. 항공기로 인한 사람의 사상 또는 물건의 손괴

c. 항공기 내에 있는 사람의 사망 또는 행방불명

⑥ 기장은 다른 항공기에 대하여 ⑤의 a호의 사고가 발생한 것을 안 때에는 국토해양부 장관에게 그 사실을 보고하여야 한다. 다만, 무선 전신이나 무선 전화로 알게 된 때에는 예외로 한다.

2) 항공 중의 환경과 시설의 이상 사태의 보고

기장은 비행 중 항공 보안 시설의 기능 장애 기타 항공기의 안전에 영향을 끼칠 우려가 있다고 인정되는 다음의 사태가 발생한 것을 알았을 때에도, 다른 무선 전신이나 무선 전화에 의해서 알게 된 경우를 제외하고는, 국토해양부 장관에게 그 사실을 보고하여야 한다.

① 비행장과 항공 보안 시설의 기능 장애

② 기류의 교란, 기타 이상한 기상 상태

③ 화산의 폭발, 기타 지상 또는 수상의 급격한 변화

4. 항공관제

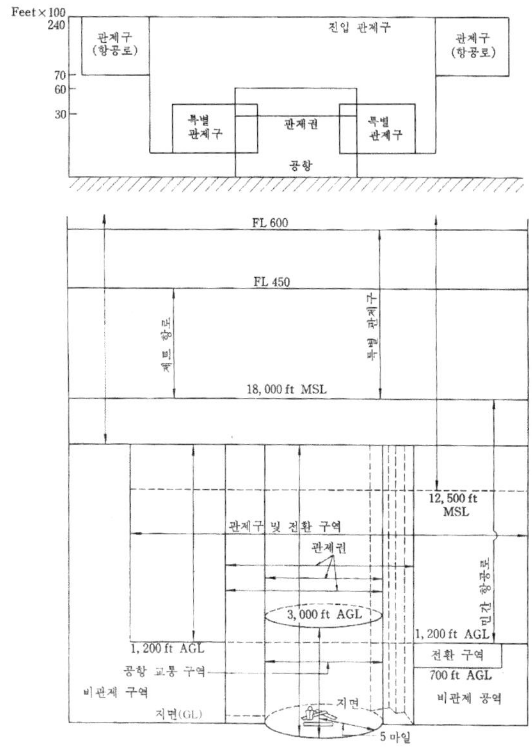

[그림 1-6] 관제 공역의 개념도

항공기는 관제구 또는 관제권에서는 정해진 방법에 따라 이륙 또는 착륙의 순서, 시기 또는 비행 방법 등으로 항행하여야 한다.

항공관제 업무는 항공기 상호간 및 주행 구역(활주로, 유도로)에서 항공기와 장애물 간의 충돌 예방, 그리고 신속하고 질서 있는 항공 교통을 확보하기 위한 업무이다([그림 1-6] 참조).

항공법에 의한 관제 업무는 다음과 같다.

1) 항공로 관제 업무

계기비행 방식에 따라 비행하는 항공기에 대한 관제

2) 비행장 관제 업무

비행장에서 이륙하거나 착륙하는 항공기, 당해 비행장의 주변을 비행하는 항공기, 또는 당해 비행장의 업무에 종사하는 자에 대한 관제

3) 진입 관제 업무

계기비행 방식에 따라 관제권 내에서 이·착륙하는 항공기에 대한 관제. 이 때 항공 교통당국의 지시를 받아야 할 경우는 다음과 같다.

① 항공기는 비행장 관제를 행하고 있는 비행장에서 이륙 또는 착륙하거나 비행장의 주변을 비행하고자 할 때에는 당해 비행장 관제를 행하는 기관의 지시를 받아야 한다.

② 계기비행 항공기 등이 관제권 내에서 이·착륙하거나, 또는 관제권을 통과하고자 할 때에는 당해 진입 관제 업무를 행하는 기관의 지시를 받아야 한다.

③ 계기비행으로 관제구를 비행하는 항공기는 항공로 관제 업무 기관의 지시를 받아야 한다. 다만, 당해 기관에 연락이 곤란한 경우에는, 관제 업무를 행하는 다른 가장 가까운 기관에 연락하여 지시를 받아야 한다.

한편, 항공기는 기상 상태의 변화, 기타 부득이한 사유로 인하여 항공 교통당국의 지시에 위반하여 항행할 때에는 지체없이 그 뜻을 당해 기관에 통보하여야 한다. 항공기와 항공관제 업무를 행하는 기관 사이의 약호, 신호, 기타의 연락 방법은 공고된다.

이와 같은 관제 업무를 수행하는 자는 항공 교통 관제사 기능 증명을 가지고 있는 자로서 관제 업무 기관으로부터 지역 한정 자격을 받은 자이어야 한다.

4) 위치 통보

계기비행 방식으로 비행하는 항공기는 국토해양부 장관이 위치 통보 점으로 공고한 지점에서, 기타의 항공기는 항공로 관제 업무 기관이 위치 통보 점으로 지정한 지점에서 항공로 관제 업무 기관에 다음에 열거된 사항들을 통보한다.

① 당해 항공기의 등록기호 또는 무선 호출 부호

② 당해 지점에서의 시각과 고도

③ 다음의 위치 통보점의 예정 시각(계기비행 중의 항공기에 한함)

④ 예보되지 아니한 특수한 기상 상태

⑤ 기타 항공기의 항행 안전에 영향이 있을 사항

5) 비행 계획의 통지

비행 계획에는 다음에 열거한 사항이 포함되도록 한다.

① 항공기의 국적 기호 또는 무선 호출 부호

② 항공기의 형식

③ 항법 장비

④ 비행 방식의 종류

⑤ 출발지 및 출발 예정 시간

⑥ 예정 항로, 순항 고도 및 속도

⑦ 최초 예정 착륙지 및 총 예상 소요 비행시간

⑧ 교체 비행장(계기비행 방식에만 적용)

⑨ 시간으로 표시한 연료 탑재량

⑩ 탑승 총 인원 수

⑪ 비상 무선주파수 및 구조 장비

⑫ 기장의 성명(편대 비행의 경우에는 편대 지도자의 성명)

⑬ 기타 항공 교통 관제를 위하여 참고될 수 있는 사항

정기 항공 운송 사업용 항공기의 경우에는 국제민간항공 조약 부속서의 비행계획서를 사용할 수 있다. 통지 방법은 구두, 문서 또는 전보가 가능하다.

6) 항공 정보

국토해양부 장관은 항공기의 승무원에게 항공기의 운항 상 필요한 정보를 제공하여야 한다.

국제 항공에 대한 항공 정보 제공에 대해서는 국제 항공의 안전, 정확, 능률, 통일을 위해 항공 정보의 수집 및 배포 방법의 표준과 권고 방식이 시카고 국제민간항공 조약 제15부속서에 언급되어 있다.

항공 정보를 제공하는 장소와 방법은 공고한다.

① 비행장과 항공보안시설의 개시, 휴지, 재개, 폐지, 중요한 변경, 기타 시설의 운용에 대한 사항

② 비행장에 있어서 항공기 운항의 장애가 되는 사항

③ 비행 규칙, 최저 기상 조건의 설정과 변경 등에 대한 사항

④ 항공교통 관제에 대한 사항

⑤ 로케트, 불꽃 등의 발사, 항공기의 집단 비행, 기타 항공기의 비행에 영향을 끼칠 우려가 있는 사항

⑥ 기타 항공기의 운항에 필요한 사항

5. 항공 종사자

항공법 규정에 의하여 한정된 기능 증명을 가진 항공 종사자는 반드시 그 한정된 종류, 등급, 형식의 항공기 또는 업무의 종류에 대해서만 종사할 수 있다. 새로운 종류, 등급, 형식의 항공기에 종사하고자 할 때에는 새롭게 한정 받은 기능 증명을 가져야 한다. 항공 종사자의 업무 범위는 [표 1-4]와 같다.

[표 1-4]에 의하면, 운송용 조종사의 업무 범위는 사업용 조종사의 업무 행위까지를 포함하고 있어 그 업무는 광범위하며, 부정기 항공 운송 사업용으로서 최대 이륙 중량이 5,700kg 이상인 항공기의 조종도 포함된다. 사업용 조종사의 업무 범위는 자가용 조종사의 업무 행위도 포함된다. 따라서 운송용 조종사, 사업용 조종사, 자가용 조종사는 순서대로 각각 상위 자격의 업무범위는 하위 자격의 업무를 포함한다. 항공기의 조종사로는 기장(조종사)과 부기장(부조종사)이 있으며, 기장 이외의 조종사라 하면 부조종사를 말한다. [표 1-4]에서 자가용 항공기는 항공 운송 사업 또는 항공기 사용 사업에 사용하는 항공기 이외의 항공기를 말한다.

항공 기관사의 업무 범위에서 기체를 취급하는 행위란 플랩, 인입식 강착 장치 등의 조작을 말한다. 항공 정비사와 항공 공장 정비사와의 업무 범위의 차이는 항공 정비사는 그 업무가 광범위하게 항공기의 정비 또는 개조에 대한 확인을 하도록 규정하고 있으나, 항공 공장 정비사는 항공기의 수리, 개조를 할 경우에만 해당부분의 안전성 확보를 확인해야 하기 때문에 업무를 종류별로 전문화하여 항공 공장 정비사의 확인을 받도록 하고 있다.

[표 1-4] 항공 종사자의 업무 범위

면허 종류	업무 범위
운송용 조종사	항공기에 탑승하여, 1. 사업용 조종사 자격자가 할 수 있는 행위 2. 항공 운송 사업 항공기를 조종하는 행위
사업용 조종사	항공기에 탑승하여, 1. 자가용 조종사의 자격을 가진 자가 할 수 있는 행위 2. 보수를 받고 무상 운항을 하는 항공기를 조종하는 행위 3. 항공기 사업 항공기를 조종하는 행위 4. 부정기 항공 운송 사업용으로서 최대 이륙 중량이 5,700kg 이하인 항공기를 조종하는 행위(계기 비행 상태 하에서 유상으로 여객을 탑승시키는 운항은 제외) 5. 기장 이외의 조종사로서 항공 운송 사업에 사용되는 항공기를 조종하는 행위 (단, 계기 비행 증명을 소지한 자이어야 함)
자가용 조종사	항공기에 탑승하여, 1. 보수를 받지 않고 무상 운항을 하는 항공기를 조종하는 행위 2. 보수를 받지 않고 기장으로서 항공 운송 사업 또는 항공기 사용 사업에 사용하는 항공기 이외의 항공기를 조종하는 행위 3. 기장 이외의 조종사로서 무상 운항을 하는 항공기를 조종하는 행위
항 공 사	항공기에 탑승하여, 그 위치 및 침로의 측정과 항법상의 자료를 산출하는 행위
항공 기관사	항공기에 탑승하여, 발동기 및 기체를 취급하는 행위(조종 장치의 조작은 제외)
항공 교통 관제사	항공 교통 관제 기관에서 항공 교통의 안전, 신속 및 질서를 유지하기 위하여 항공기 운항을 관제하는 행위
항공 통신사	항공기에 탑승하여 무선 장치를 조작하는 행위
항공 정비사	정비한 항공기에 대한 확인 행위
항공 공장 정비사	정비 또는 개조한 항공기에 대한 확인 행위
운항 관리사	항공 운송 사업 항공기 운항을 위한, 1. 비행 계획의 작성 및 변경 2. 항공기 연료 소비량의 산출 3. 항공기 중량 배분의 산출

Ⅳ 비행기 성능

비행기는 속도가 빨라야 할뿐만 아니라, 이·착륙시 최소 속도를 작게 하여 이·착륙 거리가 짧아지도록 해야 하며, 또 장시간 공중에 체공할 수 있어야 하고, 상승, 선회 및 활공 특성도 좋아야 한다. 이러한 특성들을 비행기의 성능이라 한다.

1. 비행기에 작용하는 공기력

비행기가 공기 중을 등속으로 수평 비행하게 되면 비행기에 작용하는 힘들은 [그림 1-7]과 같이 추력(T), 항력(D), 중력(W)과 양력(L)으로 작용한다. 이 중에서 양력과 항력은 공기력인데, 날개에는 주로 양력과 항력이 함께 작용하고 동체 등에는 주로 항력이 작용한다. 비행기 전체에 작용하는 공기력은 주로 큰 날개에 작용하는 공기력과 비슷한 특성을 가지게 된다.

[그림 1-8]에서 보면, 비행기 전체의 양항 극곡선(양력계수 C_L과 항력계수 C_D의 관계 곡선)과 큰 날개의 양항 극곡선이 같은 모양을 보이고 있고, 다만 옆으로 평행 이동한 것과 같다. 따라서, 비행기 전체의 공기력 특성은 큰 날개가 대표하는 것을 알 수 있다. 따라서 큰 날개를 잘 설계하면 비행기의 성능을 향상시킬 수 있다.

비행기가 비행 중에 작용하는 항력은 대개 압력항력, 점성항력(마찰 항력), 유도항력, 조파항력으로 구분할 수 있다. 이들 가운데 압력항력과 점성항력을 합쳐서 형상항력(profile drag)이라 한다. 이 형상항력은 물체의 모양에 따라 달라진다.

아음속 흐름에서 날개에 작용하는 총 항력은 유도항력과 형상항력이라 말할 수 있고, 충격파가 생기는 초음속 흐름에서는 조파항력이 추가된다.

날개의 항력은 비행 중에 비행기에 생기는 총 항력의 일부이다. 날개 이외의 다른 부분의 항력은 동체, 꼬리날개, 기관 냉각 장치, 바퀴 다리 등에 의해서 생긴다. 그 외의 항력

[그림 1-7] **비행기에 작용하는 힘**

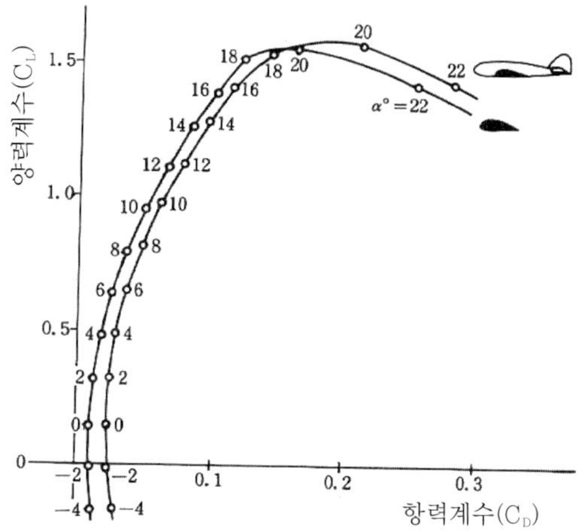

[그림 1-8] **비행기 전체의 양항 극곡선과 큰날개의 양항 극곡선의 비교**

으로 간섭항력이 있는데, 이는 날개, 동체 및 바퀴 다리 등 동체의 각 구성품을 지나는 흐름이 서로 간섭을 일으켜서 생긴다.

비행기에서 양력에 관계하지 않으면서 비행을 방해하는 모든 항력을 통틀어 유해항력(parasite drag)이라 한다. 유도항력을 제외한 모든 항력이 이에 해당한다. 유해항력이 크면 클수록 비행기의 성능은 나빠진다. 따라서 비행기마다 유해항력을 줄이기 위하여 표면을 아주 매끈하게 하기도 하고, 기체를 공기저항이 작은 유선형으로 만들기도 한다.

비행기가 항력을 이기면서 계속 비행하려면 동력이 필요하게 된다. 이 동력을 마력으로 표시하여 필요 마력이라 한다. 따라서 비행기의 필요 마력은 항력이 작을수록 작게 된다([그림 1-9] 참조).

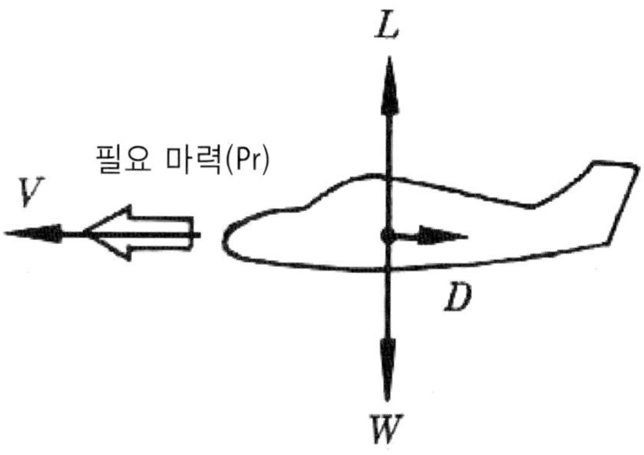

[그림 1-9] **정상 수평 비행**

2. 일반 성능

1) 수평 비행

비행기가 일정한 속도로 직선 수평 비행을 하고 있을 때, 앞에서 설명한 바와 같이 비행기에는 중력, 추력 및 공기력인 양력과 항력이 작용하게 된다.

[그림 1-10]에서 보면, 중력에 의한 비행기의 무게(W)는 연직 아래 방향으로만 작용한다. 추력(T)의 방향은 수평인 비행기의 진행 방향과 근사적으로 일치한다고 보아도 별 오차가 없다.

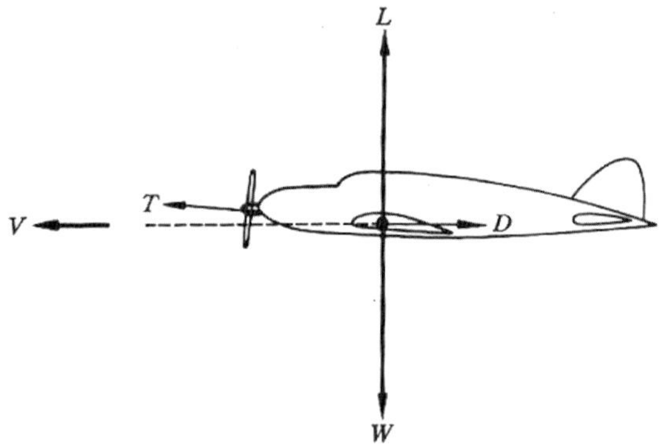

[그림 1-10] 비행기의 작용하는 힘

양력 L은 비행 방향에 수직방향(연직방향)으로, 그리고 항력 D는 비행 방향에 반대 방향으로 작용한다.

비행기의 속도가 일정하면 가속도가 0이 되므로 비행기에 작용하는 힘은 평형이 되어야 한다. 따라서 비행기의 비행 방향에 대해서는 다음과 같다.

$$D=T \qquad (1\text{-}1)$$

연직 방향에 대해서는

$$L=W \qquad (1\text{-}2)$$

이를 다시 쓰면 다음과 같다.

$$T=D=C_D\frac{1}{2}\rho V^2S \qquad (1\text{-}3)$$

$$W=L=C_L\frac{1}{2}\rho V^2S \qquad (1\text{-}4)$$

비행기의 받음각이 증가하면 양력 계수가 증가하여 속도가 감소하게 되는데, 어느 정도의 최소 속도는 유지되어야 한다. 그 이유는 (식 1-4)에서 .

$$V=\sqrt{\frac{2W}{\rho SC_L}} \quad \cdots\cdots (1-5)$$

로 되어 받음각이 증가하면 C_L도 증가하므로 V가 감소한다. 그러나 받음각을 증가시켜도 C_L이 최대 양력 계수($C_{L\max}$)보다 커지지 않기 때문에, 최대 양력 계수일 때의 받음각을 실속각이라 한다. 받음각이 실속각이 되면 V는 최소가 된다. 이러한 최소 속도($V_{\min}$)는 다음 식으로 표시된다.

$$V_{\min}=\sqrt{\frac{2}{\rho}\frac{W}{S}\frac{1}{C_{L\max}}} \quad \cdots\cdots (1-6)$$

이 때의 양력(L)은 다음과 같다.

$$L=C_{L\max}\frac{1}{2}\rho V_s^2 S \quad \cdots\cdots (1-7)$$

이 때 속도 V_S를 일반적으로 실속 속도(stalling velocity)라 한다.

비행기는 실속 속도가 작아질수록 착륙 속도도 작아져서 착륙시 충격을 작게 하고, 활주 거리가 짧아지므로 유리하다. 따라서 비행기마다 이 실속 속도를 더 작게 하기 위하여 고양력 장치 등을 사용하여 $C_{L\max}$를 높이고 있다.

실제적으로 착륙시는 안전을 고려하여 착륙 속도를 실속 속도의 1.2배로 하고 있다. 비행기마다 실속 속도의 크기가 다르다. 일반적으로 비행기의 실속 속도는 80~130km/h 정도가 된다.

2) 상승비행

동력 장치를 가진 비행기는 활공 비행기와는 달리 상승 비행(climbing flight)을 할 수 있다. 비행기의 동력 장치에는 왕복기관과 제트기관이 있다. 왕복기관은 여기에 프로펠러를 붙여서 회전시킴으로써 추력을 발생시켜 비행기를 전진시킨다. 프로펠러의 추력을 T, 비행기의 속도를 V라 하면, $T\times V$는 프로펠러가 하는 일이 된다.

단위 시간에 하는 일의 단위로는 마력(horse power)이 있는데, 1마력은 75kg·m/s 이므로, 프로펠러가 하는 일을 마력 단위로 표시하면 프로펠러에 의한 추력 마력(thrust horse power)은 $TV/75$가 되며, 이것이 이용 마력(power available, P_a)이 된다. P_a는 프로펠러의 추력이 비행기에 작용한 마력을 뜻한다. 그리고 기관이 내는 마력을 제동 마력(brake horse power, P_b)이라 한다.

프로펠러는 기관으로부터 제동 마력을 받아 비행기에 $TV/75$ 마력의 일을 하였다. 이 때의 입력과 출력의 비를 프로펠러의 효율(η)이라고 한다.

$$\eta = \frac{\text{출력}}{\text{입력}} = \frac{TV}{75 \times P_b} \quad \cdots\cdots (1\text{-}8)$$

즉, 프로펠러의 효율(η)을 알면 이용 마력은 다음 식으로 구해진다.

$$P_a = \frac{TV}{75} = \eta \times P_b \quad \cdots\cdots (1\text{-}9)$$

[그림 1-11]은 비행기가 상승할 때 비행기에 작용하는 힘을 나타낸 것이다. 그림에서 비행기가 수평선에 대하여 θ 의 각도로 상승하고 있다면 힘의 평형식은

$$T = W \sin\theta + D \quad \cdots\cdots (1\text{-}10)$$

또, 진행 방향과 직각인 방향에 대해서는 다음과 같이 된다.

$$L = W \cos\theta \quad \cdots\cdots (1\text{-}11)$$

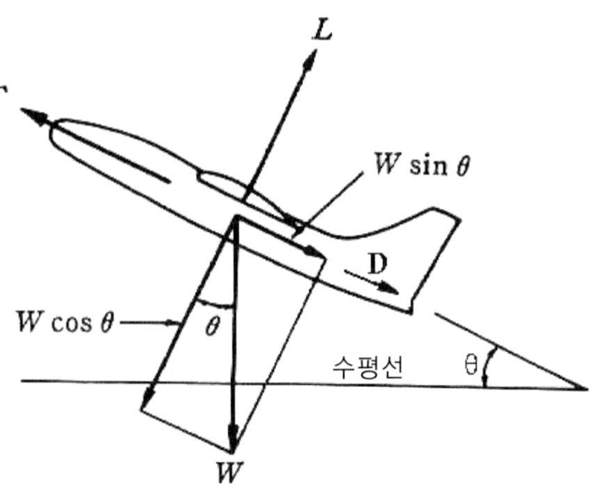

[그림 1-11] 상승 비행시 힘의 작용

(식 1-10)의 양변에 $V/75$를 곱하면 (식 1-12)를 얻는다.

$$\frac{TV}{75}=\frac{WV\sin\theta}{75}+\frac{DV}{75} \quad \cdots\cdots (1\text{-}12)$$

이 식의 왼쪽 항은 프로펠러가 내는 이용 마력을 표시하고, 오른쪽 두 번째 항은 항력과 속도의 곱으로서 항력에 의해서 소비되는 마력, 다시 말하면 항력을 이기고 전진하는 데 필요한 필요 마력(power required, P_r)이 된다. 그리고 오른쪽 첫째 항을 보면 $V\sin\theta$ 는 비행기 속도의 수직 성분, 즉 상승률(rate of climb, R_c)로서 (식 1-12)는 다음과 같이 표시된다.

$$P_a=\frac{WR_C}{75}+P_r \quad \cdots\cdots (1\text{-}13)$$

이 식에 의하면, 이용 마력은 항력에 따른 필요 마력과 상승하는 데 있어서의 마력으로 구성된다. 이용 마력과 필요 마력은 비행기의 속도에 따라 달라진다. 왕복기관 비행기의 대표적인 이용 마력 및 필요 마력 곡선은 [그림 1-12]와 같다.

이용 마력에서 필요 마력을 뺀 여유 마력이 클수록 상승률은 좋아진다. [그림 1-12]에서 A점보다 더 작은 속도에서는 이용 마력이 필요 마력보다 작으므로 A점의 속도는 수평 비행이 가능한 최소 속도가 되고, B점의 속도보다 큰 속도에서는 이용 마력이 필요 마력보다 작으므로 B점의 속도가 최대 수평 속도가 된다. 또, C점에서는 여유 마력이 최대가 되므로, 이 속도에서는 최대 상승률을 얻을 수 있다.

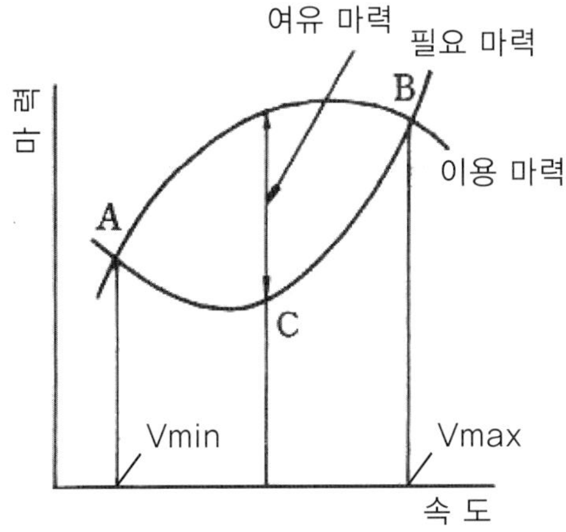

[그림 1-12] 이용 마력과 필요 마력 곡선

상승 성능은 고도에 따라 현저한 영향을 받는다. 이것은 고도 증가에 따라 공기 밀도가 감소하므로 기관 출력이 저하되기 때문이다. 기관의 기화기에 흡입되는 공기의 용적은 일정하지만 높은 고도에서는 공기 밀도가 작기 때문에 질량이 감소되고, 이에 따라 가솔린과 공기의 혼합비가 나빠져서 기관 출력이 떨어진다.

지금 V_O 및 ρ_O를 해면에서의 비행 속도 및 공기 밀도, 그리고 V 및 ρ를 어떤 상공고도의 비행 속도 및 공기 밀도라 하면, 비행기가 해발고도와 상공에서 각각 같은 받음각(따라서 같은 C_L 및 C_D)으로 비행할 경우 $\rho_O > \rho$ 이므로 상공에서는 속도가 증가하고 필요 마력도 증가하게 된다.

고도가 점점 높아지면 공기가 희박해지기 때문에 이용 마력은 점점 작아지고, 그에 따라 여유 마력도 작아져서 상승률이 작아지게 된다. 어느 고도까지 상승하면 이용 마력과 필요 마력이 같아져서 상승률이 0이 되는데, 이때의 고도를 절대 상승 한계(absolute ceiling)라 한다. 이 고도는 비행기가 상승할 수 있는 최대의 고도가 된다. 이러한 절대 상승 한계까지 상승하는 데에는 많은 시간이 걸리고 실측하기도 곤란하므로, 상승률이 0.5m/s가 되는 고도를 실용 상승 한계(service ceiling)로 한다.

실용 상승 한계는 절대 상승 한계의 약 80~90%가 된다. 그리고 실제로 비행기가 운용할 수 있는 고도를 운용 상승 한계라 하는데, 이 고도는 상승률이 2.5m/s 되는 고도이다. 특히 전투기들은 비행기가 어느 일정 고도까지 상승하는 데 걸리는 시간이 짧을수록 유리하기 때문에 특별히 이를 고려하여 설계 제작한다.

3) 활공 비행

활공 비행기나 엔진이 정지된 비행기가 [그림 1-13]과 같이 수평면과 θ 인 활공각을 이루며 활공비행을 하고 있을 때, 비행기에 작용하는 힘은 그림에서와 같이 진행 방향에 수직인 양력 L과 평행한 항력 D가 작용하고, 연직 아래로 무게 W가 작용한다.

지금, 비행기가 등속도로 활공 비행을 하고 있다면 가속도는 없으므로 비행기에 작용하는 공기력과 중력은 평형 되어야 한다. 이를 식으로 나타내면 다음과 같다.

$$L - W\cos\theta = 0 \quad \cdots\cdots \quad (1\text{-}14)$$

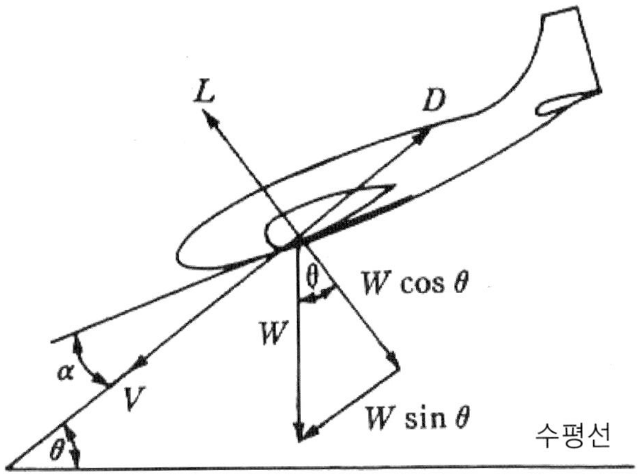

[그림 1-13] 활공비행시 힘의 작용

$$W\sin\theta - D = 0 \qquad (1\text{-}15)$$

$$W\cos\theta = L = C_L\frac{1}{2}\rho V^2 S \qquad (1\text{-}16)$$

$$W\sin\theta = D = C_D\frac{1}{2}\rho V^2 S \qquad (1\text{-}17)$$

$$\frac{\sin\theta}{\cos\theta} = \frac{D}{L}, \text{ 또는 } \tan\theta = \frac{C_D}{C_L} \qquad (1\text{-}18)$$

여기서, 활공각 θ는 양항비(C_L/C_D)에 반비례한다. 즉, 멀리 활공하려면 θ 가 작아야 하며, θ가 작으려면 양항비가 커야 한다. 활공기에서는 양항비를 크게 하기 위하여 C_D를 최소로 하는데, 그렇게 하기 위해서 기체 표면을 매끄럽게 하고 모양을 유선형으로 하여 형상 항력을 작게 할뿐만 아니라 날개의 길이를 길게 함으로써 가로 세로비를 크게 하여 유도 항력을 작게 한다.

활공각 θ 는 식(1-18)에서 보는 바와 같이 양력 계수 C_L과 항력 계수 C_D에 의해서 구해진다.

Exercise

활공기가 고도 1000m 상공에서 양항비 20인 상태로 활공한다면 도달할 수 있는 수평 활공 거리는?

풀이 (식 1-18)에서 $\tan\theta = \frac{1000}{x}$, 여기서 $\tan\theta = \frac{1}{C_D/C_L} = \frac{1}{20}$

$\therefore x = 1000 \times 20 = 20{,}000(m) = 2km$가 된다.

3. 특수 성능

1) 이륙 성능

비행기는 정지 상태로부터 기관의 출력을 증가시켜 활주하게 되면 가속되고, 어느 속도 이상이 되면 지면에서 이륙하게 된다. 이 때의 이륙 속도는 양력과 비행기의 무게가 같아지는 실속 속도이지만, 안전을 고려하여 이 속도의 약 1.2배 속도를 이륙 속도로 한다.

비행기의 안전을 위해서는 이·착륙시 활주로가 짧아야 하는데, 또한 기관 고장에 대비하

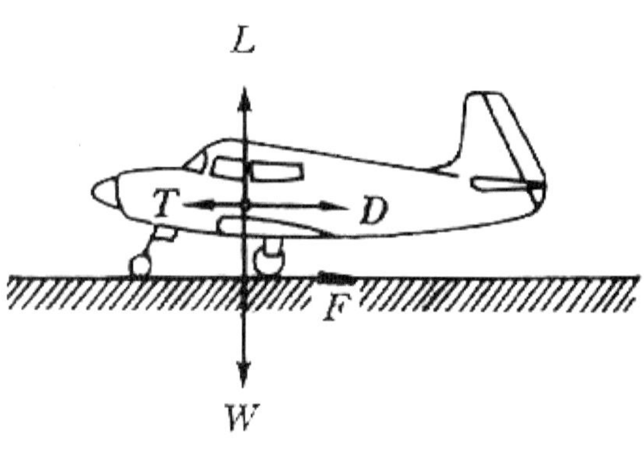

[그림 1-14] 이륙 활주 중 비행기에 작용하는 힘

여 여분의 활주로도 확보되어야 한다. 단거리 이·착륙 비행기는 이런 면에서 안정성이 높다. 최근 여러 나라에서는 이·착륙 거리가 짧은 STOL(short take-off and landing) 비행기나 VTOL(vertical take-off and landing) 비행기의 개발이 활발히 진행되고 있다.

[그림 1-14]에서와 같이, 비행기가 지상 활주 시에 추력 T가 작용하는데, 일반적으로 추력은 비행기 속도에 따라 변하지만, 활주 중의 추력은 정지해 있을 때의 추력과 같다고 보아도 별 오차가 없다. 또, 바퀴에는 지면 마찰력이 작용하는데, 일반적으로 마찰력은 접촉 면적과 압력에 비례하므로, 접촉 면적을 A, 비행기의 무게를 W, 양력을 L이라 하면 접촉 압력은(W-L)/A가 된다.

따라서, 지면에 대한 마찰력 F는 지면 마찰계수를 μ 라 할 때 다음과 같다.

$$F = \mu \cdot A \frac{W-L}{A} = \mu(W-L) \quad \cdots\cdots (1\text{-}19)$$

이것 외에도 항력 D가 작용한다.

비행기가 가속도 a로 활주한다면 비행기의 운동에 대한 식은 뉴턴의 제2법칙에 의해서 다음과 같이 표시된다.

$$\frac{W}{g} \cdot a = T-D-\mu(W-L) = T-D-F \quad \cdots\cdots (1\text{-}20)$$

$$a = \frac{g(T-D-F)}{W} \quad \cdots\cdots (1\text{-}21)$$

이륙 속도와 시간을 각각 V와 t라 하면 V=at 이므로 이륙활주 거리(S)는 다음 식으로 표시된다.

$$S = \frac{1}{2}at^2 = \frac{1}{2}\frac{V^2}{a} \quad \cdots\cdots (1\text{-}22)$$

그러므로

$$S = \frac{W}{2g}\frac{V^2}{(T-D-F)} \quad \cdots\cdots (1\text{-}23)$$

이 식은 지상 이륙 활주 거리를 계산하는 기본 식이 된다.

비행기의 실제적인 이륙 거리는 지상 활주 거리에다 비행기가 안전한 비행 상태의 고도, 즉 장애물 고도까지 상승하는데 소요되는 거리를 합한 거리이다[그림 1-15]. 이 장애물 고도는 프로펠러 비행기의 경우는 50ft(15m)이고, 제트 비행기의 경우는 35ft(10.7m)이다.

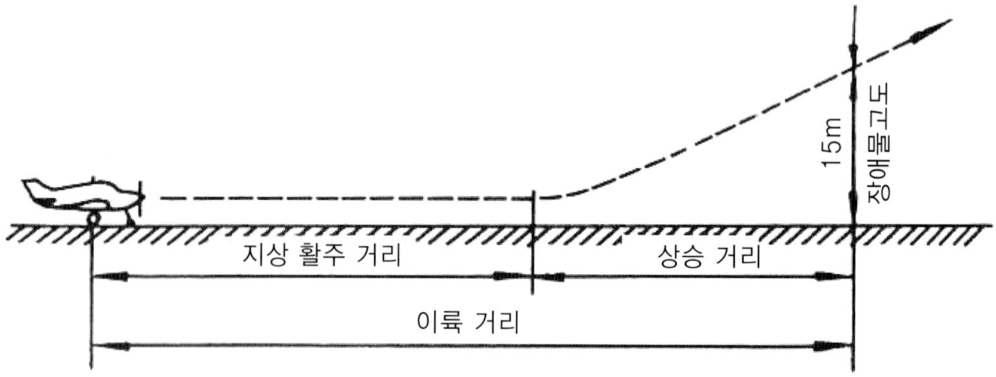

[그림 1-15] 비행기의 이륙 과정

이륙 활주 거리를 짧게 하여 이륙성능을 증진하기 위해서는 다음과 같은 조건이 필요하다.

① 비행기의 무게를 가볍게 한다.

② 이륙 활주 중 가속도가 커질 수 있도록 기관의 추력을 키운다.

③ 속도를 증가시키면 항력도 증가하게 되므로 항력이 작은 활주 자세로 이륙한다.

④ 바람의 속도만큼 비행기의 속도가 증가하는 효과를 얻도록 맞바람을 받으면서 이륙한다.

⑤ 양력이 증가하도록 플랩과 같은 고양력 장치를 사용한다.

2) 착륙 성능

한편 비행기가 착륙하려면 강하하여 활주로에 진입해야 하는데, 이 때 비행기의 강하각을 2.5~3.0°로 유지하여 착륙 자세로 들어간다. 이 때, 활주로 위 15m 높이에서 진입 속도가 실속 속도의 1.3배의 속도로 강하하는데, 이것은 지면 부근의 돌풍이 착륙 중에 있는 비행기의 자세

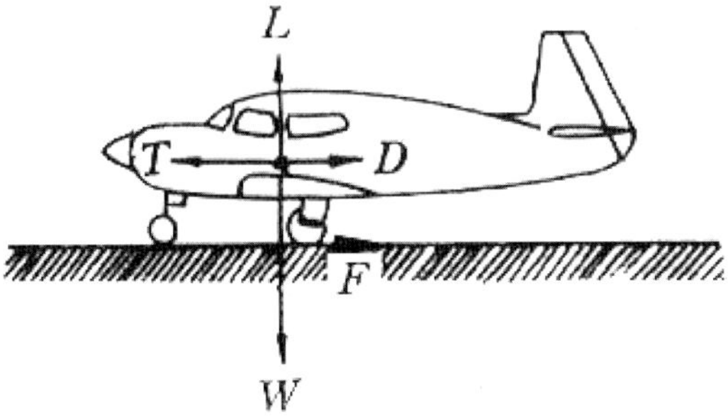

[그림 1-16] 착륙 활주 중 비행기에 작용하는 힘

를 교란시킬 가능성에 대한 대비로 30%의 여유를 주기 위한 것이다.

높이 15m의 지점을 통과하며 기관을 감속하여 접지할 때는 비행 경로가 수평이 되도록 승강키를 조작한 다음 실속 속도까지 감속시킨다. 접지한 후에는 브레이크를 써서 감속, 정지시킨다.

착륙 시 비행기에 작용하는 힘을 보면, 추력 T는 거의 0이고, 마찰력 F는 브레이크를 사용할 경우 마찰 계수(μ′)가 이륙 활주 때 보다 커져서 비행기는 감속도(−a′)를 받게 된다.

[그림 1-16]에서, 활주 중 비행기의 무게를 W, 항력을 D, 양력을 L이라 하면, 비행기에 작용하는 힘은 다음 식으로 표시된다.

$$-\frac{W}{g}\cdot a' = -D - \mu'(W-L) \quad \cdots\cdots (1\text{-}24)$$

$$a' = \frac{g}{W}[D + \mu'(W-L)] \quad \cdots\cdots (1\text{-}25)$$

착륙 활주 거리는 이륙 때와 마찬가지로 다음과 같다.

$$S = \frac{1}{2}a't^2 = \frac{1}{2}\frac{V^2}{a'} \quad \cdots\cdots (1\text{-}26)$$

$$S = \frac{W}{2g}\cdot\frac{V^2}{[D + \mu'(W-L)]} \quad \cdots\cdots (1\text{-}27)$$

착륙 활주시의 양력은 아주 작으므로 이를 무시하면 착륙활주 거리는 다음과 같이 표시된다.

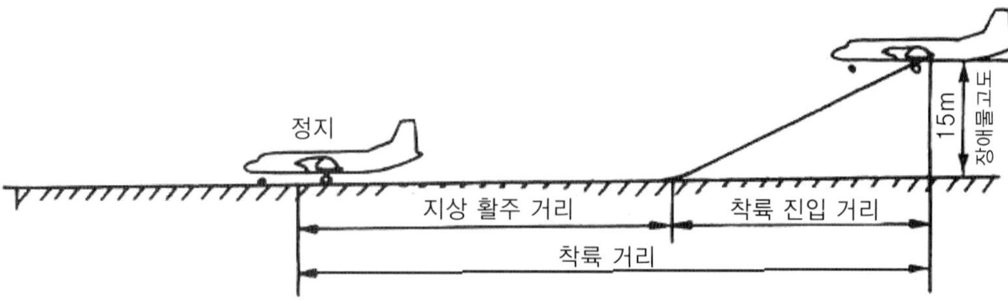

[그림 1-17] **착륙 경로**

$$S = \frac{W}{2g} \cdot \frac{V^2}{(D + \mu' W)} \quad \cdots\cdots (1\text{-}28)$$

실제의 착륙 거리는 착륙 활주 거리에다 착륙 진입 거리를 더한 거리이다.

비행기가 목표 비행장에 착륙하기 위해서 [그림 1-17]과 같이 직선 강하 비행을 하게 되는데, 이 과정을 진입(進入, approach)이라 한다. 비행기가 활주로 끝 상공에서 장애물 고도(프로펠러기는 15m, 제트기는 10.8m)를 지나서 안전한 비행 상태로 정지할 때까지를 착륙이라 한다.

비행기의 착륙 거리를 짧게 하기 위해서는 다음과 같은 조건이 필요하다.

① 비행기의 착륙 무게가 가벼워야 한다.

② 접지 속도가 작을수록 착륙 거리가 짧게 된다. 그러나 최소 속도 이하로는 속도를 줄일 수 없으므로, 플랩을 이용하여 수평 비행시보다 더 작은 실속 속도로 착륙하여 지상 활주 거리를 짧게 한다.

③ 활주 중에 마찰력을 크게 하기 위해서는 양력을 줄여야 하는데, 대형 제트기에서는 스포일러(spoiler)등을 사용하여 양력을 줄이면서 상대적으로 비행기 무게를 크게 하여 착륙 거리를 짧게 한다.

3) 순항 성능

비행기가 어떤 출발지로부터 목적지까지 비행하는 경우에, 상승과 강하 구간을 제외한 구간의 비행을 순항(巡航, cruising)이라 한다. 순항할 때 소요 시간이 짧을수록 연료 소비가 적고 항속 성능이 좋다고 한다.

필요 마력이 최소인 상태로 비행하는 경우에 연료소비가 적게 되므로 이를 경제 속도라 한다. 그러나 경제 속도로 비행하는 경우에 연료의 소모는 적으나 실용적인 면에서 보면 이 속도는 너무 느리다. 따라서 좀 더 속도가 빠른 비행을 하게 되는데, 이를 순항속도(巡航速度, cruising speed)라 한다.

순항비행방식은 두 가지인데, 하나는 연료가 소비됨에 따라 비행기의 무게가 작아지므로, 이에 맞추어 순항속도를 점차 줄여 기본 출력을 감소시킴으로써 경제적으로 비행하는 장거리 순항 방식이고, 다른 하나는 기관의 출력을 일정하게 함으로서 비행기의 무게는 연료 소비에 따라 감소되며, 따라서 순항 속도는 증가하게 하는 고속순항방식이다.

순항 비행에서 연료 소비량을 줄이기 위해서는 장거리 순항 방식이 유리하고, 소요시간을 줄이기 위해서는 고속순항방식이 유리하다.

항속거리(航續距離, cruising range)는 비행기가 출발한 때부터 탑재한 연료를 다 사용할 때까지 비행할 수 있는 거리를 말한다. 이것은 기관의 연료 소비율과 밀접한 관계를 가진다. 연료 소비율이란, 프로펠러 비행기인 경우는, 발동기 출력 1마력 당 1시간에 소비하는 연료 소비량(kg)을 말한다.

NEWS

블랙박스의 진실

"블랙박스, 까만색 아니에요?" 의외로 블랙박스가 빨간색에 가까운 오렌지색이란 사실을 잘 모른다. 검은색이면 사고 현장에서 눈에 잘 띄지 않기 때문에 빨갛게 칠한다. 형광물질도 입힌다. '블랙'이라는 말이 들어간 것은 사고 해결의 실마리를 던져주는 '비밀 열쇠'라는 뜻에서이다.

블랙박스는 또 1개가 아니라 2개라는 사실도 함께 기억하면 좋다. 블랙박스는 비행자료기록장치(Flight Data Recorder, FDR)와 조종실 음성녹음장치(Cockpit Voice Recorder)로 나뉜다. 비행기 꼬리날개 부근에 들어 있다. 사고가 나도 기록을 보존해야 하기 때문에 1100도에서도 30분간 견딜 수 있고, 6000m 바다 속에서도 30일을 버틸 수 있게 제작되어 있다. 메탈이나 마그네틱 테이프를 쓰다가 요즘은 메모리칩으로 자료를 저장. 크기는 작은 가방 정도. 가로 12cm, 세로 19cm, 길이 32~49cm 정도. 값은 기종에 따라 다르지만 수 천만원 수준. 국내항공사는 미국 허니웰 제품을 많이 쓴다고 한다. 블랙박스에 이상이 생기면 자동으로 조종실에 신호가 나타난다.

그러나 블랙박스를 푼다고 사고 원인을 정확히 끄집어낼 수 있는 건 아니다. 아예 기록을 공개하지 않기도 하고, 심지어 내용을 조작한다는 설(說)도 있다. 1998년 활주로 이탈사고를 낸 국내 항공사 비행기에 있던 블랙박스는 어처구니없게도 불량품이었다고 한다.

연 습 문 제

1. 항공기상에 관한 ICAO와 WMO의 협력관계를 설명하시오.

(참고 p.20~21)

2. 항공로에 대해 설명하시오.

(참고 p.31)

3. 비행장의 정의와 종류를 열거하시오.

(참고 p.32~p.34)

4. 순항고도를 설명하시오.

(참고 p.40)

5. 비행기의 특수성능에 대해 설명하시오.

(참고 p.57~63)

6. 다음 중 국제민간항공조약의 원칙이 아닌 것은?

① 영토주권의 원칙
② 에어카보타지(Air cabotage) 자유의 원칙
③ 부정기 항공의 무해 통과의 자유와 기술착륙의 자유
④ 조약은 민간항공기에만 적용되는 원칙

7. 국제민간항공조약 부속서 중 항공기상을 다루고 있는 것은?

① 제3부속서 ② 제6부속서
③ 제10부속서 ④ 제13부속서

8. 항공교통관제구 또는 항공교통관제권에서 비행하는 경우의 시계비행상태 중 제일 적합한 것은?

① 항공기에서 수평거리 600m 이내에 구름이 없을 것
② 항공기에서 측방 600m 범위 내에 구름이 없을 것
③ 항공기에서 상방 200m, 하방 300m 범위 내에 구름이 없을 것
④ 비행시정이 4,000m 이상일 것

9. 비행기에 작용하는 공기력이 아닌 것은?

① 양력 ② 중력
③ 항력 **④ 전향력**

10. 이륙활주거리를 짧게 하여 이륙성능을 증진하기 위한 방법은?

① 비행기의 무게를 가급적 무겁게 한다.
② 가급적 항력이 큰 활주자세를 취한다.
③ 맞바람이 작을 때 이륙한다.
④ 이륙활주 중 가속도가 커질 수 있게 추력을 키운다.

제2장
비행공간 대기

I 대기의 성분

지구대기는 여러 가지 기체의 혼합물인데, 그 속에는 기체 이외에도 적은 양의 물방울, 얼음조각 그리고 기타 미립자들이 들어 있다. 기체들은 주로 질소와 산소로 구성되어 있으며 다른 성분의 기체들도 조금 들어 있다([표 2-1] 참조).

[표 2-1] **대기의 조성**

성분	분자식	분자량	조성 비율(%)	
			체적비	중량비
질소	N_2	28.01	78.088	75.527
산소	O_2	32.00	20.949	23.143
아르곤	Ar	39.94	0.93	1.282
탄산가스	CO_2	44.01	0.03	0.0456
일산화탄소	CO	28.01	1×10^{-5}	1×10^{-5}
네온	Ne	20.18	1.8×10^{-3}	1.25×10^{-3}
헬륨	He	4.00	5.24×10^{-4}	7.24×10^{-5}
메탄	CH_4	16.05	1.4×10^{-4}	7.25×10^{-5}
크립톤	Kr	83.7	1.14×10^{-4}	3.30×10^{-4}
일산화질소	N_2O	44.02	5×10^{-5}	7.6×10^{-5}
수소	H_2	2.02	5×10^{-5}	3.48×10^{-6}
오존	O_3	48.0	2×10^{-6}	3×10^{-6}
수증기	H_2O	18.02	변동이 큼	변동이 큼

질소(N_2)는 대기 전체 체적 중의 대부분을 차지하고 있음에도 일기 발생 과정에는 영향을 주지 않는다. 예를 들면 공기가 내연기관을 통과할 때처럼 매우 높은 온도일 때만은 예외적으로 질소가 산소와 결합하여 질소산화물(NO_X)을 만든다. 이 NO_X는 대기오염물질로 알려져 있다.

대기 중에서 산소(O_2)의 가장 중요한 역할은 생명체의 삶을 유지해주는 것이다. 산소의 농도가 고도에 따라 감소하기 때문에 모든 항공기 승무원들은 산소 부족 시 승객들에게 일어날 수 있는 증상에 유의해야 한다. 또한, 산소는 연소에 필요할 뿐만 아니라, 다른 기

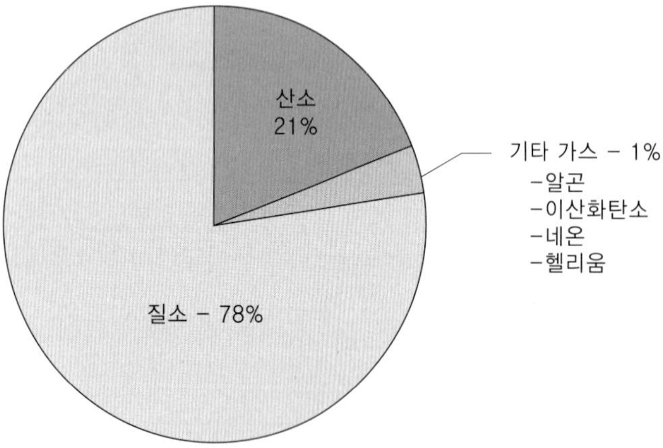

[그림 2-1] 지상 80㎞ 고도까지 대기의 조성

체와의 화학적 결합으로 대기오염물질을 발생시키거나 소멸시키는 역할을 한다.

질소, 산소와 기타 대기 중의 다른 많은 기체들이 적어도 고도 약 80㎞(260,000ft) 이하에서는 조성(組成)이 78 : 21 : 1로서 비교적 일정하다([그림 2-1] 참조). 이 고도 이상에서는 태양으로부터의 에너지가 분자구조와 조성을 깨뜨린다.

다른 대기성분과는 달리 수증기(H_2O)는 포함 비율이 변하는 기체이다. 대기 중 수증기 포함 비율은 공기의 위치에 따라 크게 변할 수 있다. 예를 들면, 열대 해상에서는 수증기가 총 기체 체적의 약 4%를 차지하고 있지만 사막이나 고고도에서는 거의 0% 상태이다.

수증기는 산소나 질소보다 대기 중에 매우 적은 양이 들어 있지만, 일기현상 발생에는 매우 중요한 기체이다. 그 이유는 수증기가 액체(물)와 고체(얼음)의 형태로 존재할 수도 있기 때문이다. 수증기는 항공기상에서 중요하게 여기는 안개, 구름, 강수 및 착빙의 생성에 이바지한다. 또한, 수증기는 다른 대부분 기체와는 달리 지구복사에너지를 잘 흡수한다. 이것은 지표면 온도의 복사 냉각을 감소시킨다. 이 부분에 대한 설명은 뒤에 다룬다.

대기 전체에 대해 매우 적은 부분을 차지하고 있는 기체들을 일반적으로 미량기체(trace gas)라 한다. 이런 기체 중에서도 중요한 두 가지는 이산화탄소(CO_2)와 오존(O_3)이다. 이 두 기체는 극히 적은 양이지만 그 함량이 장소에 따라 변하는데, 대기과정에 미치는 영향이 매우 크다. 수증기, 이산화탄소, 오존과 같은 미량기체들은 농도가 비록 적을지라도 날씨와 기후에 미치는 영향은 매우 크다.

이산화탄소는 지구복사를 잘 흡수한다. 이산화탄소는 전 세계적으로 화석연료의 연소와 열대우림의 감소로 말미암아 지난 한 세기 동안 증가해왔는데, 이것이 장기간에 걸친 지구온난화의 원인으로 보고 있다.

오존(O_3)은 질소산화물에 대한 태양작용과 번개와 같은 전기방전에 의해 고층 대기인 성층권에서 생성되는 유독성의 물질이다. 오존의 이러한 유독성 때문에 고고도로 비행하는 동안 승무원과 승객들의 직접적인 노출이 문제가 될 수 있다. 그러나 한편으로는 생물에 해로운 태양으로부터 오는 자외선을 오존층의 상부에서 오존이 대부분 흡수하기 때문에, 오존은 지표면에 있는 동·식물을 보호하는 유익한 존재이기도 하다. 오존의 농도가 최대인 곳은 지상 25km(80,000ft) 고도 부근인데 이곳을 오존층(ozonosphere)이라고 한다. 이곳에서의 오존 농도는 약 10ppm 정도가 된다.

공기 중에 떠다닐 만큼 매우 작은 액체입자나 고체입자들을 미립자(particulate) 또는 에어로졸(aerosol)이라 한다. 이들의 일부는 눈으로 확인할 수 있을 만큼 크지만, 대부분은 그렇지 못하다. 대기 중 가장 뚜렷한 미립자는 안개나 구름과 같은 수적이나 빙정이다. 미립자의 다른 발생원으로는 화산분출, 산불, 먼지 보라가 있고 공업화 과정, 자동차, 비행기 엔진들이 있으며 바다의 파도도 그에 해당한다. 미립자들은 태양복사와 지구복사를 차단하고, 대기 중에서 수증기를 응결시켜 시정을 악화시키므로 중요하다.

Ⅱ 대기의 물리적 성질

대기 시스템은 여러 가지 기체들의 혼합체이기 때문에 상태를 설명하는데 사용되는 세 가지 기본적인 변수는 온도, 밀도, 압력이다.

1. 온도

온도는 여러 가지 방법으로 정의된다. 예를 들면 열이 이동하는 방향을 측정하여 '따뜻함' 또는 '차가움'의 개념으로 정의될 수 있다. 온도에 대한 또 다른 해석은 분자들의 운동을 측정하는 것인데, 분자 하나하나는 운동 속도의 제곱에 비례하는 운동에너지를 가진다. 기체 온도는 그 물질을 구성하는 많은 분자의 평균 운동에너지로 정의된다. 평균 운동에너지가 커질수록 온도는 높아진다. 절대 0도(absolute zero)는 물체의 모든 분자 운동이 정지하는 온도이다.

대응되는 온도척도를 절대온도(A) 또는 켈빈온도(K)라고 한다. 절대온도 또는 켈빈온도에서는 모든 분자운동이 멈추는 온도가 0K이다. 그리고 얼음이 녹는점은 273K, 물이 끓는점은 373K이다.

섭씨(Celsius) 온도와 화씨(Fahrenheit) 온도는 다음 장에서 설명한다.

2. 밀도

기체의 밀도는 단위 체적 안에 들어 있는 분자들의 질량이다. 만약 그 체적 안의 분자의 양이 감소하면 밀도는 감소한다. 만약 질량은 같지만 부피가 증가하면 역시 밀도는 감소한다. 밀도의 단위는 단위 체적당 질량으로 나타낸다.

3. 압력

압력은 주어진 단위 면적(m^2 또는 ft^2)에 운동하는 기체 분자의 충돌에 의해 생기는 힘이다. 한 점에서의 압력은 모든 방향에서 같이 작용한다. 일반적으로 평균해면기압은 1013.25hPa(14.7 lbs/in^2, 29.92in.Hg.)이다.

Ⅲ 대기의 구조

대기는 넓이에 비교하면 상당히 얇다. 온도, 밀도, 압력과 같은 대기 특성은 수평 방향에서보다 연직 방향에서 더 가파르게 변한다. 이런 이유 때문에 우리는 대기 구조를 검토할 때 전형적으로 연직구조를 살피는 것으로부터 시작한다.

1. 대기의 규모

지구표면으로부터 대기 상한까지의 거리를 '대기의 두께'라고 한다. 대기는 학술적으로 유체로 정의되지만, 물처럼 분명한 상층 표면을 가지고 있는 것이 아니다. 대기는 상당히 압축되어 있지만, 고도가 증가함에 따라 압축 정도가 약해진다. 대략의 상한을 대기밀도에 기초하여 생각해 볼 수 있다.

지상 50km(164,000ft) 고도의 밀도는 대략 해수면 밀도의 약 1,000분의 1정도이다. 즉, 총 대기 질량으로 볼 때 99.9%가 이 고도 아래에 들어 있다. 이 고도가 '대기 상한'에 가깝다고 볼 수 있다. 그러나 이것은 지구평균반경(6,371km, 3,438n.m.)과 비교할 때 상대적으로 매우 짧은 거리이다. 따라서 대기는 수평 길이와 비교할 때 매우 얇은 층에 불과하다. 마치 야구공의 껍데기 정도에 비유될 수 있을 것이다.

2. 온도분포에 의한 구분

대기를 더 세분하기 위해서 비슷한 특징을 가지고 있는 몇 개의 층으로 분류할 수 있다. 대기 구조의 가장 일반적인 모델은 고도에 따라 온도 특성을 기준으로 분류하는 것이다[그림 2-2].

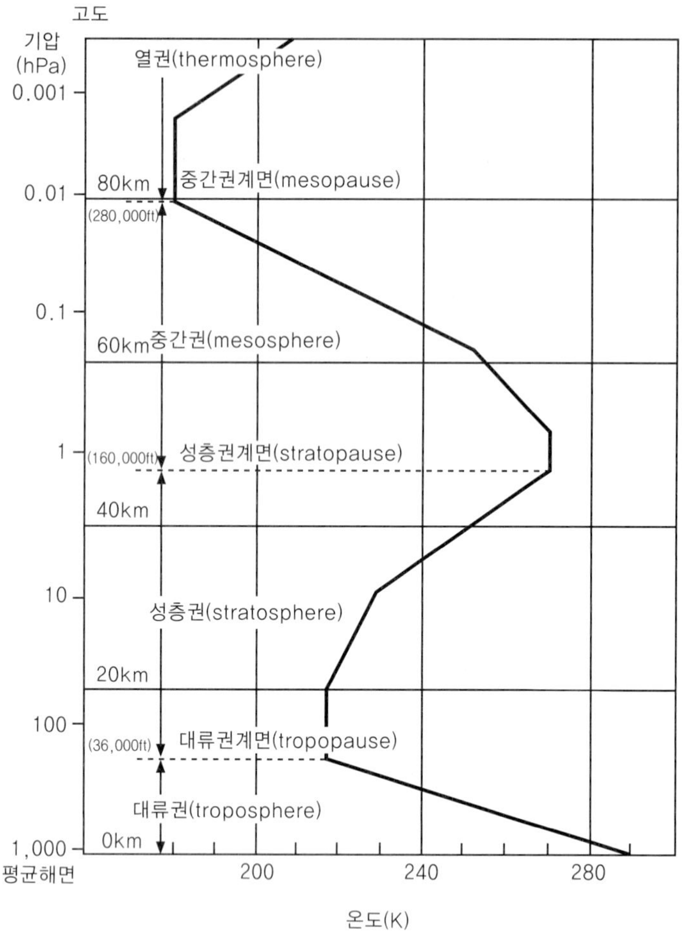

[그림 2-2] **대기의 연직 온도분포와 대기층의 구분**

대기의 가장 하층인 대류권(對流圈, troposphere)에서의 온도가 평균적으로 고도 증가에 따라 감소한다. 대류권에서의 평균기온감률은 6.5℃/1,000m(2℃/1,000ft)이다. 구름과 일기현상 대부분은 이 대류권 안에서 발생한다. 대류권에서는 종종 강한 연직 운동이 일어난다.

대류권의 꼭대기 면을 대류권계면(對流圈界面, tropopause)이라고 하는데, 그 고도가 약 11km(36,000ft) 고도이다. 온도는 대개 이 권계면 고도에서 최소값(-56℃)을 나타낸다. 대류권계면은 제트기류, 청천난류, 뇌우와 같은 기상현상과 관련이 있기 때문에 항공기상에서는 매우 중요하다. 대류권계면의 고도는 지구에서의 위도에 따라, 또 계절에 따라 변하는데, 대류권계면의 고도가 극지방 근처에서는 낮고 적도 근처에서는 높다. 그리고 겨울에 낮고 여름에 높다.

성층권(成層圈, stratosphere)에서는 상층으로 올라가면서 온도가 처음에는 거의 변하지 않다가, 더 올라가면 고도증가에 따라 온도가 상승한다. 명칭에서 암시하듯 성층권에서는 공기가 안정하여 연직방향의 움직임은 없고 수평적인 움직임만 있게 된다.

성층권 꼭대기에는 성층권계면이 있다. 성층권계면은 해발 약 50km(약 160,000ft)에 위치한다. 이 고도에서부터는 온도가 다시 감소한다. 이 중간권(中間圈, mesosphere)은 해발 약 80km (280,000ft)까지 이어지는데, 그곳이 중간권계면이며 이곳에서 최소 온도(약 -90℃)가 나타난다.

대기 중에서 가장 위층은 열권이다. 열권(熱圈, thermosphere)에서는 온도가 일반적으로 고도증가에 따라 증가한다. 그러나 여기서 온도의 의미는 그다지 중요하지 않다.

매우 높은 고도에서는 공기 분자의 수가 너무 적기 때문에 공기 분자의 평균 운동에너지인 온도는 큰 의미가 없다. 그런 높이의 공간에 있는 물체들의 온도는 태양복사와 밀접한 관련이 있어 태양이 비치는 면의 온도는 높고 그 반대편은 비교적 낮다.

3. 오존층과 전리층

[그림 2-3]은 대기의 연직구조를 다른 형태로 설명하는 데 이용된다.

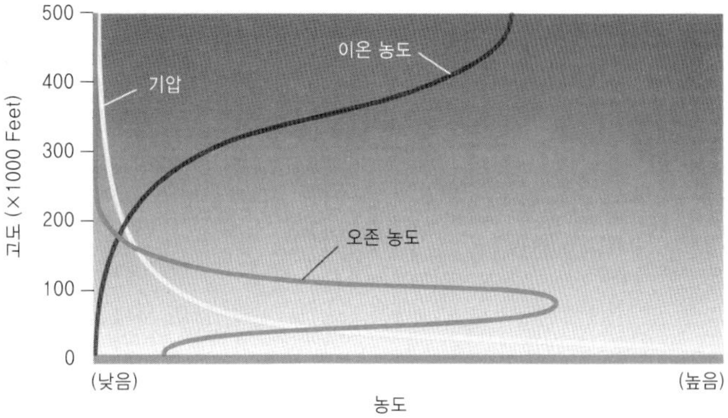

[그림 2-3] 대기의 고도에 따른 오존농도, 이온농도 그리고 압력의 연직분포

오존층(ozonosphere)은 주로 성층권 하부에 존재한다. 오존층은 해발 약 25㎞(80,000ft) 근처에서 오존 농도가 최대농도(약 10ppm 정도)를 나타낸다. 오존은 산소 원자와 산소 분자가 결합할 때 생성된다. 성층권에서 고도에 따른 온도 상승은 그 층에 들어 있는 오존이 태양복사파 중에서 짧은 파장의 에너지를 흡수하기 때문에 생기는 현상이다.

오존홀(ozone hole)이란 오존층 중에서 오존농도가 수평적으로 평균 농도보다 낮은 지역이다. 특히 남극 상공에서 봄철(9~12월)에 오존홀이 강화된다. 오존홀은 프레온가스(CFCs)라는 인공적인 가스가 성층권 고도에 도달하는데 태양복사가 CFCs를 분해할 때 자유로워진 염소가 오존 분자를 파괴하기 때문에 발생한다. 오존이 파괴되어 오존홀이 생기면 생물과 인체에 해로운 태양으로부터 오는 짧은 파장의 복사파를 차단하지 못하게 되므로, 이러한 짧은 복사파에 의해 사람과 생물들이 피해를 입게 된다.

전리층(電離層, ionosphere)은 중간권 하부로부터 열권 상부까지 이어지는 전리 입자가 들어 있는 층이다. 태양복사가 공기의 원자와 분자로부터 전자를 분리하기에 충분한 에너지를 가지고 있기 때문에 전리 입자(이온, 자유전자)들이 이 고도에서 생성된다.

AM 라디오파는 전리층 내의 서로 다른 여러 층에 의해 반사되고 흡수된다. 따라서 라디오 통신은 일출 시, 일몰 시 또는 태양활동이 왕성한 시기에 크게 영향을 받아서 잡음을 일으키게 된다.

또한 [그림 2-3]은 고도에 따른 기압 변화를 나타내는 곡선도 표시하고 있다. 기압의 중요한 특징은 기압이 고도 상승에 따라 항상 감소한다는 것이다. 그리고 지표면 바로 위에서는 급격히 감소하고 그보다 매우 높은 고도에서는 매우 서서히 감소한다.

고도에 따른 기압의 감소 때문에 고고도에서의 비행과 관련된 여러 가지 중요한 생리학적 영향이 생긴다. 대기 혼합기체에서 산소농도는 총 대기압에 비례한다. 그러므로 산소농도도 총 대기압과 같이 고도에 따라 감소한다. 이러한 기압감소와 함께 산소 감소는 조종사와 승무원들이 아래와 같은 임계고도를 결정하는데 중요한 고려 사항이다.

① 보조 산소호흡 장치는 낮에는 해발 3km(10,000ft) 이상에서, 밤에는 해발 1.5km(5,000ft) 이상에서 필요하다.

② 보조 산소는 해발 3.8km(12,500ft) 이상에서 30분 이상 비행하는 모든 승무원에게 필요하다.

③ 해발 4.3km(14,000ft) 이상에서 승무원들은 보조 산소 사용이 필요하다.

④ 약 12km(40,000ft) 이상의 비여압(unpressurized, 非與壓) 환경에서는 보조 산소를 반드시 공급해야 한다.

⑤ 약 19km(63,000ft)에서는 몸속의 수분(body fluid)으로부터 나오는 기체에 의한 압력이 대기압을 초과한다. 비여압 상태에서 유체는 증기로 변화되므로 피가 끓게 될 것이다. 비여압 상태의 항공기 조종사는 해발 15km(50,000ft) 이상에서 반드시 특수 여압복(與壓服)을 착용하여야 한다.

항공기의 성능은 대기의 질량에 직접적으로 관련되어 있기 때문에 밀도가 낮을 때는 항공기의 성능이 저하된다. 이것은 고고도 비행에서 더욱 명백해진다. 그러나 이러한 현상은 성층권 고도에서 비행할 때만이 아니라 지상온도가 매우 높아져서 지표 부근의 공기밀도가 낮아질 때에도 발생하고 있다. 다음 장에서는 이런 조건이 미치는 영향을 폭넓게 다루게 된다.

Ⅳ 표준대기

국제표준대기(ISA, International Standard Atmosphere)는 국제적으로 기압, 온도, 밀도의 연직분포를 이상화시킨 대기이다[표 2-2]. 표준대기는 모든 항공우주분야에 응용된다.

[표 2-2] 국제표준대기의 정압면 고도

정압면	고 도		기 온
hPa	Feet	Meters	℃
1013.2	0	0	15.0
1000	364	111	14.3
925	2,500	762	10.1
850	4,781	1,457	5.1
700	9,882	3,012	-4.6
500	18,289	5,574	-21.2
300	30,065	9,164	-44.5
250	33,999	10,363	-52.3
200	38,662	11,784	-56.5
150	44,647	13,608	-56.5
100	53,083	16,180	-56.5

실제 대기는 ISA와는 크게 다를 수 있다는 것에 유의해야 한다. 표준대기는 대체로 중위도의 대류권과 성층권의 평균상태를 나타낸다.

실제로 대류권의 극 상공에서는 ISA보다 더 차고, 권계면 고도는 더 낮으나 온도는 더 높다. 한편, 적도 상공에서는 ISA보다 더 따뜻하고, 권계면 고도는 더 높으나 온도는 더 낮다.

NEWS

'위기일발' JAL, 1만1000m상공서 급강하.

JAL 소속 점보기가 2005년 5월 8일 오전 홋카이도 상공에서 기내 기압이 갑자기 떨어지면서 고도 1만 1000m 상공에서 3000m로 곤두박질치다가 인근 공항에 긴급착륙하는 사고가 발생했다. 비행기는 남미의 상파울루를 출발하여 일본 나리타공항으로 가던 중, 이날 연휴 마지막 날을 맞아 375명이 탑승해 만석이었는데도 다행히 다친 사람은 없었다.

사고기는 이날 오전 뉴욕을 거쳐 11시40분쯤 삿포로(札幌)서 남동쪽 약 375km 상공을 비행하던 도중 객실 내 기압이 갑자기 내려가면서 고도 11km 상공에서 급강하를 시작했다. 비행기는 균형을 회복한 뒤 인근의 신치토세(新千歲) 공항에 무사히 착륙했다. "기내외의 압력을 균일하게 맞춰주는 여압장치 고장으로 이를 맞추기 위해 조종사가 급하강했다는 것이다.

연 습 문 제

1. 대류권계면(tropopause)을 설명하여라.

(참고 p.74)

2. 성층권이 제트기의 중요한 항로가 될 수 있는 이유는 무엇인가?

(참고 p.74)

3. 대부분의 기상현상이 대류권에서 발생하는 이유에 대해 설명을 하여라.

(참고 p.70)

4. 지구대기의 4대 성분은 무엇인가?

(참고 p.69)

5. 대기 중의 불순물이 기상에 미치는 중요한 영향 2가지는 무엇인가?

(참고 p.71)

6. 권계면 위 성층권 하부에서의 기온 특성 중 맞는 것은?

   ① 수평방향의 기온변화는 없다.
   ② 수평방향이나 연직방향에서 모두 기온변화가 없다.
   ③ 한대지방에서는 기온이 높고 적도지방에서는 낮다.
   ④ 수평방향으로는 기온변화가 없으나 연직방향으로는 모두 변화가 크다.

7. 대기의 조성을 설명하고 있다. 적합한 것은?

① 상공일수록 점차 가벼운 수소나 헬륨이 많아져서 최상공에는 질소나 산소는 없다.
② 고공에는 전부 오존분자로 구성되어 있다.
③ 고공에는 저온이기 때문에 수증기가 대부분을 이루고 있다.
④ 약 80㎞ 높이까지 대기의 조성은 변화가 없다.

8. 표준대기를 설명하고 있다. 옳은 것은?

① 대류권에서는 기온감률이 6.5℃/1㎞이며 수증기를 포함하고 있다.
② 대류권에서는 기온감률이 6.5℃/1㎞이며 수증기를 포함하고 있지 않다.
③ 대류권에서는 기온감률이 10℃/1㎞이며 해면기온은 15℃이다.
④ 대류권에서는 기온감률이 10℃/1㎞이며 해면기압이 1013,2hPa이다.

9. 다음 대기권의 각 층 중에서 아래에서 2번째의 층은?

① 중간권(Mesosphere) ② 대류권(Troposphere)
③ 성층권(Stratosphere) ④ 열권(Thermosphere)

10. 성층권에 있는 오존층 중심(지상 약 25㎞ 고도)에서 오존의 농도는? 참고로, 우리나라에서 오존 중대경보 기준은 0.5ppm이다.

① 0.1ppm 정도 ② 0.5ppm 정도
③ 1ppm 정도 **④ 10ppm 정도**

제3장
대기의 온도

I 에너지의 이동

대기 시스템에서는 들어온 태양에너지가 보존되면서 바람, 구름과 강수현상이 발생하게 된다. 이러한 과정을 유지하기 위해서 태양으로부터 들어온 열에너지는 대기 내에서 재분배가 이루어진다. 열에너지의 재분배는 다음의 세 가지 에너지 전달 과정으로 이루어진다.

복사(輻射, radiation)는 전자기파에 의한 에너지 전달

전도(傳導, conduction)는 분자운동을 통한 에너지 전달

대류(對流, convection)는 유체의 이동을 통한 에너지 전달

기상에서는 일반적으로 대기의 연직운동을 대류, 대기의 수평운동을 이류(移流, advection)라는 용어로 구분한다.

또한 열에너지의 네번째의 이동과정으로는 물의 증발·응결과 같은 물의 상태변화에 의한 잠열수송(潛熱輸送, latent heat transfer)이 있다.

1. 복사

전도와 대류(이류 포함)는 에너지가 이동하는데 매질(媒質)을 필요로 하지만 복사는 매질을 필요로 하지 않는다. 그러므로 거의 빈 우주공간을 지나오는 태양에너지의 이동은 복사의 형태로 이루어진다. 지표가 받는 태양복사는 다음에 설명하는 몇 가지 이유로 고도와 계절에 따라 변한다.

① 지구는 적도 쪽이 약간 불룩한 공 모양이다.

② 자전축 주위를 회전(자전)하며 태양 주위를 회전(공전)한다.

③ 입사하는 태양에너지는 지구대기를 통과하여 지표면에 도달한다.

2. 태양-지구의 기하학

지표면 위의 어떤 한 지점에서 받은 태양에너지의 강도는 태양의 위치에 따라 변하며, 태양의 위치는 다음과 같은 사항에 영향을 받는다.

① 지구는 자전축을 기준으로 24시간마다 한번씩 자전한다.

② 지구는 태양 주위를 365.25일마다 한번씩 공전한다.

③ 지구 자전면(적도면)은 태양 공전궤도면(황도면)에 대해 23.5° 기울어져 있다([그림 3-1] 참조).

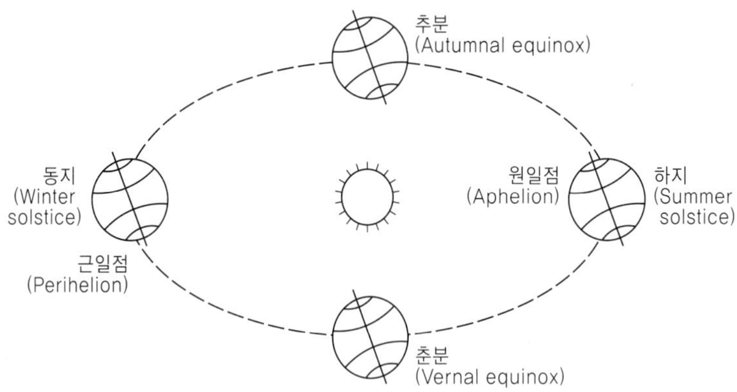

[그림 3-1] **지구의 공전과 계절**

복사의 일변화는 매일 일어나는 지구의 자전에 의해 생기는 낮과 밤의 변화 때문이다. 낮과 밤의 길이는 계절에 따라 다르다. 지구 공전궤도는 양극이 각각 반년 동안은 태양을 향하여 기울어져 있고, 나머지 반년 동안은 태양에서 멀리 기울어져 있는 형식이다. 이것이 지구의 위도에 따른 낮과 밤 길이의 변화를 발생시킨다. 봄과 가을의 첫째 날인 춘분과 추분의 정오에는 적도에서 태양광선이 지표면과 수직이 된다. 이날 낮과 밤의 길이는 지구상의 어디에서나 똑같은 12시간씩이다.

여름의 첫째 날인 하지와 겨울의 첫째 날인 동지의 정오에 태양은 각각 최고와 최저의 위도에 도달한다. 북반구에서 일년 중 낮의 길이가 가장 긴 날은 하지이고 가장 짧은 날은 동지이다. 북위 66.5°(북극권, Arctic circle) 북쪽과 남위 66.5°(남극권, Antarctic circle) 남쪽에서는 1년 중 적어도 해가 뜨지 않는 날과 지지 않는 날이 각각 1일 이상이다. 이 현상은 극에서 최대값에 도달하여, 극점에서는 6개월의 밤과 6개월의

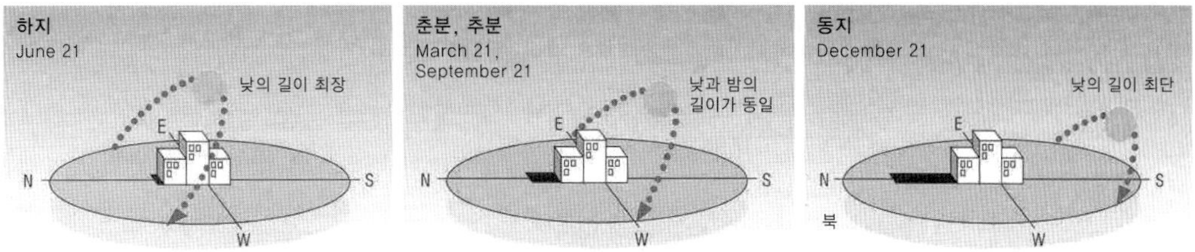

[그림 3-2] **낮길이의 계절변화에 대한 설명**

낮이 존재한다. 고위도에서는 태양 고도각이 작기 때문에 특이한 시정 장애현상인 시야 상실(백야현상, 화이트아웃)이 발생하기도 한다.

태양 위치 변화의 영향은 태양이 남중할 때 태양 고도각으로 설명된다[그림 3-2]. 만약 태양 고도각이 작다면 태양에너지는 넓은 지역에 퍼지게 되어 단위면적당 받는 열이 적어진다. 이 현상은 일반적으로 일출과 일몰 시 나타나고 특히, 고위도에서는 겨울에 나타나는 현상이다. 저위도지역에서는 태양 고도각이 커서 태양에너지는 좁은 지역에 집중되어, 단위면적당 받은 열은 커진다. 이 현상은 특히 여름철 정오에 저위도지역에서 잘 나타난다. 실제로 정오에 태양 고도각이 북위 23.5°(북회귀선, Tropic of Cancer)에서는 하지 때에, 남위 23.5° (남회귀선, Tropic of Capricorn)에서는 동지 때에 태양 고도각이 90°가 되어 태양이 바로 머리 위에 위치한다. 그리고 적도에서는 1년에 두 번 태양 고도각이 90°가 된다.

[표 3-1] **일출로부터 일몰까지의 시간**

위도(도)	동지	춘분과 추분	하지
90	0	12시간 0분	6개월
80	0	12시간 0분	4개월
70	0	12시간 0분	2개월
60	5시간 33분	12시간 0분	18시간 27분
50	7시간 42분	12시간 0분	16시간 18분
40	9시간 8분	12시간 0분	14시간 52분
30	10시간 4분	12시간 0분	13시간 56분
20	10시간 48분	12시간 0분	13시간 12분
10	11시간 25분	12시간 0분	12시간 38분
0	12시간 0분	12시간 0분	12시간 0분

중위도의 한 고정된 지방에서라면 일출과 일몰의 장소가 계절에 따라 달라져서 하루의 길이가 변한다[표 3-1].

Exercise

태양고도 구하기

위도 L 에서 정오 태양고도각(e)은 다음 방정식으로 구한다.

$e = 90-(L-Lp)$

Lp는 태양적위(정오에 태양이 바로 머리위에 있을 곳의 위도)이다. 예를 들면 북반구 여름 첫날 (하지) 정오에 태양은 북위 23.5° 에서 머리위에 위치한다. 서울(북위 37.5°)에서 정오 태양 고도각은

$e = 90-(37.5-23.5)=76.0$, 즉 76° 이다.

겨울 첫날(동지)에 서울의 정오 태양 고도각은

$e = 90-(37.5-(-23.5))=29.0$, 즉 29° 이다.

주의할 점은 Lp가 L로부터 다른 반구에 있다면 Lp는 부호가 반대가 된다는 것이다.

3. 복사 과정

절대 온도 0도는 모든 분자운동이 정지할 때의 온도이다. 이것은 전자파 복사를 이해하는데 중요한 판단 기준이다. 전자파 복사는 절대온도 0도 이상의 온도를 가진 모든 물체로부터 방출된다. 온도가 높을수록 복사에너지도 커진다.

실제로 물체로부터 방출되는 총 복사는 절대온도의 4제곱에 비례한다. 즉, 다른 물체보다 절대온도가 2배 높으면 16배만큼을 복사한다는 것이다. 이 법칙이 적용되는 두 가지 좋은 예가 지구와 태양이다. 태양은 약 6,000K의 온도를 가지고 있다. 지구 온도는 단지 약 300K에 불과하므로 단위면적당 태양복사에너지는 지구복사에너지의 약 160,000배나 크다. 물론 태양의 표면적은 지구표면적보다 훨씬 더 넓다는 것을 고려하면 태양에서 나오는 총 복사량은 엄청난 것이라는 것을 알 수 있다.

진공상태에서 복사에너지는 약 300,000㎞/s(186,000s.m./s)로 진행한다. 빛은 전자복사의 여러 형태들 중 하나임에도 불구하고 보통 이 속도를 빛의 속도라고 한다. 복사파로 표시되는 전자파의 스펙트럼을 보인 것이 [그림 3-3]이다.

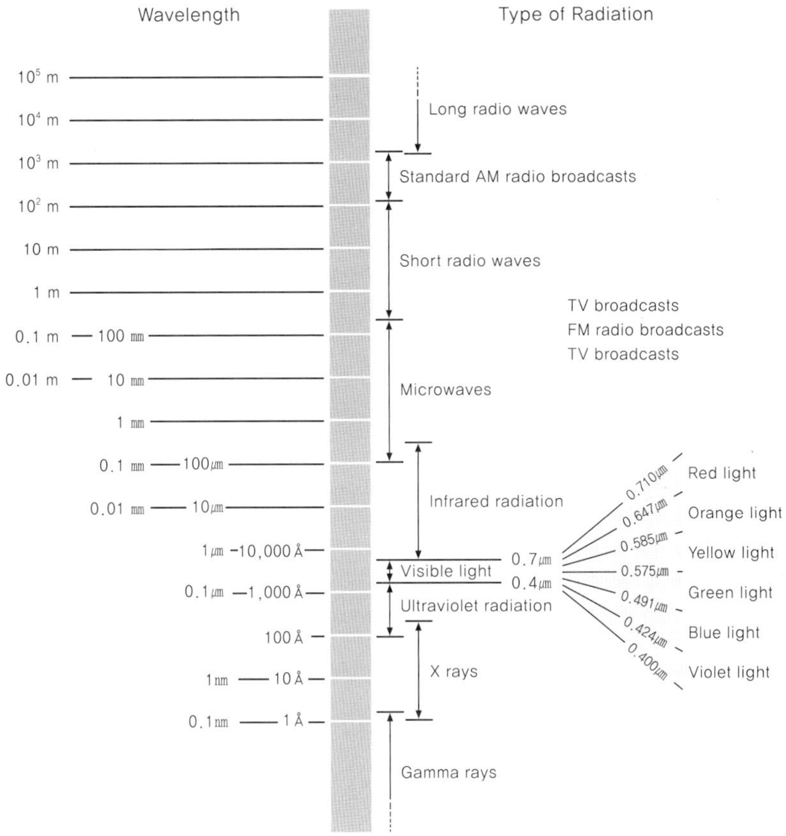

[그림 3-3] **전자파 스펙트럼**

여러 측면에서 전자파복사는 서로 다른 특성을 가지고 있는 파의 집합체로서 작용한다.

만약 흰색광선에서 각각의 색(빨강~보라)으로 분리되는 것을 본 적이 있다면 흰색광선의 개별적인 파 구성 요소를 본 것이다.

개별 파장의 속도(c)는 다음과 같이 표현된다.

$$속도(c) = 진동수(f) \times 파장(L)$$

c는 상수이기 때문에 하나의 변수가 주어지면 나머지 한 변수도 결정될 수 있다.

이 개념을 가시광선에 적용하면 붉은색 빛은 상대적으로 긴 파장 그리고 적은 진동수를 가진다. 붉은색보다도 낮은 진동수를 적외선(IR)이라 한다. 보라색 빛은 상대적으로 짧은 파장, 따라서 많은 진동수를 가진다. 보라색보다도 많은 진동수를 가지면 자외선(UV)이라 한다.

파의 에너지는 파의 진폭(A)과 관련되어 있다. 좀 더 정확하게 말하면 파의 에너지는

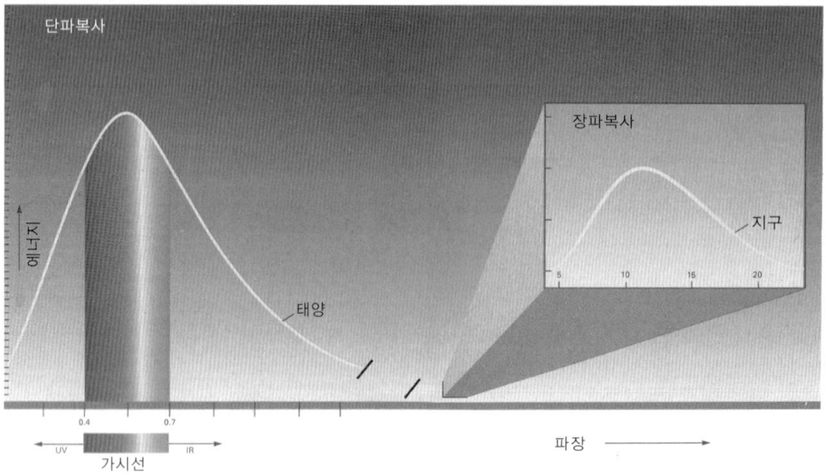

[그림 3-4] **태양복사와 지구복사의 스펙트럼**

파의 진폭의 제곱에 비례한다. 전자파복사에너지를 설명하는데 쓰이는 그림이 스펙트럼이다. 스펙트럼은 모든 전자파의 파장과 각 파장에 들어있는 에너지의 관계를 나타내는 전자파에너지 그래프이다. 에너지 스펙트럼의 두 가지 예를 [그림 3-4]에 나타내고 있다.

앞에서 언급되었던 것처럼 임의의 물체에 의한 총 복사에너지는 그 물체의 절대온도의 4제곱에 비례한다. 이런 특성 또한 [그림 3-4]에 나타내고 있다. 각 곡선 아래의 넓이는 모든 파장에서 내는 전체 에너지에 비례한다. 그림에서 태양복사는 지구복사보다 엄청나게 큰 에너지를 가지고 있음을 보여주고 있다.

완전복사체는 거의 모든 파장에서 에너지를 방출한다. 그러나 파 에너지가 모든 파장에

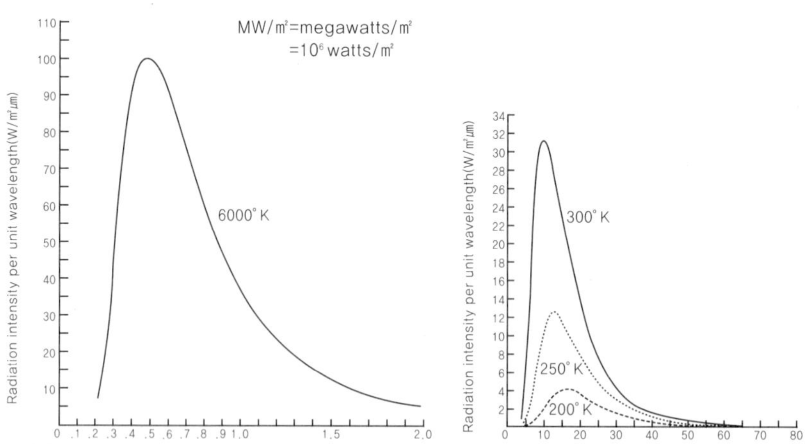

[그림 3-5] **파장에 따른 흑체복사의 강도 변화**

서 똑같이 방출되는 것은 아니다. 즉, 스펙트럼은 복사체의 온도에 따라 특정 파장에서 뚜렷한 에너지 최대값을 보여주게 된다.

온도가 증가함에 따라 최대복사는 더 짧은 파장에서 나타난다. 예를 들어 [그림 3-5]에서와 같이 태양복사스펙트럼에서 최대에너지는 짧은 가시파장 영역에 치우쳐 나타난다. 지구복사스펙트럼에서의 최대치는 긴 파장인 IR영역에서 나타난다. 그리고 지구복사 스펙트럼의 에너지 규모는 태양복사 스펙트럼보다 훨씬 적으며 긴 파장에서 최대에너지를 가진다는 것에 유의하여야 한다.

태양복사와 지구복사에 관한 이러한 특징들은 대기에서 일어나는 온도 변화를 설명하는데 매우 중요하다.

지구 대기로 들어오는 총 태양에너지의 30% 정도는 구름과 같은 입자들에 의한 반사와 산란과 지표면으로부터의 반사 등으로 손실된다. 이런 손실이 지구(지구표면과 지구대기)의 알베도(albedo)에 해당한다. 그리고 총 태양복사량의 약 20% 정도는 대기 중의 기체와 공중의 구름에 의해 흡수된다. 지구표면은 나머지 태양복사(약 50%)를 흡수한다[그림 3-6].

지구의 표면은 대기의 주요 에너지 공급원이다. 지표면으로부터 지구복사, 전도, 대류·이류와 증발에 의해서 대기 중으로 에너지가 전달된다.

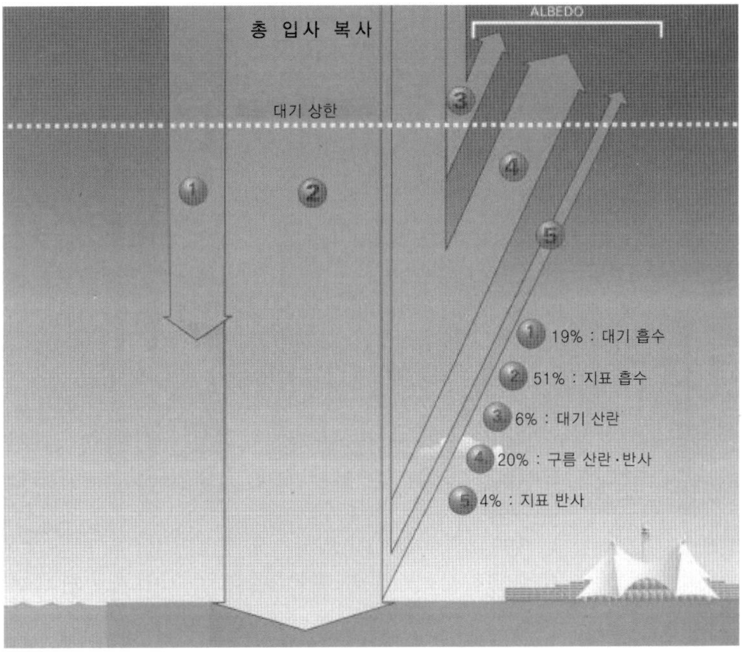

[그림 3-6] **지구의 에너지 수지**

4. 지구복사

지구는 절대온도 0°보다 훨씬 높은 온도를 가지고 있기 때문에 계속적으로 적외선 복사를 내뿜고 있다.

낮 동안은 태양복사의 유입이 지구복사 손실을 상쇄하고도 남기 때문에 지구표면 온도는 낮에 상승한다. 그러나 밤에는 태양복사의 유입은 없고 지구복사는 계속 유출되기 때문에 지표면은 눈에 띄게 냉각된다.

지표 온도의 일변화는 바람, 시일링 및 시정이 낮과 밤을 따라 변화를 일으키게 하는 중요한 요소이다. 또한 지표면 근처에서의 이러한 복사 과정이 항공기 날개 위의 얼음 생성과 저고도의 강한 바람 시어의 발달에 기여하게 된다.

지구복사로 인한 지표면 온도의 중요한 조절요인은 열용량이다. 열용량은 물질의 온도를 상승시키는데 필요로 하는 열 에너지량이다. 지구표면은 서로 다른 열용량을 가진 다양한 물질들로 구성되어 있어서 똑같은 복사에너지를 받아도 온도차가 발생한다. 예를 들면, 물은 건조토양보다 약 4배의 열용량을 가진다. 또한 물은 복사에너지를 토양보다 더 깊은 곳까지 투과시키고 더 쉽게 혼합되어 에너지를 주위로 전달할 수 있기 때문에 많은 양의 태양에너지를 흡수할 수 있다. 따라서 해안선을 따라 동일한 질량의 수면과 육지에 같은 양의 태양복사가 도달한다면 수면의 온도가 근처의 육지 온도보다 천천히 상승한다. 이런 현상은 밤에는 더 많은 열저장 능력을 가진 수면이 육지보다 더 느리게 냉각된다는 것을 의미한다. 이러한 과정에서 발생되는 육지와 수면의 온도차는 해풍과 육풍 같은 바람을 생성시킨다. 또한 지표면 근처의 온도는 지표의 다른 특성에도 영향을 받는다. 예를 들면 눈은 태양복사의 많은 부분을 반사시키고 지표면의 적외선 복사를 쉽게 차단한다. 이런 영향으로 햇빛이 비치는 맑은 하늘 아래에서도 눈 표면이 저온을 계속 유지하게 된다.

지구복사는 적외선 영역의 에너지를 방출하기 때문에 태양복사와는 다르게 나타난다. 대기는 태양복사를 대부분 투과하는 반면, 적외선 복사는 쉽게 흡수한다. 그리하여 대기는 적외선 복사에너지를 흡수하고 위·아래로 재방출한다. 지구로 되돌아오는 IR에너지는 지표면의 에너지 방출손실을 감소시킨다. 밤에 구름이 있으면 적외선복사를 잡아두어 밤 동안의 냉각을 억제한다.

이러한 IR을 흡수하는 가장 중요한 대기 기체 중의 하나가 수증기이다. 예를 들면, 여름철 미국의 습윤한 남동부지역과 건조한 서부지역에서 낮 최고기온이 동일했다 할지라도 밤 최저기온은 습윤한 남동부지역이 건조한 서부지역보다 종종 20°F(11℃) 이상 더 높은 온도를 보이기도 한다.

대기층의 어떤 기체들이 지구복사를 잘 흡수하는데, 이런 기체들을 온실기체라 한다. 대기 중의 온실기체로 알려진 것으로는 이산화탄소(CO_2), 메탄(CH_4), 프레온가스(CFCs)와 같은 것들이 있다. 이들은 자연 상태나 인간에 의해서 만들어진 오염물질들이다.

5. 전도

공기는 약한 전도체이다. 대기에서 전도에 의한 에너지 전달은 지표면에서 발생한다. 야간에 지면은 복사로 인해 냉각되고, 냉각된 지면은 지면과 접해 있는 대기로부터 열이 전도된다. 낮 동안에는 태양복사가 지면을 가열시키고, 가열된 지면은 전도에 의해 지면과 가장 가까운 공기를 가열시킨다. 이러한 전도과정은 바람, 안개, 낮은 구름과 대류를 포함한 다양한 기상현상을 일으키는데 매우 중요한 요인이 된다.

6. 이류와 대류

만약 모든 에너지 이동이 태양복사와 지구복사로 일어난다면 지구와 대기는 극지방에서는 매우 차고 적도 부근에서는 매우 뜨거울 것이다. 그러나 다행히도 대기는 (수증기와 잠열의 이동을 포함한) 이류와 대류 및 해류에 의한 열 이동으로 복사에너지 불균형을 감소시킨다. 이류는 거대한 온난 및 한랭기단의 남북 이동을 포함한다. 대류는 기단의 대규모 상승 및 하강과 그 보다는 작은 규모의 것이지만 뇌우 발달을 포함한다.

II 기온분포

이 절에서는 일반적인 온도의 측정 및 용어에 대해 간략하게 소개한 후 대류권 온도의 전 지구적 분포 모양을 검토한다.

1. 온도 측정

흔히 사용하는 온도 스케일은 섭씨(℃)와 화씨(°F)이다. [표 3-2]는 섭씨와 화씨 두 스케일에 대한 관계를 나타내고 있다.

기상학에서 자주 언급되는 온도는 지상 기온이다. 따라서 보통 기온이라고 하면 지상온도를 가리키는 경우가 많다. 지상온도는 지상 1.5m(약 5ft)에서 측정한 기온이다. 이것은 대개 직사광선으로부터 온도계를 보호하기 위해 통풍이 잘 되는 백엽상(百葉箱, thermometer screen)에서 측정한다.

항공기상학에서 사용하는 일반적인 온도들은 보통 '자유대기', 즉 상공에서 측정된 것이다.

항공과 관련된 또 다른 기온은 항공기 외부에 부착되어 있는 온도탐측장치에 의해 측정되는 지시기온(IAT)이다. 탐측장치에 부딪치는 공기는 보통 압축에 의해 가열되기 때문에 탐측장치에는 실제의 대기 온도보다는 더 높은 온도가 감지된다. 즉, 온도탐측장치 주위의 빠른 공기의 흐름으로 마찰열이 생성된다. 압축과 마찰로 인한 가열은 저속항공기보다 180kts 이상의 고속항공기에서 더욱 심하게 나타난다. 실제기온(true air temperature)이라 부르는 외기온도(OAT)은 압축과 마찰열을 고려하여 측정하거나 지시기온을 보정하여 나타내게 된다.

상층기온(upper air temperature)은 대개 자유상승하는 탐측기구(sounding balloon)나 항공기에 의해 직접 측정된다. 또한 고층관측은 지구로부터 방출되는 복사에너지, 구름 및 다양한 대기 기체들을 측정하기 위해 인공위성에 탑재된 복사계(radiometer)라고 하는 측기에 의해서도 관측된다.

[표 3-2] 기온 대비표

Fahrenheit (화씨, °F)	Celsius (섭씨, ℃)	Kelvin (절대온도)	비 고
212	100	373	해변고도에서 끓는 점
194	90	363	
176	80	353	
158	70	343	
140	60	333	관측된 지상최고기온 : 58.8℃(137.8°F), 1921년 7월 이라크 Basra
122	50	323	
104	40	313	
86	30	303	
68	20	293	평균 실내 온도
50	10	283	
32	0	273	해면고도에서 녹는(어는) 점
14	-10	263	
-4	-20	253	
-22	-30	243	
-40	-40	233	
-58	-50	223	
-76	-60	213	중위도 대류권계면 : -56.5℃(-67.7°F)
-94	-70	203	
-112	-80	193	
-130	-90	183	관측된 지상 최저기온 : -89℃(-129°F) 1983년 7월, 남극, Vostok
-148	-100	173	

Exercise

섭씨↔화씨

섭씨를 화씨로 전환할 때는 해면에서 물의 녹는점과 끓는점의 간격이 100℃와 180°F라는 것을 기억한다면 간단하다.

100/180(또는 5/9) 및 1° 규모의 비율을 알고 있으면 온도가 같은 (-40℃=-40°F) 간단한 변환을 할 수 있다.

섭씨로부터 화씨로의 전환 :

{(℃+40)×9/5}-40=°F, 예) T = 20℃ 라면, {(20℃+40)×9/5}-40=68°F

화씨로부터 섭씨로의 전환 :

{(°F+40)}×5/9}-40=℃, 예) T=23°F 라면, {(23°F+40)×5/9}-40 =-5℃

이상의 두 전환은 ℃로부터 °F로 전환할 때는 인자 9/5(즉, 1.80)를 사용하고, °F에서 ℃로 전환할 때는 5/9(즉, 0.56)를 사용한다는 것을 제외하면 서로 같다.

2. 전지구의 기온 분포

1) 지상기온

[그림 3-7]은 전 세계 지상기온 분포를 나타내고 있다. 여기서 주목할 만한 두 가지 특징은 여름과 겨울의 기온이 크게 다르다는 것, 그리고 적도로부터 극으로 갈수록 기온감소가 크다는 것이다. 이런 현상은 주로 낮의 길이 변화 때문인데, 이는 위도와 계절에 따라 태양 고도각이 변하기 때문이다.

육지와 바다 간의 차이, 해류 및 산맥의 존재는 지구상의 여러 지역에서 기온패턴을 대규모로 변형시키는 경향이 있다. 예를 들면 대륙의 지상기온은 겨울에는 해양보다 낮고 여름에는 해양보다 높다. 미국 워싱턴주 시애틀의 1월 평균기온은 38°F(3.3℃)인데 일리노이주 시카고는

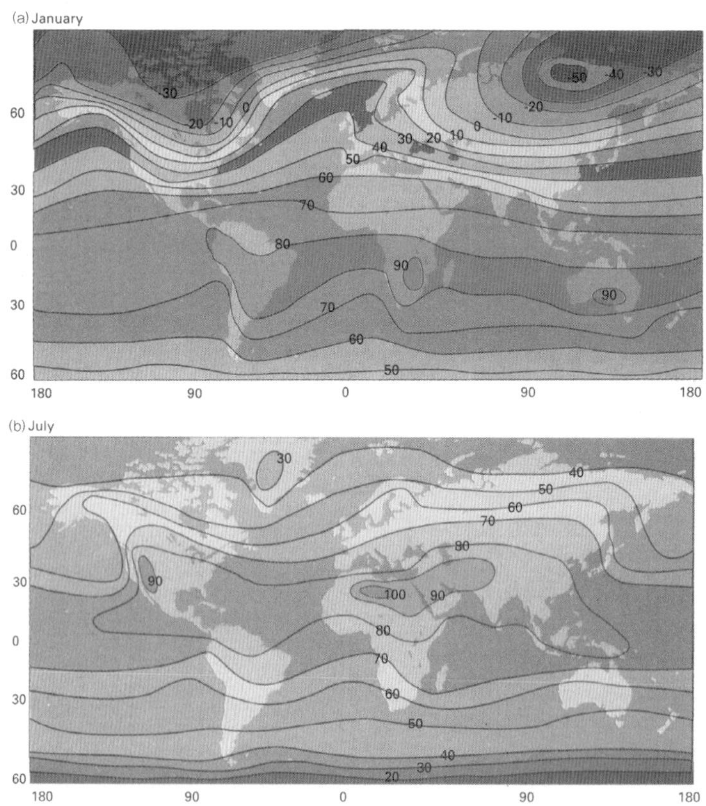

[그림 3-7] 전세계 평균 지상기온의 분포(°F 단위)

시애틀보다 남쪽에 위치해 있음에도 불구하고 평균기온이 더 낮은 26°F(-3.3℃)이다.

[그림 3-7]에서 중요한 패턴 중의 하나는 강한 온도경도 지역과 약한 온도경도 지역이다. 온도경도는 온도차를 그 온도차가 나타난 거리로 나눈 값으로 정의된다. 온도경도는 등온선이 서로 밀집해 있는 곳에서 상대적으로 크다. 지상온도는 한랭한 극지방과 온난한 적도지방 사이에 고르게 분포되어 있지 않다. 극과 적도 사이에서 큰 온도경도가 중위도에서 나타난다. 이 큰 온도경도들은 극지방이 암흑기인 겨울철에 더 강하다. 따뜻한 공기와 찬 공기 사이의 갑작스런 전이대는 거대한 폭풍이 발달하기에 유리한 지역이 된다.

2) 상층기온

자유대기(free atmosphere)에서의 온도분포는 태양과 지구 사이의 기하학적 위치의 영향을 크게 받는다. 그러나 지표면으로부터 상공으로 올라감에 따라 지표면의 가열과 냉각의 직접적인 영향은 매우 작아진다. 권계면 위에서는 특히 그러하다. 따라서 이류, 대류 그리고 오존에 의한 복사의 흡수가 온도분포의 결정에서 더 중요하다.

일반적으로 대류권계면 아래에서는 극지방은 한랭하고 적도지방에서 온난하다. 그러나 대류권계면 위에서는 그 모양이 변한다. [그림 3-8]은 1월과 7월의 대류권 중층인 해발 18,000ft(500hPa) 부근과 성층권 하부인 해발 53,000ft (100hPa) 부근의 평균온도 분포를 나타내고 있다.

해발 18,000ft에서의 온도분포도는 [그림 3-7]에서보다 온도가 더 낮다는 것을 제외하면 거의 비슷한 모양을 나타낸다. 마찬가지로 해발 53,000ft 부근의 온도분포도 지상기온보다 훨씬 낮다. 그러나 성층권 온도분포와 대류권의 온도분포를 비교하면 중요한 차이점이 있다. 그것은 여름에는 적도지방 성층권의 온도가 극지방 성층권의 온도보다 훨씬 `낮다는 것이다. 겨울에는 이러한 패턴이 좀 더 복잡해지는데, 그 이유는 겨울에 극지방이 암흑기여서 오존에 의한 태양복사의 흡수가 전연 없기 때문이다. 그 결과 적도와 극지방은 모두 100hPa에서 온도가 낮고 상대적으로 중위도에 따뜻한 온도대가 나타난다. 이런 온도분포의 차이는 대류권계면 부근이나 성층권에서 발견되는 강한 바람대(제트기류)의 특징을 설명하고 있다.

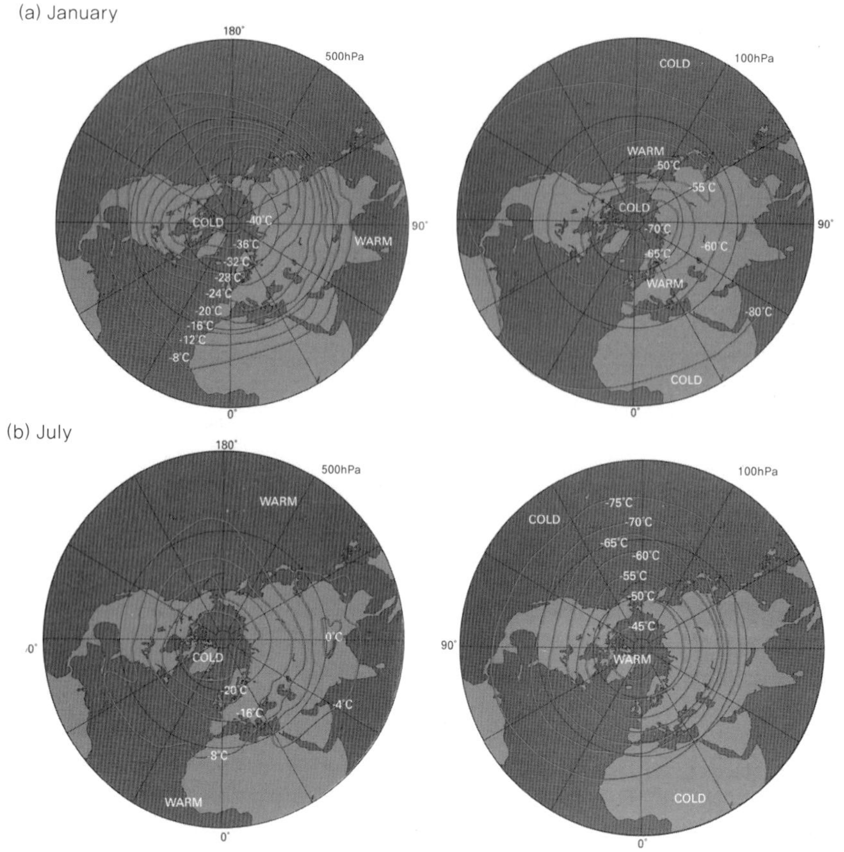

[그림 3-8] 북반구 500hPa고도와 100hPa고도의 기온분포

Ⅲ 항공운항과 기온

1. 기온과 지상 활주거리

지면마찰은 항공기의 추력에 비해 작으므로 무시하면 이륙활주거리는 공기의 밀도와 추력에 영향을 받는다. 그리하여 이륙활주거리는 제트기에 대한 것과 프로펠러기에 대한 것이 각각 다음과 같이 표시된다.

제트기 : $\ell = \ell_0\left(\frac{T}{T_0}\right)^{\frac{5}{2}}$ ································ (4-1)

프로펠러기 : $\ell = \ell_0 \dfrac{\alpha - 1}{\alpha - \frac{T}{T_0}} \cdot \dfrac{T}{T_0}$ ······························ (4-2)

여기서 ℓ_0는 기온이 T_0°K인 때의 이륙활주거리, ℓ 은 기온이 T°K 때의 이륙활주거리, α는 연소실의 온도(°K)와 기온(°K)의 비이다.

무게가 120톤인 제트기의 경우, 추력이 32톤, W/S가 0.4톤/㎡, 양력계수가 0.75라고 하면 이륙활주거리는 [표 3-3]과 같다.

착륙 시의 활주거리는 기온의 영향은 적은 데 비해 지면마찰의 영향은 크게 받는다.

[표 3-3] 무게가 120톤인 제트기의 기온에 따른 소요 이륙 거리(본문 참조)

기온(℃)	이륙 활주거리(m)	증가율(m/℃)
30	2,000	17
15	1,760	15
0	1,540	14

2. 기온과 탑재량

기온이 표준값보다 높을 때는 탑재량을 감소시키고, 기온이 낮을 때는 증가시키는 일이 가끔 있다.

기온 T_0(°K)인 때의 전비중량(W)은 $\ell = \ell_0$ = 일정 이고, 마찰력은 추력에 비해 작고, 기온 T_0(°K)인 때의 전비중량을 W_0라고 하면 제트기와 프로펠러기에 대하여 탑재량은 각각 다음과 같이 표현된다.

제트기 : $W = W_0\left(\frac{T_0}{T}\right)^{\frac{5}{4}}$ ································ (4-3)

프로펠러기 : $W = W_0\left[\frac{1}{\alpha-1}\left(\frac{T_0}{T}\alpha-1\right)\right]^{\frac{1}{2}}$ ························ (4-4)

120톤인 제트기의 경우, 기온이 30℃일 때는 15℃인 때보다 7톤 정도 가볍게 탑재해야 하고, 0℃인 때는 15℃인 때보다 8톤을 더 무겁게 탑재할 수 있다. 25톤인 프로펠러기의 경우, 엔진 내의 온도가 외기온도의 3배(α=3)라면, 기온이 30℃인 때는 15℃인 때보다 0.9톤을 적게, 그리고 0℃인 때는 15℃인 때보다 1.0톤을 더 무겁게 탑재할 수 있다.

실제로 제트여객기에서는 이착륙 성능을 높이기 위해 여러 가지 시도가 모색되고 있으므로, 위의 계산식보다 일반적으로는 기온의 영향이 더 큰데 [표 3-4]에서와 같이 기온이 높을수록 영향이 더 커진다.

[표 3-4] 기온 1℃ 증감에 따른 탑재량의 증감비율(기온 상승 시는 −값, 하강 시는 +값임)

기종	15℃ 부근	30℃ 부근
Boeing 707	300kg/℃	800kg/℃
Boeing 747	100kg/℃	250kg/℃
YS - 11	60kg/℃	60kg/℃

이와 같이 활주거리는 기온의 영향을 많이 받으므로 ICAO에서는 흡기구 높이의 기온을 출발 3시간 전에 ±1℃의 정확도로 예보할 것을 권유하고 있다. 장거리를 비행하는 비행기는 예보기온을 사용하여 연료나 화물 탑재량을 계산한다. 출발 30분 전에는 실황값을 사용하여 최종적으로 중량을 점검하고 출발한다.

3. 기온과 최대속도

일반적으로 항공기의 최대속도는 다음과 같이 표시된다.

$$V_{max} = \left(\frac{2g\,Th}{\rho S C_{Dmin}}\right)^{\frac{1}{2}}$$

여기서 Th는 추력, S는 날개 면적, C_D는 항력계수이다. 이때 추력과 기온 사이에는 제트기의 경우 Th가 $(1/T)^{\frac{3}{2}}$에 비례하므로, V_{0max}를 지상에서 표준대기인 때의 최대속도라 하면 다음과 같이 표시된다.

$$\frac{V_{max}}{V_{0max}}=\left(\frac{T_0}{T}\right)^{\frac{1}{4}}\left(\frac{P_0}{P}\right)^{\frac{1}{2}}\left(\frac{C_{D0min}}{C_{Dmin}}\right)^{\frac{1}{2}} \quad \cdots\cdots (4-5)$$

이 식에 표준대기를 적용시켜 보자. 비행기의 받음각을 일정하게 유지하면 우변 3째 괄호가 0이 된다. 따라서 지상 최대속도에 대하여 지상 5km에서는 1.4배가 되고, 11km에서는 약 2배로 커진다. 그러나 상공에서는 받음각을 크게 하여 필요한 양력을 얻어야 하므로 $C_{Dmin}>C_{D0min}$이 되어 위의 계산만큼 속도가 커지지는 않는다.

4. 기온과 항속거리

일반적으로 제트기의 항속거리(Ra)는 연료의 소비율(b)와 연료 탑재량(따라서 항공기 총 중량)에 관계된다. 무풍일 때라면 비행 전후의 항공기 중량을 각각 W_1, W라고 할 때 다음과 같이 표현된다.

$$\mathrm{Ra}=\frac{\sqrt{C_L}}{bC_D}\cdot\frac{\sqrt{2g}}{\sqrt{\rho}}\cdot\frac{W}{S}\ln\left(\frac{W}{W_1}\right) \quad \cdots\cdots (4-6)$$

즉, 밀도의 평방근에 반비례하므로 밀도가 작을수록, 따라서 고공일수록 항속거리가 길어진다. 표준대기로 계산하면 고도 5km로 비행할 때보다는 11km로 비행할 때에는 항속거리가 1.4배로 증가한다.

항속성능을 나타내는 또 다른 개념으로는 단위 연료로 비행할 수 있는 거리 즉 마일리지(mileage, 주행거리)로 나타낼 수도 있다. 제트기의 경우에는 다음과 같다. 이것은 위의 식을 중량으로 미분한 것에 해당한다. 단위는 km/kg이다.

$$\frac{dRa}{dW}=\frac{14.4}{\sqrt{\rho}}\cdot\frac{\sqrt{C_L}}{bC_D}\cdot\sqrt{\frac{1}{SW}} \quad \cdots\cdots (4-7)$$

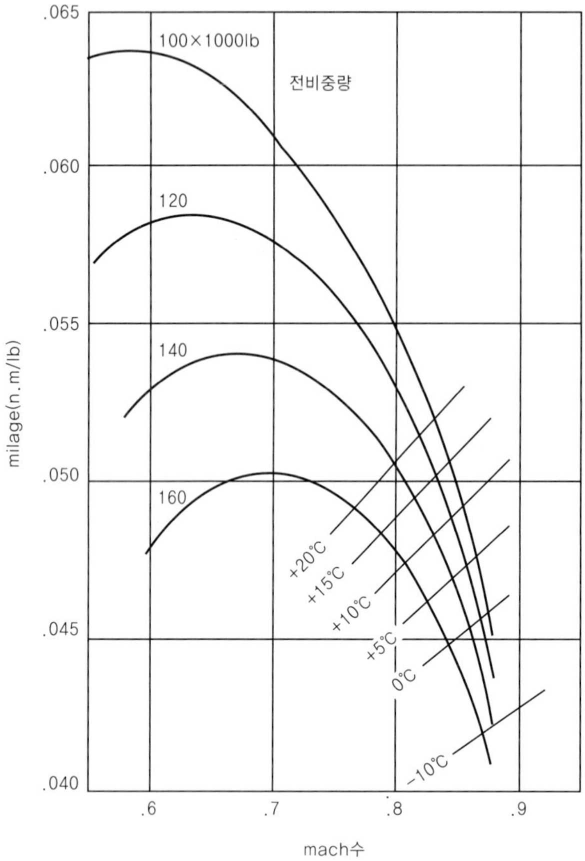

[그림 3-9] Boing727형 비행기의 중량, mileage 및 mach의 관계

[그림 3-9]는 B-727에 대한 실제 예이다. 이 그림의 종축은 마일리지(n.m/lb)이고 그림의 아래 부분에는 표준대기와의 기온 편차를 나타냈다. 전비중량이 같고 온도가 높아지면 같은 연료로 비행할 수 있는 거리(milage)는 증가하나 속도(mach 수)는 느려짐을 알 수 있다. 곡선의 정상을 연결한 속도로 비행하면 연료 당 비행거리는 더 길어지므로 경제적이지만 시간이 많이 걸리므로 정상을 연결한 선보다 다소 우측으로 내려온 곳을 연결한 선을 순항속도로 하는 것이 보통이다.

NEWS

고온에선 이륙 때 더 큰 힘 필요!!

땡볕 더위는 항공사들에게 고민거리. 기온이 높아지면 공기 밀도가 낮아져 비행기가 뜰 때 더 많은 힘을 내야 하기 때문. 그래서 이륙 전 비행기는 무게를 줄이기 위해 짐을 덜어내야 하고, 힘을 축적하기 위해 활주로를 달리는 거리가 길어진다. 당연히 비행기가 이륙하는 데 기름이 더 먹힌다.

기온이 섭씨 30℃가 넘으면 2℃ 오를 때마다 화물을 2.5~3t씩 줄여야 한다. 미국행 항공편의 경우는 기온이 2도 오르면 항공사는 한 편당 수 천만 원을 날리는 셈이다.

또한 점보기의 경우 섭씨 30℃ 이하에서는 1500~1700m 정도 활주하면 뜰 수 있지만, 찜통 날씨에는 3000m 이상을 달려야 뜬다. 덕분에 이륙할 때 연료가 평소보다 2배 가량 소모된다.

인천공항에서만 하드라도 찜통더위에서는 하루 수억 원을 항공사들이 '더위 비용'으로 더 부담하는 셈이다.

연습문제

1. 에너지가 전달되는 과정을 설명하여라.

(참고 p.83)

2. 화씨온도를 섭씨온도로 환산하는 공식은?

(참고 p.93)

3. 태양복사에너지의 크기와 지구복사에너지의 크기를 비교하시오.

(참고 p.88~90)

4. 지상기상관측소에서 기온을 측정하는 환경에 대해 설명하시오.

(참고 p.88)

5. 극지방 대류권계면 기온의 계절변화를 열대권계면과 비교하여 설명하시오.

(참고 p.92)

6. 관제탑에서 알려주는 공항의 기온은 어느 곳의 기온인가?

① 관제탑 고도의 기온
② 활주로 상 1.2~1.8m 높이의 기온
③ 지상 약 10m 높이의 기온
④ 활주로 접지층의 기온

7. 하루 중 최저기온과 최고기온이 나타나는 대체적인 각각의 시각은 다음 중 어느 것인가?

① **일출시와 14시경**　　② 일출시와 12시경
③ 4시경과 12시경　　④ 4시경과 14시경

8. 다음 물질 중 비열이 가장 큰 것은?

① **해수**　　② 활주로
③ 맨 땅　　④ 암석

9. 기온의 높고 낮음은 어떻게 결정되는가?

① **공기분자의 운동이 빨라지면 기온이 높아진다.**
② 공기분자의 운동이 빨라지면 기온이 내려간다.
③ 공기의 내부에너지가 커지면 기온이 내려간다.
④ 공기의 열용량이 커지면 기온이 올라간다.

10. 1년 중 낮의 길이가 길어지고 짧아지는 변화를 하는 이유는?

① 지구의 자전　　② 지구의 공전
③ **자전축의 공전축에 대한 기울기**　　④ 지구상 계절의 형성

제4장
기압과 고도

I 기압 측정

1. 기압의 정의

기압(氣壓, atmospheric pressure)은 일반적으로 진동하는 기체분자에 의해 단위 면적당에 미치는 힘으로 정의된다. 이 힘은 기체분자가 절대온도에 비례하는 속도로 운동하는 힘이다. 대기의 기체에 의해 미치는 압력은 또한 주어진 단위 면적당 그 위에 쌓인 공기기둥의 무게로 정의할 수도 있다([그림 4-1] 참조).

대기에 대한 이러한 정의를 가능케 하는 환경은, 아래쪽으로 작용하는 중력과 고도 증가에 따라 낮아지기 때문에 생기는 기압경도력과의 사이에 형성된 평형이다. 이것을 정역학적 평형(hydrostatic equilibrium)이라 한다.

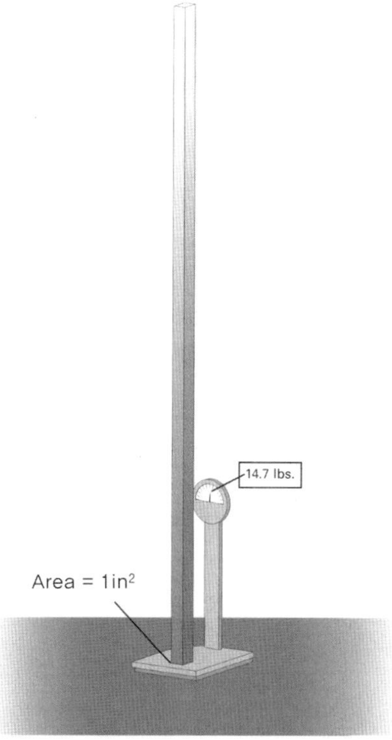

$$\text{Atmospheric Pressure} = \frac{\text{Weight (Force)}}{\text{Area}} = \frac{14.7\ \text{lbs}}{1\ \text{in.}^2} = 14.7\ \text{lbs/in}^2$$

[그림 4-1] 공기기둥의 무게에 따른 기압

2. 기압의 측정

수은기압계(mercury barometer)는 기압 측정을 위한 가장 기본적인 장치로써, 천칭으로 물체의 무게를 측정하는 것과 비슷하게 대기의 압력(무게)이 수은주의 무게에 대응되게 하여 측정하는 것이다[그림 4-2].

대기의 무게가 변하면 수은주의 높이도 함께 변한다. 기압계(氣壓計, barometer)라는 단어는 그리스어로 무게(baros)라는 의미를 가진다.

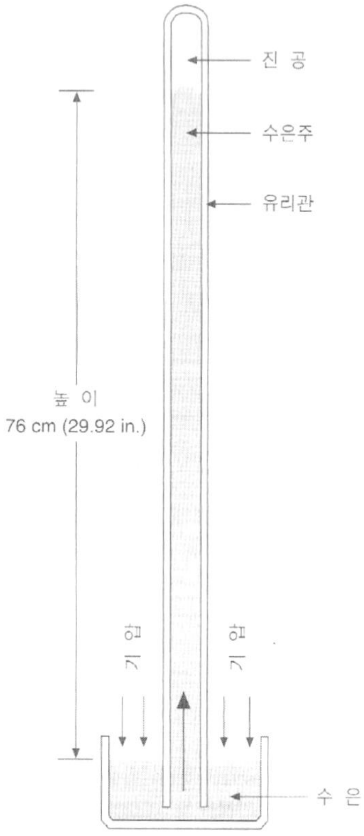

[그림 4-2] **수은기압계**

수은기압계의 구조를 보면 기압이 왜 길이의 단위일 뿐만 아니라 면적당 힘의 단위(pounds/inch²)로도 표현되는지를 알게 된다. [그림 4-2]에서와 같이 길이는 기압계의 아래쪽 수은 그릇의 표면으로부터 수은주 상단까지의 높이를 말한다. 1013.25hPa(14.7lbs/in²)의 해면기압은 기준면을 760mm(29.92in) 높이의 수은이 누르는 힘을 말한다.

기압계를 구성하는데 다른 액체도 사용될 수는 있겠지만, 수은은 액체 중 밀도가 가장 커서 기압계의 크기를 작게 하는 장점이 있다. 만일 물을 이용한 기압계라면 표준해면기압이 거의 10m(34ft) 높이에 가깝기 때문에 기압계를 그만큼 크게 만들어야 하는 불편이 따른다.

수은기압계는 정밀하게 측정되는 장점이 있지만 이동 중에는 자칫 망가지기 쉽다. 수은기압계는 반드시 연직상태로 유지해야 한다. 이러한 이유 때문에 이동 중에는 아네로이드기압계를 사용하게 된다. 수은기압계와 달리 아네로이드기압계는 액체를 사용하지 않는다. 아네로이드기압계(aneroid barometer)는 액체를 사용하지 않은 기압계란 뜻을 가지고 있다. 그것은 대기와 대기로부터 차단된 탄력성 용기(아네로이드 셀) 사이의 기압을 표시한다. [그림 4-3]에서 나타낸 것처럼 아네로이드기압계는 어떤 기압 하에서 기압의 증가 또는 감소에 따라 그 외형이 변한다. 외형이 변하면 기계적으로 연결되어 있는 바늘이 해당 기압값을 표시한다. 수은기압계만큼 정확하지는 않지만 아네로이드기압계는 소형이면서 대기요란으로 인한 강한 지상바람을 견뎌낼 수 있을 만큼 견고하다.

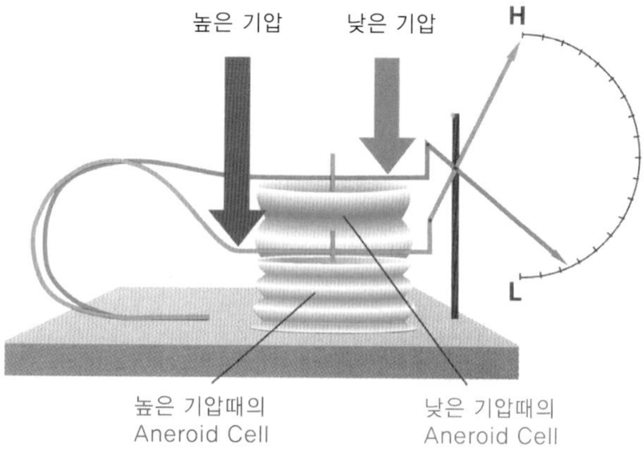

[그림 4-3] **아네로이드 기압계**

Ⅱ 일기도

기압의 수평방향의 차이는 바람 발달과 관련되어 있기 때문에, 기압 패턴은 일기 분석 및 예보를 하는 데 매우 중요하다. 이러한 기압 패턴은 일기도(日氣圖, weather chart)를 분석하여 알아낸다.

1. 현지기압과 해면기압

기압값은 해면으로부터의 고도에 따라 높을수록 그 값이 급격하게 감소한다. 지상의 관측소는 관측소마다 고도가 다르기 때문에 기압을 측정할 때는 그 값을 평균 해면기압을 기준으로 보정하여 나타낸다.

해면기압(sea level pressure)은 평균 해수면에서의 기압을 의미한다. 조종사들은 이렇게 보정한 해면기압을 가지고 고도를 결정한다.

어떤 지점의 해면기압은 그 관측소에서의 현지기압과 관측소의 해발고도를 알면 구할

NEWS

hPa과 mb의 관계

cgs단위계에서의 압력 단위 1Bar는 $1cm^2$ 에 10^6dyne의 힘이 미치는 압력인데, 이는 매우 큰 숫자이므로 이 수의 1/1000인 10^3dyne이 미치는 압력을 1mb로 하여 사용해 왔다. 지상의 평균해면기압은 1013.25mb이다.

MKS단위계를 주축으로 하는 SI(System International) 단위계에서의 압력 단위는 1Pa이다. 1Pa은 $1m^2$에 1Newton의 힘이 미치는 압력이다. 이는 1mb에 비하여 매우 작은 값이므로 1Pa을 100배하여 1hPa로 하면 1mb와 같은 크기의 압력을 나타내게 된다.

따라서 종전에 사용하던 cgs단위계의 1mb를 SI단위계의 1hPa로 표시할 수 있게 된다.

WMO는 1979년부터 mb(밀리바)를 hPa(헥토파스칼)로 치환하여 사용한다.

$1mb=10^{-3}Bar=10^3 dyn/cm^2=10^2 N/m^2=1hPa$

수 있다. 예를 들어 현지기압이 수은주 27.50inch이고 현지고도가 2,500feet라면 해면기압은 대략 수은주 30.00in이다.

기상관측소에서 좀 더 정확하게 해면기압 값을 구하기 위해서는 현지기온을 사용하는데, 이러한 정밀한 계산에서는 해면기압값을 표준대기와 실제대기 사이의 밀도 차이까지를 고려하고 있는 것이다.

세계 모든 기상관측소에서 일반적으로 해면기압을 보고하고 있으나 경우에 따라서는 현지기압(station pressure)을 그대로 보고하기도 한다.

2. 해면기압의 패턴과 지상일기도

[그림 4-4]는 1월과 7월의 전지구 평균해면기압 패턴을 나타낸 것이다.

1월에는 995hPa 이하의 아이슬랜드 저기압으로부터 1030hPa 이상이 나타나는 시베리아고기압까지 나타난다. 매우 낮은 해면기압은 태풍에서 나타난다(최저극값 : 870hPa, 1979. 10. 12 Guam 서쪽 483km 해상에서 관측). 그리고 매우 높은 해면기압은 매우 추운 겨울 고기압 영역에서 나타난다(최고극값 : 1083hPa, 1968. 12. 31 시베리아 Agata에서 관측).

중요한 특징은 기압경도이다. 기압경도는 주어진 단위거리 사이의 기압차로 나타내며, 기압경도 4hPa/100n.m.는 중위도에서 흔히 볼 수 있는 수평 기압경도값이다. 만일 기

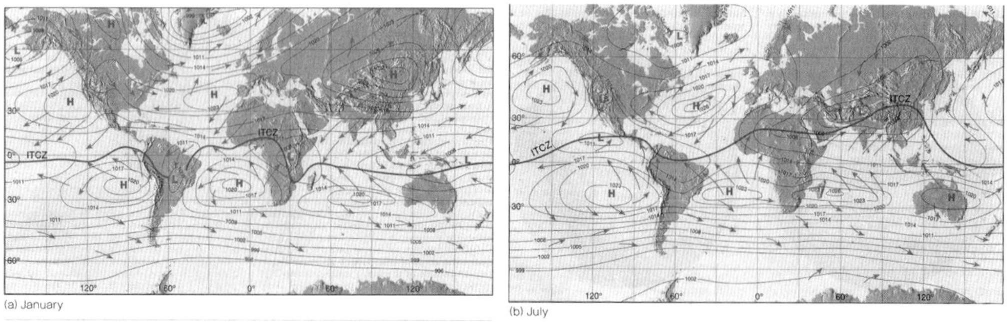

[그림 4-4] 전세계의 평균해면기압의 분포(hPa 단위)

압경도가 강하다면 등압선 간격이 조밀할 것이고, 약하다면 간격이 넓을 것이다. 해면기압분포도에서의 기압경도는 지형분포도에서의 고도경도에 비교될 수 있다. 또한 [그림 4-4]에 나타난 기압계는 반영구적인 기압계로서 시베리아 고기압, 알류션 저기압, 태평양 고기압, 아이슬랜드 저기압, 버뮤다 고기압 등이다.

[그림 4-4]의 일기도상에서 실선은 등압선이다. 일기도상에 고기압(H)은 주위보다 비교적 높은 해면기압이 위치한다. 기압마루는 높은 기압이 연장된 영역이다. 비슷하게 저기압(L)은 주위보다 해면기압이 낮은 중심구역인데 대체로 원형에 가깝다. 기압골은 비교적 낮은 기압이 연결된 구역으로 지상일기도에서 나타난 특징은 산과 계곡이 나타나 있는 지형도에 대응된다고 볼 수 있다.

3. 정압면 일기도

기압장에서 고기압, 저기압, 기압마루, 기압골은 지표로부터 상층으로 연결되는데, 때로는 성층권까지 확장된다. 비행계획은 상층 고도별로 바람이나 기온, 날씨상태에 따라

NEWS

비행기 내부의 기압변화

비행기 내부는 외부와 밀폐되어 기압을 유지하는 형태로 만들어져 있지는 않다.

지상에서의 기압이 1013hPa이라면 제트비행기가 운행하는 고도인 10km 높이에서는 270hPa의 매우 낮은 기압이 된다. 이런 기압에서는 인체가 견딜 수 없다.

그래서 비행기에는 '여압장치'가 있어 비행기 내의 압력을 인체가 적응할 수 있도록 조절해준다. 하지만 10km의 고도로 비행하는 비행기의 내부 압력을 지상과 동일하게 유지하는 것이 아니다. 지상이 아닌 상공 3km 정도(백두산 높이 정도)에서의 기압인 약 700hPa 정도로 유지해준다. 그 이유는?

그건 외부압력에 비해 내부 압력을 너무 높게 유지하면 외부와의 압력차에 의해 비행기 동체는 팽창하려는 힘을 받게 되는데, 이를 견디기 위해서는 동체를 더 두껍게 만들어야 하고, 그러면 비행기가 무거워지고 효율이 그만큼 많이 떨어지게 되기 때문이다.

일반적으로 비행기 설계 시에는 안전을 고려하여 팽창하려는 힘의 1.3~1.5배의 힘을 견딜 수 있도록 동체를 설계한다.

정해지기 때문에 고도별 일기도 분석이 필요하다.

상층의 기압분포를 보여주는 상층일기도(upper air chart)는 해면고도의 기압분포와는 다소 차이가 있으며, 지상일기도는 평균해면이라는 지상 0m인 등고도면 일기도인데 비하여, 상층일기도는 기압이 같은 면, 즉 등압면 일기도로 표시된다. 상층에서 등압면을 다루는 이유는 등고도면에서의 기압보다는 등압면에서의 고도를 다루는 것이 쉽기 때문이다.

등고도면인 평균해면고도(MSL)는 어떤 지점에서나 같은 수평면인데 비해 등압면은 기압이 어떤 지점에서나 같은 대략적인 평면이다. 따라서 등압면은 완전한 수평면이 아니고 약간의 굴곡을 나타내고 있다[그림 4-5]. 상층일기도를 정압면 일기도라고 부르기도 한다.([그림 8-8] 참조)

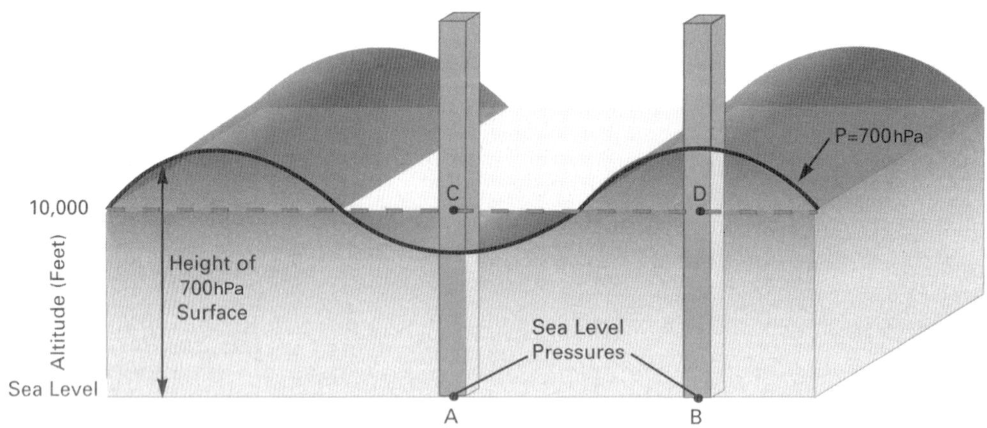

[그림 4-5] 상층일기도를 그리는 정압면의 굴곡모양

Ⅲ 항공운항과 기압

정압면 일기도의 분석은 고기압, 저기압, 기압마루, 기압골, 기압경도에 관해서라면 지상일기도의 경우와 동일하다. 주요 차이점은 요소를 묘사하는데 사용되는 용어인데, 등압면 일기도에서는 일정한 고도의 선을 등압선(isobar)이 아니고 등고선(contour)이라 부른다. 또한 경도는 기압경도가 아니고 고도경도로 표시된다.

1. 기압고도

기압의 개념을 이용한 비행장비 중 가장 중요한 장비는 기압고도계이다. 기압고도계(pressure altimeter)는 아네로이드기압계를 이용하여 기압을 고도로 환산해 나타낸 것이다.

만일, 실제 대기상태가 표준대기 상태와 같다면 기압고도는 실제고도와 같지만, 이렇게 일치하는 경우는 매우 드물다. 대부분의 경우 실제대기 상태가 표준대기 상태와 다르므로 고도계가 지시하는 값은 대부분 표준대기에서 나타내는 고도와는 같지 않다.

비표준대기 상태에서 고도계가 오차를 일으키는 때는 다음과 같은 경우이다.

① 해면기압이 표준기압과 다를 때
② 기온이 표준상태에서의 기온과 다를 때
③ 강한 연직돌풍이 있을 때

①의 경우의 오차는 표준대기가 해면에서 표준기압(1013.2hPa, 29.92in)이지만 실제 해면기압이 표준기압값과 같지 않을 때가 대부분이기 때문에 발생한다. 해면기압을 표준기압으로 수정(QNE 수정)하여 고도계의 눈금이 표준대기 상태에서의 고도를 나타내게 하면 특정지역 상공을 항행하는 각 항공기는 모두 고도계의 0점이 일치하므로 적절한 수직(연직)분리(vertical separation)를 유지하도록 항공관제를 할 수 있게 된다. 이 수정은 착륙 목적으로는 사용할 수 없다. [그림 4-6]은 해면기압이 표준기압보다 더 높

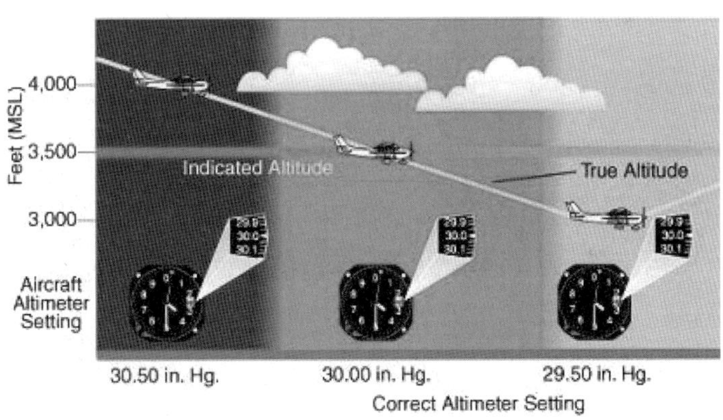

[그림 4-6] 해면기압 분포와 고도계가 가리키는 고도

을 때는 항공기의 실제고도는 고도계가 가리키는 고도보다 더 높고, 해면기압이 표준기압보다 더 낮을 때는 실제고도가 고도계의 고도보다 더 낮다는 것을 보여주고 있다.

한편 고도계를 관측지점의 해면기압(sea-level pressue)으로 수정(QNII 수정)하면 항공기가 활주로에 접지하면 고도계가 활주로 표고(field elevation)를 나타내게 된다. 그리고 고도계를 관측지점의 관측소기압(station pressure, 현지기압)으로 수정(QFE 수정, zero setting)하면 항공기가 상공에서는 절대고도를 가리키고, 착지할 때는 고도계가 0을 가리킬 것이기 때문에 항공기의 이착륙에 매우 편리하다.

②의 경우는 실제대기 온도가 표준대기 온도보다 더 높거나 낮기 때문에 생긴다. 기압은 따뜻한 공기에서보다 차가운 공기에서 고도증가에 따라 더 급하게 감소하기 때문이다.

상공에서 계기에 지시된 고도는 대기온도가 표준상태와 같을 때만 실제높이와 같아진다. 만약 대기가 표준상태보다 더 차갑다면 지시고도는 참높이보다 더 높게 지시될 것이며, 표준상태보다 더 따뜻하다면 참높이보다 더 낮게 지시될 것이다[그림 4-7].

③의 경우는 대기의 빠른 연직운동이 원인이 되어 나타나는 기압고도계 오차이다. 이러한 변화들이 기압과 관련된 힘의 균형을 깨뜨리게 된다. 이러한 오차는 극심한 뇌우나 강한 산악파에서 생길 수 있다.

기압고도계가 비행 중에 정확한 고도를 자동으로 나타내는 것이 아니기 때문에 지형을 안전하게 피해 가는 것은 어디까지나 조종사의 책임이다.

이상에서 설명한 고도계 오차는 대기상태와 관계가 있지만, 또 다른 오차들이 장비 결

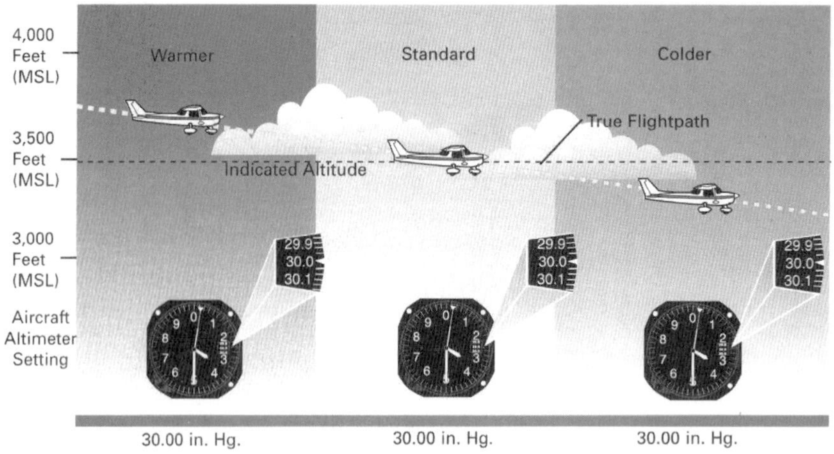

[그림 4-7] 온난 기단에서 한랭기단으로 비행할 때의 비행고도의 변화

함으로 나타날 수도 있다. 여기에는 잘못된 눈금, 마찰, 낙후장비, 적당하지 않은 장비 설치장소, 장비의 온도변화에 의한 오차가 포함된다.

2. 밀도 고도

항공기의 성능은 대기밀도에 크게 좌우되는데, 표준대기에서 해발 20,000ft의 밀도는 해면고도 밀도의 약 1/2에 해당한다. 해발 40,000ft에서는 대략적으로 평균해면값의 1/4, 해발 60,000ft에서는 약 1/10에 해당된다. 항공기의 성능은 대기밀도가 낮으면 나빠지고 대기밀도가 높으면 좋아진다.

기압고도와 밀도고도는 표준대기에서 같은 값을 가진다.

밀도고도는 실제 비행고도에서의 공기밀도와 같은 밀도를 가지는 표준대기의 고도이다. 그것은, 비행고도에 있어서의 기온과 표준대기의 기온이 차이가 있게 되므로, 실제기온으로 보정한 기압고도이다.

표준대기에서는 밀도고도가 온도 1℃ 증가할 때마다 대략 120ft씩 증가한다. 그것은 비행기의 컴퓨터 또는 밀도고도 도표로부터 얻을 수 있다.

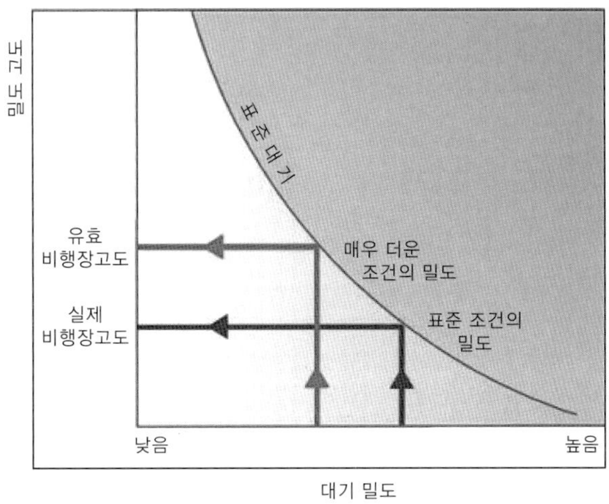

[그림 4-8] **대기의 밀도와 비행장의 고도변화**

낮은 밀도에서 비행조건이 악화되는 것은 고고도에만 한정되는 것은 아니다. 지면온도가 높거나, 해발고도가 높은 고지대 비행장에서 항공기 성능은 상당히 나빠진다.

어떤 곳이 표준대기의 지면온도보다 더 따뜻한 온도를 가지고 있다면 그 곳의 밀도고도는 높다. 밀도고도가 높은 상황 하에서 지표의 실제 밀도는, 표준대기일 때의 공항고도보다 높은 고도에서 나타난다. 즉, 밀도고도가 높은 곳에서의 항공기 운항은 표준대기 상태의 고지대에 위치해 있는 비행장에서 이륙하는 것과 같아진다([그림 4-8] 참조).

밀도고도가 이륙거리와 상승률에 미치는 영향은 대부분의 '항공기 운항 지침서'에 설명되어 있다. [그림 4-8]에 주어진 조건 하에서 과적하지 않은 경비행기의 이륙거리는 해면고도에서 필요로 하는 것의 약 60% 정도나 더 길어지고 상승률은 40% 정도나 감소한다. 따라서 산악지대에서 짧은 활주로를 가지고 있는 비행장의 경우는 뜨거운 날에 큰 문제를 유발할 수 있다.

해면고도에서 이륙하기 위해서는, 예를 들어 300m의 활주를 필요로 하는 소형비행기의 경우 해발 1500m에서는 기온이 같을 때 2배의 활주거리를 필요로 한다.

기압의 일변화에 의해서도 같은 영향이 있으나 그 영향은 크지 않다.

NEWS

비행기 내려갈 때는 귀가 더 아프다

비행기가 떠오를 때나 내려갈 때엔 귀가 먹먹해진다. 올라갈 때보다 내려갈 때 그 정도가 더 심하고 고통스럽다.

사람의 귀는 외이(겉귀), 중이, 내이(속귀)의 세 부분으로 나뉜다. 외이와 중이의 경계를 이루는 것은 고막. 이 고막을 사이에 두고 외이와 중이의 기압이 차이가 날 때 귀가 먹먹해진다. 어느 한쪽의 공기 압력이 낮으면 고막이 그쪽으로 빨리듯 쏠리면서 떨판 역할을 제대로 할 수 없기 때문. 이때는 소리가 잘 안 들리고 때로 통증까지 느끼게 되는 것이다.

중이는 일종의 공기 주머니인데, 여기에 공기를 공급해 외이와 중이의 압력을 같도록 조절해주는 것이 유스타기오라고 하는 관이다. 이 관은 중이와 인두(코의 뒷부분)를 연결하는 대롱 같은 기관이다. 가만히 앉아서 침을 삼켜보면 귀에서 '딸깍' 하는 소리가 나는 것을 느낄 수 있는데, 이것이 바로 공기 방울이 유스타기오관을 통해 중이로 들어가는 소리다. 비행기가 뜰 때에는 고막 안쪽 기압은 높고 바깥쪽은 낮은 상태가 된다. 이 경우엔 유스타기오관을 통한 공기의 흐름이 평소처럼 순방향(順方向)으로 이뤄진다. 따라서 침을 몇 번 삼켜주기만 해도 큰 어려움 없이 안팎 기압이 균형을 이뤄 먹먹한 증세가 곧 사라진다.

그러나 내려올 때엔 반대로 바깥에서 밀고 들어오는 공기가 유스타기오관을 통해 올라오려는 공기와 서로 싸우는 형국이 된다. 이 때문에 기압 조절에 시간이 더 걸리고 그만큼 고통을 더 받게 된다. 빨리 이를 극복하고 싶으면 코를 두 손가락으로 꼭 막고, 입을 다문 상태에서 힘껏 숨을 불어 입 안 공기를 귓속으로 뿜어 올리면 된다. 큰 하품을 하거나 사탕을 입에 물고 있는 것도 한 방법이다.

연 습 문 제

1. 기압을 측정하는 방법을 설명하시오.

(참고 p.105)

2. 기압의 단위인 hPa와 mb의 관계를 설명하시오.

(참고 p.107)

3. 고도와 기압과의 관계를 설명하시오.

(참고 p.111~113)

4. 기압고도계는 항상 정확한 고도를 나타내는 것은 아니다. 그 이유를 설명하시오.

(참고 p.111~113)

5. QNH 수정과 QNE 수정의 차이점을 설명하시오.

(참고 p.111~113)

6. 해당지역의 해면기압값으로 QNH Altimeter Setting을 하고 착륙하는 비행기의 계기 고도는 다음 중 어느 것이 옳은가?

① 활주로에 착지하면 0ft를 나타낸다.
② 평균해면고도에 착지하면 0ft를 나타낸다.
③ 1013.2hPa 기압고도에 강하하면 0ft를 나타낸다.
④ 관측소 고도에 강하하면 0ft를 나타낸다.

7. QNE altimeter setting을 하여 24,000ft의 순항비행에 들어간 비행기가 저기압 상공에서 −38℃의 외기온도를 만났다면 계기고도는?

① 참고도보다 높다.
② 참고도보다 낮다.
③ 참고도와 같다.
④ 참고도를 판단할 수 없다.

8. 맑은 날 저녁 비행기를 에이프론에 주기시키면서 기내의 altimeter를 0ft로 setting하였는데, 다음 날 아침에 기내의 altimeter는 150ft를 나타내고 있다. 그동안 무엇이 얼마나 변했는가?

① 지상기압이 5hPa 정도 높아졌다.
② 지상기압이 5hPa 정도 낮아졌다.
③ 지상기온이 5℃ 정도 높아졌다.
④ 지상기온이 5℃ 정도 낮아졌다.

9. 착오로 QNH가 10hPa 낮게 보고되었고, 이것으로 수정한 기압고도계의 고도는?

① 실제 고도보다 약 100m 높은 값을 나타낸다.
② 실제 고도보다 약 50m 높은 값을 나타낸다.
③ 실제 고도보다 약 100m 낮은 값을 나타낸다.
④ 실제 고도보다 약 50m 낮은 값을 나타낸다.

10. 비행기가 고기압지역에서 저기압지역으로 비행할 때 고도계 수정을 하지 않는다면 고도계에 나타나는 고도는?

① 진고도보다 높다.
② 진고도보다 낮다.
③ 진고도와 비슷하다.
④ 진고도는 지상의 고저기압과 관련이 없다.

제 5 장
바 람

I 바람의 원인

1. 바람의 측정

조종사에게는 항공기의 위치변화와 고도변화를 분리해서 설명하는 것이 편리한 것과 마찬가지로 기상전문가에게는 공기의 수평적인 이동과 연직적인 이동을 분리해서 설명하는 것이 편리하다. 그 이유는, 뇌우나 산악풍하파와 같은 몇몇 난류현상을 제외하고는 수평적인 움직임이 연직적인 움직임보다 훨씬 더 강하기 때문이다. 그리고 수평적인 움직임은 연직적인 움직임보다 측정하기도 더 쉽다. 여기서는 수평적인 공기의 움직임인 바람을 다루기로 한다.

바람(wind)을 설명할 때는 일반적으로 바람속도(wind velocity)를 의미한다. 바람이란 용어가 종종 풍속(wind speed)으로 잘못 이해될 수도 있기 때문에 유의할 필요가 있다. 바람속도는 벡터량이다. 온도나 압력과 같이 크기만을 가지는 스칼라량과는 달라서 벡터량은 크기와 방향을 가진다. 바람의 크기가 풍속이다. 풍속은 보통 n.m./h(=kt), s.m./h (=m.p.h), km/h, m/s로 표현된다.

풍향(wind direction)은 바람이 불어오는 방향으로서 도(°) 단위나 8방위 또는 16방위로 측정된다. 예를 들면 '서풍'은 서쪽으로부터 불어오는 것을 말하고, 270°방향이라고 한다. 기상전문가들은 항상 풍향을 자북이 아닌 진북(true north) 방향을 기준으로 기술한다. 반면에 항공교통관제사는 특별히 기술하지 않는 한 풍향을 항상 자북(magnetic north)을 기준으로 표시한다.

풍속은 지상에서 여러 방법으로 측정된다. 가장 일반적인 측정방법은 풍속계와 풍향계를 사용한 측정이다. 한편, 상층바람의 측정방법으로는 기구(balloon)에 의한 추적, 도플러 레이더, 항공기 항법 시스템, 그리고 인공위성을 이용하는 방법 등이 있다.

바람은 보통 어떤 장애물이 없는 지상 30ft(10m) 높이에 위치한 풍향풍속계로 측정한다. 보고된 풍향, 풍속은 나라에 따라 다른데, 보통 1분간, 2분간 또는 10분간의 평균치이다. 이 평균풍속을 지속풍속(持續風速, sustained speed)이라고도 한다. 돌풍(突風, gust)은 관측하고 있는 10분 동안 최대순간풍속이 16kt 이상이고 순간풍속의 최대와 최소의 차가 10kt 이상일 때의 최대순간풍속으로 정의된다. 스콜(squall)은 관측하고 있는 10분 동안의 1분 지속풍속이 20kt 이상일 때 이러한 지속풍속으로부터 갑작스럽게 15kt 이상 풍속이 증가되어 2분 이상 지속되는 강한 바람이다. 최대풍속(peak wind speed)이란 별도의 기간에 대한 언급이 없다면 매 관측시간 이후에 관측된 여러 개의 풍속(평균풍속) 중에서의 최대값이다. 최대순간풍속(peak instantaneous wind speed)이란 별도의 기간에 대한 언급이 없다면 지난 매 관측시간 이후에 나타난 무수한 순간풍속 중에서의 최대값이다.

2. 바람을 일으키는 힘

바람은 모든 운동을 지배하는 기본적인 물리법칙, 즉 운동량보존의 법칙으로 간단히 설명된다. 뉴턴은 이 법칙을 아주 단순하게 기술했다. 만약 질량이 m인 물체가 f라는 힘을 받는다면 그것은 a라는 가속을 받아 $f = ma$ 가 된다.

앞에서 이미 기압을 대기의 무게로 정의했을 때 이 원리를 적용했었다. 이 원리를 적용하기 위해서 우리는 대기가 정역학평형상태에 있다는 가정을 이용했다.

이 조건은 위에서 설명한 뉴턴 법칙의 특별한 경우이다. 만약 단위질량의 공기에 작용하는 전체 힘이 균형을 이룬다면 이 공기는 위쪽으로도 아래쪽으로도 가속되지 않는다.

수평적으로 공기에 작용하는 힘이 불균형을 이루면 수평가속이 발생한다. 이 경우에 가속이란 것은 공기가 궤적을 따라 움직일 때 속도와 방향의 변화로 표시된다. 여기서 f는 어떤 공기에 수평방향으로 작용하는 모든 힘의 합이다.

위의 내용으로 "무엇이 바람을 불게 하는가?"라는 질문은 다음 두 개의 질문으로 귀결된다. 즉,

① 공기덩이에 영향을 주는 힘은 무엇인가?

② 힘의 원인은 무엇인가?

공기의 움직임에 영향을 미치는 가장 중요한 힘은 다음과 같다.

① 기압경도력

② 전향력

③ 마찰력

공기의 '질량'은 시각적으로 그 크기를 구체화하기가 쉽지 않기 때문에 기상전문가들은 체적개념의 공기덩이(air parcel)로 설명한다. 이때 공기덩이는 마치 한점에 집중된 것으로 취급될 수 있을 만큼 아주 작은 체적이라고 생각한다.

3. 기압경도력

기압이 작용하는 공기의 경우에는 기압경도(pressure gradient)가 공기의 움직임에 영향을 미친다.

대기 중의 공기덩이는 기압이 높은 곳에서 낮은 쪽으로 등기압면을 가로질러 움직인다. 지금, 공기의 수평적인 이동인 바람만을 다루고 있기 때문에 우선은 수평기압경도력만 고려한다.

수평기압경도력(horizontal pressure gradient force)은 바람 발생의 근본적인 원인이다. 전향력과 마찰력은 그 힘이 작용하려면 모두 움직임이 필요한 반면 기압경도력은 정지 상태에서도 작용한다. 기압경도는 공기의 운동에 필수적이기 때문에 기압경도가 어떻게 발달하는지를 알아야 한다.

예를 들면, 여름철 오전 중반쯤 해안선 부근의 육지와 바다의 온도가 같을 때라면 수평기압경도가 거의 없고, 따라서 해안선을 가로지르는 공기의 이동도 없다. 아침 이후에 태양이 지표면을 계속해서 가열하게 되면 육지의 온도는 바다의 온도보다 높아진다. 이것은 육지의 토양에 비하여 바다물의 열용량이 크기 때문이다. 이것은 차등가열(differential heating)에 의해 수평온도경도가 생기는 한 가지 예이다.

육지면이 따뜻해지면 지면은 그 위의 공기를 전도와 대류로 가열하게 된다. 그 결과 육지 위의 공기기둥(기주, air column)이 팽창한다. 즉, 육지 위의 가열된 공기덩이는 서늘한 바다 위 공기기둥의 같은 양의 공기덩이보다 더 두꺼운 층으로 확장된다. 이것이 상층에서의 수평기압경도의 원인이 된다. 따라서 상층고도의 육지 위의 따뜻한 공기는 바다 위의 아직 얇은 기층 위의 저압부로 이동하기 시작한다.

가열된 육지 위의 기주의 위쪽 부분의 공기가 바다 위로 흘러 나감으로서 육지 위의 기주의 (지표면에서 측정된) 무게는 감소하여 지표면의 기압은 내려간다. 그리하여 기주들 사이에 제2의 수평기압경도를 만든다. 따라서 지표면 고도의 공기는 바다에서 육지를 향해 해안선을 가로질러 이동하기 시작한다. 기압경도력은 항상 저압부를 향해 등압선과 직각을 이루고 있다.

이상에서처럼 공기가 처음 정지해 있던 두 지점 사이에서 단순히 온도차이가 생기면서 상층에서는 공기가 어떤 한 방향으로, 그리고 지면에서는 그 반대방향으로 이동하게 된다. 일반적으로 차등가열의 결과로 생기는 공기운동을 열적 순환이라고 한다. 열적순환은 상·하 두 개의 수평적인 기류를 가지고 있다. 앞의 예는 해풍이다. 해풍(sea breeze)은 바다로부터 육지쪽으로 분다. 다른 열적 순환으로는 육풍, 산풍, 곡풍 등도 있다. 해륙풍(land and sea breeze)의 열적 순환의 형태는 수평방향으로 10마일에서 100마일 정도의 거리에 걸쳐 발생한다.

대규모 순환은 차등 태양가열이 원인이다. 그리고 이러한 과정에 의해 생긴 따뜻한 공기덩어리와 차가운 공기덩어리가 그 발생원으로부터 멀리 이동한다면, 지구자전에 의한 전향력이 중요한 역할을 하게 된다. 지구자전 효과는 조금 복잡하지만 뉴턴의 법칙과 약간 단순화시킨 그림으로 쉽게 이해할 수 있다.

4. 전향력

우리 인간은 지구라는 회전체 속에서 지구와 함께 회전하면서 살아가고 있다. 우리는 통상적으로 이 회전체 속에서 모든 움직임을 관찰하기 때문에 관찰된 움직임을 설명할 때 회전의 영향을 고려해야만 하는데, 이것은 전향력이라는 개념을 도입함으로서 가능해진다.

전향력(deflection force)은 지구표면을 따라 움직이는 모든 물체에 영향을 미친다. 그것은 비행기의 항공에도 영향을 미친다.

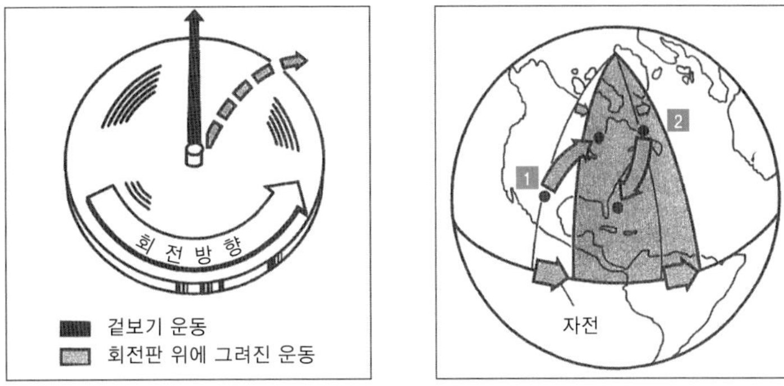

[그림 5-1] 지구의 자전과 전향력

공기는 움직이기 시작하자마자 전향력의 영향을 받는데, 기상학에서는 이것이 매우 중요하다. [그림 5-1]에서와 같이 한 사람이 반시계방향으로 회전하는 회전목마 위에 서 있다고 하자. 회전의 방향은 회전목마의 꼭대기에서 보는 것으로 한다. 그림에서와 같이 회전목마 위에 있는 사람이 회전목마의 맞은편에 서 있는 사람에게 공을 던진다고 가정해 보자 그림에서 보듯이 그 공은 오른쪽으로 빗나가게 된다. 어떤 '힘'이 공에 작용하여 공을 의도된 방향으로부터 오른쪽으로 빗나가게 가속시킨다고 생각하게 된다.

그러나 회전목마로부터 벗어나 서 있는 사람은 공이 던져진 후에 똑바로 날아오는 것을 보게 된다. 그 사람은 공이 비껴가지 않는다는 것을 안다. 회전목마 안에 있는 사람의 입장에서 보면 공이 회전목마를 가로지르며 가는데 걸리는 시간동안에 회전목마 바깥에서 공을 잡는 사람의 위치가 변화했다고 생각할 수 있게 된다.

만약 회전율을 증가시키면 그 위치는 더 크게 변하고 그 공의 빗나감은 더 커질 것이다. 그러나 회전목마 바깥의 관찰자가 보면 공이 이동하는 길은 여전히 똑바를 것이다. 만약 회전목마의 회전방향이 시계방향이라면 공은 왼쪽으로 편향된다.

우리가 회전하는 지구에 관하여 대기의 움직임을 서술하려고 할 때도 전향력을 고려해야 한다. 그러나 지구는 회전판이라기보다는 회전구이기 때문에 사정은 조금 더 복잡해진다. 회전목마의 경우에는 던지는 사람과 받는 사람이 회전하는 플랫폼 어느 위치에 있어도 문제가 되지 않는다. 고정된 회전율과 일정한 공의 속력에 대해서 전량력은 플랫폼 어느 장소에서나 같다. 그 이유는 회전목마는 평면이고 회전축이 연직이기 때문이다. 그러나 지구는 그렇지가 않다. 지구는 회전율이 위도에 따라 다르다.

만일 회전목마를 지구 북극에 가져다 놓는다면 그것은 반시계방향으로 회전하며, 지구의 회전축과 회전목마의 회전축은 평행하다. 만일 지구의 자전율과 공의 속도를 앞의 예에서와 같이 한다면, 그리고 그때 단지 전향력만 고려한다면, 그 공이 똑같은 영향을 받는다는 것을 알게 된다.

그러나 적도에서는 상황이 크게 다르다. 적도에서는 지구의 회전축이 회전목마 회전축에 수직이다. 그래서 회전목마의 회전축은 그에 수직을 이루고 있는 지구의 회전축에 대해서는 회전하지 않는다. 그래서 적도에서는 전향력이 0이다. 던진 공은 직선으로 움직인다. 적도와 극지방 사이에서의 전향력은 극에서는 최대이고 적도에서는 0으로 감소한다.

다행히 지구는 회전목마보다 훨씬 천천히 24시간 만에 한번씩 회전하다. 그러므로 전향력도 훨씬 더 약하다. 따라서 던져진 야구공이 북반구에서는 오른쪽으로, 남반구에서는 왼쪽으로 굴곡되는 것을 실제적으로는 느끼지 못한다. 영향이 있지만 그 영향이 작기 때문이다. 그것은 미사일과 같은 물체가 수백 마일 이상의 아주 먼 거리를 움직일 때만 의미가 있게 된다.

다음 절에서는 대기 대순환에서 나타나는 전향력의 영향을 다루게 될 것이다. 예를 들어 해륙풍의 경우와 같이 거리와 시간이 훨씬 더 작을 경우에는 기압경도와 같은 힘이 훨씬 더 강해서, 상대적으로 전향력의 영향은 작으므로 무시된다. 전향력이 남반구에서는 북반구에서와는 반대로 나타나, 남반구에서는 왼쪽으로 편향된다. 남·북 반구 사이의 이러한 차이는 지구가 남반구에서는 시계방향으로 회전하는 것으로 이해되기 때문이다.

먼 거리를 횡단하는 항행에서는 전향력의 영향에 대한 보정이 필요하게 된다. 항공기 항로는 지구자전으로 인한 편향을 고려하여 북반구에서는 왼쪽으로, 남반구에서는 오른쪽으로 수정해야 한다. 다시 말하면 편향된 항로는 항공운항에 이용되는 몇몇 계기들에 영향을 주어 위치계산에 대한 보정을 필요로 하게 된다.

전향력(Coriolis' force)의 가장 중요한 특징은 다음과 같이 요약된다

① 북반구에서 전향력은 항상 바람의 오른쪽 직각(90°) 방향으로 작용하고, 남반구에서는 왼쪽 직각(90°) 방향으로 작용한다. 전향력은 풍속에는 영향을 미치지 않고 풍향에만 영향을 미친다.

② 전향력은 풍속에 영향을 미치지는 않지만, 전향력의 크기가 풍속의 크기에 좌우된다. 만약 풍속이 0이라면 전향력도 0이고, 풍속이 커지면 커질수록 전향력도 커진다.

③ 전향력은 위도에 따라 다르다. 풍속에 작용하는 전향력은 적도에서는 0이고 극에서는 최대가 된다.

④ 다른 종류의 힘과는 달리, 전향력은 모든 규모의 공기 움직임에 영향을 미치지만 작은 규모의 순환에서는 극히 작아서 무시할 수 있고, 큰 규모인 바람시스템에 대해서는 매우 중요하다.

Ⅱ 지균풍과 경도풍

1. 지균풍

대기는 순환의 규모가 충분히 커지면 기압경도력과 전향력이 서로 평형을 이루려는 경향이 생긴다. 이것은 공기가 수백 마일 이상의 거리를 이동할 때 전향력과 기압경도력이 크기는 같고 방향은 서로 반대라는 것을 의미한다. 이러한 상태를 지균평형(geostrophic balance)이라 하고 이때 부는 바람을 지균풍(地均風, geostrophic wind)이라 한다.

'geostrophic'은 '지구가 돈다'라는 의미이므로 지구 자전으로 인한 전향력과 관련이 있음을 알 수 있다. 전향력은 풍속에 비례하기 때문에 지균평형은 바람이 이미 불고 있을 때만 발생할 수 있다. 전향력은 북반구에서는 항상 바람의 오른쪽 90°로 작용하기 때문에 이 평형은 기압경도력이 바람의 왼쪽 90°로 작용했을 때만 유지된다([그림 5-2] 참조). 전향력 때문에 바람이 고기압 지역에서 저기압 지역으로 곧바로 불어들지 않는다.

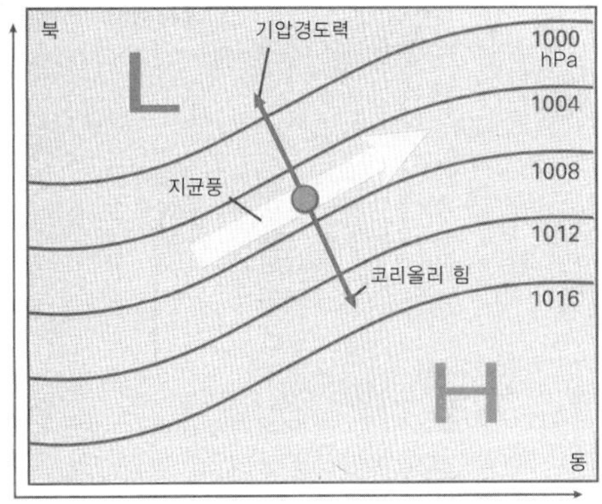

[그림 5-2] 지균풍

지균풍의 특성을 요약하면 다음과 같다.

① 지균평형 상태에서의 바람은 등압선(또는 등고선)에 평행하고, 바람이 불어가는 방향으로 보아 왼쪽에 저기압이 있다고 설명할 수 있다. 이 상황을 바이스발로트(Buys-Ballot)의 법칙이라고 한다. 이 법칙은 "북반구에서는 바람을 등지고 서면 저기압은 왼쪽편에 위치한다." 라고 하는 법칙이다.

② 기압경도가 클수록 풍속은 강하다.

③ 북반구에서는 바람이 저기압 중심 주위에서는 반시계방향(counterclockwise)으로, 그리고 고기압 중심 주위에서는 시계방향(clockwise)으로 분다. 그러므로 반시계방향의 움직임을 저기압성 흐름(cyclonic flow)이라 하고, 시계방향의 움직임을 고기압성 흐름(anticyclonic flow)이라고도 한다.

④ 지균평형은 해풍, 뇌우, 토네이도, 먼지회오리와 같은 작은 규모의 순환에서는 성립되지 않는다. 왜냐하면 기압경도력이 전향력보다 훨씬 더 크기 때문이다.

기압경도가 약한 곳에서는 바람이 약하고 기압경도가 강한 곳에서는 바람이 강한 것을 볼 수 있다. 저기압 주위의 공기는 반시계방향으로 회전하고 고기압 주위의 공기는 시계방향으로 회전한다. 큰 규모에 걸쳐 관측된 바람이 대략 지균풍이라는 증거는 상층의 등압면일기도에서 더 명백한데, 그것은 지면의 마찰효과가 더 적기 때문이다.

지균풍은 또한 여러 다른 항행 보조물들을 이용할 수 없을 때, 편리하게 쓰일 수 있는 자료였다. 항로상의 기압경도를 산출함으로서 지균풍의 크기를 결정할 수 있기 때문이다.

이러한 계산을 위한 중요한 측정은 기압고도계를 29.92in로 고정했을 때에 측정된 기압고도(PA)와 레이더고도계로 측정된 참높이(TA)이다. 기압고도와 참높이의 차이(TA-PA)가 D-value이다. 항로를 횡단하는 지균풍은 비행 항로상의 D-value 경도에 비례한다.

2. 경도풍

공기가 직선이 아니고 곡선을 따라 움직일 때는 비록 공기가 일정 속도로 이동한다 하더라도 공기는 가속을 받고 있어서 공기의 운동 방향이 곡선을 따라 계속 변해 간다. 이 가속도가 구심가속도이다. 이 효과를 설명할 때는 구심가속도를 일으키는 힘, 즉 원심력이라고 하는 것이 더 편리하다. 지균풍은 직선으로 부는 바람으로서 기압경도력과 전향력이 평형을 이루면서 부는데, 경도풍(gradient wind)은 곡선 등고선을 따라 부는 바람으로서 원심력이 추가되는 바람이다.

곡선 순환의 곡률반경이 더 작아질수록 원심력의 영향은 더 커진다. 규모가 매우 작아 기압경도력이 전향력보다 훨씬 더 큰 경우에는 기압경도력과 원심력이 선형평형(cyclostrophic balance) 상태에 있게 되고, 이때는 선형풍(旋衡風, cyclostrophic wind)을 이루게 된다. 이러한 사례 중 가장 극단적인 예는 먼지회오리나 토네이도 같은 것들이다. 이런 특별한 현상에 대한 더 상세한 내용은 후에 다루게 될 것이다.

공기는 힘의 합력에서의 작은 불균형에 의해 가속되는데 이것들은 바람을 크게 변화시키는 원인이 되고, 단기간에 기상을 변화시키는 요인이 된다.

Ⅲ 지상풍

1. 대기경계층의 바람

마찰은 접촉하고 있는 두 물체의 상대적인 움직임에 저항하는 힘이다. 마찰은 대기와 같은 유체 내부에서도 작용하고, 유체와 고체 사이의 접촉면에서도 발생한다. 비행 중에 있는 항공기에 영향을 주는 중요한 힘 중의 하나가 항력이다. 항력은 항공기의 움직임에 대한 대기의 상대적인 저항이다. 항력은 항공기 형태에 의해 유도되는 난류에 의한 형체항력(form drag)뿐만 아니라 표면마찰을 포함한다.

기상학자들은 표면마찰(skin friction)과 지면부근의 난류의 결합으로 발생하는 저항력을 서술하기 위해 지면마찰(surface friction)이라는 용어를 사용한다. 지면마찰은 지면으로부터 대기의 가장 낮은 2,000ft 정도까지 큰 영향을 미친다. 이 층을 대기경계층(大氣境界層, atmospheric boundary layer, PBL)이라 한다. 그것은 지면으로부터 지면마찰의 영향을 무시할 수 있는 상층까지 사이의 전이층(轉移層, transition layer)이다([그림 5-3] 참조).

마찰의 영향을 이해하기 위해, 처음에 풍속계 고도(지상 약 30ft(10m))에서 바람이 지균평형상태(geostrophic balance)에 있다고 가정하자. 그러면 바람은 등압선에 평행할 것이다. 그 다음 지표면에 의한 마찰을 작용시키고 모든 힘(기압경도, 전향력 그리고 마찰력)을 평형상태로 둔다. 최종적인 평형 상태에서는 풍속이 초기 지균풍보다 작아진다. 또한 바람은 더 이상 등압선과 평행하지 않고, 저압부를 향해 등압선을 약간 가로

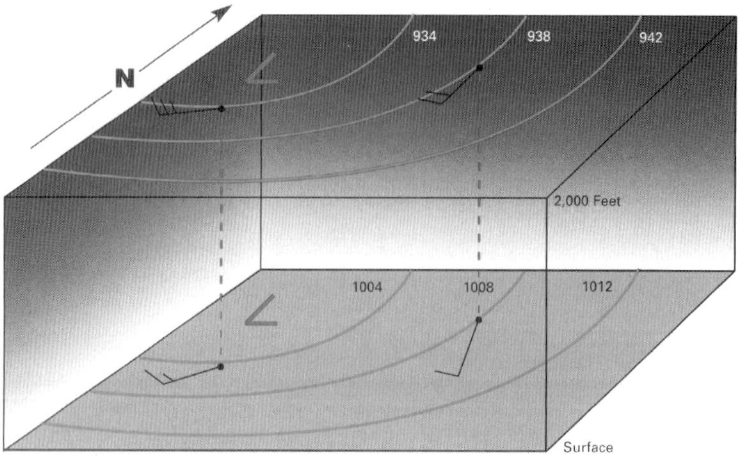

[그림 5-3] **지표경계층 내의 바람의 변화**

질러 분다. 바람과 등압선 사이의 각은 표면의 거칠기에 따라서 달라지는데, 해상에서의 약 10°에서부터 육상에서의 약 45°까지 다양하다.

고도증가에 따라 지표면마찰의 영향이 감소하기 때문에 지상 2,000ft(약 600m) 정도에서의 바람은 등압선에 거의 평행하다. 그러나 지표면에서의 바람은 저압부를 향해 일정한 각도로 등압선을 가로질러 불며, 상층의 바람보다는 약하다.

다음은 대기경계층(PBL)에서 마찰의 영향을 요약한 것이다.

① 바람은 대기경계층에서 고도증가에 따라 증가하는데 지표 바로 위에서 증가율이 가장 크다.
② 바람은 고도 증가(지면마찰 감소)에 따라 시계방향(순전)으로 변하면서 증가한다.
③ 지표 근처의 바람이 강할 때 경계층은 난류로 인하여 돌풍이 발생한다. 바람이 부는 날 공기가 경계층을 통과해 지면으로 하강하면 공기는 지면에 가까워질수록 더 거칠어진다.
④ 경계층은 연중 따뜻한 계절과 낮 동안 더 두꺼워지고, 추운 계절과 밤 동안 더 얇아진다.
⑤ 경계층은 험하게 굴곡이 있는 거친 지역에서 더 두꺼워진다.
⑥ 지표면 근처의 바람은 저기압에서는 반시계방향으로 불어 들어가고, 고기압에서는 시계방향으로 불어 나간다.
⑦ 폭풍우 상태에서는 위에 설명한 여러 현상이 잘 나타나지 않을 수도 있다.

2. 연직운동에 의한 돌풍

대부분의 상황에서는 기압경도력, 전향력 그리고 마찰력으로 대규모 바람특성을 설명한다. 그러나 때때로 상황을 크게 바꿀 수도 있는 다른 영향들도 있다.

일반적으로 한 공기덩이가 어떤 이유로 연직으로 이동하면 이 공기덩이가 일으키던 수평바람(실제로 수평운동량)을 새로운 고도로 이동시키면서 이 공기덩이는 그 고도에서 주위 공기와 섞인다. 이러한 과정은 이동해 들어간 새로운 고도에서 바람을 변화시켜 기압경도를 변화시키게 된다. 이러한 현상이 가장 잘 발생하는 때가 역학난류나 열난류에 의해 경계층이 잘 혼합될 때이다. 때로는 강한 바람이 돌풍을 일으키면서 대기경계층 상부로부터 지면에까지 내려오기도 한다.

어떤 대기순환에서는 이런 과정의 효과가 빠르고 커서 지상에서 매우 강한 수평바람을 일으키기도 한다. 이러한 사례들은 뇌우에서나 산 위의 기류에서도 발생한다[그림 5-4]. 이러한 현상과 이것과 관련된 항공 상의 위험에 관한 자세한 설명은 뒤에서 다루게 될 것이다.

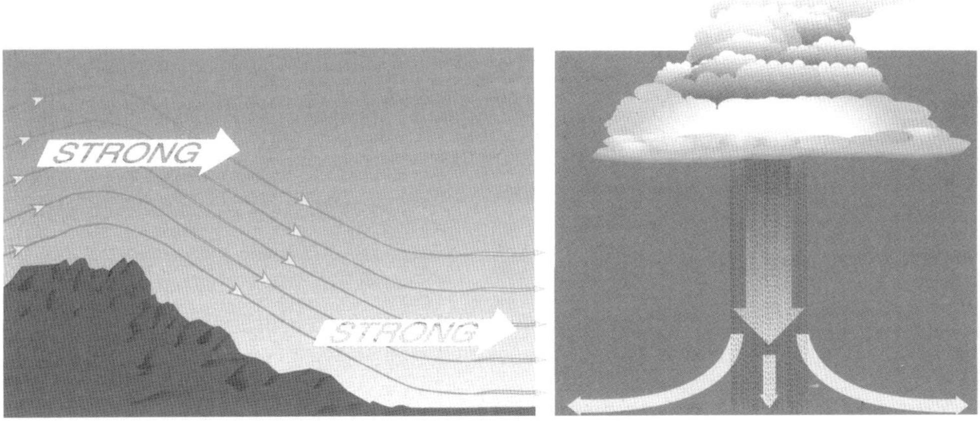

[그림 5-4] 공기의 연직운동에 의해 발생하는 지상의 강풍 예

Ⅳ 열적 국지풍

1. 열적 국지풍

열적요인으로 부는 국지풍에는 해륙풍, 산곡풍, 경사순환들이 있다. 이러한 국지풍들은 복사가열과 복사냉각에 의해 생기기 때문에 대개 여름철 중위도지역에서 잘 발달한다. 또한 이들은 온대저기압이나 열대저기압과 같은 대규모 순환의 영향을 받지 않을 때는 어느 계절에나 어느 위도지역에서나 발달할 수 있다. 복사가열과 복사냉각에 따른 열적요인으로 부는 국지풍은 하루를 주기로 순환의 방향과 강도가 변한다.

1) 해륙풍

맑은 날 낮 동안에 해안지방의 육지에서의 가열은 근처의 수면에서의 가열보다 온도를 더 높여준다. 따라서 육지에서는 기압이 낮아져서 수평기압경도를 형성한다. 이 기압차는 너무 작기 때문에 지상일기도 상의 등압선 패턴에서는 나타나지 않는다. 그러나 이러한 기압경도는 오전 늦게 바다 위의 찬공기가 해안선을 가로질러 육지로 이동을 시작하도록 하기에 충분하다. 그리하여 해풍(海風, sea breeze)이 발생한다[그림 5-5].

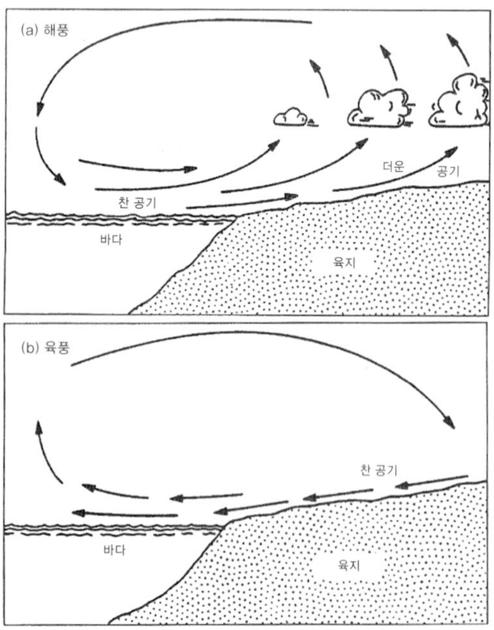

[그림 5-5] 해풍 순환

해풍이나 또는 해풍보다 작은 규모의 순환에서는 전향력은 대개 수평기압경도력과 마찰력보다 훨씬 작다. 따라서 바람은 고기압쪽에서 저기압쪽으로 바로 불어가게 된다.

해풍은 오후동안 계속해서 강해지는데 오후 중

반이나 오후 늦게 보통 10~20kts가 되고, 그 후에는 약해진다. 잘 발달된 해풍순환은 대개 1,500~3,000ft의 높이까지 달하고, 약하며 두꺼운 상층 되돌이 흐름이 나타난다. 이를 해풍순환이라 한다.

해양으로부터 육지로 유입되는 한랭공기와 육지 위의 온난공기 사이의 경계에 때로는 좁고 명확한 해풍전선(sea breeze front)이 발생한다. 해풍전선은 가끔 습윤기단과 건조기단 사이에 시정의 차이가 발생하는 곳, 그리고 적운이 파상적으로 나타나는 곳에 위치한다. 조건부불안정이 심한 곳에서는 해풍전선이 뇌우선으로 되기도 한다[그림 5-6].

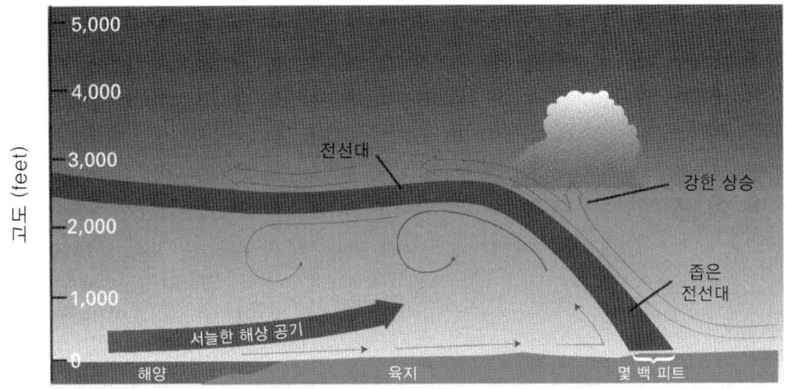

[그림 5 -6] **해풍전선의 단면도**

해풍전선은 이 전선 뒤에 나타나는 바람보다 조금 더 느리게 내륙으로 이동한다. 해풍전선의 속도는 대규모의 바람상태와 지형에 따라 2~15kts로 다양하다. 어떤 지역에서는 전선의 내륙 침입이 연안지역에 있는 산에 의해서 수 마일까지로 제한되기도 하지만 넓은 해안평원 지역에서는 하루에 수백 마일 이상까지도 내륙으로 이동할 수 있다.

연안지역의 산과 언덕의 적당한 분포와 해안선 모양에 따라서는 해풍의 발생을 증진시키기도 한다. 예를 들어 미국 플로리다 반도(한반도보다 조금 작다.)에서는 해풍이 때로는 뇌우선을 형성하며 플로리다 반도의 양쪽면으로부터 중앙으로 수렴한다.

해안의 언덕이나 산 근처의 지형적인 영향으로 해풍전선이 꽤 먼 내륙으로 이동하도록 하기도 한다. 외딴 언덕은 해풍을 두 부분으로 나누어 언덕 둘레를 따라 내륙으로 모이게 할 수도 있다[그림 5-7].

해안선에 가까운 육지는 일몰 후 몇 시간동안 근처 해수면보다 더 빨리 냉각된다. 육지가 해양보다 더 냉각되면 해안을 가로지르는 기압경도는 낮 동안의 상태로부터 역전되어,

(a) (b) (c)

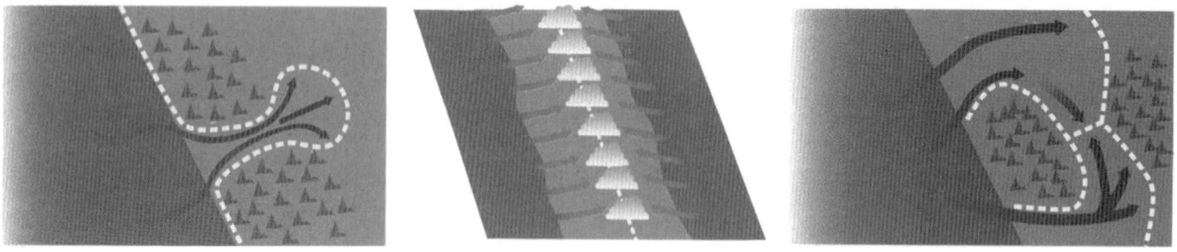

(a) 해안 협곡으로 불어든 모양 (b) 반도모양 지형에 불어든 모양 (c) 해안 언덕을 비켜 불어든 모양

[그림 5-7] **지형과 해풍의 변화**

연안부근 바다의 기압이 낮아진다. 육풍(陸風, land breeze)은 이 기압차의 영향을 받아 육지에서 해양으로 이동하는 하층기류의 흐름이다. 이 하층기류의 흐름은 또한 하층바람과 반대인 상공의 되돌이 흐름과 함께 육풍순환을 구성한다. 육풍순환은 해풍순환의 반대현상이다.

육풍은 밤새 계속 강해져서 일출 때 가장 강하게 된다. 육상에서 야간은 일반적으로 매우 안정하기 때문에 육풍순환의 규모가 해풍순환보다는 상당히 작아서 보통 지상에서 겨우 수 백ft까지로 제한된다. 육풍은 최대풍속이 대략 5kts로서 해풍보다는 약하다. 다만, 한랭공기가 해안을 따라 위치한 산악지역의 경사면 아래로 움직이는 배출풍(排出風, drainage wind)인 경우에는 예외적으로 센 바람이 발생할 수 있다.

육풍전선(land breeze front)은 수면 위에 생기기 때문에 해풍전선처럼 잘 알려져 있지 않다. 그러나 해안지역에서는 밤에 수렴선이 연안부근 바다에 나타난다. 이러한 육풍전선이 해안으로부터 바다로 나가는 거리는 5n.m. 이하로부터 100n.m. 이상까지로서 육풍의 강도에 따라 다르다. 만약 바닷물이 따듯하다면 대류운이나 뇌우선으로 수렴지역을 알아낼 수도 있다.

큰 호수에서도 육풍 및 해풍순환과 같이 육풍 및 호수풍(lake breeze)으로 나타날 수도 있다. 그러한 순환으로 형성된 풍속은 수면의 넓이, 육지와 물의 온도차에 비례한다. 그것은 여름철에 더 강해지고 더 빈번하게 나타난다.

2) 산곡풍

대규모 순환에 의한 바람의 영향을 받지 않는 산악지역에서는 낮 동안에 바람이 산의 경사면을 따라 저지대로부터 고지대로 분다. 그리하여 보통 온난계절에는 공기를 산이나 언덕 위로 상승시킨다. 이 때 계곡에서보다는 고지대에서 열적활동이 더 커서 보통 적운이 나타난다. 이러한 흐름의 패턴은 언덕 위의 공기가 근처 계곡 위의 동일고도에 있는 공기보다 더 높은 온도로 가열되기 때문에 언덕과 산 경사면 쪽에 낮은 기압이 나타나서 수평온도경도가 형성되어 수평기압경도가 나타나므로 공기가 산 경사면쪽으로 이동한다. 산허리는 공기를 산 위쪽으로 가속시켜 활승풍(upslope wind)을 일으킨다. 약한 되돌이 흐름이 산 위에서 아래로 불게 된다[그림 5-8].

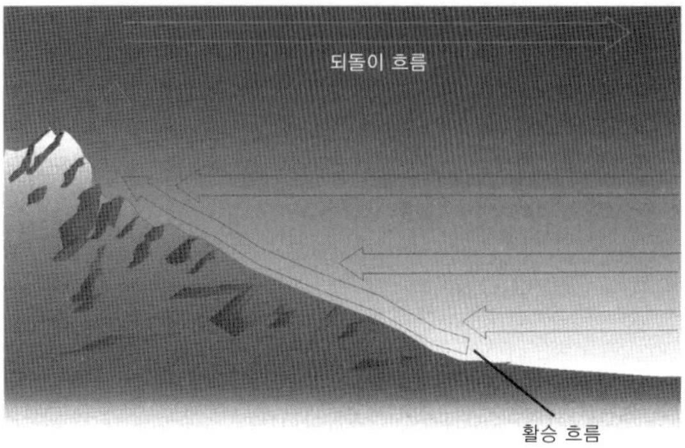

[그림 5-8] **활승 순환**

이 때 산허리가 계곡의 일부라면 활승흐름은 고지대로 향하는 더 큰 규모의 골바람(valley breeze, 곡풍)이 된다. 산 정상으로부터의 반대골바람(anti-valley wind, 반곡풍)으로 알려진 약한 되돌이 흐름이 있는데 골바람과 함께 골바람순환을 이룬다([그림 5-9] 참조).

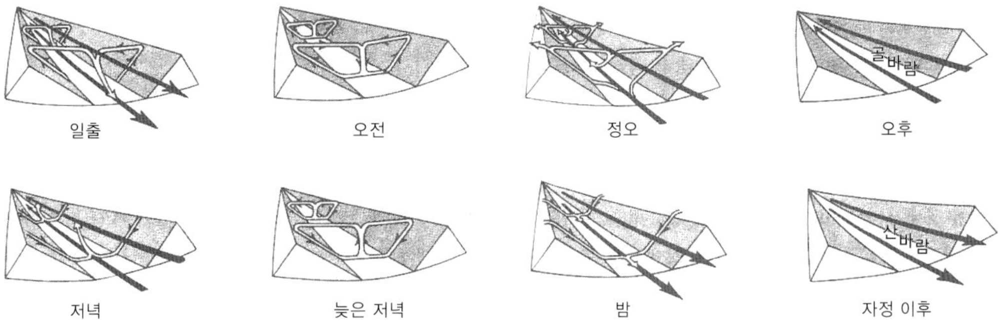

[그림 5-9] **산곡풍 순환의 시간변화**

활승기류 또는 골바람 흐름이 시작되는 정확한 시간은 국지적인 일출시각에 따라 다르다. 이 시간은 위도와 계절 뿐만 아니라 계곡의 깊이와 방향에 의해서도 달라진다. 오전에 계곡에서의 활승흐름은 계곡의 한쪽 면에서 시작하는 반면에 다른 면에서는 아직도 여전히 고요하다. 마찬가지로 오후의 활승순환은 태양빛을 받은 경사면에서는 오래 지속된다. 경사면이 매우 따뜻할 때는 대류로 상승운동이 더욱 강화된다. 대개 활승풍 및 골바람은 일출 후 수 시간 안에 시작되고, 정오에 최대속도에 달한다. 전형적인 활승골바람의 풍속은 5~20kts 정도이며, 보통 지상에서 최고 수백 ft 높이까지이다.

산 정상 위 대기에서 부는 강풍은 골바람의 풍향·풍속 및 골바람 및 경사순환을 방해할 수 있다. 산 위의 바람이 대략 15kts를 초과할 때는 골바람순환은 변화될 수 있는데, 상층 강풍의 역학적인 혼합이나 오후에 발생하는 대류에 의해 골바람을 계곡 아래로 이동시키게 될 수도 있어서 골바람이 강해지거나 약해지거나 또는 심지어는 방향이 반대로 바뀔 수도 있다.

높은 눈 덮인 경사면 지역에서의 태양복사에 의한 가열은 눈에 의한 반사 때문에 가열이 약하다. 그러므로 이런 경우 경사면에서 낮의 활승기류는 대개 설선(snow line)을 넘어서까지 확장되지 않는다. 그러나 만약 산허리가 나무로 덮여있다면 기류의 이동은 달라질 수 있다. 즉, 나무꼭대기가 눈으로 덮여있지 않다면 지표면 위에는 눈이 있음에도 불구하고 숲이 태양복사를 흡수하여 활승순환을 생성시키기도 한다.

밤에 고지대가 냉각되면 산 경사면 위의 공기는 같은 고도의 계곡의 공기보다 더 냉각된다. 그리하여 기압경도가 발생되고 산허리에서 산바람(mountain breeze), 활강풍(downslope wind)이 발달한다. 큰 규모의 계곡에서는 산바람이 산정으로부터 계곡 아래로 분다([그림 5-9] 참조).

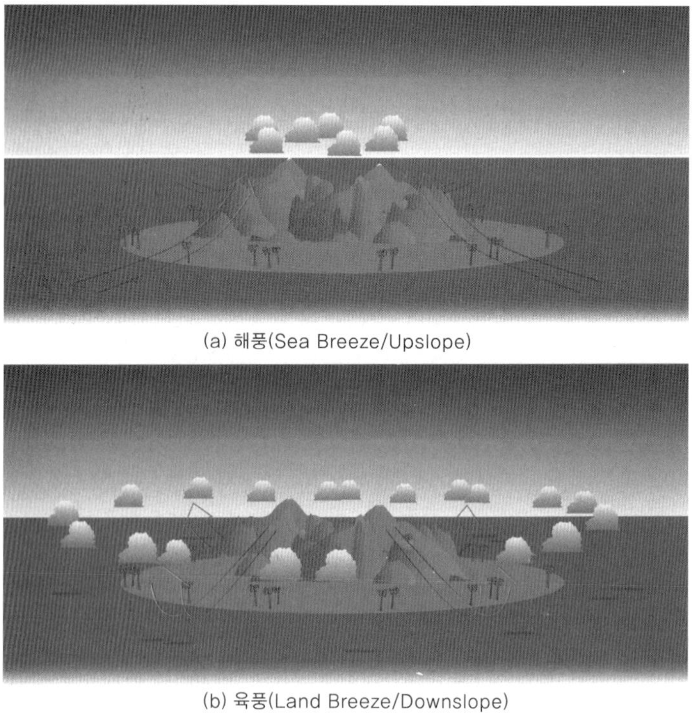

(a) 해풍(Sea Breeze/Upslope)

(b) 육풍(Land Breeze/Downslope)

[그림 5-10] 섬 부근의 해륙풍의 영향

산바람의 강도는 산 계곡의 크기, 깊이, 방향 및 경사면 기울기에 따라 결정된다. 일출 전에는 보통 풍속이 5~10kts 정도인데 계곡입구에서는 때로는 25kts를 넘기도 한다.

산이 해안선을 따라 평행하게 놓여 있는 곳에서는 해풍이 활승풍이나 골바람을 강화시킨다. 마찬가지로 산바람은 육풍으로서 연안풍(offshore wind) 형성에 영향을 준다. 이러한 효과는 열적요인으로 생기는 순환이 지배하는 열대지방의 섬에서 잘 발달한다. 낮 동안의 순환은 수분이 많기 때문에 섬 상공에 대류운을 형성시키는 반면, 밤 동안의 흐름은 섬 주위의 해양 상공에 고리모양의 구름띠를 생성시킨다[그림 5-10].

3) 한랭활강풍

활승풍 및 골바람은 대류처럼 상승하는 따뜻한 공기에 의해서 강화된다. 비슷한 원리로 경사면 아래로 하강하는 한랭하고 밀도가 큰 공기는 활강풍과 산바람을 강화시킨다. 경사면 가까이 있는 공기가 언덕으로부터 떨어져 있는 동일고도의 공기보다 더 냉각되어 공기를 아래로 움직이는데는 중력이 효과적으로 작용한다. 이러한 소규모 흐름이 한랭활강풍(cold downslope wind)으로 알려진 배출풍(排出風, drainage wind)이다.

배출풍은 매우 약하다. 배출풍은 일몰 전, 즉 경사면이 어두워지자마자 시작될 수 있다. 그 흐름은 물과 같이 자연적인 지형의 배출 패턴에 따른다.

배출풍의 흐름은 공기가 경사면 아래로 이동함으로 생기는 단열승온으로 인한 상쇄효과 때문에 매우 약해진다. 그러나 어떤 조건 하에서는 강풍으로 발달할 수도 있다. 만년설(permanent ice)이나 설원(snow fields)이 있는 산악지역은 대규모적인 강한 바람이 없는 날에 배출흐름이 생긴다. 이런 영향은 특히 여름철에 두드러지게 나타난다. 밀도가 큰 얇은 한랭공기층은 빠르게 빙하표면을 따라 아래로 흐른다. 중력은 활강하는 이 빙하풍(glacier wind)을 가속시키고, 그에 따라 가장 강한 바람이 빙하의 아래쪽에서 발생한다. 그러한 바람의 가장 좋은 예가 남극대륙의 해안에서 나타나는 바람이다.

극단적인 한랭활강풍의 예는 아드리아해 동북부연안에서 계절적으로 찬 북동풍으로 부는 보라(bora)이다. 이 지역의 지형은 활강풍을 약 2,000ft고도로부터 아드리아해로 빠르게 하강시킨다. 이 때 한랭공기는 85kts 이상의 속도로 해안에 도달한다. 다른 지역에서도 한랭활강풍이 많이 나타나고 있다. 예를 들어 북아메리카에서 겨울동안 흔히 고기압에 동반된 매우 한랭한 기단이 British Columbia, Idaho, 서부 Montana의 산 위를 덮는다. 이들의 이러한 조건은 Alberta, Montana에 있는 북쪽 로키산맥의 동쪽 사면에서 아래로 흐르는 강한 한랭활강풍을 일으킨다.

2. 역학적 국지풍

대규모 순환이 험한 지형을 지날 때는 많은 중규모 순환이 산 위나 풍하측에서 발달한다. 이들 중 중요한 것이 산악풍하파(mountain lee wave)와 온난활강풍(warm downslope wind)이다.

1) 산악풍하파

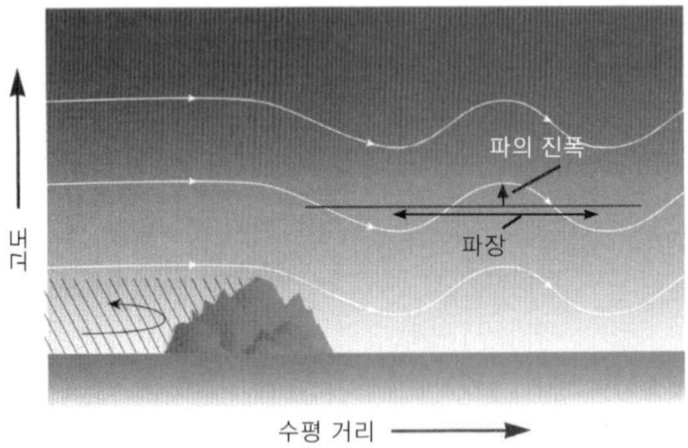

[그림 5-11] **산맥 풍하파의 형성**

안정한 기류가 산등성이 위를 흐를 때 연직파동을 일으킨다. 산등성이의 풍하측에서 변위된 공기덩이는 안정하기 때문에 원래의 평형고도로 되돌아가려고 한다. 이 파동은 하강기류를 따라 진동을 반복한다. 이러한 중규모 파동패턴을 산악파(山岳波, mountain wave) 또는 산악풍하파(mountain lee wave)라 한다. 이것은 대기중력파의 특별한 한 형태이다. 이 현상은 안정한 대기에서 중력이 공기덩이를 강제적으로 평형고도로 되돌아오게 하므로 진동하게 되는 것이다[그림 5-11].

공기를 변위시킨 산은 움직이지 않기 때문에 풍하파(lee wave)는 공기가 산 위를 빠르게 이동함에도 불구하고 정체하려고 한다. 풍하파는 상대적으로 안정한 공기가 하강하는 파골(wave trough)에서는 온난하고, 상승하는 파마루(crest)에서는 한랭하다. 특정 장소에서 산악풍하파가 일단 형성되면, 생애가 다양하기는 하지만, 산악풍하파의 활동은 여러 시간동안 지속될 수 있다.

풍하파는 비행 중인 항공기에 큰 영향을 줄 수 있는 연직운동을 발생시키기 때문에 항공기상에서는 매우 중요한 현상이다. 그리고 풍하파는 특히 산 정상 아래 부분과 권계면 부근에서 가끔 난류를 동반한다. 풍하파에 동반되는 비행재해는 뒤에서 상세하게 다루게 될 것이다.

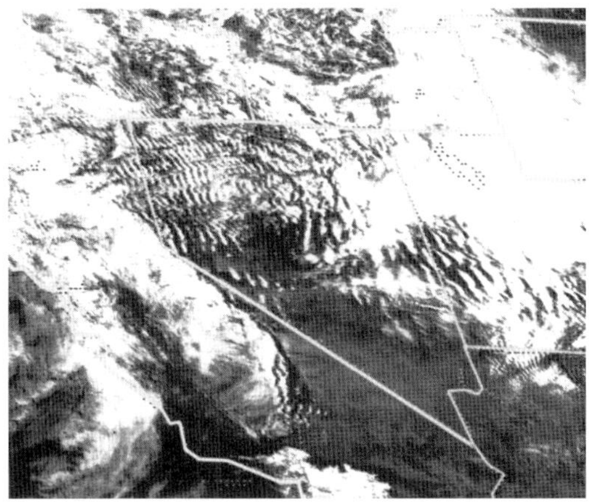

[그림 5-12] **풍하파의 예**

대표적인 산악파 조건 하에서는 파장이 평균 약 5n.m.이다. 그러나 파장은 안정도와 풍속에 따라 수 n.m.에서 30n.m. 이상까지 다양하다. 풍속이 강하면 강할수록 풍하파의 파장은 길어지고, 대기가 안정할수록 파장은 짧아진다. 미국 서부지역 상공에 '빨래판' 모양의 파동으로 렌즈구름을 나타내고 있는 예를 [그림 5-12]에 보이고 있다.

풍하파의 강도는 연직운동의 강도로 표시된다. 약한 풍하파는 대개 분당 수 백ft 이하의 연직속도를 나타내지만, 강한 풍하파는 분당 1,800ft 이상의 연직운동을 한다.

파동운동에서 나타나는 연직 운동은 풍속, 파장, 진폭에 따라 다르다. 공기덩이가 파형을 따라 이동하는 속도는 풍속이 결정한다. 주어진 진폭과 파장에서는 산정고도에서의 바람이 빠를수록 풍하파의 연직운동은 더 커진다.

진폭의 크기에 의해 공기덩이가 파형을 따라 이동하는 수평경로의 거리가 결정된다. 파동진폭이 크면 클수록 연직운동은 더 커진다. 풍하파 진폭은 강한 파의 경우 4,000ft 이상이 된다.

만약 두 개의 파가 진폭과 풍속이 동일하다면 짧은 파장을 가진 파가 더 큰 연직속도를 가질 것이다.

상대적으로 길면서 폭이 좁은 산맥은 풍하파가 강한 진폭을 가지도록 하는데 좀 더 효율적이다. 폭이 넓은 산일 경우는 산의 전체 크기보다는 풍하측의 가파른 경사도가 풍하파 강도를 결정하는데 더 큰 역할을 한다. 예외적으로 높고 가파른 풍하 경사면을 가진 캘리포니아 Bishop 근처의 Sierra Nevada산맥과 콜로라도의 Boulder 근처의 Rocky산맥은 강한 산악파가 발생하는 지역이다.

산마루 선에 거의 수직인 바람은 마루선에 거의 평행한 바람보다 풍하파의 형성에 더 효율적이다. 만약 산마루 선에 수직인 바람의 풍속이 마루에서 20kts를 초과하면 파장이 5n.m.를 초과하는 풍하파를 발생시킨다.

마루의 높이가 높고 폭이 넓은 경우에 가파른 풍하경사면을 가졌으면 진폭이 큰 풍하파를 발생시킨다. 특히 마루선의 풍하쪽으로 가파르게 높이 3,000ft 이상을 감소할 때는 매우 큰 진폭의 풍하파가 발생한다.

2) 풍하파 시스템

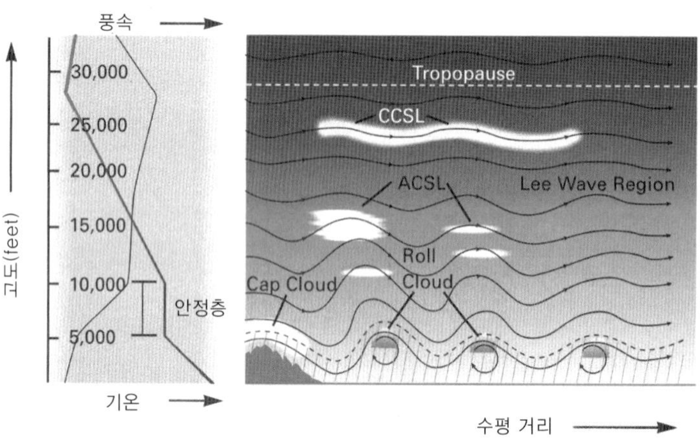

[그림 5-13] **풍하파 시스템의 예**

지리학적 위치에 관계없이 모든 풍하파는 어떤 일반적인 특성을 가진 흐름과 구름을 생성한다. 이들 특성은 [그림 5-13]에서 설명된 이상화된 풍하파시스템 모델로 나타낸다.

풍하파시스템은 부드러운 파동흐름이 지배하고 소규모 난류가 가끔 발생하는 상층 풍하파 영역과, 지상으로부터 산정고도 바로 위까지의 저층난류영역(lower trubulent zone)으로 나눌 수 있다.

이 단순한 모델은 구름 등의 관측으로부터 파동영역과 난류영역을 분류하는데 적합하고, 바람관측이나 일기도를 통해서 대규모 기류패턴으로부터 풍하파를 추론하는데 도움을 준다. 예를 들어 풍하파 조건에서 실시된 상층관측 결과는 서로 비슷한 특징을 보여준다. 일반적으로 산 정상 부근에는 안정층이 나타나며 그 고도 위와 아래에는 불안정한 층이 나타난다. 그리고 고도증가에 따른 풍속의 증가가 나타난다.

[그림 5-13]의 풍하파 부분에서 가장 강한 풍하파는 산의 풍하에서 가장 가까운 처음

풍하파, 즉 제1순환이다. 계속적으로 뒤따라 나타나는 순환은 점차 진폭이 감소하는 경향을 나타내고 있다. [그림 5-13]은 풍하파가 산 정상고도 상공 수 천ft 내에서 가장 큰 진폭을 나타내고, 그로부터 아래 위로 감소하는 경향을 보여주고 있다.

풍하파 중에서 한 개 이상의 두루마리 순환이 나타나는데, 풍하파의 마루아래에서 관측된다. 두루마리구름의 고도는 산 정상 고도와 비슷하다. 첫 파마루의 바로 아래의 회전기류가 가장 강하고, 그 후 풍하로 가면서 점차 약화된다.

저층난류영역은 일반적으로 산의 풍하측 경사면을 따라 강한 지상풍과 더불어 강한 돌풍이 나타나는 등 특히 난류가 이 층에서 강하다.

대기 중에 적당한 수분이 있을 때 풍하파시스템은 독특한 형태의 구름이 나타난다. 풍하파 시스템에 나타나는 구름은 산 정상 바로 위의 모자구름(cap cloud), 두루마리순환에 나타나는 두루마리구름(roll cloud) 및 풍항파의 꼭대기에 나타나는 정체렌즈고적운(ACSL, Ac Standing Lenticular)이다. 또한 이보다 높은 정체렌즈권적운(CCSL, Cc Standing Lenticular)이 나타나기도 한다.

이러한 구름은 풍하파의 존재를 암시해주는 인자이다. 산악파는 중규모 현상이기 때문에 기상관측소의 정규관측에 관측되지 못할 수도 있다. 더구나 무인관측소로부터의 자동관측보고는 그러한 정보를 제공하지 못한다. 풍하파 활동의 직접적인 관측은 기상위성사진과 풍하파 구름의 지상관측보고에 의존한다.

대부분의 대기모델에서와 마찬가지로, 실제의 풍하파시스템은 이들의 평균적인 모습과는 크게 다를 수도 있다. 예를 들면, 풍향·풍속이 고도에 따라 변한다든지, 또는 안정도가 고고도에서 약해진다면 풍하파 활동이 대류권 하부로 제한될 수도 있다. 또 다른 경우, 파가 권계면 부근과 성층권의 강한 파동활동을 유도하면서 고도에 따라 강화될 수도 있다. 현저한 산악파 활동이 해발 60,000ft 이상의 고도에서도 관측되고 있다.

또한 풍하파 구조에서는 수평적인 변화가 있다. 풍하파 시스템의 모델은 이상화시킨 긴 산마루를 지나는 기류에 기반을 두고 있다. 그러나 실제 산마루는 매우 복잡하다. 그리고 일반적으로 산악지역은 평행하지 않고 불규칙한 위치에 있는 여러 개의 산마루로 구성되어 있다. 이것은 특정한 지리적인 지역에 비슷한 바람과 안정도 조건이 지날 경우라도 파동의 특성은 매우 다를 수 있다는 것을 의미한다.

3) 온난활강풍

산의 가파른 경사면 아래로 흐르는 매우 한랭한 공기는 보라(bora)라고 부르는 강하고 한랭한 바람을 발생시킬 수 있다. 그러나 이와는 반대로, 온난하고 안정한 기단이 고고도에서 산맥을 지나 이동하여 풍하면을 따라 푄(foen) 또는 치누크(chinook)라 부르는 강한 온난활강풍(warm downslop wind)을 발생시키기도 한다.

푄 또는 치누크라고 하는 바람은 산에서 불어내리는 온난하고 건조한 돌풍을 말한다. 이 바람은 산악파를 발생시키는 같은 조건 하에서 종종 발생한다. 치누크에서 나타나는 지상풍은 대개 20~50kts이고 최대풍은 100kts까지 관측되었다. 겨울에 특히 치누크 시작과 함께 나타나는 온도변화는 15분 안에 20°F~40°F의 매우 큰 기온상승을 보이기도 한다.

온난활강풍은 지역에 따라 다른 이름을 가지고 있다. 치누크와 푄이 현재 많은 지역에서 온난활강풍의 이름으로 사용되고 있지만 이들 역시 특정 지역에서 유래한 것이다. 치누크(chinook)는 로키산맥 동쪽 사면에서 부는 강하고 따뜻한 바람을 말하고, 푄(föhn)은 알프스 북쪽사면에서 부는 따뜻한 바람을 말한다. 다른 온난활강바람에 대한 지역이름으로는 Santa Ana(캘리포니아주 남부), Zonda(아르헨티나), Canterbury Northwester(뉴질랜드) 및 Mono Wind(캘리포니아주 중앙과 북부) 등이 있다.

풍하파 발달과 치누크 활동을 유발하는 대규모 바람시스템은 다음과 같은 2가지의 중요한 필요사항을 만족해야 한다.

① 산 위에는 안정층이 존재해야 한다.

② 산 정상을 지나는 풍속은 20kts 이상이어야 한다.

이상의 조건들은 산 정상의 강한 바람과 넓게 퍼진 안정층을 형성하는 산악지역을 전선을 동반한 온대저기압이 이동할 때 자주 나타난다. 풍하파는 온대저기압 활동이 왕성할 때인 한랭기간 동안 자주 발생한다.

미국에서는, 서부지역의 주요 산맥이 남-북 방향이나 북서-남동 방향으로 이어져 있다. 그러므로 전선과 상층골이 서쪽으로부터 산으로 접근할 때 산악파가 잘 발생한다. 전선과 상층골이 통과한 후에는 풍향이 변하고 현저한 파동활동이 멎는다. 한편 애팔래치아산맥은 북동에서 남서방향으로 놓여 있어서 이곳에서는 전선과 골이 통과한 후에 풍하파 활동이 지속되고 바람은 북서풍이 된다. 이들 조건이 [그림 5-14]에 설명되어 있다.

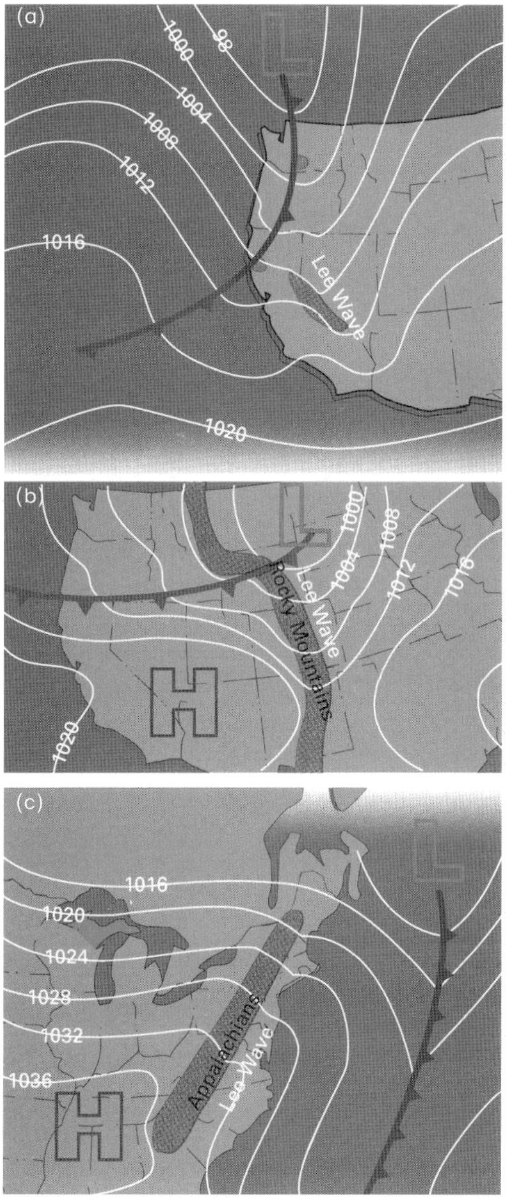

[그림 5-14] 미국에서 실제 풍하파 상황을 나타내고 있는 지상일기도
(a) 시에라네바다 산맥 동쪽, (b) 콜로라도 로키산맥 동쪽 및 (c) 애팔래치아산맥 동쪽.

V 항공운항과 바람

1. 이착륙에 영향을 주는 지상풍

항공기에 양력(揚力, lifting force)을 발생시키는 대기속도(air speed)는 항공기의 대지속도(ground speed)와 풍속의 합이다. 이륙 시 맞바람(head wind, 정풍)을 받아 바람을 안고 활주하면 단시간에 이륙속도에 달하므로 활주거리가 짧아진다. 착륙시에도 맞바람을 받으며 강하하면 속도도 작아져 접지할 때 지면충격도 적어지고 활주거리도 짧아진다.

반대로 뒷바람(tail wind, 배풍)을 받을 때는 대지속도는 대기속도보다 커져 이·착륙 모두 활주거리가 늘어나고 활주 중에 반동(bound)으로 기체가 손상되기 쉽다. 또 항공기는 진입시에는 보통 진입방향을 활주로 방향에 일치시키기 위해 수차 수정해야 되는데 뒷바람일 때는 이러한 수정이 곤란하여 안정된 조정이 어렵다. [그림 5-15]는 착륙시의 조건이 맞바람과 뒷바람시의 활주거리의 차이를 나타낸 것이다.

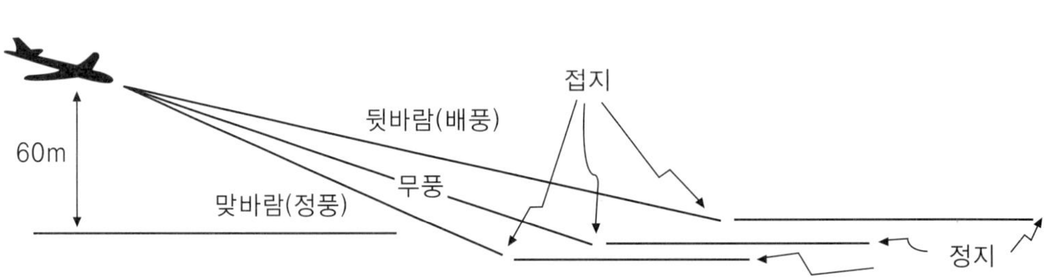

[그림 5-15] 맞바람, 뒷바람과 착륙활주 거리

항공기의 양력은 대기속도의 제곱에 비례하므로 풍속의 맞바람성분이 클수록 이·착륙 거리는 짧아진다. 지금 ν를 풍속의 맞바람 성분, ν_t를 이륙속도(대기속도). 무풍시의 이륙활주거리를 ℓ이라하면, 실제 이륙활주거리 ℓ'는 다음과 같이 표현된다.

$$\ell' = \ell[1-(\nu-\nu_t)]^2 \quad \cdots\cdots (5\text{-}1)$$

대형 제트기의 이륙속도를 100kt, 무풍시의 활주거리를 1,500m라 하고 식 (5-1)로 계산하면 풍속이 활주거리에 미치는 영향은 30m/kt가 된다. 실제로도 이 정도의 영향이 있다.

이미 언급한 바와 같이 맞바람은 양력을 증가시키고 뒷바람은 그 반대의 효과를 준다. 따라서 맞바람인 조건에서는 풍속성분의 대소에 상응하여 적재량을 증가시킬 수 있고, 반대로 뒷바람인 때는 적재량을 감소시켜야 한다. [표 5-1]은 운항관리자가 실제로 사용하고 있는 것의 일부로서 뒷바람에 대한 값은 조정의 불안전성을 고려하여 실제풍의 경우보다 50% 큰 값으로 계산하게 된다.

[표 5-1] 맞바람(정풍), 뒷바람(배풍)의 단위 풍속(kt) 증가에 따른 적재량의 증감

기종	맞바람(ℓb/kt)	뒷바람(ℓb/kt)
F-27	50~60	-250
VC-700	200	-600
YS-11	700	-
B-727	400~300	-

앞에서 언급한 바와 같이, 활주로 상의 기온이 높아지면 적재량을 경감해야 하므로, 출발 전의 비행계획 과정에서는 바람과 기온의 예상값에 의해 적재량을 계산한다.

바람이 활주로와 어떤 각도를 가지고 불 때의 착륙은 진입과정에서 기체가 옆바람(cross wind, 측풍)에 의해 풍하쪽으로 흘러감을 고려하여 조정해야 한다. 실제로는 기수방향을 다소 풍상쪽으로 향하게 하여 활주로에 진입하고, 접지 직전에 보조익과 방향타를 조작하여 기수방향을 수정한다. 이륙할 경우에는 보조익을 조작하여 직진하고 부양 직후에 기수를 다소 풍상쪽으로 향하게 하여 비행한다. 어느 경우에 있어서나 기체는 풍하쪽으로 기우는 경향이 있고 기수는 풍상쪽으로 기우는 관계로 똑바로 바람을 향했을 때보다는 조종이 어렵다.

이착륙을 안전하게 할 수 있는 옆바람의 최대치를 옆바람 최대값(측풍 최대치)이라고 하며, 그 값은 날개의 크기 등 비행기의 구조에 따라 달라진다. [표 5-2]는 기종별 최대 옆바람 성

[표 5-2] 최대 옆바람(측풍) 성분

기 종	최대 옆바람 성분(kt)
F-27	30
DC-8	25
DC-3	20
YS-11	26
C-880	22

분을 나타낸 표이다. 활주로가 젖어 있거나 눈이 쌓여 있으면 약간의 옆바람으로도 옆으로 미끄러지기 쉬우므로 그러한 때는 이 표의 값보다 적은 값을 적용해야 한다.

활주로 마찰계수와 최대 옆바람 성분의 관계가 [표 5-3]이다. 마찰계수 0.25 미만에서는 착륙하지 않도록 되어 있다.

[표 5-3] **마찰계수와 최대 옆바람(측풍) 성분**

활주로 상태	마찰계수	최대 옆바람 성분(kt)	
		DC-8, C-880	F-27
마른 상태		25	30
젖은 상태	0.501 이상	25	26
	0.401~0.50	25	24
	0.301~0.40	20	20
	0.251~0.30	15	18
	0.201~0.25	10	14
	0.151~0.20	POOR	10
	0.15 이하	NIL	NIL

항공기의 이착륙시 옆바람 성분이 크고 순간풍(바람의 숨)도 크면 조종에 여러 가지 곤란이 따른다. 옆바람 성분으로 인하여 수평에서 약간 풍하쪽으로 기운 기체에 순간풍이 불면 좌우로 동요가 생겨 기울어진 쪽의 날개 끝이 지면에 부딪힐 수 있다. 활주로에 평행한 맞바람인 때는 순간풍은 과히 문제가 되지 않는다. 그러나 원래 순간풍에는 풍속변동 외에 풍향변동이 수반되므로 역시 조종이 어려워진다고 생각하는 것이 좋다.

항공기상에서의 풍속은 10분간의 평균값을 통보하나, 이착륙할 때는 더 짧은 시간의 바람이 요구된다. 이착륙을 위한 바람 정보로는 2분간의 평균값을 통보하는 경우가 많다.

2. 순항에 영향을 주는 제트기류

상층풍은 항공기의 순항고도의 바람으로서 비행시간에 영향을 주게 된다. 즉, 맞바람

(정풍)은 목적지까지의 비행시간을 지연시키고 뒷바람(배풍)은 비행시간을 단축시킨다.

운항관리사는 순항고도에 가까운 등압면 예상일기도에서 항공로 전체의 바람이 비행시간에 미치는 영향을 적산해서 비행소요시간을 구하여 연료, 화물, 여객 등 전체 탑재량을 경제적으로 균형 있게 결정한다.

항공분야에서는 강한 제트기류를 이용해서 빨리 목적지에 도달하려는 항법이 사용되고 있다. 제트기류를 이용하기 위해서는 제트축에 수반되는 풍속장의 변동이나 기온, 습도, 구름, 강수현상에 대한 지식을 갖추고 있을 필요가 있다. 제트기류가 있는 곳에는 풍속의 연직 및 수평시어가 크기 때문에 (11장에서 언급하는 바와 같이) 청천난류(clear-air turbulence)가 생기기 쉽다.

고층기상 관측망의 확충과 측기의 개량으로 제트기류의 미세 구조를 알게 되면서 대순환의 양상을 띠는 제트기류 외에도 국지적 요란에 수반되는 하층제트기류(low-level jet) 등이 확인되어 제트기류의 호칭에 혼란이 왔다. 이 때문에 세계기상기구(WMO)는 제트기류(jet stream)를 다음과 같이 정의하고 있다.

① 제트기류는 대류권 상부 또는 성층권 내에서 거의 수평인 축에 집중되어 있는 강하고 좁은 기류이다.
② 제트기류는 연직 및 수평방향으로 강한 바람시어를 수반하며, 한개 이상의 풍속 최대를 나타내는 제트핵(jet core)이 있다.
③ 제트기류는 수 천km의 길이, 수 백km의 폭 및 수 km의 두께를 가진다.
④ 연직방향의 바람시어는 1km당 5~10m/sec, 수평방향의 바람시어는 100km당 5m/sec 정도이다.
⑤ 제트축(jet axis) 내의 풍속은 최소한 30m/sec이다.

이상의 정의에 의하면 제트기류는 상당히 큰 규모의 것이어야 한다. 따라서 국지적으로 부는 강풍은 제트기류라 하지 않는다. 다만 700~800hPa면 고도의 하층에서 관측되는 강풍은 하층제트기류(low-level jet)라고 한다.

1) 겨울철의 제트기류

겨울에는 3종류의 제트기류가 관측된다([그림 5-16](a) 참조).

첫째로는 북위 25도의 고도 약11km(200hPa)에는 평균적으로 100kts 이상의 강풍이 존재한다. 특히 1월에 일본열도의 남해안 상공에 위치하는 제트기류의 세기는 평균 130~140kts 정도이지만 강할 때는 240kts를 초과하기도 한다. 이 제트기류는 보통 2개의 축으로 나타난다. 하나는 한대전선제트기류(palar front jet stream)인데 1년 중 계속 나타난다. 겨울철에는 위도 25도 상공에 나타난다. 또다른 하나는 아열대제트기류(subtropical jet stream)로서 주로 위도 20도 상공에 나타난다.

둘째로는, 북위 70도 부근의 고도 22~30km에 있는 강풍역으로서 최대풍속은

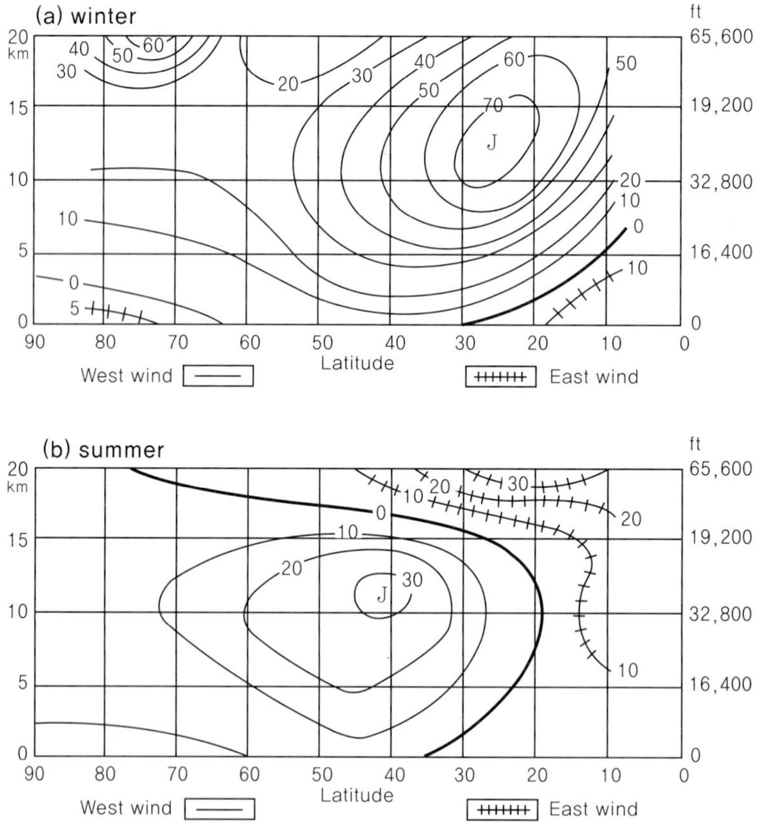

[그림 5-16] 경도 80°W 단면에서의 동서류의 연직분포

80kts 이상에 달한다. 이 제트기류는 극을 둘러싸고 있다. 고위도 지역(70도 이북)에서는 동계에 태양이 수평선보다 약간 위에 나타나 북위 60도 부근에서부터 극까지의 기온경도가 커져서 강한 제트기류가 발생한다. 이 제트기류가 아주 강할 때는 150~200kts에 달한다. 이것을 극야제트기류(polar night jet stream)라고 한다. 봄이 시작되면 극야가 해소됨에 따라 남북 방향의 강한 기온경도도 해소되어 겨울 동안의 대상류는 쇠약되고 남북 성분을 가진 사행류가 탁월해진다.

셋째로는 앞의 두 개의 편서풍 제트기류 외에 이들과는 성질이 전연 다른 편동풍 제트기류(easterly jet stream)가 북위 20도의 상공 25km 고도 부근에 생기는데 풍속은 평균 40kts 정도이다.

2) 여름철의 제트기류

[그림 5-16](b)에서 보면 중위도의 편서풍대는 겨울철과 비교해서 다소 북상했고 그 강도도 겨울철의 약 반 정도인 50kts이다. 그러나 여름철에는 대류권 상부의 남북 기온경도가 겨울철 보다 약할 뿐 아니라 오히려 역위상이 되므로 20㎞ 이상의 고도에서는 편서풍 지역이 편동풍으로 변한다.

여름철에는 극야가 없으면서 권계면이 낮은 고위도지역에서는 성층권 중부인 30㎞ 부근이 최고 기온역이 되어 겨울철의 경우와는 기온경도가 완전히 역위상으로 변한다. 따라서 극지역은 거의 극을 큰 고기압이 덮고 있어서 편동풍이 탁월하다. 한편 열대지역의 편동풍대의 제트기류는 겨울철 보다 다소 강해져서 평균 50kts의 편동풍제트가 관측된다. 이 편동풍제트의 세기는 지역에 따라 차이가 큰데, 70°E의 연직단면의 고도 18㎞ 정도에서는 100kts에 달하기도 한다.

NEWS

항공 승무원

일상적으로 지상과 하늘을 수시로 넘나드는 것이 생활인 항공승무원 조우정(가명·26)씨. 지상에 있는 동안 틈틈이 운동을 하고, 식생활에도 각별하게 신경 쓰는 등 늘 체력관리에 힘쓴다. 그러나 건조한 기내에서 많은 시간을 보내야 하므로 피부가 당겨지고 각질이 일어나는 피부건조증은 피하기 힘든 고민거리. 더구나 불규칙한 식생활과 자주 바뀌는 시차로 신체리듬이 깨지기 일쑤여서 배변장애를 일으켜 피부트러블이 악화되기도 한다.

변비약을 습관적으로 복용하면, 대장 자체의 기능이 마비될 수 있다. 그러므로 변비약 대신 물을 많이 마시고 섬유질이 풍부한 음식을 섭취한다. 특히 야채, 과일에 많이 포함된 섬유소는 수분 흡수량이 많고, 대변의 대장 통과시간을 단축시켜 암을 예방하는 효과까지 있다. 그러나 김치, 콩나물 등의 섬유소는 물에 녹지 않는 거친 섬유소여서 변비에는 별 도움이 안 된다.

승무원들의 또다른 고충은 '수면장애'. 우리 몸에는 시계역할을 하는 '멜라토닌'이라는 뇌하수체 호르몬이 있어서 규칙적인 생활을 할 수 있게 해 준다. 그러나 수면시간이 불규칙해지면 이 호르몬의 균형이 깨진다. 멜라토닌은 비교적 안전한 것으로 밝혀져 있으나, 그렇다고 해도 장기복용은 피하는 것이 좋다. 힘들더라도 낮에 졸린 것을 참으면 수면주기를 정상으로 조정하기가 편하다. 또한 잠자리에 들기 30분 내지 1시간 전 쯤에 따뜻한 우유에 소량의 위스키를 섞어 마시거나, 미지근한 물에 반신욕을 하는 것도 숙면에 효과가 있다.

승무원들은 귀가 멍멍하다고 호소하는 경우도 많다. '외이'와 '중이' 사이의 고막이 기압이 변하면서 생기는 증상. 중이염을 앓고 있거나 고막에 이상이 있는 사람은 증상이 악화되거나 심하면 청력을 잃을 수도 있다. 항공승무원이라면 귀에 이상이 느껴질 때, 바로 병원으로 달려가는 것이 현명한 대처방안이다.

연 습 문 제

1. 지상 부근에서 부는 바람에 영향을 주는 힘을 열거하여라.

(참고 p.120)

2. 기압경도란 무엇을 말하는가?

(참고 p.121)

3. 전향력(코리올리힘)이란 무엇인가?

(참고 p.122)

4. 경도풍을 설명하여라.

(참고 p.126)

5. 산악풍하파에 대해 설명하여라.

(참고 p.136)

6. 지균풍(geostrophic wind)을 설명하고 있다. 맞는 것은?

① 마찰고도 이상의 기층에서 직선 등고선에 평행하게 부는 바람.
② 고압부를 둘러싸고 부는 바람.
③ 저압부 주위를 돌아 부는 바람.
④ 지상 가까이에서 균등하게 부는 바람.

7. 다음 경도풍(gradient wind)에 대한 설명 중 맞는 것은?

① 등고선이 직선일 때 부는 바람.
② 등고선의 굴곡의 영향을 고려한 바람.
③ 등고선이 직선이지만 폭이 일정하지 않은 곳에서 부는 바람.
④ 마찰의 영향을 받는 곳에서 부는 바람.

8. 상층일기도에서 60m 간격으로 그린 등고선의 간격이 다음과 같다. 가장 강한 바람이 나타나는 곳은?

① 50마일 ② 75마일
③ 100마일 ④ 150마일

9. 지표의 마찰의 영향을 받는 한계고도에 가장 근접한 고도는?

① 500m **② 1,000m**
③ 2,000m ④ 5,000m

10. 남반구에서 조종사가 저기압의 중심부를 향해 비행할 때 맞게 되는 바람은?

① 맞바람 ② 왼편 옆바람
③ 뒷바람 **④ 오른편 옆바람**

제 6 장
대기의 연직운동

I 연직운동

1. 수렴과 발산

공기덩이가 한 장소에서 다른 장소로 이동할 때의 운동은 수평성분(바람)과 연직성분(대류)을 가진다. 이 때 대기의 정역학적 평형 때문에 연직성분은 보통 수평성분보다 훨씬 작다. 중력과 연직기압경도력 사이에 작은 불균형이 있을 경우 이것이 뇌우와 같은 큰 연직 순환 운동을 일으키는 원인이 되기도 한다.

공기는 여러 가지 원인, 즉 수렴과 발산, 산악지형, 전선 및 대류 등에 의해 위로 또는 아래로 이동할 수 있다([표 6-1] 참조).

[표 6-1] 전형적인 상승속도의 예

기온(℃)	상승운동	
	(feet/min)	(m/s)
전체 대기 평균	0	0
난층운*	10	0.05
약한 열기포	200	1
성장 중인 Cu	500^{+}	2.5^{+}
뇌우	2000^{+}	10^{+}
강한 뇌우**	5000^{+}	25^{+}
극심한 산악파**	5000^{+}	25^{+}
극심한 CAT**	5000^{+}	25^{+}

주) * 강한 상승류 구역이 있을 수 있음.
** 극단적인 경우 10,000ft/mim의 관측보고도 있었음.
+ 이상

수렴(convergence)은 주어진 영역으로의 공기의 순 유입이고, 발산(divergence)은 주어진 영역으로부터의 순 유출이다. 풍속이 흐름의 방향으로 감소할 때나 혹은 기류가 모여들 때 수렴이 발생할 수 있고, 풍속이 흐름의 방향으로 증가할 때나 혹은 기류가 밖

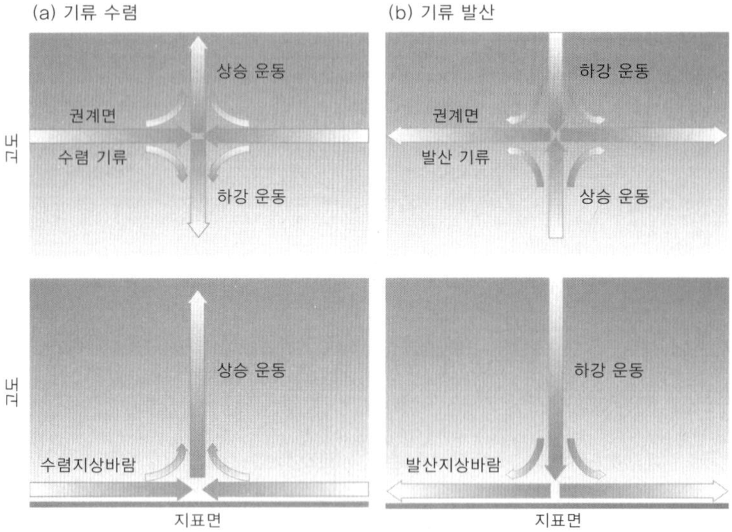

[그림 6-1] **지표면 부근과 대류권계면 부근의 수렴·발산에 의한 대기의 연직운**

으로 퍼져 나갈 때 발산이 발생할 수 있다. 만약 대기 중의 어떤 지점에서 수렴이나 발산이 발생하면 그 지점에서 공기는 위로 혹은 아래로 움직인다. 이러한 운동은 모든 유체에 공통적으로 나타난다. 즉 한 지역에서의 운동은 보통 그 가까운 지역으로 영향을 미친다. 예를 들면, 호수에서 물 한 동이를 퍼냈을 때 호수표면에서는 주위의 물이 흘러 들어와 그 자리를 채우기 때문에 구멍이 생기지 않는 것과 같다.

연직운동을 일으키는 바람의 수렴효과나 발산효과는 지표면 가까이에서 쉽게 찾아 볼 수 있다([그림 6-1] 참조). 지상풍이 수렴할 때 저고도에서 유입된 공기는 상승운동에 의해 상층으로 이동한다. 반대로 지상풍의 발산은 저고도에서 유출되는 공기를 채우기 위하여 공기가 상층에서 하강하게 된다. [그림 6-1]은 수렴이나 발산이 대류권계면 근처에서 발생할 때 생길 수 있는 연직운동을 나타내고 있다.

앞에서 설명했던 바람을 생각해보면 대규모 흐름에서 거의 지균평형 상태에 추가적으로 작용하는 마찰의 효과는 지상풍이 저기압을 향해 작은 각도로 등압선을 가로질러 불어드는 원인이 된다. 이것은 큰 저기압의 주위에서 지상풍이 중심을 향하여 나선형으로 불어 들어간다는 것을 의미한다. 즉 수렴을 하게 된다.

고기압 지역에서는 지상풍이 중심에서 바깥쪽을 향하여 나선형으로 불어나간다. 즉 발산하게 된다. 그러므로 공기는 저기압 지역에서는 상승하고 고기압 지역에서는 하강하게 된다.

2. 장애물 효과

바람이 산이나 언덕을 만나면 위쪽으로 밀려 올라간다. 반면에 산의 풍하측에서는 공기

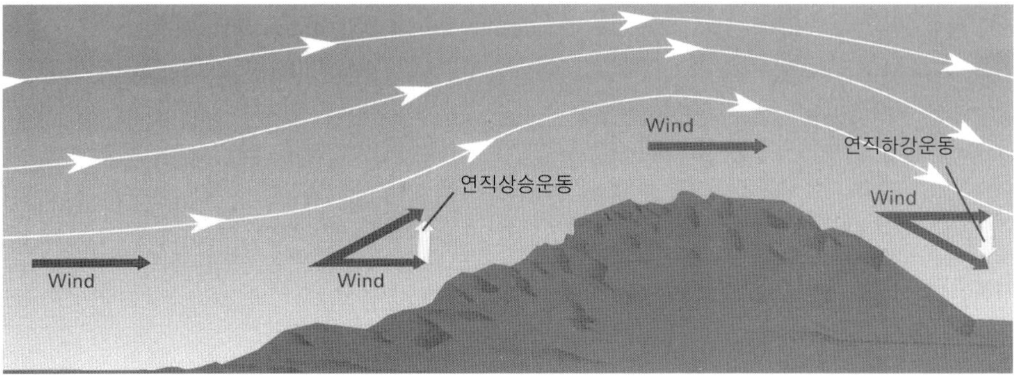

[그림 6-2] **산맥 위로의 활승**

가 아래쪽으로 내려온다. 연직속도는 산 사면에 평행한 풍속과 지형의 험준한 정도에 달려 있다[그림 6-2].

3. 전선

성질이 서로 다른 대기(공기)가 만날 때 장애물 효과와 유사한 현상이 일어날 수 있다. 예를 들면 한랭기단이 온난기단과 만날 때 이들 두 기단 사이에는 어느 정도 두께의 경사진 경계가 만들어진다. 이것이 전선면(frontal surface)이다. 한 기단이 다른 성질을 가진 기단을 향해 움직일 때 전선면을 경계로 하여 따뜻한 기단의 공기는 차가운 기단의 공기를 타고 위쪽으로 움직여 가거나 또는 전선면을 따라 하강할 수도 있다[그림 6-3].

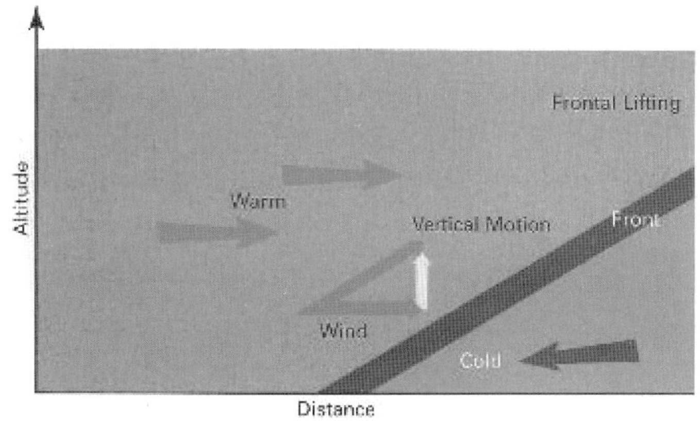

[그림 6-3] **전선에 의한 활승**

4. 대류

만약 대기 중 특정 고도에 있는 공기가 같은 고도의 주위의 공기보다 더 따뜻하다면 열기포(thermal)가 형성되고 이러한 열기포는 상승할 것이다. 한편 따뜻한 공기가 대류 상승할 때 상대적으로 그 주위의 공기는 속도가 느리기는 하지만 하강한다[그림 6-4].

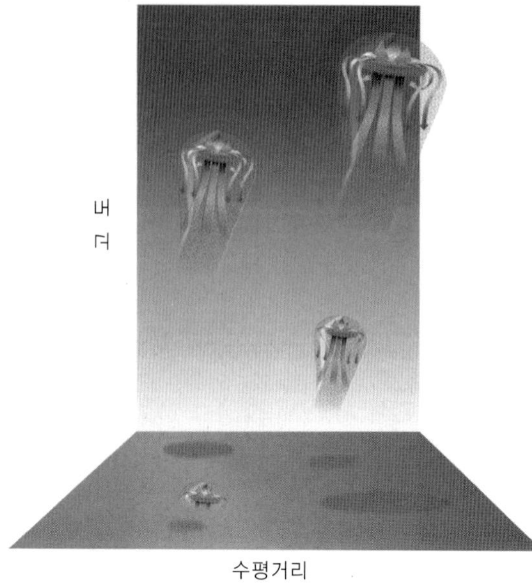

[그림 6-4] **대류 상승**

5. 역학 난류

지면 위로 바람이 불면 지면 마찰로 인해 지면에 접한 가장 낮은 층에서는 바람이 감속된다. 따라서 더 높은 고도에서 풍속이 강하다면 공기를 수평축에 대하여 불규칙적으로 순환시킨다[그림 6-5]. 이 불규칙한 순환 맴돌이는 바람을 따라 휩쓸려 가는데 이로 인해 풍하쪽에 하강운동과 풍상쪽에 상승운동이 생긴다. 이것을 일반적으로 역학난류(mechanical turbulence)라 한다.

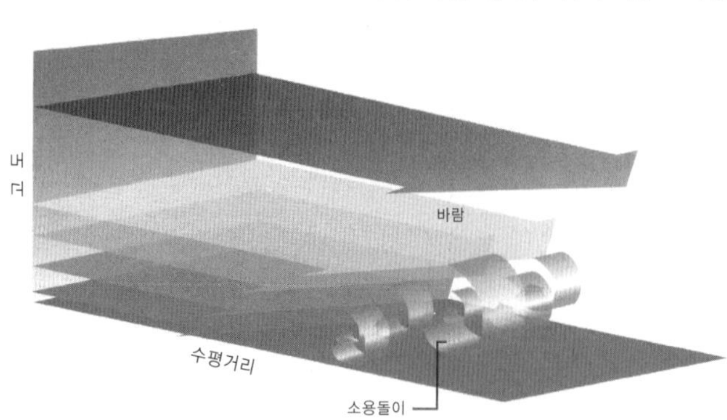

[그림 6-5] **지표면 부근 풍속의 급속한 증가에 의한 난류의 발생**

바람이 강한 날 항공기 착륙시 느껴지는 난류는 이러한 불규칙한 소규모 맴돌이 순환에 의해서 발생된다. 저층 난류에 관한 상세한 내용은 뒤에서 다룬다.

6. 파동 운동

어떤 상황에서 공기는 소규모의 파동에 의해 난류가 일어날 수 있다. 즉 공기덩이가 연직적으로 진동할 수 있다[그림 6-6]. 난류의 발원지에서 멀리 움직이는 진동들은 지구 중력이 그것을 만드는데 중요한 역할을 하기 때문에 대기 중력파(重力波, gravity wave)라고 한다. 산악 풍하파는 중력파의 한 형태이다.

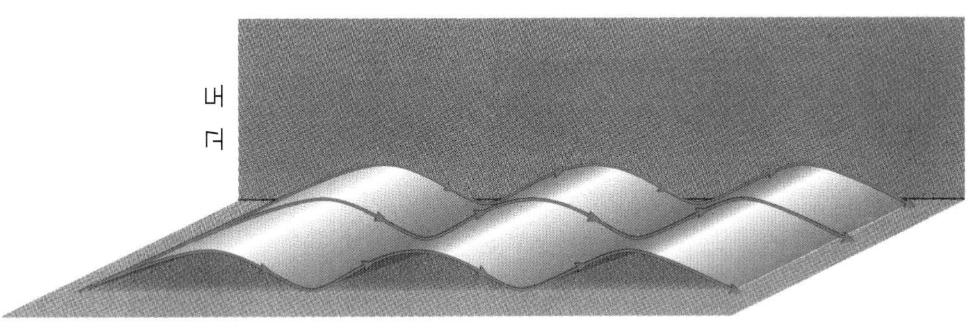

[그림 6-6] 대기의 중력파동

Ⅱ 안정도와 연직운동

대류는 불안정한 대기 조건 하에서 발생하는데 비해, 중력파는 안정한 대기 조건 하에서 발생한다. 기상학자들은 연직운동에 대한 중력효과를 다루기 위해 대기안정도 개념을 사용한다.

1. 안정도

안정도(stability)는 역학 시스템의 움직임을 설명하는데 적용되는 일반적인 개념이다. 안정 시스템은 시스템이 변위되거나 변형되었을 때 이전 상태의 위치나 모양으로 되돌아 가려고 하는 시스템이다. 반면에 불안정 시스템은 일단 그 시스템이 변위되면 이전의 위치에서 더 멀어지려고 하는 시스템을 말한다. 중립 시스템은 이전 위치로 되돌아가지도 않고, 이전 위치에서 더 멀어지지도 않고 변위된 그 위치에 그대로 남아 있는 시스템으로 정의된다.

대기에 적용할 때도 대기안정은 공기덩이가 위로 혹은 아래로 움직이는 것을 어렵게 하는 조건이고, 반대로 대기불안정은 이러한 연직운동을 촉진하는 조건이다. 위에서 언급한 역학계와 마찬가지로 대기안정도는 공기덩이가 연직 방향으로 조금 변위된 후에 움직임을 살펴봄으로서 결정된다. 공기덩이가 변위(위쪽이든 아래쪽이든)된 후 그것이 이전 위치로 되돌아가려 할 때 그 공기덩이를 안정이라 하고, 반면에 공기덩이가 이전 위치에서 멀어지려고 하면 그 공기덩이는 불안정이라 한다.

2. 부력

공기덩이의 안정과 불안정을 완전히 이해하기 위해서는 공기덩이가 변위될 때 발생하는 힘을 이해해야 한다. 실제로 고려해야 할 중요한 힘은 부력이다.

아르키메데스의 원리가 여기에도 적용된다. 어떤 물체가 유체(액체 또는 기체) 내에 있을 때 그 물체는 그것이 유체보다 더 무겁거나 아니면 더 가볍거나에 따라 양이나 음의 부력을 받게 된다. 무게는 질량과 중력의 곱으로 정의되는 힘이다. 무게의 차이는 주로 질량의 차이나 혹은 밀도의 차이에 의해 결정된다. 같은 질량의 두 개의 공기덩이가 똑같은 압력을 받고 있을 때에는 밀도가 낮은 공기덩이가 더 따뜻하다. 이것은 공기덩이에 대한 안정도의 개념과 연결된다.

① 만약 공기덩이가 위쪽으로 변위되었는데도 주위의 공기덩이들 보다 따뜻해진다면 이 공기덩이는 양의 부력을 받아 위쪽으로 가속되어 이전 위치로부터 멀어진다. 즉, 불안정하다.

② 만약 공기덩이가 위쪽으로 변위되었는데 주위의 공기덩이들 보다 차가우면 이 공기덩이는 음의 부력을 받는다. 이 공기덩이는 아래쪽으로 가속되어 이전 위치로 되돌아간다. 즉, 안정하다.

3. 건조단열 과정

기상 전문가들은 안정도 조건을 결정하기 위해 대기를 관측하고 그 관측 자료를 분석하여 대기안정도를 평가한다. 여러분 자신이 분석을 자주 하지는 않을지 모르지만 이러한 분석으로부터 얻어진 정보를 사용하게 될 것이므로 이 분석과정을 이해하는 것이 필요하다.

공기덩이는 위치하고 있는 고도가 바뀌면 그에 따라 온도가 변한다. 그 이유는 고도가 바뀌면 공기덩이의 압력이 주위의 압력으로 변화되어야 하기 때문이다.

공기덩이가 압력이 낮은 고도로 상승하여 팽창하기 위해서는 공기덩이에 에너지가 필요하다. 공기덩이의 주된 에너지원은 분자운동이며 이 내부에너지는 온도로 표시된다. 그러므로 공기덩이가 상승하면 팽창하는데 필요로 하는 에너지로 내부에너지를 사용하게 되므로 온도가 내려간다. 마찬가지 원리로 공기덩이가 하강하면 온도는 올라간다. 팽창에 의해 냉각되고 압축에 의해 승온되는 온도변화과정을 단열과정(adiabatic process)이라 한다. 이 과정은 증발과 응결의 영향을 고려하지 않기 때문에 특히 건조단열과정(dry adiabatic process)이라고 한다. 건조단열과정의 온도 변화율은 건조단열감률(dry adiabatic lapse rate)이라 하는데, 이 변화율은 상수로서 3℃/1,000ft (5.4℉/1,000ft, 1℃/100m)이다.

대기관측의 일반적인 형태는 정해진 시간에 정해진 위치에서 대기층의 대기상태를 측정한다. 이미 앞에서 대기구조를 설명하기 위해 기온, 압력, 밀도의 평균 대기관측 그래프를 설명하였다. 이 평균값들은 전세계 수백 개의 지점에서 1년 365일, 하루 2번의 관측

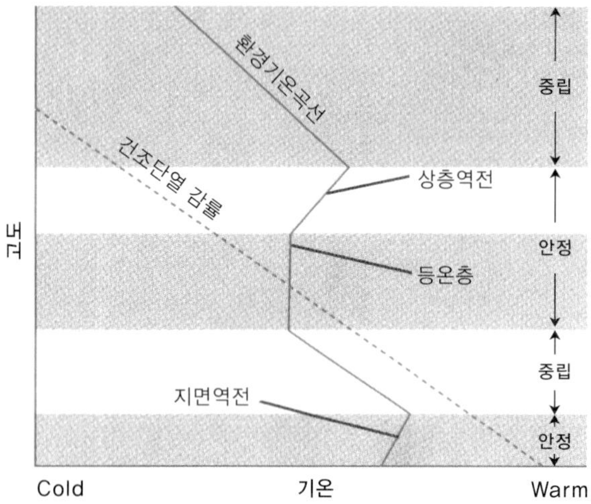

[그림 6-7] 대기 중 여러 가지 기온감률을 나타내는 층

자료에 근거한 것이다. 라디오존데(radiosonde)나 레윈존데(rawinsonde)라 하는 무인 기구를 해발 약 100,000ft까지 상승시키면서 관측한다. 이 관측은 또한 대기의 수증기의 상태와 바람 상태를 관측한다.

안정도는 고도에 따라 관측된 온도의 변화로 결정될 수 있다. 감률은 양 또는 음의 값을 갖는다. 만약 고도가 증가함에 따라 온도가 감소하면 감률은 양의 값이다[그림 6-7]. 표준대기에서 대류권의 평균기온감률은 2℃/1,000ft인 것은 이미 앞에서 언급된 바 있다.

최근의 고층기상관측장치로는 지상에서 연직 상공을 향해 관측하는 복사계인 마이크로파 레이더(wind profiler), 레이저로 관측하는 lidar, 위성관측 radiometer 및 음파에 의한 측정장치(SODAR와 Radio Acoustic Sounder) 등 여러 가지가 있다.

4. 대기 안정도

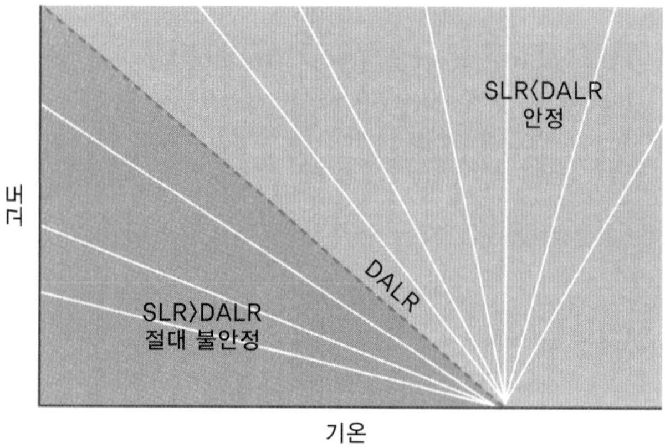

[그림 6-8] 안정도의 기준과 기온감률

건조단열감률(dry adiabatic lapse rate, DALR)과 환경감률(SLR)에 대한 정보가 주어진다면 대기층의 안정도 결정은 간단하다. 그 과정이 아래에 설명되어 있다. 안정도 기준을 [그림 6-8]에 나타내었다. 안정도 판정의 과정은 다음과 같다.

① 관심 있는 층을 선택

② 층 내에서 SLR과 DALR을 비교

③ 아래에 주어진 안정도 기준 중 충족되는 것을 결정

SLR 〉 DALR : 불안정

SLR = DALR : 중립

SLR 〈 DALR : 안정

우리는 어떤 공기덩이가 안정 혹은 불안정인지를 결정하는 두 가지 다른 방법을 검토한 바 있다. 첫 번째는 공기덩이를 위쪽으로 밀어 올린 후에 그 공기덩이의 온도가 주위 공기의 온도보다 따뜻해질 것인지, 차가워질 것인지 혹은 그 주위와 같아질 것인지를 결정하는 방법이다. 또 한 가지 방법은 단순히 측정된 실제 감률과 건조단열감률을 비교하는 방법이다. [그림 6-9]는 안정도를 결정하는 두 방법이 서로 같다는 것을 설명하고 있다.

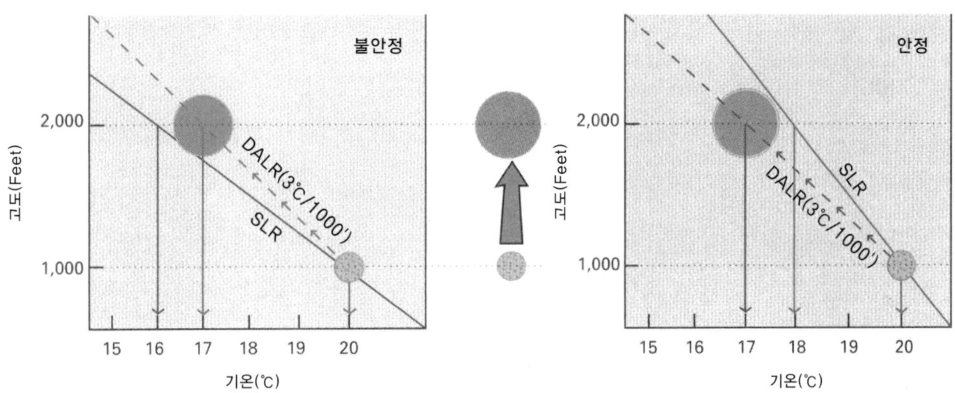

[그림 6-9] 안정도의 판정과정

[그림 6-9]의 왼쪽 그림은 두 가지 방법에 의한 절대불안정 상태를 보여주는 것으로서, SLR이 DALR보다 크고, 또한 공기덩이가 2,000ft에 도달할 때 그것은 주위보다 1℃ 더 따뜻하다. 오른쪽 그림은 안정상태로서, SLR이 DALR보다 작고, 또한 공기덩이가 2,000ft에 도달할 때 그것은 주위보다 1℃ 더 차갑다는 것을 보이고 있다.

만약 공기덩이가 위쪽이나 아래쪽으로 변위되는 동안 구름이 형성되거나 또는 있었던 구름이 소산되면 대기 중의 수분(수증기)의 영향을 받게 되므로 그 공기덩이의 안정도는 수정되어야 한다. 안정도에 대한 수증기의 영향은 다음 장에서 검토한다.

안정한 대기환경은 공기가 연직 방향으로 움직이는 것을 방해한다고 할 수는 없지만 어렵게 만드는 것은 사실이다. 안정된 주위환경은 끊임없이 연직운동에 역행하여 작용한다. 그래서 안정 대기에서는 대부분의 경우 연직운동은 매우 작으며 기류는 평온하다. 안정한 대기에서 공기덩이가 계속적으로 상승하거나 하강하려면 외부로부터 힘이 작용해야 한다. 이 외부로부터의 힘은 수렴·발산, 지형치올림, 전선치올림 등으로 나타날 수 있다.

한편 불안정 대기에서는 대류가 당연한 현상이다. 공기는 양의 부력을 받고 있기 때문에 상승한다. 지표가열에 의한 초기 동기부여 등을 제외하고는 어떠한 외부의 도움도 필요 없다. 그 공기는 주위보다 더 따뜻하기 때문에 상승한다. 불안정한 상태의 연직운동은, 안정한 환경에서의 연직운동과 비교하면, 크고 기류가 몹시 거칠다. 불안정한 환경과 안정한 환경의 차이는 구름형성의 차이에서 잘 나타난다.

대기가 안정된 상태를 가시적으로 나타내는 또 다른 상태가 안개, 스모그, 연무의 존재이다. 이 현상들은 겨울철 야간에 접지역전(ground inversion)이 나타날 때 지면부근에서 종종 생긴다. 대기가 불안정 상태에서는 시정은 좋지만, 여름철 오후에는 하층 대기에서 저고도 비행 시에 경험하는 악조건을 유발하기도 한다. 이 시기에 지면 온도는 기온보다 더 따뜻해지는 경향이 있어서 지면부근의 하층 대기는 절대불안정 상태이기 때문이다.

강한 안정층이 불안정한 공기층 위를 덮어버리는 경우도 있다. 이러한 경우에 자유상승하는 불안정한 더운 공기는 불안정 층의 상부까지 도달된 후 안정층에 의해 차단된다. 이런 현상은 종종 연직으로 발달하는 구름에서 볼 수 있는데 구름의 꼭대기와 인접한 안정층과의 경계에서 구름은 평평하게 옆으로 퍼진다.

안정도와 연직운동은 서로 밀접한 연관성이 있다. 즉 위에서 설명된 바와 같이, 안정도가 연직운동에 영향을 줄 뿐만 아니라 연직운동도 안정도에 영향을 준다. 즉, 일반적으로 하강운동은 대기를 더 안정하게 만드는 경향이 있고, 상승운동은 대기를 더 불안정하게 만드는 경향이 있다. 그러므로 공기가 전반적으로 하강하는 고기압의 영역에서는 대기가 더욱 안정화되고, 저기압의 영역에서는 상승운동에 따라 공기가 더 불안정해진다.

다음 장에서 구름과 날씨에 대한 이러한 상호작용의 영향을 살펴보게 될 것이다.

연 습 문 제

1. 대기의 수렴과 발산의 결과를 설명하여라.

(참고 p.154)

2. 역학난류에 대해 설명하여라.

(참고 p.156)

3. 대기의 안정도란 무엇인가?

(참고 p.160)

4. 건조단열과정을 설명하여라.

(참고 p.159)

5. 대기의 안정도를 결정하는 2가지 방법을 설명하여라.

(참고 p.161)

6. 공기가 건조하기 때문에 구름이 생기지 않는 조건이라면 산맥을 타고 오르는 공기의 가장 근사한 냉각률은?

① 10°F/1,000ft ② 5.5°F/1,000ft
③ 3.5°F/1,000ft ④ 2°F/1,000ft

7. 맑은 날 래디오존데 관측의 결과 기온감률이 다음과 같았다. 비행상태가 가장 나쁜 것은?

   ① 6°F/1,000ft
   ② 5.5°F/1,000ft
   ③ 3.5°F/1,000ft
   ④ 0°F/1,000ft

8. 대류(convection)에 의해 생긴 적운(Cu) 내의 기온감률은?

   ① 건조단열감률
   ② 등온
   ③ 평균기온감률
   ④ 포화단열감률

9. 단열선도 상에서 침강역전이 있다. 기대되는 날씨는?

   ① 맑은 날씨
   ② 층운이 낀 날씨
   ③ 연무 발생
   ④ 적란운 발생

10. 대기 중에서 불안정 조건이 형성되어 있을 경우에 일어날 공기의 운동은?

   ① 기단의 불안정도를 증가시킨다.
   ② 대류를 일으켜 안정이 될 정도까지 혼합된다.
   ③ 대류를 일으켜 건조단열감률이 될 때까지 혼합된다.
   ④ 기온역전층을 형성시킬 때까지 침강을 일으킨다.

제7장
대기 중의 수분

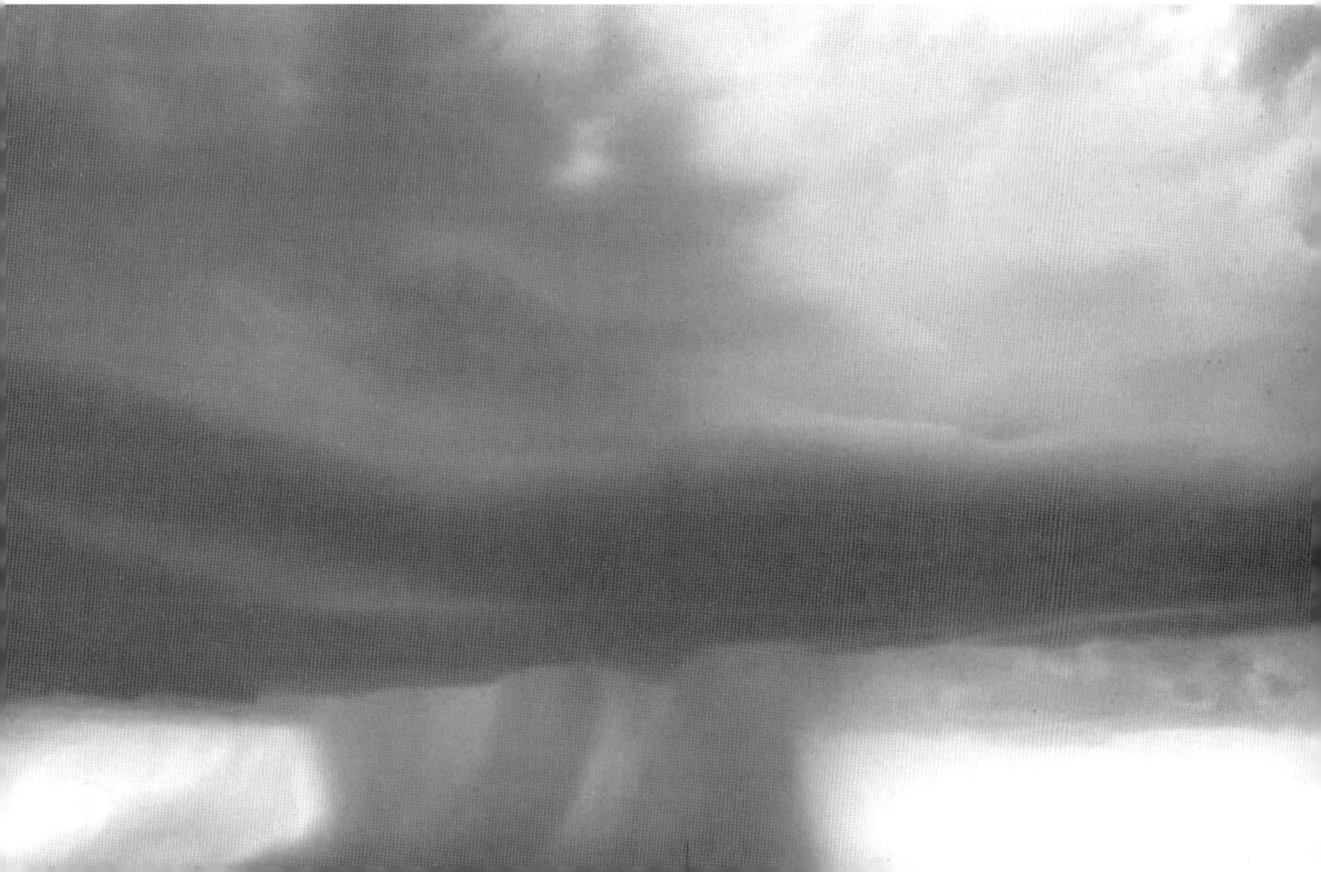

I 수분의 상변화와 습도

1. 상태변화

수증기가 많은 열대 해양 상이라 하더라도 대기 전체 부피 중에서 수분은 단 몇 %에 불과하다. 그리고 고위도나 대륙의 상공은 수증기의 함유량이 매우 적다. 대기 중에 이렇게 적은 양만 들어있는 데에도 불구하고 수증기는 날씨를 구성하는 중요한 요소이다.

수증기가 없다면 조종사에게 기상과 관련된 문제는 크게 감소될 것이며, 항공기상학자는 아마 할 일이 없어질는지도 모른다. 항공운항 중 직면하게 되는 많은 위험들은 대기에 존재하는 수분 즉, 수증기나 물 또는 얼음 때문이다. 대기 중의 수분에 관하여 논의하기 위해서는 우선 용어와 기본적인 물리적 과정을 알아야 한다.

H_2O가 대기의 정상적인 온도와 기압에서 나타날 수 있는 세 가지의 상태를 [그림 7-1]에서 표현하고 있다. 수증기(water vapour)는 무색, 무취, 무미인 분자이며 다른 기체와 같이 자유롭게 움직인다. 액체상태인 물(water)에서는 그 분자가 같은 온도의 기체 (수증기)상태의 분자와 비교하여 운동에 큰 제한을 받는다. 고체상태의 얼음(ice)에서는 분자구조가 더 조직적이며 움직임은 더욱 제한을 받는다.

상태변화는 H_2O의 한 상태에서 다른 상태로의 변화를 의미한다. 이러한 변화는 [그림

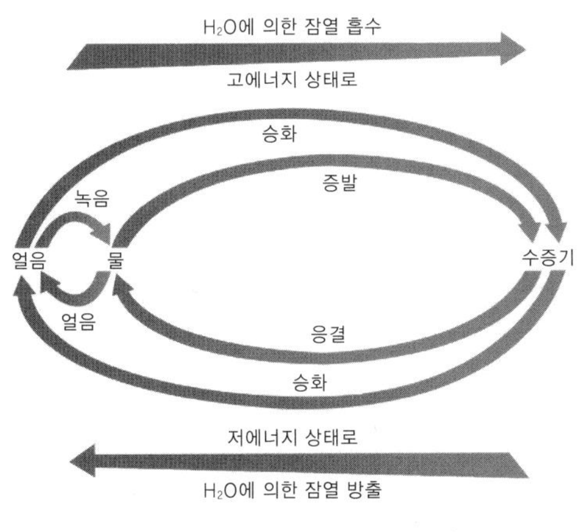

[그림 7-1] H_2O의 상태변화

7-1]에서처럼 특별한 명칭을 가진다. 그림의 위쪽에 표시한 상태변화는 H_2O의 분자의 낮은 에너지 상태로부터 높은 에너지 상태로의 변화를 나타내고 있다. 이들은 녹음(melting), 증발(evaporation), 승화(sublimation)이다.

[그림 7-1]의 아래쪽에는 H_2O 분자가 높은 에너지 상태로부터 낮은 에너지 상태로의 변화를 나타내고 있다. 응결(condensation), 얼음(freezing), 승화(sublimation or deposition)이다.

다른 대부분의 물질들과 마찬가지로 H_2O가 어떤 특정한 상태에 있을 때 분자운동의 변화는 항상 온도변화에 대응된다. 그러나 상태변화가 일어날 때에는 약간의 차이가 생긴다. 그 시점에서 측정 가능한 온도변화와 분자운동의 변화는 일치하지 않는다. 예를 들면, 물이 수증기 상태로 증발하기 위해서는 수증기 상태의 에너지로 뛰어오르기 위하여 물분자가 에너지를 흡수하게 된다. 응결이 일어날 때는 수증기의 H_2O 분자는 더 낮은 에너지 상태인 물로 되돌아가기 위해 에너지를 방출한다.

H_2O가 상태변화를 할 때 흡수하거나 방출하는 열에너지를 잠열(latent heat, 숨은 열)이라 한다. 그것은 더 높은 에너지 상태인 H_2O 분자의 온도변화에서 측정할 수 없는 잠열(숨은 열)로 흡수되고, 분자가 더 낮은 에너지 상태로 변화할 때는 현열(sensible heat, 느낌 열)로 방출된다. 매우 더운 날 수영장에서 나올 때 몸에 묻은 물이 증발하기 위하여 피부로부터 열을 흡수하기 때문에 시원하게 느껴지는 것이 한 예이다.

증발에 의한 냉각효과는 물에만 한정되는 것은 아니다. 예를 들면, 알코올은 매우 급속하게 증발하기 때문에 피부에 알코올 성분이 있는 물질을 바르면 증발과정에서 액체가 기체 상태로 변하기 위해 현열이 제거되므로 시원하게 느껴진다.

항공기 엔진의 카뷰레터(carburetor)에서 연료의 증발에 의해 냉각이 일어난다. 그러한 냉각이 카뷰레터의 공기팽창에 의한 냉각과 결합될 때 외기온도(OAT)가 결빙 온도 이상에서도 흡입착빙이 일어날 수 있다. 이런 문제는 뒤에서 좀 더 자세하게 다룬다.

응결이 발생할 때의 잠열 방출은 많은 기상학적 순환에서 의미있는 주요 에너지로 작용한다. 예를 들면, 구름의 생성 중 응결과정에서 나오는 잠열의 방출은 큰 불안정을 발생시키는 중요한 요인이 되며, 이는 뇌우의 강한 연직운동을 일으킨다. 비슷한 예로서, 열대 해양에서 증발에 의해 흡수된 잠열은 태풍 내의 응결과정에서 방출되어 태풍을 유지시키고 발달시키는 중요한 에너지의 근원으로 작용한다.

2. 습도

1) 수증기압

대기 혼합기체에서 각 개별 기체는 부분압력(분압)으로 작용한다. 분압이 모두 더해지면 전체 대기압(atmospheric pressure)이 된다. 수증기(기체로서의 H_2O)에 의해 작용되는 분압을 수증기압(vapour pressure)이라 한다. 이것은 대기에서 수증기에 의해 단위 면적당 작용되는 압력이며, 대기 중의 수증기량에 비례한다. 예를 들면, 수증기가 대기에 많아지면 수증기압은 증가한다.

대기 중 수증기의 존재와 관련된 개념 중 중요한 것이 포화(saturation)이다. 이것은 물 표면을 떠나는 물 분자의 양과 되돌아오는 물 분자의 양이 같을 때를 말한다. 이러한 평형 조건에서 수증기 분자에 의해 작용되는 수증기압을 포화수증기압(SVP)이라 한다.

표준 조건 하에서 해수면 상에서 대기가 포화된 경우라 해도 대기의 총 압력이 29.92in.Hg 인데 비해 대기 중 수증기 분자에 의해 가해진 포화수증기압(SVP)은 약 0.5in.Hg (약 17hPa) 정도일 뿐이다.

포화의 개념은 대기가 어떤 주어진 온도에서 함유할 수 있는 수증기량의 상한을 의미하기 때문에 중요하다. 이 상한값은 주로 온도에 따라 결정된다. 이론적으로 포화수증기압과 온도의 관계는 잘 알려져 있으므로 포화수증기압은 단순히 온도 관측만으로도 알 수 있다[그림 7-2].

[그림 7-2]에서는 포화수증기압의 중요한 특징을 보여주고 있다. 첫째, 포화수증기압은 온도가 증가함에 따라 급격히 증가한

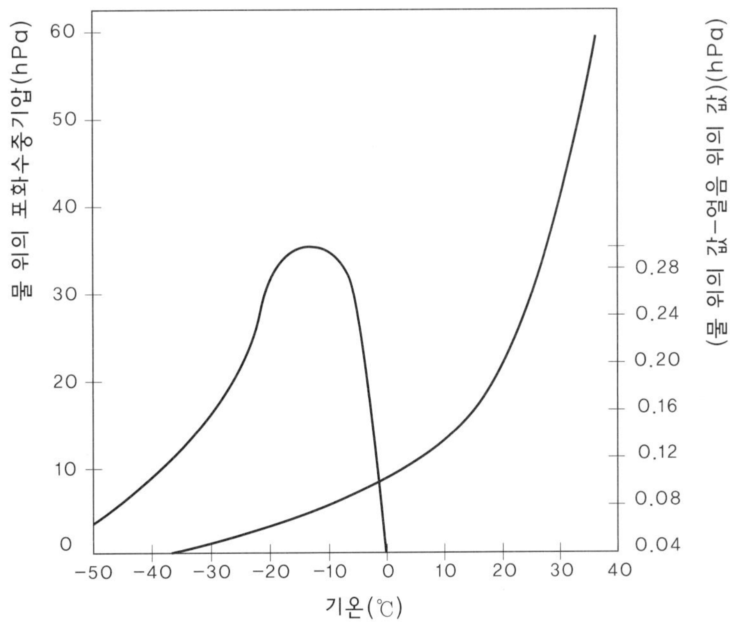

[그림 7-2] 온도에 따른 수증기압 값의 변화, 그리고 물과 얼음 위에서의 값의 비교

다. 예를 들어 포화되어 있는 공기 중에 구름이 있다고 생각해 보자. 공기가 수증기를 최대로 포함하고 있기 때문에 구름은 증발되지 않는다. 그러나 공기에 열을 가하면 포화수증기압이 급격하게 증가되어 구름은 증발한다. 구름의 형성과 소산과정에 관해서는 뒤에서 다룬다.

둘째, 0℃ 이하의 온도에서는 두 가지 서로 다른 가능한 포화수증기압이 있다는 것이다. 이것은 물이 그러한 온도에서 반드시 어는 것은 아니기 때문이다. 영하 온도의 영역에서 포화수증기압의 값은 표면이 얼음인가 또는 물인가에 따라 다르다. 같은 온도에서라면 포화수증기압은 물에서보다 얼음에서 더 낮다. 빙결 온도 이하에서도 얼지 않는 현상을 과냉각(過冷却)이라 하고, 그러한 물을 과냉각수(過冷却水, supercooled water)라 한다.

포화수증기압의 개념은 왜 물이 끓는가를 설명하는 데 도움을 준다. 끓는 현상은 포화수증기압이 대기압과 같을 때 발생한다. 끓는 현상은 표준 해면기압에서 물의 온도가 100℃로 상승할 때 발생한다. 그 상태에서 수증기 거품이 물 전반에 걸쳐 형성되어 표면으로 올라온다. 비슷한 예로서 높은 고도에서는 낮은 온도에서도 물이 끓을 수 있다. 그 고도에서는 대기압이 그만큼 낮기 때문이다.

2) 상대습도

상대습도(relative humidity, RH)는 대기가 포화점에 얼마나 근접하여 있는가를 결정하는데 이용한다. 따라서 상대습도는 구름이나 안개의 형성을 예측하는데 도움을 준다. 실제 대기 중의 수증기량을 수증기압으로 측정한 후 그때의 온도 값으로부터 포화수증기압을 구하여 이들의 비를 구한 다음 100을 곱한 결과가 상대습도이다. 이것은 공기 중의 실제 수증기 양을 포화수증기 양에 대해 상대적으로 표현한 것이다.

$$RH(\%) = \frac{\text{수증기압}}{\text{포화수증기압}} \times 100$$

상대습도는 공기 중의 실제 수증기량에 대해서는 아무 것도 설명하지 못하고 있다. 예를 들면, 알래스카에서 -4°F의 포화공기는 중국 상하이에서 68°F의 포화공기와 비교할 때 수증기량이 20분의 1에 불과한 데에도 불구하고 두 경우 모두 상대습도는 100%이다. 이것은 중요한 의미를 가진다. 예를 들어 조종석의 바깥공기가 -10℃의 온도에서 포화(RH=100%)라고 가정하자. 환기를 위하여 그 공기를 조종석으로 들여왔을 때 바로 10℃로 가열되었다면 조종석의 상대습도는 25% 이상이 되지는 못했을 것이다.

3) 이슬점

이슬점 온도(dew-point temperature)는 공기 중의 수증기를 더하거나 빼지 않고 기압을 일정하게 유지하면서 냉각시켰을 때 응결이 최초로 일어나는 온도를 말한다. 단순히 이슬점이라고도 한다. 이슬점 온도는 공기가 포화되었을 때를 제외하고는 항상 기온보다 낮은 값이다. 공기가 포화되었을 때는 온도와 이슬점 온도가 같다.

항공기상에서는 주로 이슬점 온도가 사용되고 있다. 이슬점 온도는 강수량, 뇌우 혹은 착빙을 예측하는데 중요하게 이용되고 있으며, 상대습도는 구름이나 안개 혹은 시정을 예측하는데 도움을 준다. 기온과 이슬점 간의 차를 기온 이슬점 편차(dew-point depression)라 하는데, 줄여서 이슬점 편차라고도 한다. 이슬점 편차가 작을 때는 상대습도가 높고, 이슬점 편차가 클 때는 상대습도가 낮다.

이슬(dew)은 땅이나 다른 물체(정지한 항공기의 날개 등)가 야간복사에 의하여 냉각될 때 형성된 수증기의 응결물이다. 물체의 복사냉각은 물체에 근접해 있는 얇은 공기층의 온도를 떨어뜨린다. 이 온도가 그 공기의 이슬점 온도에 도달하면 이슬이 차가운 물체 위에 형성된다. 이 때 온도가 32°F(0℃) 아래로 떨어지면 이슬이 빙결하여 언 이슬(frozen dew)이 된다.

언 이슬과 비교할 때 서리(frost)는 승화의 산물이다. 서리는 이슬점 온도가 0℃ 이하라는 점을 제외하면 이슬이 형성되는 것과 같은 조건에서 형성된다. 이 경우에 온도는 이슬점 온도라기보다는 서리점 온도(frost-point temperature)가 된다. 그러나 편의상 온도에 상관없이 서리점 온도에 대해서도 이슬점 온도란 용어가 사용된다.

이슬점 온도를 직접 측정한다는 것은 어려운 일이지만 간접적으로 측정하는 방법이 있다. 가장 일반적인 방법 중 하나가 건습계(wet and dry-bulb hygrometer)에 의한 측정이다. 이 장비는 두 개의 온도계, 즉 하나는 기온을 재는 건구온도계, 다른 하나는 구부를 물에 젖은 거즈(gauze)로 씌워 둔 습구온도계이다. 습구온도계는 통풍될 때 거즈 위에서 증발이 일어나 온도가 감소하는데, 이러한 증발냉각에 의해 낮아질 수 있는 가장 낮은 온도가 그 때의 습구온도(wet-bulb temperature) 이다.

건습구온도차(건구온도와 습구온도의 차)는 대기가 건조하면 커지고, 대기가 포화되어 있으면 0이 된다. 건습구온도차와 이슬점온도 또는 상대습도 사이의 관계는 잘 알려져 있으므로 건습구온도차를 측정하면 이슬점 온도나 상대습도를 알 수 있게 된다.

Ⅱ 구름

1. 수증기의 응결

구름(cloud)은 물방울이나 혹은 얼음방울이 대기 중에 떠 있는 현상이다. 포화된 대기에서 발생하는 눈, 비, 우박, 기타 몇몇 중요한 현상과 항공재해는 응결, 승화, 증발, 잠열방출과 같은 현상이 나타나는 구름 내부나 그 주위에서 발생한다. 구름 형성을 위한 세 가지 조건은 수증기, 응결핵 그리고 냉각이다.

구름은 건조한 공기에서는 형성되지 않는다. 구름의 발달을 위해서는 수증기가 필요하며, 여기에 적절한 냉각이 동반될 때 수증기로부터 물방울이나 얼음알갱이로의 변화가 발생한다.

응결핵(condensation nucleus)은 먼지나 가루소금 등 현미경으로나 볼 수 있는 작은 입자이며, 그 표면에 수증기가 물로 응결되거나 얼음으로 승화하게 된다. 이런 입자들이 없으면 상태변화를 일으키기 매우 어려운데 다행히 대기 중에는 적절한 수의 응결핵이 거의 항상 존재한다. 이들 중 물과 친화력이 있는 응결핵을 흡습성핵(吸濕性核, hygroscopic nucleus)이라고 한다.

2. 냉각

공기가 아직 포화되지 않은 상태라면 구름이 형성되기 위해서는 더 많은 수증기가 더해지거나 또는 공기가 냉각되어야 하는데, 어느 경우라도 상대습도가 100%까지 높아져야 한다. 앞에서도 언급된 것처럼 냉각은 포화에 도달하는 가장 효과적인 방법이다. 그것은 공기의 수증기 함유 능력이 기온이 낮아짐에 따라 감소되기 때문이다. 구름 형성을 위한 냉각 과정은 보통 두 가지인데, 공기가 찬 지표면이나 찬 공기와 접촉하는 경우이고, 다른 하나는 단열 팽창하는 경우이다.

지표면과의 접촉에 의한 냉각은 주로 안개, 이슬, 서리의 원인이 된다. 접촉냉각은 공기의 따뜻한 열이 아래의 찬 지면으로 전도되는 과정이다. 이러한 접촉냉각은 따뜻한 공기가 비교적 찬 지표면 위를 이류할 때 발생한다. 이 때 적당한 습기가 있다면 이류안개(advection fog)가 형성된다.

이류안개 형성의 좋은 예로 대서양 멕시코만 해류 위의 따뜻한 공기가 차가운 래브라도르 해류 위로 이동할 때 발생하는 안개, 또는 따뜻하고 습한 태평양 공기를 몰고 오는 북서풍이 찬 캘리포니아 해류 또는 용승하는 해수 위를 지날 때 캘리포니아 해변에서 발생하는 안개를 들 수 있다. 위의 두 지역은 낮은 구름과 안개가 많이 끼기로 유명한 곳이다.

접촉냉각은 지면이 지구복사에 의해 냉각되는 밤에 발생한다. 접촉냉각의 효과는 맑고 바람이 없는 밤에 크다. 이러한 냉각으로 온도가 이슬점까지 떨어질 때 복사안개(radiation fog)가 발생한다. 안개가 지상 20ft 이내로 매우 낮게 발생하는 것을 땅안개(ground fog)라 한다. 복사안개는 겨울철에 흔한 현상이며 밤이 길 때 잘 발생한다. 특히 찬 공기의 웅덩이가 있거나 습기가 풍부한 강을 낀 계곡에서 자주 발생한다. 이를 특히 계곡안개(valley fog)라 부르기도 한다. 가장 좋은 예가 미국 동부에 있는 애팔래치아 산맥의 계곡과 서부 캘리포니아의 산호퀸(San Joaqin) 계곡이다[그림 7-2]. 계곡안개는 산허리를 따라 야간복사

[그림 7-2] 계곡안개(valley fog)

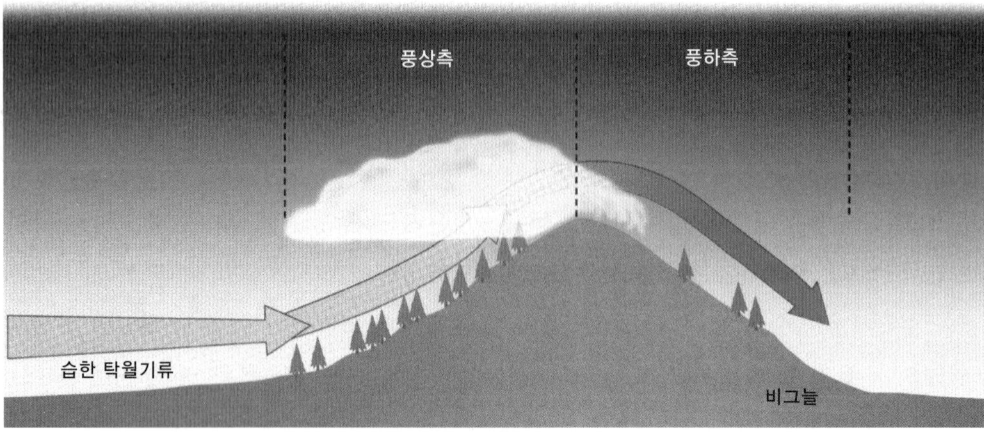

[그림 7-3] 산맥의 풍상측에 형성되는 구름

냉각이 있을 때 냉각되어 계곡으로 흘러들어 발생한다. 수증기의 풍부한 공급원이 되는 강을 낀 계곡은 겨울철 계곡안개가 발생하기 쉽다.

지표면과 떨어진 공중에서 발생하는 구름은 대부분 단열팽창에 의해 냉각된 공기, 즉 상승하는 공기에서 발생한다.

공기가 하강하는 경우에는 구름이 소산된다. 구름은 건조한 공기와 혼합될 경우에도 소산된다. 바람이 경사진 지형을 따라 불어 올라갈 때 단열냉각으로 구름이 형성되기도 하는데, 풍상측에서 구름(또는 안개)이 형성되고 산의 풍하측에서 구름이 소산된다. 풍하측은 고온, 건조하여 비가 내리지 않는 비그늘(rain shadow)이 되기도 한다[그림 7-3].

미국 서부 평원의 겨울철 안개는 습한 공기가 멕시코만으로부터 북쪽으로 흘러들 때 경사면 위로 상승하면서 단열적으로 냉각되고, 찬 지면, 특히 해가 진 후 지면과의 접촉에 의해 더욱 냉각되어 발생한다. 이러한 안개를 때로는 활승안개(upslope fog)라 부르기도 한다.

그리고 구름은 따뜻하고 습한 공기가 찬 공기와 혼합될 때에도 형성된다. 이 과정의 좋은 예가 김안개(steam fog)이다. 매우 찬 공기가 따뜻한 물위로 이동할 때 수면과 아주 가까운 공기는 증발에 의하여 수증기를 끌어올린다. 수면과 접촉해 있으면서 수증기를 받아들인 공기는 상공의 찬 공기보다 따뜻하기 때문에 대류가 발생하고 습한 공기는 위의 찬 공기와 혼합된다. 찬 공기와의 혼합으로 기온이 습한 공기의 이슬점 이하로 내려가 응결된다. 김안개를 증발안개(evaporation fog)라고도 한다.

3. 잠열과 안정도

공기가 포화된 후에도 계속 냉각될 때는 구름형성(상태변화)과 잠열 방출이 일어난다. 이러한 과정은 공기덩이가 단열 상승하면서 냉각될 때 중요한 의미를 가진다. 안정도에 변화를 일으키기 때문이다.

포화 이후에도 계속 상승하는 공기덩이가 응결할 때는 단열냉각이 잠열 방출에 의한 가열 때문에 부분적으로 상쇄되어 포화단열과정(saturation adiabatic process)을 이룬다. 포화공기덩이가 나타내는 단열감률을 포화단열감률(saturation adiabatic lapse rate, SALR) 또는 습윤단열감률(moist adiabatic lapse rate)이라 한다. 이에 반하여 포화되기 이전의 비포화공기의 단열감률을 건조단열감률(dry adiabatic lapse rate, DALR)이라 한다는 것은 앞서 언급되었다.

건조단열감률(DALR)은 1,000ft당 3℃로 일정하지만 포화단열감률(SALR)은 일정치가 않다. 이것은 극저온(-40℃)에서는 건조단열감률(DALR)과 거의 같지만 고온(100℉, 38℃)에서는 건조단열감률(DALR)의 1/3 정도에 불과하다. 포화공기가 고온에서는 많은 수증기를 함유하고 있어서 많은 양의 응결에 의해서 많은 양의 잠열이 방출되기 때문이다. 포화단열감률은 매우 낮은 기온에서는 3℃/1,000ft, 매우 높은 기온에서는 1℃/1,000ft 정도이다.

응결고도(condensation level)는 상승하는 공기 중에 구름이 형성되는 고도를 말한다. 응결고도 아래에서 상승하는 공기덩이는 건조단열감률로 냉각되고, 응결고도 위에서는 포화단열감률로 냉각된다. 공기덩이의 안정도는 상승하여 올라온 공기덩이의 온도와 주위 공기 온도와의 차이에 의해 결정되기 때문에 같은 조건에서라면 포화하여 상승하는 공기덩이는 비포화상태에서 상승하는 공기덩이보다는 덜 안정할 것이다. 덜 안정하다는 것은 반드시 불안정하다는 것을 의미하는 것은 아니다.

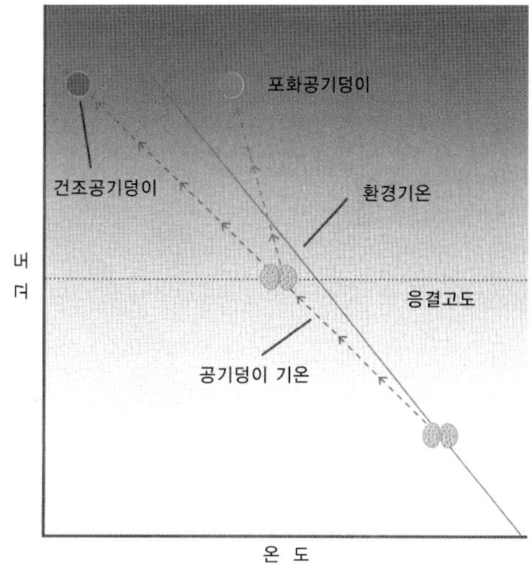

[그림 7-4] 포화, 불포화 공기의 상승과정의 변화

[그림 7-4]에서처럼 공기덩이가 건조한 상태라면

안정하지만 포화에 도달하면 불안정하게 될 수도 있다. 그 결과는 잠열이 많이 방출되느냐 아니냐에 좌우된다. 공기덩이가 건조한 상태라면 안정하지만 포화에 도달하면 불안정하게 될 수도 있는 경우를 조건부불안정이라 한다. 여기서 조건이란 그 공기덩이가 불안정하게 되기 위해서는 포화되어야 한다는 조건을 말한다.

4. 구름관측

1) 운량과 운고

구름은 대기의 상태를 나타내는 중요한 지표이다. 구름은 대규모 기상시스템의 발달이나 쇠약, 난류 혹은 안정도를 포함하여 곧 일어날 기상변화에 대한 시각적인 단서를 나타내고 있다. 구름 관측을 잘할 수 있는 능력은 항공운항의 안전을 위하여 매우 중요한 일이다. 구름관측은 지상에서 하늘로 올려다보며 행해지기 때문에 조종석에서 보는 것과는 차이가 있다. 따라서 구름관측 보고를 잘 이용하는 것은 매우 중요하다.

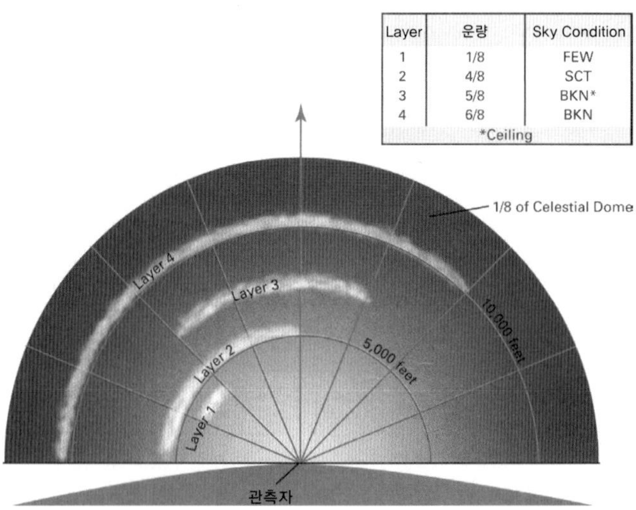

[그림 7-5] 구름 관측

특정지역에서 하늘에 나타나는 모든 구름의 기술적인 서술을 하늘상태(sky condition)라고 한다. 하늘상태의 완전한 관측은 구름의 고도, 구름의 양, 구름의 종류에 대한 관측을 포함한다.

구름층은 운저가 대략 같은 고도인 구름의 층을 말한다. 구름층은 구름의 연속적인 면일 수도 있고 많은 개별적인 구름들로 형성되어 있을 수도 있다. 주어진 관측 값에는 한 개의 구름층만 있을 수도 있고 여러 구름층이 있을 수도 있다.

구름높이(cloud height, 운고)는 지상으로부터 구름층 밑면까지의 높이이다. 우리나라에서는 구름높이를 m 단위로, 미국에서는 ft 단위로 보고한다. 지상으로부터 50ft 이내의 구름은 안개(fog), 박무(mist)로 보고한다. 시정이 1km 미만(5/8n.m 미만)이면 안개로 관측하고, 1km 이상 5km 미만(5/8마일 이상 3마일 미만)이면 박무로 관측하게 된다. 구름 밑면이 매우 낮거나 안개나 박무가 끼어 있으면 보고되는 구름높이는 연직시정(VV)이 된다. 즉, 연직시정은 관측자나 관측 장치가 하늘을 향해서 구름을 투시할 수 있는 한계까지의 연직거리이다.

구름 밑면의 높이는 훈련된 눈대중으로 추정되거나 항공기 보고로부터 결정될 수도 있고, 운고계나 운고관측 기구(balloom)에 의하여 결정되기도 한다. 운고계는 광선을 연직으로 쏘아 올려 구름에 의한 산란으로 빛이 가장 밝게 빛나는 부분의 높이를 측정하는 장치이다. 운고관측 기구(풍선)는 상승률을 알 수 있는 소형 풍선으로서 풍선이 띄워진 순간부터 구름 속으로 사라지는 시간을 관측하여 결정한다.

구름량(cloud amount, 운량)은 각각의 구름으로 덮여 있는 하늘의 넓이이다. 항공기상관측에서는 지상에서 보이는 하늘을 8등분하여 관측한다. 구름량은 구름층 각각에 대하여 그 층에 덮여 있는 전체 구름을 보고한 것이다. 지상관측자들은 낮은 구름에 의하여 가려진 높은 구름은 볼 수 없다는 것에 유의해야 한다([그림 7-5] 참조). 그림에서처럼 흰 곡선은 서로 다른 고도에 있는 구름층들을 표현한 것이다. 하늘의 각 부분은 관측자의 시각으로 하늘을 1/8 단위로 표현한 것이다. 각 층의 구름량은 가장 낮은 층으로부터 높은 층의 순서로 보고한다. 각 층의 관측값은 그보다 낮은 층의 값도 포함한다.

유인관측소(attended station)에서는 구름이 없을 때 하늘 상태를 SKC로 보고하고, 무인관측소(robot station)에서는 지상 12,000ft 이하에 구름이 없을 때 CLR로 보고한다. 구름이 하늘의 1/8이나 2/8를 덮으면 FEW, 3/8이나 4/8이면 SCT, 5/8에서 7/8이면 BKN, 8/8이면 OVC로 나타낸다.

하늘상태와 시정은 운항제한을 결정하는데 필수적이다. 비행기상 조건(visual and instrument weather condition)은 시일링과 시정에 따라 다음 4가지, 즉 시계비행규칙(visual flight rule), 최저시계비행규칙(marginal VFR), 계기비행규칙(instrument flight rule), 최저계기비행규칙(low IFR)으로 분류한다.

[표 7-1] **비행기상조건 체계**

비행기상조건	기상조건
VFR	시일링 지상 3,000ft 이상과 시정 5s.m. 이상.
MVFR	시일링 지상 1,000ft~3,000ft미만과 시정 3~5s.m.미만
IFR	시일링 지상 1,000ft미만과 시정 3s.m.미만
LIFR	시일링 지상 500ft미만과 시정 1s.m.미만

표준기상보고에서 보고되는 시정은 지상시정(surface visibility)이다. 즉 관측자나 지상에 설치한 장비로 관측한 수평시정이다. 타워시정(tower visibility)은 관제탑에서 관측한 수평시정이다.

우시정(prevailing visibilily)은 수평 원(horizon circle)에서 시정이 나쁜 방향들을 합쳐 수평원의 반이 되는 최대 수평거리이다. 따라서 시정이 수평 원의 다른 구역에서 우시정보다 더 나쁠 수도 있다는 것을 명심하여야 한다.

우리나라의 경우 종관기상에서는 시정관측 때에 최단시정(shortest visibity)을 보고하지만, 항공기상에서는 우시정을 보고한다. 미국에서는 우시정을 법정 마일(statue mile, s.m.)을 써서 분수로 보고한다.

활주로시정(runway visibility, RVV)은 활주로상의 특정 지점의 시정이다. RVV도 우리나라에서는 m로, 미국에서는 s.m.을 분수로 보고한다. 활주로 가시거리(runway visual range, RVR)는 조종사가 활주로를 따라 활주로에 설치된 빛을 보거나 인지할 수 있는 수평거리이다. 활주로 가시거리도 우리나라에서는 m단위, 미국에서는 ft단위로 보고하고 있다.

2) 차폐현상과 시일링

만약 우시정을 7마일 이하로 악화시키는 안개, 연기, 먼지 또는 강수현상이 존재해 하늘을 전부 불투명하게 가린다면, 하늘은 차폐(obscuration)되었다는 표시로 X로 보고한다. [그림 7-6]에서처럼 지면차폐현상에 의해 하늘이 전체적으로 차폐될 수 있다. 이런 때는 최하층의 높이는 연직시정(vertical visibility, VV)이다. 그림에서 연직시정은 500ft이다. 관측자는 그 이상을 볼 수 없다.

Layer	운량	Sky Condition
1	8/8	VV005
2	Not Seen	

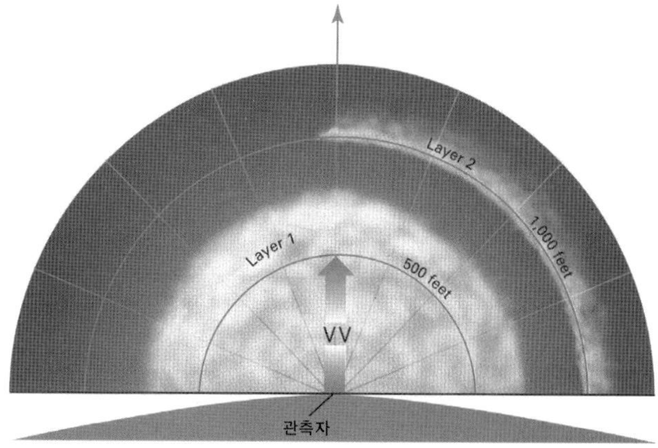

[그림 7-6] 지면 차폐현상이 있을 때의 관측

만약 지표면 차폐현상(obscuration phenomenon)에 의해 하늘이 7/8 이하로 부분적으로 가려져 있다면 이를 부분차폐(partial obscuration)라 하고 -X로 보고한다. [그림 7-7]처럼 지면차폐현상에 의해 하늘이 부분적으로 덮힐 수도 있다. 이때는 최하층의 높이는 '0'으로 보고된다. 관측자는 오직 그 고도에 나타나는 것만 볼 수 있기 때문에 상층구름은 "OVC"로 보고한다.

Layer	운량	Sky Condition
1	7/8	BKN000
2	8/8	OVC010

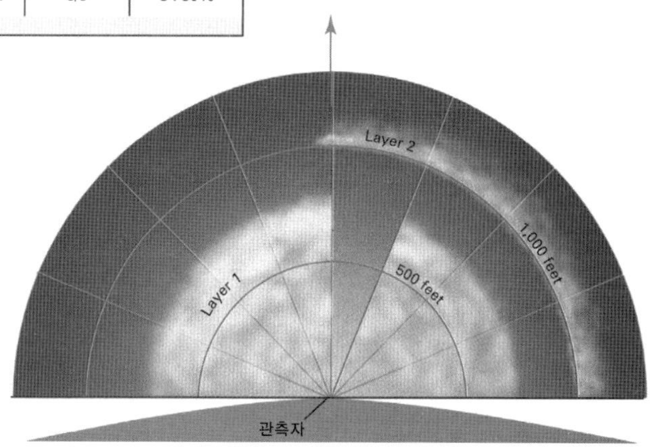

[그림 7-7] 지면 차폐현상에 의해 하늘이 부분적으로 덮힌 때의 관측

구름층이 엷어서 그 층을 통해 더 높은 구름층이나 별이 보일 경우, 예를 들어 지상 10,000ft에서 엷게 흩어진 층이라면 100-SCT로 보고된다. 이는 'ten thousand thin scattered'라고 읽게 된다.

상공이 들여다보이는 엷은 구름이나 부분적인 차폐를 제외하고 5/8 이상 완전하게 덮여 있는 낮은 구름층 또는 차폐 현상을 시일링(ceiling)이라고 한다. 이것은 시계비행규칙(VFR), 계기비행규칙(IFR)과 관련된 비행규정 때문에 조종사에게는 매우 중요한 현상이다.

비행 중에 구름이 관측되었을 때 조종사관측보고(PIREP)는 각 구름층의 운정과 운저고도를 포함한다. 기상관측소의 숫자가 적고 멀리 있으며, 지상관측자는 정확한 구름 정보를 얻기가 힘들다. 따라서 PIREP은 매우 중요한 구름정보가 된다. 이 때는 비행 중 관측된 모든 구름높이는 AGL(지상고도)이 아닌 MSL(평균해면고도)이며 ft 단위로 보고된다. 예를 들면, 운저가 해발 2,500ft이고 운정이 해발 3,300ft인 구름층이 전천의 7/8을 덮고 있으면 PIREP은 「025 BKN 033」로 보고된다.

3) 구름의 형태

구름형(cloud type, 운형)은 지상으로부터의 높이에 따라 하층운(low cloud), 중층운(middle cloud), 상층운(high cloud), 그리고 연직운(cloud with vertical development)으로 구분된다.

높은 구름에서 깃털 같은 모양으로 보이는 것은 이들 구름이 주로 빙정(氷晶, ice crystal)으로 구성되어 있기 때문이다. 0℃와 -40℃ 사이 온도의 중층운과 하층운은 물방울과 빙정의 혼합으로 구성되어 있다. 빙정의 비율은 온도가 낮을수록 더 크다. 물론 0℃ 이상의 온도에서는 구름이 모두 물방울(water droplet)로 구성되어 있다.

구름높이는 대략적이라는 것을 명심하여야 한다. 예를 들면 겨울철이거나 고위도 지방에서는 대류권계면 높이가 낮아지기 때문에 권운형 구름의 꼭대기의 높이가 낮아지고 있으며 가끔 다른 계절의 중층운 높이까지 이르기도 한다. 또한 고층운(As)과 난층운(Ns)의 차이는 항상 명확한 것은 아니다. As의 밑면은 때에 따라 낮아진다. 강수가 시작되면 As는 구름 밑면이 하층운 영역에 있지 않더라도 Ns로 간주하게 된다.

연직운은 지면으로부터 상승하는 공기에 의해 발달되기 때문에 적운의 운저고도(H)는 지상기온(T)과 이슬점온도(Td) 측정에 의해 다음 식으로부터 정확하게 예측할 수 있다. 이 때 T와 Td는 °F 단위이고, H는 1,000ft 단위이다.

$$H = (T - Td) / 4.4$$

예를 들면 지상기온이 72°F이고 이슬점온도가 50°F인 상태에서 적운형 구름이 존재한다면 구름 높이(운고)는 대략 지상 5,000ft가 될 것이다.

적운형 구름은 대기가 불안정하다는 것을 나타내고 있다. 그 중에 잘 발달된 적운

(Cu), 그리고 특히 적란운(Cb)은 큰 불안정을 나타낸다. 운저가 보통 하층운 높이에 있을지라도 잘 발달된 적운이나 적란운의 꼭대기는 대개 중층운이나 상층운의 높이까지 다다른다. 운저가 높은 Cu나 Cb는 여름철에 흔히 나타난다.

여기에서 설명한 기본 운형([표 7-2] 참조) 10종(ten basic type of cloud) 외에도 여러 가지 구름형태가 있다. 렌즈구름(lenticular cloud)은 난류의 가능성을 보여줄 뿐만 아니라 비행 중 위험을 나타내주는 가장 중요한 시각적인 단서이다. 이러한 중요한 구름의 변종에 대해서는 뒤에서 다루게 된다.

[표 7-2] **국제 구름 분류(International cloud classification)와 운고***

분류	구름
High clouds(상층운) 지상 20,000ft 이상	Cirrocumulus(CC, 권적운) Cirrostratus (CS, 권층운) Cirrus (CI, 권운)
Middle clouds(중층운) 지상 6,500~20,000ft	Altocumulus (AC, 고적운) Altostratus (AS, 고층운)
Low clouds(하층운) 지상 6,500ft 미만	Stratus (ST, 층운) Stratocumulus (SC, 층적운) Nimbostratus (NS, 난층운)
Clouds with vertical development(연직 발달운) 지상 6,500ft 미만	Cumulus (CU, 적운) Cumulonimbus (CB, 적란운)

*운고는 계절에 따라, 지역에 따라 다소 변할 수 있음.

4) 구름 관측 영상

구름높이나 구름량을 추정하고 기본적인 구름을 식별하는 능력은 항공기상학을 이론적 차원에서 실무적 차원으로 연결시키는데 매우 중요하다. 구름은 온도, 바람, 연직운동, 습도 상태에 따라 영향을 받는다. 구름은 일어날 수 있는 많은 항공상의 위험을 시각적으로 예측하고 인식하여 피하는데 도움을 주게 된다.

적도 22,000마일(38,000㎞) 상공에 떠있는 정지 위성(stationary satellite)과 지상 수백 마일 상공을 운행하는 극궤도 위성(polar orbiting satellite)으로부터 연속적으로 관측한 구름사진(cloud picture)을 얻을 수 있다. 위성에 탑재된 복사계는 구름과 지구로부터 반사된 가시광선(visible light)과 지구표면, 구름, 대기로부터 방출된 적

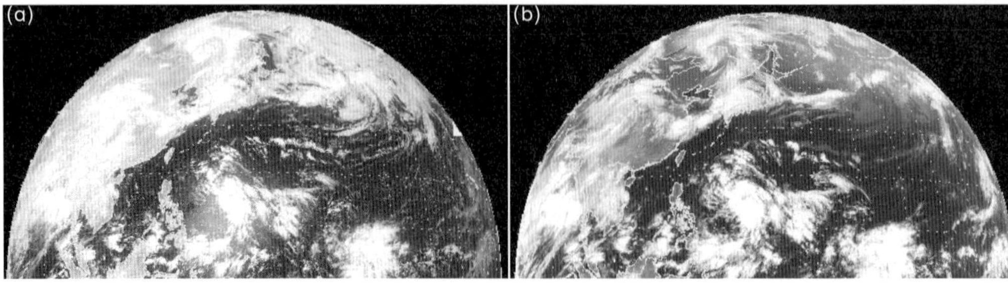

(a) 가시영상　　　　　　　　　　　　(b) 적외영상

[그림 7-8]　MTSAT로부터 수신된 위성사진의 예(2009. 7. 7 03:3015TC)

외선 복사(infrared radiation)를 관측한다.

[그림 7-8 (a)] 영상은 가시광선 사진이다. 흑백이긴 하지만 보여주는 구름이나 지상의 모양은 맨눈으로 보는 것과 같을 것이다. 가시영상은 낮에만 관측된다.

[그림 7-8 (b)] 영상은 적외복사로부터 관측된 사진이다. 이것은 하늘이 맑은 곳의 지표면 온도와 하늘이 흐린 곳의 구름 꼭대기의 온도패턴을 나타내준다. 가장 높은 구름은 온도가 가장 낮기 때문에 가장 흰 곳에 대응되고, 가장 따뜻한 온도는 검은 부분에 대응된다. 적외영상사진은 하루 24시간 관측된다.

5) 항공기의 운항과 구름

항공기 운항에 구름이 어떤 영향을 미치는가하는 것은 계기비행규칙(IFR)의 경우와 시계비행규칙(VFR)의 경우가 다르다.

시계비행의 경우에는 구름 때문에 주위가 보이지 않는다는 것만으로도 이미 비행 장애가 되지만 계기비행인 경우에는 주위가 보이지 않는다는 것만으로는 장애가 되지 않고 착빙, 난기류, 벼락을 수반하는 구름이어야 장애가 된다. 물론 계기비행인 경우에는 이들을 수반한 구름(주로 적난운)을 피할 경우에는 다음으로 층운이 시정을 악화시키므로 장애가 되기도 한다.

이와 달리 이착륙할 때는 계기비행이라 하드라도 최후 단계에서는 육안 확인에 의존해야 하므로 구름 때문에 시계의 장애를 받는 것은 항공기 조종에 큰 장애가 된다. 따라서 하층의 구름은 중요하다.

전선이나 저기압 부근에서도 구름은 아주 복잡한 분포를 하고 있어 혼잡하나 구체적으로 조사해 보면 구름의 모양과 대기 운동 사이에는 물리적인 법칙이 성립하고 있다.

계기비행으로 순항 중인 항공기가 구름이 문제됐을 경우에 기본이 되는 검토 순서는 다음과 같다.

① 위험한 적란운(Cb)의 유무

② 적란운이 층상운에 가려져 있는가의 여부(물론, 적란운이 없음이 판명됐을 경우에는 ②는 고려하지 않아도 무방하다.)

여기에서 주의해야 할 것은 다소의 난기류나 착빙을 수반하는 고적운(Ac) 같은 작은 것에 일일이 매달리다 보면 오히려 큰 위험을 내포하고 있는 적란운(Cb)을 못 알아차릴 수도 있다는 점이다. 현재의 고성능 항공기에서는 종래의 구름에 대한 개념이 반드시 옳다고는 할 수 없다. 항공기 탑재 레이더로 충분히 적란운(Cb)을 감지할 수 있기 때문이다.

또 구름은 항상 항공에 장애가 된다고 생각하기 쉬우나, 어떤 경우에는 대기운동의 정보를 주는 유효한 존재이기도 하다. 구름형과 대기운동의 관계를 충분히 알고 있으면 난기류역에 들어가기 전에 항공기를 감속시켜 장애를 경감시키는 조치를 취할 수도 있다. 따라서 기류와 구름형태의 관계를 잘 알아야 한다.

Ⅲ 강수

1. 강수의 원인

지상관측에 있어 강수(降水, precipitation)란 대기로부터 떨어져서 지상에 도달하는 액체상태의 물방울이나 고체상태의 얼음 조각으로 정의된다. 이런 관점은 매우 중요하다. 지상에서 시행하는 기상관측이나 예보는 항공기가 운항 중 만나게 되는 낙하 중인 모든 강수 물체를 포함하는 것은 아니다. 이들 중 어떤 것은 지상에 도달하기 전에 증발해 버릴 수도 있기 때문이다.

강수는 항공기상에서 많은 문제에 영향을 준다. 즉, 시일링이나 시정을 악화시킬 수 있고, 엔진 작동에 영향을 줄 수도 있으며, 착륙시의 제동거리를 증가시킬 수 있고, 심한 바람시어의 원인이 되기도 한다. 또한 어떤 온도 조건에서 강수는 접촉면에서 얼 수 있기 때문에 항공운항과 지상조종에 영향을 줄 수 있다.

따라서 강수의 특징과 원인에 관한 지식은 항공운항 중에 나타나는 위험을 이해하고 극복하는데 필요한 지식을 제공한다.

공기 중의 상대습도 100%는 구름이나 안개가 있다는 것을 의미한다. 강수는 구름과 관련이 있지만 상대습도 100%가 반드시 강수를 의미한다고 생각해서는 안 된다. 경험으로 알 수 있듯이 구름은 보통 대기가 포화되어 있을 때 형성된다. 그러나 대부분의 구름은 강수가 없다. 이 말은 구름과 강수에 대한 다음 세 가지의 중요한 사실에 근거하고 있다.

① 강수입자(물방울과 얼음 조각)는 구름입자보다 상대적으로 매우 크며, 구름으로부터 떨어져 나올 수 있으며, 지상에 도달할 때까지 충분히 오래 존재할 수도 있다.

② 작은 구름입자가 생성되는 대부분의 과정은 큰 강수 입자가 생성되는 과정과는 다르다.

③ 효과적인 강수입자 생성과정은 특정한 구름형태(Ns, Cb)에서 주로 발생한다.

이러한 사실을 이해하기 위해서는 물방울과 얼음 조각(빙정)이 성장하는 과정을 이해할 수 있어야 한다.

구름 속에서 강수입자 크기만큼의 큰 입자가 생성되는 데는 세 가지 성장방법이 있다.

그 한가지는 구름입자가 강수입자 크기로 성장하게 되는 최초의 과정인 빙정과정(ice-crystal process)이 있다. 이 과정은 구름 물방울과 빙정이 동시에 존재하는 구름에서 일어난다. 빙정이 존재하려면 기온은 보통 0℃보다 훨씬 낮은 기온이어야 한다.

과냉각수적(supercooled water droplet)은 흔히 0℃와 -10℃ 사이의 온도에서 많이 존재하는데 온도가 더 낮은 대기에서는 과냉각수적이 점차 줄어들고, -40℃ 이하의 온도에서는 모두 빙정이 된다.

빙정과정이 활성화되는 이유는 공기가 영하의 온도에서 포화될 때 얼음 위에서는 물 위에서보다 수증기 분자가 적게 소요되어 포화수증기압이 작아지기 때문이다([그림 7-2]참조). 그래서 물방울과 빙정(얼음)이 같은 온도에서 공존하고 있을 때는 같은 양의 수증기를 가진 공기라 하더라도 빙정과 접촉하고 있는 공기는 쉽게 포화되는 반면에 물방울과 접촉하고 있는 같은 공기는 포화되기가 어렵다.

이렇게 물방울과 빙정이 혼합되어 있는 환경에서는 빙정이 주위 물방울의 증발로 생기는 수증기에 의하여 성장한다. 이 과정은 매우 효과적이어서 빙정이 상대적으로 짧은 시간에 강수입자 크기로 성장하는 것을 가능하게 하는 시발점이 되고 있다[그림 7-9].

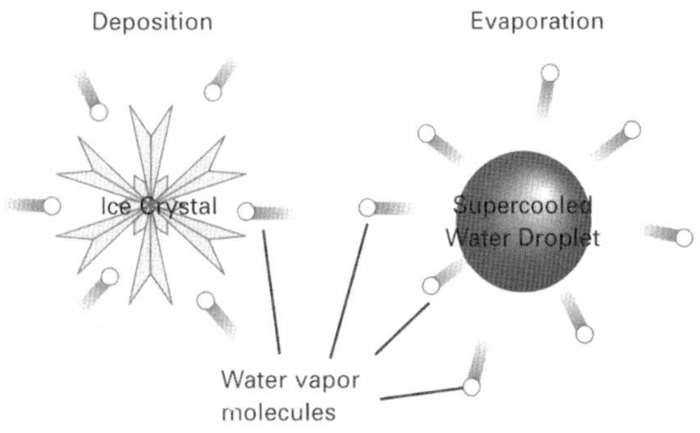

[그림 7-9] **구름방울의 빙정성장과정**

두 번째의 성장과정은 병합과정(coalescence process)이다. 빙정과정으로 어느 정도 성장한 얼음방울들이 다른 얼음방울이나 물방울과 서로 충돌결합하여 큰 얼음방울로 성장한다. 이것은 큰 얼음방울이 더 빠르게 떨어지면서 그보다 작은 얼음 방울이나 물방울과 충돌, 포착하면서 빗방울 크기로까지 성장하는 것이다[그림 7-10].

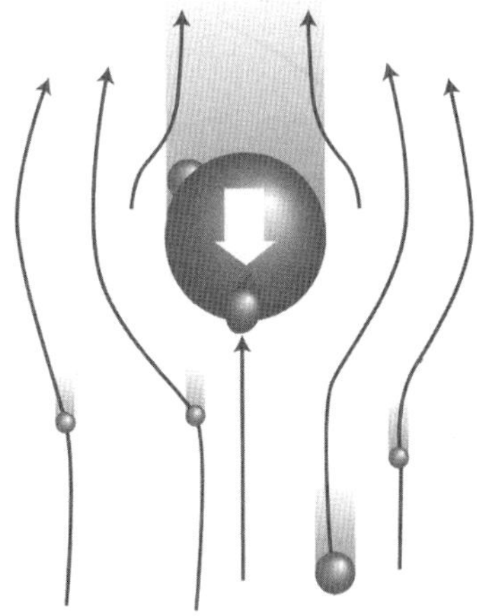
[그림 7-10] **구름방울의 충돌병합과정**

이런 모든 과정의 결과로 중위도와 고위도에서는 대부분의 강수가 상공에서 눈(snow)으로 시작되어 지상에 눈이나 비로 내린다.

어떤 구름은 너무 따뜻할 수도 있다. 즉, 0℃ 이상이어서 빙정이 존재할 수 없다. 또한 어떤 구름은 권운과 같이 너무 차서 과냉각수적이 존재하지 않는다. 이러한 경우에는 빙정과정은 작용하지 않을 것이다.

세번째의 강수과정은 처음부터 병합과정만으로 이루어진다. 열대지역에서는 해양으로부터의 큰 응결핵(소금입자)으로 큰 구름 물방울이 생기는데 이들은 충분히 크고 많기 때문에 처음부터 병합과정이 효과적으로 작용한다.

2. 강수의 형태

가장 일반적인 강수의 형태는 이슬비(drizzle), 비(rain), 소나기(rain shower), 어는이슬비(freezing drizzle), 어는비(freezing rain), 눈(snow), 소낙눈(snow shower), 눈싸라기(snow grain), 얼음싸라기(ice pellet), 우박(hail) 등이다.

이슬비(drizzle)는 직경이 0.02in 이하의 아주 작은 입자가 밀집되어 천천히 떨어지는 현상이다. 는개(drizzle fog)는 안개가 짙어져서 안개와 함께 나타나는 이슬비 현상이다. 따라서 안개나 낮은 층운과 밀접한 관계가 있다. 비(rain)는 0.02in 이상의 입자로 구성되어 있어서 상대적으로 일정하고 빠른 낙하 속도로 떨어진다.

소나기(rain shower)는 액체강수이지만 갑자기 시작한 후 강도가 크게 변화하고 그칠 때도 갑자기 그친다. 큰 물방울(약 0.2in 이상), 그리고 단시간의 강수는 주로 적란운이나 뇌우와 관련된 소낙성 강수에서 발생한다.

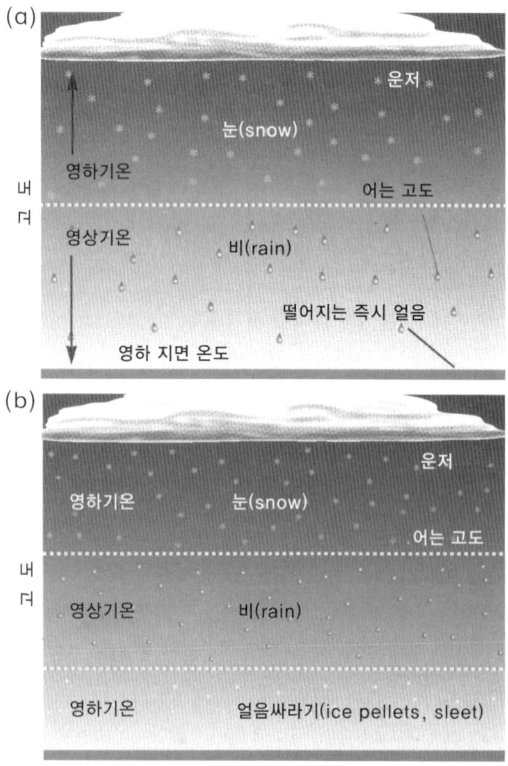

[그림 7-11] (a) 어는비의 형성과정과 (b) 얼음싸라기의 형성과정

어는 이슬비(freezing drizzle)와 어는 비(freezing rain)는 지면이나 지상의 물체, 즉 나무나 전선 혹은 항공기에 접촉하여 어는 것 외에는 앞서 설명된 강수형태와 비슷하다. 어는 비가 내리면 검은 아스팔트 위는 투명한 얼음으로 얼어붙기 때문에 얼음이 있는지의 여부를 구별하기가 어렵다. 이 현상은 지면 아스팔트에 얼어붙어 있어 항공기에 대한 심각한 위험발생 가능성을 식별하기가 매우 어렵다는 뜻에서 검은 얼음(black ice)이라고도 한다. [그림 7-11]은 어는 비나 어는 이슬비가 형성되는 조건을 설명하고 있다. 즉, 빙점고도가 지면으로부터 상당히 위쪽에 있다면 눈은 떨어지다가 빙점고도를 통과하면서 녹아 지표면에는 비로 떨어진다. 이 비는 0℃ 이하 지면에 접촉되면서 얼거나 얇은 한랭공기층을 통해 떨어지면서 지면에 도달하기 전에 언다.

눈(snow)은 빙정으로 구성된 강수이다. 눈과 소낙눈(snow shower)은 비와 소나기와 같은 방법으로 구별될 수 있다. 눈싸라기(snow grain)는 작고 희며 반투명한 얼음 알갱이다. 얼음싸라기(ice pellet, 작은 우박)와 구별하자면 눈싸라기는 납작하며 땅에 떨어질 때 부서지거나 튀지 않는다는 것이다. 얼음싸라기는 투명하고 둥근 고체 얼음 알갱이이다. 빗방울이 떨어지면서 땅에 도착하기 전에 얼어서 형성된 것이다.

우박(hail)은 공의 형태 혹은 불규칙한 얼음 덩어리의 강수이며(직경이 0.2in 이상) 적운형의 구름 특히 적란운에서의 강한 상승기류로 생성된다. 큰 우박덩이의 경우는 직경이 5in.(13cm) 이상, 무게는 1.5파운드(0.7kg) 이상인 것도 있다. 우박의 형성에 대해서는 뒤에서 자세히 언급될 것이다.

이외에도 알아야 할 다른 몇 가지의 강수현상이 있다. 그 하나가 꼬리구름(virga)인데 구름의 밑면을 이탈하며 떨어져 내리는 빗방울이 구름과 지면과의 사이에서 증발하면서 생기는 구름이다. 이것은 종종 적운형 구름과 관련이 있다. 한편 상층대류권에서 권운으로부터의 말꼬리구름(fallstreak)도 있는데, 이는 권운으로부터 낙하하는 빙정이다. 이 현상을 갈퀴권운이라고도 한다.

3. 강수강도와 강수량

지상관측에서 강수가 보고될 때 관측자는 강수강도(rainfall intensity)를 약, 보통, 강으로 판단한다. 이러한 강도는 관측시간에 관측된 낙하율에 대응된다. 보통 강도의 비는 시간당 0.1~0.3in이고, 약한 비는 이 범위보다 적고, 강한 비는 이 범위보다 더 크다. 이슬비(drizzle)나 눈의 경우는 강도가 대체적으로 시정과 관련이 있다. 이슬비나 눈의 강도가 증가됨에 따라 시정은 [표 7-3]에서처럼 감소한다.

[표 7-3] 이슬비(drizzle) 또는 눈(snowfall)의 강도와 시정과의 관계

Intensity(강도)	Visibility (시정) (단위 : s.m.)
Light(약)	1/2 초과
Moderate(보통)	1/4 초과~1/2
Heavy(강)	1/4 이하

강수량(amount of rainfall)은 강수가 흘러 나가지도 않고, 땅속으로 스며들지도 않으며 증발하지도 않는 상태에서 일정 시간동안에 축적되는 강수의 깊이로 표현된다. 강수가 있었으나 그 양이 너무 적어 측정할 수 없었다면 강수량은 흔적(trace)으로 보고한다. 세계적인 강수기록은 [표 7-4]과 같다.

[표 7-4] 강수의 세계 기록

관측기간	Rainfall Total(강수량)	
	(inch)	(mm)
1분	1.2	38.0
60분	12.0	305.0
12시간	45.0	1,144.0
1개월	366.1	9,300.0
1년(12개월)	1,041.8	26,461.0

강수강도는 기상레이더 에코의 강도에 의하여 결정될 수도 있다. 일반적으로 레이더 반사강도 규모 판단에 쓰이는 VIP 레벨(video integrator processor level)은 레이더 에코의 세기에 따른 강수와의 비율을 판단하는데 사용된다[표 7-5].

[표 7-5] VIP Level과 강수율

VIP Level	강수강도	강수율(inch/hour))	
		층운형	적운형
1	Light (약함)	〈 0.1	〈0.2
2	Moderate (중간)	0.1~0.5	0.2~1.1
3	Heavy (강함)	0.5~1.0	1.1~2.2
4	Very Heavy (매우 강함)	1.0~2.0	2.2~4.5
5	Intense (심함)	2.0~0.5	4.5~7.1
6	Extreme (매우 심함)	〉5.0	〉7.1

눈이 내리면 적설량을 보고한다. 적설량(snow depth)은 눈이 쌓인 두께를 cm단위(미국에서는 in 단위)로 나타낸다.

적설량은 강수보고를 위하여 물 당량으로 변환되는 경우가 있다. 이것은 같은 양의 강설이라 하더라도 실제적으로 다른 물 함량을 가지기 때문에 필요하다. 일반적인 값은 10cm의 적설량은 1cm의 강수량에 해당된다. 그러나 이 비율은 기온에 따라 달라진다는 사실에 유의해야 한다.

Ⅳ 안개

1. 안개의 발생

통계에 의하면 항공기 사고는 계기기상상태(IMC)인 때 많이 발생하고 있다.

계기기상상태에서 가장 많이 운항을 저해하는 기상현상은 안개, 낮은 구름이고, 대도시에서는 스모그, 적설지에서는 눈보라, 사막지대에서는 모래보라 등이다. 이들은 주로 시정을 아주 나쁘게 한다.

안개는 아주 작은 물방울(수적)이 대기 속에 떠있는 현상으로 수평시정이 1km 미만인 경우이다. 일반적으로 백색을 띠고 있으나 공업지대에서는 연기와 먼지 때문에 회색이나 황색을 띠기도 한다. 상대습도는 100% 또는 이에 가깝다.

안개는 대부분의 경우 안정한 대기에서 형성된다. 즉, 복사안개(radiation fog)나 이류안개(advection fog)처럼 접촉한 차가운 지면에 의한 냉각으로 수증기가 포화되어 발생하거나 활승안개(upslope fog)처럼 안정한 공기가 활승하면서 단열냉각되거나 혹은 접촉냉각과 단열냉각의 결합으로 형성된다. 증기안개(steam fog)처럼 따뜻한 수면이 증발되어 얇은 하층의 찬 공기 중에 들어가 공기를 포화시켜서 안개를 형성하기도 한다.

눈높이의 수평시정은 1km 미만이나 하늘이 보일 정도로 두께가 엷은 것을 땅안개(ground fog)라고 한다. 눈높이보다 낮은 곳에 안개가 끼어 있고 눈높이의 수평시정이 1km 이상이면 얕은 안개(shallow fog)라고 한다.

안개와 같은 현상이지만 수평시정이 1km 이상인 경우를 박무(mist)라고 한다. 박무를 구성하는 입자는 안개보다 작은 수적 또는 흡습성의 에어로졸(aerosol)로서 이 경우의 상대습도는 100%보다 조금 낮다.

안개를 구성하는 입자가 작은 얼음의 결정인 경우에는 이것을 얼음안개(ice fog, 빙무)라 하고 수평시정이 1km 이상이면 세빙(ice prism)이라 한다. 얼음안개는 기온이 -20℉(약 -19℃) 이하에서 발생한다.

안개를 구성하는 수적이 과냉수적인 경우에는 이것이 지물이나 기체에 충돌하면 착빙(icing)이 생긴다. 이와 같은 안개를 상고대안개(rime fog)라고 한다.

안개가 발생하기에 적합한 조건을 정리하면 다음과 같다.

① 대기의 성층이 안정할 것

② 바람이 없을 것

③ 공기 속에 수증기와 응결핵인 부유물질이 충분히 포함될 것

④ 냉각작용이 있을 것

이 조건들 중의 하나라도 성립되지 않으면 안개는 생기지 않는다. 예로서 바람이 강하면 층운이 되고, 수증기가 부족하여 상대습도가 100%에 달하지 못하면 박무(mist)에 그친다. 그 발생 과정에 따라 안개는 여러가지로 분류된다.

2. 안개의 종류

1) 복사안개

복사안개(radiation fog)는 바람이 약한 맑은 날 밤에 냉각된 지면에서 발생하는 안개이다. 겨울철 육지 위의 고기압지역에서 흔히 발생한다. 복사안개는 해가 뜨면 일반적으로 소산되는 것이 원칙이다.

가을에서 겨울에 걸쳐 빈번하고 한밤 중에서 이른 아침에 결쳐 발생하고 일출 전후에 가장 짙어졌다가 오전 10시경에 소멸하는 것이 일반적이다. 바람이 없을 때 복사안개의 두께가 두꺼울 때는 수십 미터에 달하기도 하는데 때로는 200m 이상이 되기도 한다.

낮 동안 비가 내린 후, 밤 동안 맑았을 때 짙은 복사안개가 흔히 발생한다. 이것은 전날의 비로 지면이 젖은 상태에서 복사냉각 되기 때문이다.

겨울철 바람이 약하고 습한 날 차가운 공기가 계속 밀려올 때에는 야간에 복사안개가 매우 잘 형성된다. 이 때 다음날 계곡부분이 태양복사를 받지 못하면 안개는 잘 소산되지 않는다. 대기 안정조건이 계속된다면 그 다음날 안개가 더 악화될 수도 있다.

복사안개가 지면 위에 비교적 얇게 끼었을 때 상공에서는 활주로가 보이지만 항공기가 하강할 때 시정이 점진적으로 악화되는 것을 경험하게 된다. 빗시정(slant visibility)은 항공기의 고도나 운저고도에 따라서 지상시정보다 좋을 수도 있고 나쁠 수도 있다.

기온과 이슬점온도의 차는 안개형성의 좋은 지수가 된다. 낮에 대체로 기온과 이슬점온도의 차가 15°F(약 8℃) 이하로 감소하면 안개 형성 확률이 매우 높다.

2) 증기안개

증기안개(steam fog)는 따뜻한 수면 위를 한랭한 공기가 이동할 때는 수면에서 수증기가 증발되면서 찬공기 속에서 생기는 안개이다. 가을과 겨울에 흔하고 육지에서는 강이나 습지, 호수 등에서 발생한다. 기온과 수온의 차가 7℃ 이상인 때 발생하며 안개의 두께는 수m 내지 수십m이다.

3) 이류안개

이류안개(warm advection fog)는 습윤하고 온난한 공기가 한랭한 육지나 수면으로 이동해 오면 하층에서부터 냉각되어 공기 속의 수증기가 응결되어 생기는 안개이다. 이 안개는 풍속이 7m/sec 정도까지는 풍속이 강할수록 안개의 두께가 증가하나 풍속이 7m/sec 이상이 되면 지면의 안개는 없어지고 층운으로 변한다.

이류안개는 해안지방에 많이 나타나며 그 중에는 해상에서 발생하여 이동해오는 것이 많다. 해상에 생긴 이류안개를 해무(sea fog, 바다안개)라고 한다. 해무는 두께가 보통 400m 정도이다.

고위도 해면에서 해무가 잘 발생한다. 그 이유는 표면수온이 연변화 없이 차갑고 여름에는 고온다습한 기단이 고위도까지 침입하기 때문이다.

4) 활승안개

활승안개(upslope fog)는 어느 정도 강한 바람이 안정하고 습한 공기를 넓은 경사면 위로 불어 올릴 때 생기는 안개인데, 낮은 층운이 발생할 수도 있다. 이 때 기온과 이슬점온도의 차이가 적을 수록 안개의 발생 가능성은 커진다. 기온과 이슬점 온도의 차는 공기가 상승하는 매 1,000ft마다 약 4°F 씩 감소한다.

5) 스모그

스모그(smog, 연개)는 대도시에서 산업활동, 자동차의 배기가스, 난방의 연기 등으로 대기가 심하게 오염되어 농촌지역에 비해 아주 많은 미립자(응결핵)를 포함하고 있다. 도시의 안개는 복사무에 속하는 것이 많지만 순수한 안개입자 외에 연무나 연기의 입자도 많이 포함되어 있어 이것을 smog라고 한다. London smog나 LA smog는 세계적으로 유명하다.

6) 전선안개

전선안개(frontal fog)는 온난전선, 한랭전선, 정체전선 중 어느 것에 수반되느냐에 따라 안개의 발생 과정이 조금씩 다르기는 하지만 전선 부근에서 발생하는 안개를 총칭하여 전선안개라고 한다.

온난전선이나 정체전선의 한기 쪽에는 가끔 비나 이슬비가 낙하하는 도중이나 또는 지면에 낙하한 후 증발하여 공기를 포화시켜 안개가 잘 생긴다.

7) 얼음안개

한랭기후에서는 얼음안개(ice fog)가 형성될 수 있는데, 이는 이름이 의미하듯 빙정으로 구성된 복사안개이다. 얼음안개는 −20°F(−29℃) 이하의 낮은 기온에서 형성되며, 특히 도시나 공단과 같은 다량의 연소입자들이 응결핵으로 작용할 수 있는 지역에서는 매우 오래 지속된다. 특히 −30°F(−34℃) 이하의 매우 낮은 기온에서 수분과 응결핵 입자의 갑작스런 증가는 얼음안개를 발생시킬 수 있다. 예를 들면, 고위도에서는 겨울철 동안 −30°F(−34℃)이하의 매우 차가운 기온에서 항공기의 엔진을 가동시킬 때 수증기와 미립자가 분사되어 대기 중으로 방출됨으로서 공항에 얼음안개가 갑자기 형성되어 시정이 갑자기 시계비행조건 한계값 이하로 떨어질 수도 있다.

3. 안개소산

안개 발생의 호조건이 해소되면 안개는 소산된다. 소산 과정은 앞서 설명한 생성과정의 역과정이다. 안개에서 박무(mist)가 되고 마침내는 안개 물방울이 건조한 에어로졸(aerosol)로 된다.

바람이 강해지면 공기의 상하 혼합이 왕성해지므로 복사무는 해소된다. 그러나 기온의 영향이 바람의 영향보다 크다는 것이 안개의 일변화에서 잘 나타나고 있다. 즉 일출 전후에 가장 짙어졌던 안개는 태양고도가 높아지면서 지면이 가열되면 접지기층의 온도가 올라가 기온과 이슬점 온도의 차이가 커져서 아래쪽의 안개입자부터 증발하여 안개는 소산되고 박무가 된다. 시간적으로는 대략 10시경부터 오후까지는 완전히 소산된다. 그러나 기단의 조건이 변하지 않는한 저녁부터는 다시 박무가 발생하기 시작한다.

이와 같은 일변화는 복사안개에서 심하고 활승안개에서는 약하다. 이류안개나 해상의 안개는 이 경향이 약하나 육지에 침입한 바다안개에는 이 일변화가 뚜렷하게 나타난다.

층운과 안개는 그것이 지면에서 떨어져 있느냐, 아니면 지면에 붙어 있느냐로 구분한다. 층운 속에 들어가면 그것이 안개이다. 층운 속에서는 구름의 밀도에도 관계되나 수평시정이나 빗시정이 아주 나쁘고 시정이 0이 되기도 한다. 층운의 밑에는 박무가 있을 뿐이고 시정이 아주 나쁘지는 않다. 그러나 운저의 높이는 낮아 IFR로 될 때가 많다. 층운의 발생조건은 안개의 경우와 같으나 안개의 소산기 또는 바람이 강할 때, 해무가 육지에 침입하는 초기 또는 소산기에도 층운이 생기는 좋은 조건이 될 수 있다.

어떤 경우에는 강한 바람이 공기를 역학적으로 혼합시킴으로서 이류안개보다는 층운이 형성된다. 이러한 경우는 지상시정은 크게 악화시키지 않을 수 있지만, 항공기가 운저 아래로 하강할 때까지 경사시정은 악화시킬 수도 있다.

안개와 낮은 층운은 동일한 기상조건 하에서 발생하는데, 가장 일반적인 발생 형태는 온난전선이나 정체전선이 지날 때이다. 이러한 패턴은 겨울을 중심으로 늦가을부터 이른 봄에 걸쳐 자주 나타난다. 전선 위의 공기는 활승운동으로 상승하면서 구름과 강수를 발생시킨다.

낮은 층의 습기가 지면 위의 얇은 한랭기단을 덮칠 때는 낮은 층운과 이슬비(drizzle)가 동반되어 시일링이 낮아지고 시정이 악화된다.

구름이 완전히 뒤덮인 상태에서 안개가 끼어 있을 때에는 시정의 빠른 회복은 기대하기 어렵다. 이런 경우는 복사안개가 아니라 이류안개일 가능성이 크기 때문이다. 따뜻하고 습한 공기가 차가운 지면 위로 통과할 때 발생하는 이러한 이류안개는 겨울철 해안지방에서 자주 나타난다.

4. 안개인공소산

안개는 항공기의 이착륙에 큰 장애현상이다. 미국의 자료에 의하면 미국의 국내선만으로도 안개로 인한 결항 때문에 부담해야 하는 손해가 연간 1억 달러에 달한다.

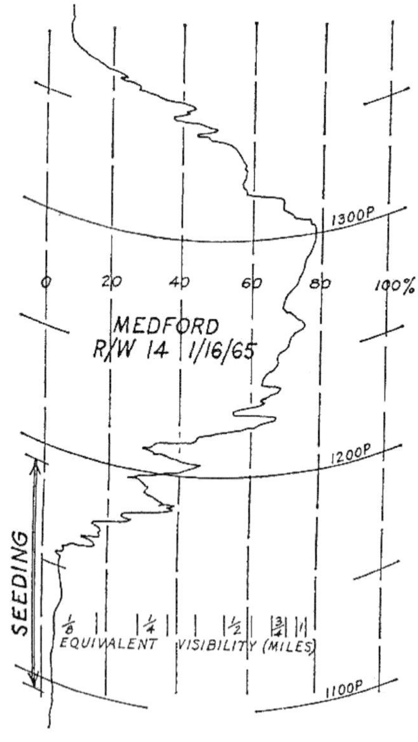

Seeding개시 때의 투과율은 시정 1/8mi에 달했으나 seeding으로 착륙한계인 1/2mi이상으로 좋아졌다.

[그림 7-12] 미국 Oregon주 Medford에서 dry ice를 뿌렸을 때의 대기 투과율의 변화

안개의 장애를 극복하는 방법으로는 다음과 같은 방법이 있다.

① 전천후 착륙방식을 채용
② 활주로가 잘 보이도록 비행장 등화를 배열하고 광도를 개선
③ 안개의 인공소산([그림 7-12] 참조)

김포공항의 경우 시정 또는 RVR가 800m 미만(category 2 이하)이 되는 시간은 1년에 15시간에 불과하며 400m 미만(category 3a 이하)은 수 시간에 불과하다. 이 적은 시간 때문에 전천후 착륙을 위하여 거액을 투자한다는 것은 극히 비경제적일 수 있으므로 제3의 방법으로서 인공소산에 관심을 기울이게 된다.

안개인공소산(fog dispersal)은 실험적으로 각국에서 시도되었다. 주된 것은 다음과 같다. 일부 실용화되고 있는 곳도 있다.

1) 직접 가열법

중유 등을 연료로 하는 화염방사기, 또는 항공기용 제트 엔진의 고온 배기로 직접 공기를 가열(heating)하는 방법이다. 바람이 없을 때는 이 방법으로 안개를 소산시키거나 엷게 할 수 있다. 그러나 넓은 범위를 일률적으로 가열시킬 수 없으므로 일부 가열된 공기가 상승하여 열효율을 저하시키고 또 바람 때문에 주위의 안개가 계속해서 몰려오므로 많은 연료를 소비하게 되며 실효성이 낮은 경우도 있다. 때로는 연소의 부산물로 오히려 시정이 나빠지기도 한다.

2) 파종법

파종법(seeding method)에는 dry-ice법과 옥화은법이 있는데 인공강우로써 실용화되어 있다. 이 방법은 dry ice를 영하 기온의 안개 속에서 승화시켜 주변 공기에서 열을 탈취하여 과냉각수적 일부가 빙정으로 변하면, 이 빙정이 큰 결정으로 성장하여 낙하하게 되므로 안개가 엷어진다.

옥화은법은 옥화은(AgI)이 비교적 고온인 -4℃ 이하 정도에서도 빙정핵으로 작용하므로 옥화은용액을 과냉각 안개 속에서 태워 옥화은 미립자를 공기 중에 날리면 과냉각 안개 일부가 빙정이 되고, 이 빙정들이 과냉각수적 속에서 성장하여 낙하하므로 안개가 엷어진다. 이 파종법은 빙정핵을 이용하므로 과냉각 안개에만 적용이 가능하다.

3) 포집법

방무림으로 안개를 포집(捕集)하면 그 풍하에서는 안개가 엷어진다. 독일에서는 회전하는 철망으로 안개를 포집하여 안개소산에 어느 정도 성과를 거두었다.

또한 많은 양의 물을 안개 속에 살포하면 이것이 50㎛정도의 큰 입자가 되어 이 큰 물입자가 안개입자를 포집하여 비가 되어 낙하하므로 안개는 엷어진다. 살포하는 수적의 크기가 크면 수적의 낙하에 수반되는 하강기류로 인하여 안개를 승온 소산시키는 효과까지 작용한다.

V 안개 이외의 시정장애 현상

1. 강수물 현상

1) 강수

강수현상 중 시정장애에 크게 영향을 미치는 것으로 는개(drizzle fog)와 눈(snow)이 있다. 는개는 안정한 기층에 생기는 짙은 안개에서 내린다. 따라서 악시정을 초래한다.

강설이 강할 때는 시정이 800m 이하로 된다. 강설과 눈날림이 동시에 생길 때는 지상

시정이 0이 되기도 한다. 강우만으로는 시정이 2㎞ 이하로 되지는 않으나, 심한 소나기인 때는 2㎞ 이하가 되기도 한다.

조종사가 비 속을 비행하고 있을 때는 빗물이 조종석 wind shield에 흘러 전망이 나빠지고 안쪽에 이슬이 생겨 시계를 방해하기도 한다.

강수가 시일링이나 시정에 영향을 미치는 두 번째 경우는 운저와 지면 사이에서 대기가 포화되는 것이다. 강수가 있을 때, 조각적운(fracto cumulus)이나 조각층운(fracto stratus)이 본래의 운저 아래로 형성되면서 시일링을 지속적으로 낮추게 된다. 그리고 강수가 내리면서 증발하여 지면 근처의 대기층을 포화시킬 때 증발안개(evaporation fog)가 발생할 수 있다.

2) 날림 눈

높날림눈(blowing snow), 땅날림눈(drifting snow)은 지면에 쌓인 눈이 바람에 불려 올라가는 현상이다. 지상에서 눈이 불려 올라가 눈높이의 시정이 아주 나쁠 때를 높날림눈이라 하고, 눈높이의 시정에 과히 영향을 주지 않을 때를 땅날림눈이라고 한다. 높날림눈은 하늘을 덮고 태양빛을 가려 시정이 0이 되기도 한다.

높날림눈은 바람이 눈발을 지표면으로부터 불어 올릴 때 발생하는데, 시정을 7s.m. 이하로 악화시킬 수도 있다. 이 현상은 눈이 미세하고 건조하게 내리는 경향이 있는 극지방에서 특히 문제를 유발한다. 이러한 극단적인 날씨는 눈보라 속에서 일어난다. 눈보라(snow storm)는 기온이 낮고 30kts 이상의 바람이 불 때나 폭설이 심하게 날릴 때 나타난다.

NEWS

'안개 대란'

2003.2.9 이날 새벽 깔리기 시작한 안개로 인천국제공항은 오전 5시50분 도착 예정이던 싱가포르발 대한항공 KE642편이 김포공항으로 항로(航路)를 돌린 것을 비롯, 오후 9시까지 40여편이 김해·제주공항 등에 긴급 착륙. 예정시각보다 1시간 이상 늦게 뜨는 '지연출발' 항공편도 70여편에 달했다. 이날 안개는 오전에 6시간 동안 공항 기능을 완전히 마비시켰다. 이날은 인천공항의 활주로 가시거리가 110~160m에 불과했다.

안개는 낮 12시3분쯤 대부분 걷혀 이착륙을 재개했으나, 오후 5시30분쯤 다시 끼기 시작, 일부 항공편이 김포로 회항했다.

2. 먼지현상

1) 연무

연무(haze, 煙霧)는 아주 작고 건조한 입자가 공기 속에 무수히 부유하여 이들 입자 때문에 빛이 산란되어 시정을 나쁘게 하는 현상이다. 개별적으로는 이러한 입자를 육안으로는 볼 수는 없지만, 많은 수의 연무 입자가 공기를 뿌옇게 만든다. 연무 입자는 먼지, 소금, 먼 곳의 화재나 화산으로부터 날아온 검댕이나 재와 같은 다양한 물질로 구성된다.

연무는 주위를 뿌옇게 만들어 배경 경치를 흐리게 한다. 검은 물체는 청색 색조로 보이게 하는 반면 태양이나 먼 불빛과 같은 밝은 물체는 누르스름한 빛이나 붉으스름한 색조를 띠게 한다. 태양이 수평선 훨씬 위에 있을 때는 연무가 햇빛을 받아 특이한 은빛 색조를 나타낸다.

건조한 연무 입자는 상대습도가 증가하여 60%를 넘으면 수증기 때문에 성장하기 시작하고 변하여 습한 연무(wet haze)가 되어 시정이 악화되며 흰색 색조를 띤다. 이러한 조건, 즉 연무 입자와 고습도의 결합은 공기 중에 습기와 소금 입자가 많은 해상이나 해변에서 잘 발생한다. 또한 이러한 습한 연무는 기온이 낮고 습도가 높은 이른 아침에도 잘 발생한다. 이런 경우는 기온이 높아지는 오후에 연무가 엷어지면서 시정이 회복된다.

연무 입자는 아주 작으므로 공기의 확산작용에 의해 상공으로 운반되며 때로는 고도 5000m에까지 달한다. 또 뚜렷한 역전층이 있을 때는 위로의 확산작용이 정지되므로 상한이 뚜렷한 연무층을 형성한다. 연무층 위의 수평시정은 좋으나 지면쪽을 본 빗시정은 아주 나쁘다. 연무층 속의 시정은 항공기와 태양의 상대위치에 따라 다르다. 연무층 속에서는 태양을 향한 착륙이 곤란한 경우도 있다.

연무는 시정의 악화 외에도 섬광(glare)을 나타내기도 하는데, 이 현상은 종종 태양이 가까이 있을 때 시정을 악화시키는 원인이 될 수 있다. 예를 들어 지상의 관측자는 비행기를 볼 수 있는데 연무층 상공을 비행하는 조종사는 섬광 때문에 지상이 내려다보이지 않는 경우가 있게 된다. 이런 현상은 눈 표면이나 해수면에서도 생길 수 있고 구름 위에서도 생길 수가 있다.

2) 연기

연기(smoke, 煙氣)는 연소로 인하여 발생한 연소입자가 공기 중에 부유하는 현상이다. 일출이나 일몰 때는 하늘이 붉은 빛을 띠고 해가 수평선을 훨씬 올라가면 오렌지 빛을 띠는 것을 볼 수 있다. 연기가 25mile 이상 먼 거리로 이동할 때 큰 입자들은 낙하하고 작은 연기 입자들이 넓게 분산된다. 이 경우 하늘은 회색 또는 청색 빛을 띠어서 연기로 보고되기보다는 연무로 보고된다.

산불발생 부근의 관측소는 METAR의 기사란에 'FU BKN020'과 같은 형식으로 연기를 보고한다.

대규모 공업지역에서는 연기가 응결핵으로 작용하여 안개가 짙게 자주 끼며 오래 지속되는 경향이 있다. 구름이 완전히 뒤덮인 상태에서 연기나 연무가 끼어 있을 때는 시정이 호전되기 어렵다.

3) 먼지선풍

먼지선풍(dust devil)은 지면에서 불려 올라가는 먼지나 모래가 기둥을 이루면서 선회하는 현상이다. 기둥의 직경은 작고 축은 거의 연직이고 높이는 변하기 쉽다. 먼지선풍은 지면 가까이의 공기가 불안정하고 일반풍이 강하지 않을 때 생긴다.

불려 올라간 먼지는 미세한 토양입자들이다. 먼지나 모래의 실제 발원지가 관측지점에서 멀리 떨어져 있으면, 먼지가 연무로 보고되기도 한다. 먼지는 멀리 있는 물체를 황갈색이나 회색 색조로 보이게 하며, 태양의 광구를 창백케 하거나 무색으로 보이게 한다.

4) 먼지폭풍과 모래폭풍

모래폭풍(sand storm) 또는 먼지폭풍(dust storm)은 각각 먼지나 모래가 바람에 불려 높이 올라가는 현상이다. 그 진행 전면에는 폭이 넓은 벽이 급속하게 진행해 오는 것 같이 보인다. 이 속에 들어가면 시정이 거의 0이 된다. 높이는 500m에 달할 때도 있고 광범위로 확산되면서 이동한다. 공기가 불안정하고 바람이 강할 때 건조지대(특히 사막)에서 발생한다.

5) 황사

황사(yellow sand)는 중국의 황토지에서 불려 올라간 모래먼지가 바람에 불려와서 하늘을 뒤덮고 서서히 낙하하는 현상이다. 심할 때는 하늘이 황색이고 태양빛이 흐려지고 지물에 모래먼지가 쌓이기도 한다. 시정이 나쁘고 지상의 물체가 전혀 보이지 않을 때도 있다. 또 황사가 항공기의 엔진 속에 흡입되면 엔진을 손상시켜 사고를 일으킬 수 있다.

3. 대기오염 현상

도시의 대기오염(atmospheric pollution)은 사회문제가 되고 있을 뿐 아니라 항공에도 여러 가지 영향을 주고 있다. 경제활동이 왕성해짐에 따라 대기오염 때문에 시정은 더욱 나빠지고 있다.

대기를 오염시키는 오염물질은 고체 또는 액체 에어로졸과 가스모양의 물질들이다.

상대습도가 80% 이상이 되면 흡습성 에어로졸이 수증기를 흡수하여 1~2㎛ 크기인 씨눈(embryo)으로 성장한다. 씨눈은 주변공기가 과포화 되지 않는한 안개로 발전되지는 않으나 수가 아주 많으므로 시정은 나쁘다.

한편 내부연소기관의 작동 중에 고온에서 질소의 산화에 의하여 이산화질소(NO_2)가 생성된다. 이 가스는 자극성 냄새가 나며 불그스레한 갈색을 띠게 된다. 대기오염문제가 일반화된 것으로 알려진 도시로 런던, LA, 아테네, 멕시코시티 등이 있는데 이중에서 LA smog는 매우 유명하다. 이런 지역으로 비행할 때는 악시정을 감안해야 하며, 특히 여름철에는 더욱 유의할 필요가 있다.

대기 중의 아황산가스(sulfer dioxide)는 공기 속의 물방울에 녹아 아황산으로 되나 중금속 입자를 촉매로 하거나 오존이나 옥시던트가 대기 속에 포함되어 있으면 산화되어

황산(sulphuric acid)이 된다. 이것은 직경 1~5㎛인 미립자로 황산미스트(sulphuric mist)라고 불리며 시정을 나쁘게 할 뿐 아니라 금속을 부식시키거나 생물에 피해를 준다.

오존(ozone, O_3)은 자외선이 이산화질소에 닿아 생긴 산소원자가 산소분자와 반응해서 생긴다. 옥시던트(oxidant)는 오존이 탄화수소, 이산화질소와 반응해서 발생한다. 이들은 시정을 나쁘게 하므로 광화학스모그(photochemical smog)라고 하며 여름 일중에 많이 발생한다.

고체 오염물질로는 연소 생성물인 끄름이 가장 많다. 대기 하층에 역전층이 생기며 연료를 대량 소모하는 겨울철 아침에는 매연과 아황산가스가 지상 가까이 떠있어 스모그(smog, 연개)가 발생하기 쉽다.

장시간 비가 오면 대기 속의 오염물질이 씻겨내려 시정이 좋아진다. 한랭전선이 통과하여 성층이 불안정한 대륙기단의 영향 하에 있을 때는 시정이 더욱 좋아진다.

NEWS

항공기 제설·제빙

비행기도 표면에 눈, 안개 등이 붙어 얼면 제빙액을 뿌려 없애고, 방빙액을 분사하여 다시 결빙되는 것을 막은 뒤 이륙한다.

보통 드럼 당 160달러 정도의 제빙액을 한 편당 10드럼 정도 쓴다. 제빙액은 물에 비해 아주 낮은 온도(영하 35)에서 어는 글리콜과 점성첨가제로 만든다. 겨울철 출발 전 분사트럭으로 물 뿌리는 것 같은 작업은 바로 이 과정의 작업이다.

NEWS

술 취한 천하장사

2000년 2월 서울발 런던행 비행기에서 천하장사 출신 씨름선수가 술에 취해 난동을 부렸다고. 이륙하자마자 동료들과 위스키를 주문해 마신 그는 승객들에게 술주정을 부리다 결국 몸싸움까지 벌였고 승객들이 자리를 옮기는 사태까지 벌어졌다.

이 천하장사의 주량(酒量)은 양주 3병에 달할 정도의 '말술'. 그런 그가 위스키 몇 잔에 통제불능 상태가 된 것이다. 공항 관계자들은 "기내에서 주량을 과시하다간 낭패 보기 쉽다"고 했다. 항공기 내의 기압 변화로 인해 술이 훨씬 빨리 취하기 때문.

국제선 비행기는 고도 약 1만m 이상의 상공에서 날고 있지만 객실은 여압(與壓)장치를 통해 1800m 정도의 고도로 비행하는 느낌을 유지한다. 한라산 정상과 비슷한 이 고도에선 위 안의 공기와 세포가 20% 정도 팽창돼 술이 지상에서보다 3배 정도나 빨리 취한다고 한다. 또 비행기 안은 습도가 낮아 몸의 수분이 많이 증발되므로 알코올 흡수도가 높아진다.

승객들이 술을 과음하지 못하도록 하고 있지만 술이 취한 상태에서 탑승했거나 따로 술을 가지고 들어와 마시는 경우도 있어 음주에 의한 소란은 심심치 않게 벌어진다. 항공사들은 '과음(過飮) 승객'의 행패가 도를 지나치면 가스분사기, 수갑, 플라스틱 줄을 이용해 제압한다고. 특히 9·11테러 이후 음주 난동자에 대한 대처(?)방법이 한층 강화됐다.

연습문제

1. 포화(saturation) 현상을 설명하시오.

(참고 p.169)

2. 절대습도와 상대습도를 설명하시오.

(참고 p.170)

3. 물의 상변화 시의 숨은열(잠열) 출입을 설명하시오.

(참고 p.175)

4. 강수의 생성 과정을 설명하시오.

(참고 p.184)

5. 복사안개와 이류안개의 차이점을 설명하시오.

(참고 p.190~191)

6. 이슬점온도(노점온도)란 무엇인가?

① 기압관측시 정확한 기압 값을 얻기 위해 취할 온도보정값.
② 저기압 중심부근에서 구름이 형성될 온도.
③ 수증기가 상승되어 구름으로 응결될 때의 온도.
④ 공기를 기압과 수증기를 일정하게 유지하며 온도를 내렸을 때 이슬이 맺히기 시작하는 온도

7. 지상의 기온이 야간에 이슬점온도와 같은 온도까지 내려갈 때 예상되는 기상상태는 다음 중 어느 것인가?

① 비　　② 눈
③ 안개　　④ 연무

8. 1gr의 얼음이 물로 변하는데 필요로 하는 열량은?

① 597cal　　② (597+80)cal
③ 80cal　　④ (597−80)cal

9. 다음 중 승화 숨은열(잠열)은?

① 액체가 직접 기체가 될 때 흡수하는 열
② 고체가 직접 기체가 될 때 흡수하는 열
③ 기체가 직접 액체가 될 때 흡수하는 열
④ 액체가 직접 고체가 될 때 흡수하는 열

10. 다음 중 대류(convection)의 설명에 적합한 것은?

① 상승류의 반대류
② 하강류의 반대류
③ 상하류
④ 수평 방향의 이류

제8장

대기 대순환

I 대규모 순환

1. 순환의 규모

지구 위에 나타나는 구름의 분포 모양을 보면 그 분포가 다양하다[그림 8-1].

만약 우리가 어떤 지역에서 기상 상황을 측정한다면 여러 가지 서로 다른 물리적 과정의 영향 때문에 기상 상황이 복잡하게 나타날 것이다. 이 복잡한 기상 상황을 잘 이해하기 위해서는 상황을 단순화할 필요성이 있는데 그러려면 이 과정들을 분리해 관찰할 수 있어야 한다.

[그림 8-1] GEOS 위성이 찍은 지구상의 구름분포

나타난 기상현상을 분리하는 한 가지 방법은 전체 대기 순환(atmospheric circulation)을 여러 개별 순환으로 나누어서 생각하는 것이다. 개별 순환은 대기시스템의 각 부분들이다. 이들 각 부분의 특성을 분리하여 연구하면 전체 상황이 더 잘 이해될 수 있다.

순환의 규모는 각 순환의 크기나 생애와 관련이 있다. 예를 들면 해풍은 낮 동안 발달하여 오후에 최대 강도에 도달하고 밤에는 소멸한다. 따라서 해풍은 약 1/2일의 일생을 가진다고 할 수 있다. 해풍은 해양에서 육지로 해안선을 가로질러 대략 10~100n.m까지 불어든다. 이 범위는 특성화된 공간 차원으로 나타낼 수 있다. 요약하면, 해풍은 '시간규모가 약 12시간이고 공간규모가 10~100n.m.이다' 라고 말할 수 있다.

잘 알려진 또 다른 순환 중에는 먼지회오리가 있는데, 일반적으로 이것의 시간규모는

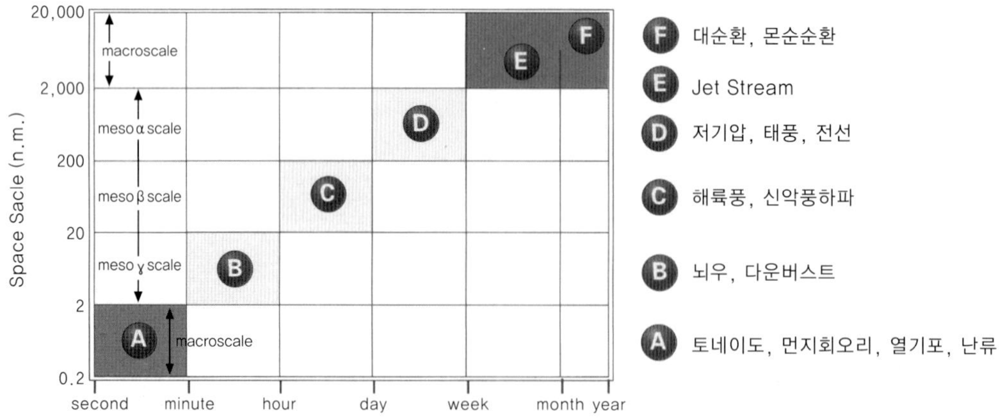

[그림 8-2] **각종 대기순환의 수평규모와 시간규모**

수 분 정도이고 공간규모(순환의 지름)는 5~100ft인 것으로 알려져 있다.

[그림 8-2]는 항공기상의 측면에서 볼 때 몇 가지 중요한 대기 요란의 개략적인 공간규모와 시간규모를 나타내고 있다. 각 현상의 공간과 시간 규모는 국지지형, 계절, 큰 규모의 기상 시스템들에 의해 영향을 받기 때문에 정확한 수치로는 나타낼 수 없지만, 대기순환에 대한 대체적인 범위는 명확하게 구분된다. 그림에서는 소규모(microscale), 중규모(mesoscale), 대규모(macroscale)의 세 부분으로 분류된다. 이것은 대기순환을 분류하는데 자주 이용되는 기상용어이다. 중규모는 수평규모가 약 1~1,000n.m.이며, 대규모는 중규모보다 더 큰 규모이고 소규모는 중규모보다는 작은 규모이다.

[그림 8-2]는 대기순환을 집약해서 설명하는 데에도 효과적이며 또한 순환 내에 숨겨진 작은 요란을 연관시켜 생각하는 데에도 도움을 준다. 어떤 순환은 내부에 숨겨진 작은 순환을 가지며 언제라도 이 숨겨진 순환을 드러내기도 한다. 또 이 순환은 그보다 큰 순환에 의해 움직이기도 한다. 이러한 현상의 예로는 여러 개의 중규모 뇌우를 발생시키는 전선을 동반한 대규모 저기압을 들 수 있다.

묻힌 순환(embedded circulation)이란 개념은 기상상태의 현재와 미래를 예측하는데 도움이 된다. 전 지구의 대규모 바람이 적도와 극의 온도경도, 지구자전, 대륙과 해양의 분포, 그리고 태양복사의 불균형으로 인한 계절변화에 의해 어떻게 영향을 받는지를 설명하기 위하여 열적순환 개념을 사용하게 된다.

2. 대기대순환

대기대순환(general circulation)이란 전 지구적인 바람시스템을 말한다. 이 대기대순환의 수평 규모는 약 10,000n.m이기 때문에 대규모에 해당한다. 장기 기후변화를 제외하고, 전 지구 순환의 시간규모는 1년이다. 이 1년은 순환 시스템이 계절변화의 순환을 완전히 마치는 데 걸리는 기간이다.

대기대순환에 대한 이해를 돕기 위해 우선 단순화시켜 설명한다. 지표면이 매끄럽고 지표면 마찰이 없으며 육지와 해양 간의 차이도 없는 이상적인 지구를 생각해 보자.

지구는 서쪽으로부터 동쪽으로 회전하고 있는데, 우선 실제보다는 매우 느리게 회전한다고 가정하자. 이 경우에, 적도와 극 사이의 온도경도는 기압경도를 발생시킨다. 한랭한 양극에는 지상 고기압이 위치하고 온난한 적도 지역에는 지상 저기압이 위치하게 된다. 이런 현상은 지상에서는 공기가 극에서 적도로 흐르게 하는 원인이 되고, 반대로 상층에서는 적도의 공기가 극으로 이동하게 된다[그림 8-3]. 이들 각각의 연직순환 시스템을 순환세포(circulation cell)라고 한다.

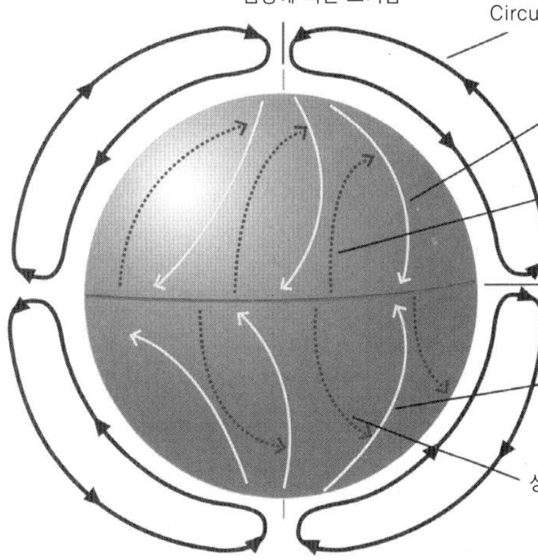

[그림 8-3] 지구가 매우 느린 속도로 회전한다면 한개로 나타나게 될 순환세포

지구가 매우 느리게 회전하며 지표면이 균일하다고 가정한 상태에서 생성되었다고 생각하는 이러한 대기대순환 세포(general circulation cell)는 해풍과 비슷한 원리의 열순환 세포이다. 전 지구 순환의 규모는 매우 크기 때문에 전향력(Coriolis' force)이 큰 영향을 미친다. 북반구에서 지상풍은 오른쪽으로 편향되어 북동풍이 되며 남반구에서는 지상풍이 남동풍으로 된다. 상층 바람은 이들에 대해 각각 반대방향으로 분다.

이제 지구의 회전을 24시간에 한 번씩 회전하는 실제 지구로 보자. 그리고 이제부터의 설명에서는 북반구의 패턴에 중점을 둘 것이다. 남반구의 순환은 전향력이 북반구에서와는 반대방향으로 작용하기 때문에 북반구와는 적도를 경계로 하여 대칭으로 나타난다는

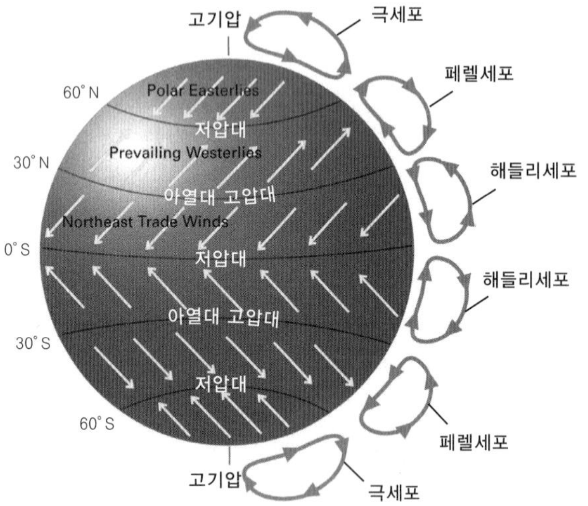

[그림 8-4] 24시간에 1회전하는 지구상에 나타나는 순환세포

것을 기억해야 한다.

지구가 매우 느리게 회전한다고 가정했을 때 생긴 하나의 세포가 실제의 지구자전 속도에서는 세 개의 세포로 나뉜다.

적도에서는 기류가 상승하여 극쪽 상공으로 남서풍이 되어 흐른다. 그러나 순환의 기류는 북위 30°에 도달하여 하강하고, 하강한 공기가 지표에서 적도를 향하는 지상풍이 될 때는 다시 북동풍이 된다[그림 8-4]. 이 적도세포는 대기대순환모델을 최초로 제안한 18세기 과학자의 이름을 따서 해들리세포(Hadley cell)라고 한다.

고위도에서는 극세포(polar cell)가 존재한다. 이것은 극의 상공에서 하강하여 저위도로 흐르다가 북위 60° 부근에서 상승한다. 극세포는 전향력의 영향으로 지상에서는 한랭한 북동풍이 되고, 그 상공에서는 남서풍이 부는 모양으로 형성된다.

위도 30°와 60° 사이의 중위도에서는 남북으로 형성되는 강한 온도경도에 의해서 소용돌이가 잘 나타나게 된다. 이 곳 중위도대에서는 대기대순환에 의해서 평균 지상풍이 남서풍이 된다. 이 중위도 순환세포를 페렐세포(Ferrel cell)라 한다. 다음 장에서는 중위도에서 동진하며 발달하는 요란에 대해 다루게 될 것이다.

세가지 순환세포 때문에 지상풍 패턴에서 몇 가지 중요한 특징이 나타난다[그림 8-4]. 그것은 적도와 북위 30° 사이의 북동무역풍(northeast trade wind), 북위 30°와 북위 60° 사이의 탁월편서풍(prevailing westerlies), 그리고 북위 60° 북쪽의 극편동풍(polar easterlies)이다. 대기대순환의 중요한 지상 특징은 지상기압분포에 나타난다. 적도 부근의 저기압 지역을 적도무풍대(doldrum)라 한다. 이것은 또한 양쪽 반구에서 적도지역으로 무역풍이 수렴하기 때문에 열대수렴대(inter-tropical convergence zone, ITCZ)라고도 한다. ITCZ는 불안정과 함께 풍부한 수증기로 인해 뇌우 발달에 매우 적합한 지역이 된다.

북위 30° 부근의 아열대고압대(subtropical high pressure belt)는 공기가 하강하며 지상풍이 발산하는 지역이 된다. 대기대순환에서 이 지대를 아열대무풍대(horse latitude)라고 한다. 이 지역에서는 구름생성이 억제되어 강수는 대체로 적다. 북위 60° 부근은 온난기단과 한랭기단의 경계지역이 되고 기압이 낮아 지상풍이 수렴한다. 이 지역에 형성된 한기단과 난기단의 경계면이 지표와 이루는 선을 한대전선(polar front)이라 한다. 그 지역은 구름이 많이 발생하고 대체로 강수가 많다.

극 부근에서는 공기가 하강하므로 고기압이 형성되고, 지상에서는 바람이 발산한다. 이 지역은 강수가 매우 적다. 그러나 적은 강수에도 불구하고 낮은 온도 때문에 녹지 않아 지표면이 눈과 얼음으로 덮여 있다.

3. 몬순순환

앞에서 우리는 이상화한 지구에서의 이상적인 대기대순환에 중점을 두어 검토했다. 실제상황은 대양과 대륙이 존재하기 때문에 이상적인 것과는 많은 차이가 있다.

전지구상의 실제적인 바람 패턴이 어떠한가를 이해하기 위해서는 몬순순환을 이해해야 한다. 몬순순환(monsoon circulation)은 계절에 따라 풍향이 반전하는 대규모 바람 패턴이다. 여름철에는 저층에서 다습한 몬순이 대양에서 대륙으로, 그리고 겨울에는 건조한 몬순이 대륙에서 대양으로 분다. 몬순의 대략적인 규모는 5,000n.m 정도로서 대륙의 크기 정도이다.

먼저 몬순이 어떻게 작용하는가를 이해하기 위해서 대기대순환의 영향을 무시한 단순한 모양의 북반구 대륙을 생각한다[그림 8-5]. 몬순은 열적 순환의 특성을 가지고 있다. 여름철 대륙은 주위 해양보다 더 따뜻하므로 기압이 낮아져서 저기압을 형성한다. 따라서 습윤한 바다 바람이 대륙을 향해서 불어든다. 순환의 규모가 상당히 크기 때문에 이때 전향력의 영향을 받는다. 거기에 마찰의 영향이 더해져서 바람은 주위의 대양으로부터 반시계방향의 나선형으로 저기압이 위치한 대륙 쪽으로 불어든다.

겨울의 상황은 여름의 것과는 반대이다. 대륙이 주위 해양에 비교하여 더 차갑기 때문에 대륙에서 고기압이 우세하여 차고 건조한 지상풍이 대륙의 고기압 중심에서 바깥 해양쪽으로 시계방향의 나선을 그리며 불어 나간다.

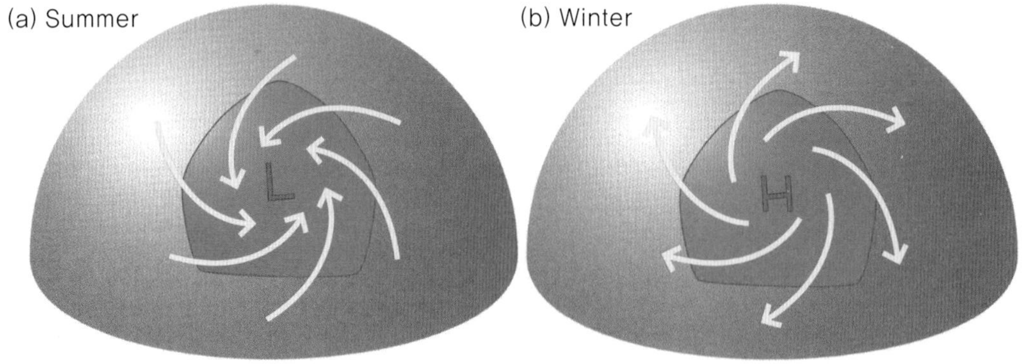

[그림 8-5] 이상화한 대륙의 여름철과 겨울철의 몬순 순환의 모습

이에 따라 태평양의 경우, 여름철에는 태평양에 아열대 고압대가 북상하며 강화되므로 이로부터 발산하는 기류가 주위 대륙으로 수렴하면서, 우리나라 부근에서는 남동계열의 바람 형식으로 아시아 대륙으로 수렴한다. 겨울에는 아열대 고압대가 약화하면서 남하하고, 알류샨저기압(Aleutian low)이 발달하므로 아시아 대륙의 고기압으로부터 알류샨 저기압으로 수렴하는 바람이 우리나라 부근에서는 북서계열의 바람으로 부는 순환을 이루게 된다([그림 8-6] 참조).

남반구 대륙에서는 바람 방향들이 북반구에서와는 반대이다.

실제 지구에서는 몬순순환이 대기대순환에 묻히는 경우가 많다. 더욱이 대륙은 크기, 모양 및 위도가 다양하기 때문에 몬순순환이 동남아시아와 같은 몇몇 지리학적 지역에서는 매우 잘 정의되고 있으나 그렇지 못한 곳이 많다.

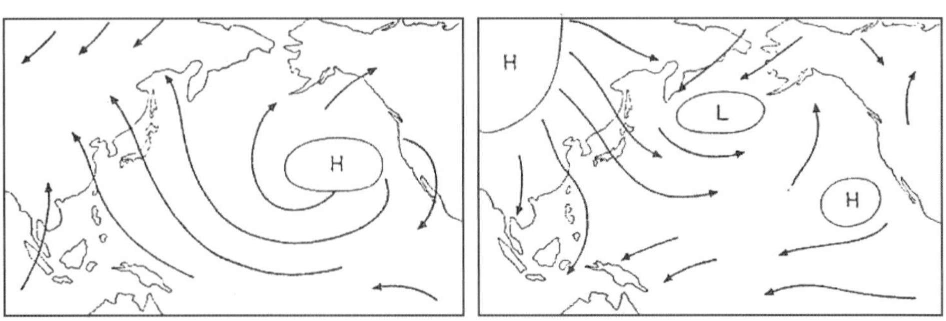

(a) 여름철 (b) 겨울철

[그림 8-6] 태평양의 계절풍

Ⅱ 지구 순환시스템

1. 지상의 전구순환

대부분의 전 지구적인 기후풍토는 월별이나 계절별 평균바람에 따라 결정된다. 작은 시간규모를 가진 순환을 제외시킨 이와 같은 평균적인 순환을 전구순환시스템(global circulation system)이라 한다. 이것은 대기대순환과 몬순순환의 결합으로 나타나는 것이다. [그림 8-7]은 1월과 7월의 평균 지상풍 패턴을 나타낸 것이다. 1월이나 7월에나 편서풍(westerly wind), 무역풍(trade wind), 아열대고기압 지역, 열대수렴대(ICTZ) 등이 지상에서 뚜렷하게 나타난다. 특히 육지가 훨씬 적은 남반구에서는 몬순의 영향이 거의 없으므로 더욱 뚜렷하게 나타난다.

전구순환패턴에는 강한 계절적인 변화가 나타난다. 한대전선의 평균 위치를 나타내는 아이슬랜드 저기압(Icelandic low) 및 알류션 저기압(Aleutian low)은 1월이 7월보다 더 강하고 더 남쪽에 위치한다.

아열대고기압도 1월에는 7월의 위치보다 더 남쪽에 위치하며 7월의 강도보다 더 약하다. ITCZ는 세계 여러 지역에서 7월에는 북쪽으로, 1월에는 남쪽으로 이동하는 경향이 있다. 예를 들면 ITCZ가 인도양 부근에서는 1월에 적도 바로 남쪽에 위치하는데 7월에는 인도 북쪽에 위치한다.

거의 모든 대륙이 몬순(monsoon)의 영향을 받지만 그 중에서도 동남아시아에서 가장 뚜렷하다[그림 8-6]. 이것은 아시아 대륙이 매우 온난한 대양의 북쪽에 위치하기 때문이다. 아시아 대륙은 7월에 대륙성 저기압계에 의한 대규모 저기압성 유입이 있고, 12월에는 한랭한 대륙성 고기압계로부터 고기압성 유출이 있다. 아시아에 미치는 몬순의 영향은 매우 크다. 대기대순환의 영향으로 보면, 여름에 인도양의 바람은 북동풍(북동무역풍)이 되어야 하지만 실제로는 몬순의 영향을 받아 남서풍이다.

몬순은 또한 아프리카, 호주 및 북·남미 등의 지역에서도 나타나며 특히 저위도 지역에서 잘 발달한다. 그리하여 ITCZ의 계절적 이동이 생긴다. 몬순의 강도는 대륙의 모양과 크기 및 주변 해양의 온도에 따라 다르게 나타난다.

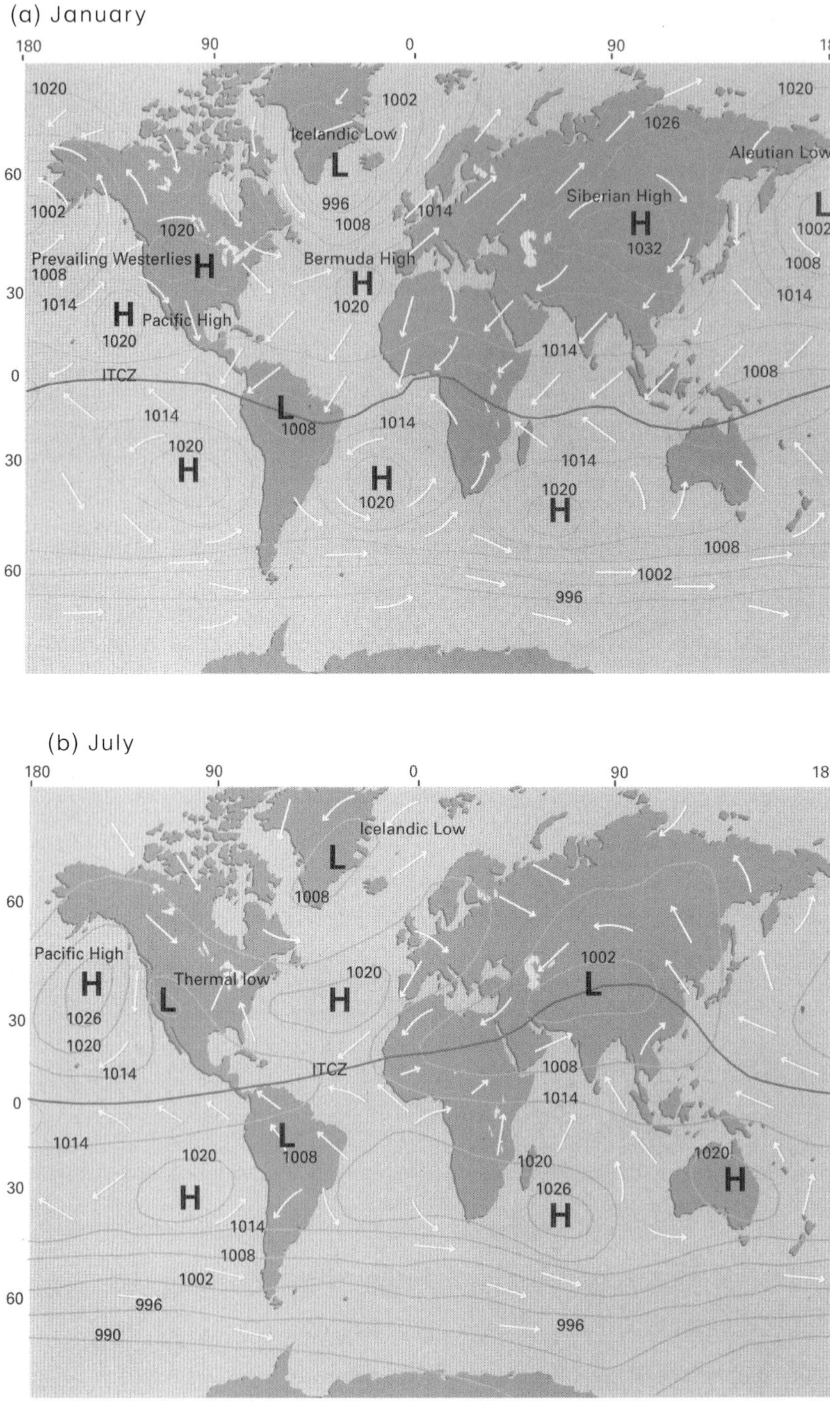

[그림 8-7] 전 지구의 지상 순환

2. 상층의 전구순환

상층의 전구순환 패턴은 지상에서보다는 훨씬 단순하다. [그림 8-8]은 등고선과 풍향을 표시한 500hPa 고도(해발 18,000ft)의 1월과 7월의 평균일기도이다. 이 일기도에서 나타나는 뚜렷한 특징은 겨울철 시베리아 동부 및 캐나다 북쪽 지역의 저기압이다. 이 북반구 저기압들은 각각 지상기압패턴에서 볼 수 있는 아이슬랜드 저기압과 알류션 저기압의 상층 부분이다.

지상 부근에서 나타나는 아열대 고기압은 적도 상층에서도 나타나는데, 이러한 특징은 특히 여름에 현저하다. [그림 8-8]은 500hPa 고도에서의 등고선으로서, 특히 편서풍대에서 명확한 파 구조를 보이는 데, 이는 특히 북반구에서 잘 나타나 있다. 예를 들면 겨울철 아시아와 북아메리카의 동부해안을 따라 파동골(wave trough)이 위치해 있고, 유럽 대륙에도 파동골이 약하게 나타나 있다. 이러한 파동은 대기에서 발생하는 가장 큰 파동 요란의 예인데 이들을 장파(long wave)라고 한다. 장파 자체는 바람의 속도보다 훨씬 느리게 이동한다.

장파는 전지구적인 편서풍 흐름에 편승한 대규모 요란으로 볼 수 있다. 상층파동으로 나타나는 기류는 폭풍(storm)을 발생시키고 파동골(trough) 부근에서는 찬 공기를 저위도로 이동시키며 파마루(ridge)부근에서는 따뜻한 공기를 고위도로 이동시키고 있어 적도와 극 사이의 열 교환과 관련이 있다.

[그림 8-8]에서 보이는 기류패턴의 중요한 특징은 중위도의 탁월편서풍이며 이것은 겨울에 강해지고 여름에 조금 약해진다. 전세계 거의 모든 지역에서 상층 편서풍 패턴은 지상 패턴보다 강하고, 위도권에 걸쳐 넓게 존재한다.

상층대기의 중요한 특징인 제트류(jet stream)는 종종 강한 편서풍대를 형성한다. 제트류는 권계면 부근(해발 24,000~50,000ft)에 위치하는 좁고 강한 풍속대이다. 일반적인 제트류의 속도는 대략 60kts에서부터 240kts 사이이다. 제트류는 길이가 대개 수천 마일이나 되고 폭은 수백 마일, 두께는 수 마일 정도이다.

한대전선 제트류와 아열대 제트류는 대개 편서풍으로 나타난다. [그림 8-9]는 북반구에서 이들 두 제트류의 대략적인 위치를 나타낸다. 한대전선 제트기류는 매일매일 그 위치가 변하기 때문에 그 폭이 넓게 표시되어 있다. 이름에서 의미하듯이 한대전선 제트기

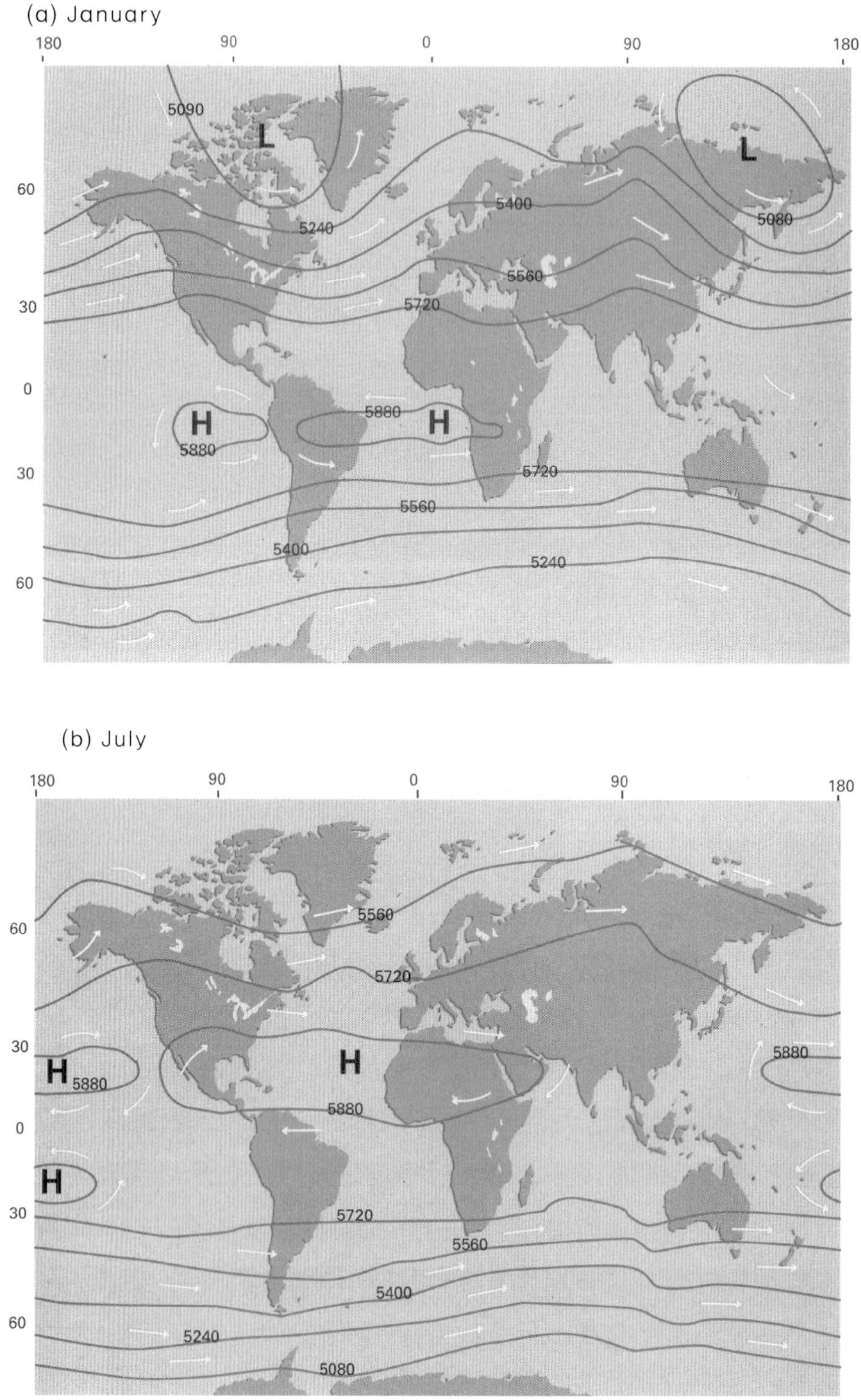

[그림 8-8] 500hPa고도의 순환

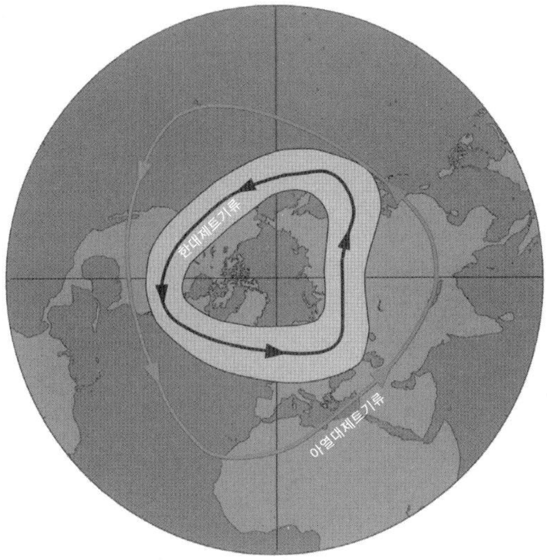

[그림 8-9] 겨울철 권계면 부근의 한대전선제트기류와 아열대제트기류의 대략적인 위치

류는 한대전선 상공에 위치한다. 이것은 일년 내내 존재하지만 여름에는 약하며 북편하는 경향이 있다. 아열대 제트류는 위도 25°부근에 위치한다. 이것은 겨울에는 강하게 나타나지만 여름에는 존재하지 않는다.

[그림 8-10]에서는 한대전선 제트류와 아열대 제트류가 나타나는 적도에서 극까지의 대기 단면을 나타내고 있다. 이 그림에서 제트기류 핵(core)은 'J'로 나타내고 있다. 제트기류는 편서풍이다. 한대전선제트기류의 위치는 북반구와 남반구에서 각각 위도 30~60

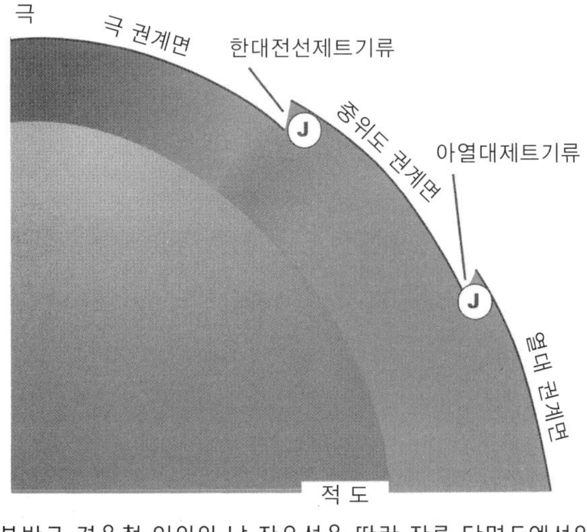

[그림 8-10] 북반구 겨울철 임의의 날 자오선을 따라 자른 단면도에서의 제트기류 위치

도 사이에서 변한다. 앞에서 설명했듯이 열대에서 극지역까지 권계면은 극쪽으로 가면서 낮아지고, 각 권계면이 불연속으로 나타나는 것을 알 수 있다. 각 제트류는 권계면이 불연속을 이루고 있는 곳에서 나타난다. 만약 바람을 등지고 서 있다면 높은 권계면은 각 제트류의 오른쪽에, 그리고 낮은 권계면은 왼쪽에 위치한다. 남반구에서는 이 구조가 반대로 나타난다.

3. 기후학적인 전구순환

전구의 바람에 관한 기후학적인 지식은 전세계 강수의 불규칙한 분포를 설명하는데 필수적이다. 기후학(climatology)은 대기의 평균상태를 다루는 기상학의 한 분야이다.

여기서 기후학을 구체적으로 다룰 상황은 아니지만, 지구 대순환을 이해하는데는 어느 정도의 기후학에 관한 지식을 바탕으로 하지 않으면 안된다.

기후학 지식을 갖추어야 할 이유는 아래와 같다.

① 기후학은 어떤 지역의 날씨가 형성되는 과정을 이해하게 해준다.
② 단순한 기후도(climatological chart)에서 어느 정도 거리에 있는 목적지의 평균 일기조건을 추정할 수 있게 해준다
③ 최초 기후변화의 기초적인 결과를 이해할 수 있게 해준다.

적도지방의 많은 강수는 많은 양의 열대수분이 ITCZ에서 수렴 및 상승기류를 이룬 결과이다. 반영구적인 고기압지역인 북극과 아열대에서는 지상바람의 발산에 의한 하강기류가 강수를 최소화시킨다. 또한 북극대기는 기온이 낮아서 대기 중 수증기량이 적기 때문이기도 하다.

지형과 전구 순환의 상호작용이 나타내는 예로서 북아메리카 서부지역에 넓게 나타나는 건조한 지역을 들 수 있다. 이 현상은 로키산맥을 비롯해 남북으로 놓여진 산맥들의 동쪽 내륙에서 나타난다. 중위도에서는 서풍이 지배적이기 때문에 이들 산맥의 서쪽 면

에서는 공기가 상승하므로 강수가 강화되지만 반대로 산맥의 동쪽 면은 공기가 하강하므로 건조해진다.

한편 지형치올림으로 인한 많은 강수의 예로서는 습윤 몬순바람이 산악지형과의 결합으로 많은 양의 강수를 발생시키는 히말라야의 남부지방을 들 수 있다. 인도 체라푼지(Cherrapunji)가 이러한 지역에 속하며, 한 해에 1,000in 이상의 비가 내리고 있다.

기후변화(climate change)는 장기간에 걸쳐 발생한다. 강수가 적었던 건조한 해 다음에 매우 습한 해가 뒤따를 수도 있다. 가끔 발생하는 매우 온난한 겨울이나 또는 한랭한 겨울은 평균 2~3년 간격으로 발생할 수 있다. 이러한 격년 변동은 엘니뇨(El Niño)라고 하는 해수온도의 변화, 적도 바람의 장기 진동, 태양 복사의 변동 및 화산재에 의한 태양복사의 차단과 같은 다양한 원인과 관계가 있다.

또한 훨씬 더 장기적인 기후변동도 나타나고 있다. 이것은 지구 자전축의 기울기가 22°에서 24.5°로 대략 41,000년을 주기로 하여 점진적으로 변동하기 때문에 생긴 변화이다. 현재 자전축의 기울기는 23.5°이다. 이 자전축 기울기의 변동은 낮 길이와 계절변화에 영향을 주게 된다.

또한 태양 주위를 도는 지구궤도의 모양이 100,000년을 주기로 원형에서 타원형으로 매우 느리게 변화한다. 이 변화는 지구표면이 받는 에너지 양과 계절의 길이에 영향을 미친다. 그리고 23,000년을 주기로 하여 변화하는 지축의 변동에 따라 기후가 변화한다. 이것은 지구가 태양쪽으로, 혹은 반대쪽으로 기울어지게 하는 변화이다.

끝으로 산업의 발달과 도시화 그리고 빠른 인구의 증가로 인한 오염(pollution) 증가에 의한 기후변동이 있다. 오존홀(ozone hole)과 온실효과(greenhouse effect)의 강화가 그것이다. 이들의 장기적인 영향과 시간규모 그리고 기타 인위적인 기후변화는 아직 명확하게 알려져 있지 않다. 현재 이들이 미치는 영향력을 조사하는 데에는 전지구 기후변화에 관한 컴퓨터 시뮬레이션이 이용되고 있다.

NEWS

'영원히 날 수 있는 비행기'를

위로 올라간 물체는 반드시 떨어진다는 게 중력법칙. 그러나 이 같은 물리적 상식에 대한 반란이 조용히 준비되고 있다. 태양이 지지 않는 한 영원히 날 수 있는 태양발전 비행기 연구가 그것.

미우주항공국(NASA) 산하 하와이의 드라이든 비행연구소(DFRC)와 캘리포니아주의 에어로버론먼트(AeroVironment)사가 이 같은 음모의 주역들. 이들은 '영원히 나는 비행기'의 음모에 '패스파인더'라는 이름을 붙였다.

패스파인더에는 비행기에 필수적인 연료탱크가 없고 조종사가 없다. 태양전지를 에너지로 하는 무인 비행기인 것이다.

현재 패스파인더는 시속 30km의 느림보. 자전거 속도만도 못하다. 그러나 그 실력은 간단하지가 않다. 왜냐 하면 고도 2만1천m 상공을 비행해 프로펠러 비행기로서는 최고 고도기록을 경신했다. 6개의 프로펠러를 작동하는 데 드는 전력은 가정용 헤어드라이어 5개를 돌리는 정도에 불과. 태양전지로 번쩍이는 날개 길이는 무려 30m에 이르지만 비행기 총중량은 270kg에 불과. 플라스틱과 수지 등 초경량 소재를 썼기 때문. 그리고 한번 이륙해서 최장 반년을 하늘에 떠 있을 수 있다.

패스파인더가 가진 최대의 장점은 무엇보다 에너지원이 태양이라는 것. 태양만 있으면 이론적으로 영원히 하늘을 날 수 있다는 것. 야간 항해는 낮에 비축된 축전지를 이용한다.

태양 발전 무인 비행기가 상용화된다면 통신을 중계하고 기상을 예보하는 등 오늘날 위성이 하는 역할을 대신하게 될 것으로 기대하고 있다. "태양 발전 무인 비행기는 비용과 실용적인 면에서 통신·첩보 위성보다 유리한 게 한두 가지가 아님을 자랑. 특히 패스파인더는 지구상에서 원하는 곳이면 어디든 보낼 수 있으며 위성보다 더 가까운 거리에서 선명한 사진과 자료를 얻어 전송할 수 있다는 것이다.

연 습 문 제

1. 대기대순환의 직접순환과 간접순환에 대해 설명하시오.

(참고 p.207~208)

2. 아열대 고압대에 대해 설명하시오.

(참고 p.208)

3. 무역풍에 대해 설명하시오.

(참고 p.208)

4. 아시아 몬순 순환에 대해 설명하시오.

(참고 p.209~210)

5. 편서풍에 대해 설명하시오.

(참고 p.208)

6. 겨울철 우리나라 부근의 상공에서 부는 바람은?

① 대체로 계절풍의 성격을 가진 바람이다.
② 동편풍이 불며 상공일수록 강해진다.
③ 시계방향으로 방향이 바뀌며 강해진다.
④ 편서풍이 불며 상공일수록 강해진다.

7. 한대전선(polar front)에 대한 설명이다. 가장 적합한 것은?

① 한대기단과 열대기단의 경계
② 평균적인 위치는 북위 60도
③ 아열대 제트기류 아래에 있는 전선
④ 극기단과 한대기단의 경계

8. 권계면(tropopause)의 높이에 대한 설명이다. 적합한 것은?

① 대류권계면은 어느 위도에서나 11km 정도이다.
② 대류권계면은 극지방에서는 약 18km 정도이다.
③ 성층권계면은 위도에 상관없이 대체로 50km 정도이다.
④ 성층권계면은 적도 상공에서는 높아서 약 80km 정도이다.

9. 중위도지방에서 제트항공기의 경제운항에 가장 큰 영향을 미치는 제트기류는 어느 것인가?

① 한대전선 제트기류 ② 아열대 제트기류
③ 하층 제트기류 ④ 성층권 제트기류

10. 제트기류 핵(core)에서는 어떤 현상을 기대할 수 있는가?

① 강한 난류 ② 최저 기온
③ 강한 바람 ④ 최대 시정

제9장

고기압과 저기압 그리고 태풍

I 고기압과 저기압의 특성

1. 고·저기압의 일반적인 성질

일기도 상에서 기압이 주위보다 높은 구역을 고기압(高氣壓, anticyclone, high)이라 하고 낮은 구역을 저기압(低氣壓, cyclone, low)이라 한다. 따라서 1013.25hPa(1기압)보다 기압이 높은 것을 고기압, 낮은 것을 저기압이라고 하는 것은 아니다. 1기압보다 낮은 고기압도 있고 1기압보다 높은 저기압도 있기 마련이다. 고기압 역내에서 기압이 가장 높은 중심을 고기압 중심(center of anticyclone), 저기압 역내에서 기압이 가장 낮은 중심을 저기압 중심(center of cyclone)이라 하고 이들 중심의 기압값을 중심기압(central pressure)이라고 한다.

고기압과 저기압은 일기해석과 예보에서 중요한 위치를 차지하고 있다. 저기압 중심을 향하여 수렴하는 공기는 중심부에서 상승기류를 일으켜 구름과 강수 등의 악기상을 동반하고, 고기압 역내에서는 주위로 발산하는 공기를 채우기 위해 중심부에서는 공기가 침강하므로 좋은 날씨를 보인다.

저기압은 넓은 의미로는 열대저기압(tropical cyclone)을 포함하지만 일반적으로는 온대와 한대지방에서 발생하는 중위도 저기압(middle-latitude cyclone)을 지칭하는 경우가 많다.

고기압(high)과 저기압(low)의 성질이나 구조의 일반적인 차이점을 열거하면 다음과 같다.

① 고기압은 중심으로 갈수록 기압이 높아지고, 저기압은 반대로 중심으로 갈수록 기압이 낮아진다. 따라서 북반구에서는 대기 하층에서 고기압 주위의 공기는 시계방향(고기압성)으로 회전하면서 공기가 발산하며, 저기압 주위의 공기는 반시계방향(저기압성)으로 회전하며 수렴한다.

② 저기압 역내에서는 하층의 수렴기류에 의하여 상승기류가 일어나며 상승공기는 단열

적으로 냉각되어 구름과 강수를 유발하여 악기상의 원인이 된다.

③ 고기압에서는 중심으로 갈수록 기압경도가 약하므로 풍속도 중심 부근에서는 약하며 또한 중심 위치도 뚜렷하지 않다. 반대로 저기압에서는 중심에 접근할수록 기압경도가 커지므로 바람도 강하다.

④ 고기압 역내에서는 일반적으로 날씨가 좋고 저기압 역내에서보다 바람이 약하고 일중에는 일사가 강하고 야간에는 지표면의 복사냉각이 강하게 일어나기 때문에 기온의 일변화가 크다. 따라서 고기압 역내에서는 새벽에 안개, 이슬, 서리 등이 잘 발생한다.

⑤ 고기압권 내의 고기압 동쪽에서는 편북풍(northerly wind)이 불기 때문에 기온이 낮고, 서쪽에서는 편남풍(southerly wind)이 불고 있기 때문에 기온이 높은 것이 일반적이다.

⑥ 중심기압이 낮을수록 등압선은 원형을 이루므로 발달한 저기압이나 태풍의 중심 부근의 등압선은 거의 동심원을 이룬다. 고기압의 등압선도 중심을 둘러싸고 있지만 저기압처럼 규칙적이지는 못하고 장축이 대체로 동서 또는 북동~남서로 향한 타원을 이룬다.

⑦ 고기압은 하나의 기단으로 구성되므로 역내에는 전선이 형성되지 않고 다만 그 연변에 형성될 수는 있다. 저기압은 대부분 2개 이상의 기단이 모여서 이루어진 것이므로 온난전선과 한랭전선, 때로는 폐색전선을 동반하고 있다.

⑧ 고기압은 저기압보다 규모가 크며 직경이 1000㎞보다 작을 때는 드물다, 또 전반적으로 기압이 높고 중심이 불명확할 때가 많다.

⑨ 저기압은 운동뿐만 아니라 발생, 발달, 쇠약 등의 모양에서도 상당히 규칙적이다. 이에 비하면 고기압은 모양뿐만 아니라 운동 상태도 훨씬 불규칙하다.

⑩ 고저기압 모두 중위도에서는 시속 약 40㎞로 동진하지만 고기압은 남향성분을 가지고 있으며 저기압은 북향성분을 가지고 있다.

⑪ 고기압끼리는 대체로 반발하는 경향이 있으나 저기압끼리는 서로 합쳐지려는 경향을 보인다.

2. 고기압의 종류와 특성

1) 연직 온도구조에 따른 분류

(1) 한랭고기압

한랭고기압(cold-core high)은 대륙의 복사냉각으로 지표면 부근의 공기가 냉각되어 형성되는 열적 고기압(thermal high)이다. 시베리아고기압, 북미고기압, 극고기압 등은 전형적인 한랭고기압이다. 이 고기압은 겨울에 잘 형성된다. 상공으로 갈수록 고기압성 순환이 약화되어 상공에서는 저기압성 순환을 이룬다. 즉 약 3㎞ 고도에서는 고기압 특성이 소멸되고 500hPa 고도에서는 기압골이 나타난다. 이 고기압은 키가 낮으므로 일명 키 작은 고기압이라고도 한다. 약 2㎞ 고도까지는 기온역전을 나타낼 때가 많으므로 대기는 대단히 안정하다.

시베리아 고기압은 겨울철에 지면 부근 공기의 복사냉각으로 하층이 냉각되어 생기는 고기압이므로 고도가 높아지면 급속히 고기압의 성질을 상실하여 700hPa면 위에서는 기압의 장이 변화하여 고기압의 특성이 없어진다. 이 같은 고기압을 한랭고기압이라 하며, 그 동서 연직단면의 기압과 기온의 분포는 [그림 9-1 (a)]와 같다.

(2) 온난고기압

온난고기압(warm-core high)은 상층에서 공기가 수렴을 통해 쌓여서 형성된 고기압이다[그림 9-1 (b)]. 기압의 연직 경도가 작으므로 상공으로 갈수록 고기압성 순환이

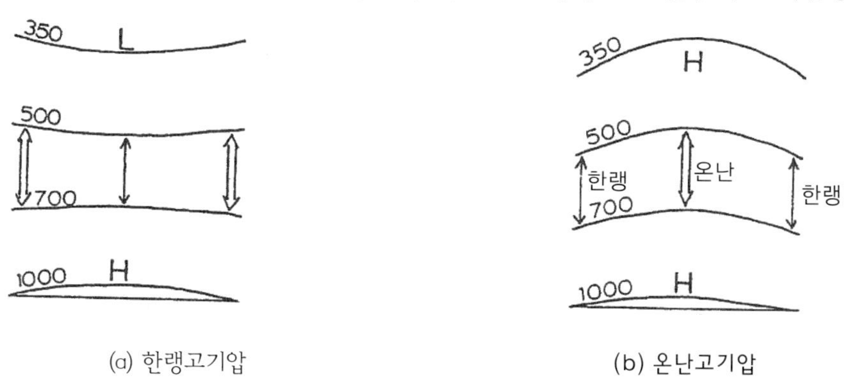

[그림 9-1] 고기압의 온도 구조

강화된다. 그래서 일명 키 큰 고기압이라고도 한다. 북태평양고기압, Azores고기압 등 아열대고기압이 이에 해당한다. 역내에서는 공기가 서서히 침강하면서 단열적으로 가열되므로 온난 건조한 고기압을 형성한다. 대류권 내에서는 주위보다 온난하지만 성층권에서는 주위보다 한랭하다. 이동성 고기압은 한랭고기압에서 분리되어 이동하는 것이지만 이동 중에 온난화되어 온난고기압으로 변화한다.

상층에 온난고기압이 있을 때는 하층으로의 기압 상승율은 중심에서 작으므로 지표에서는 고기압이 소실될 때가 있다. 분리고기압(cut-off high)도 온난고기압에 해당된다.

2) 고기압이 위치한 위도에 따른 분류

(1) 극고기압

극고기압(arctic high)은 북극 해상이나 남극 대륙을 중심으로 발생하는 극히 한랭하고 건조한 고기압이다. 대기 대순환의 일환으로 극지방에서 침강하는 기류에 의해 발생하며 극지방의 차가운 눈과 얼음으로 덮힌 지표 위에 형성되므로 여름철보다는 겨울철에 그 세력 범위가 넓어진다.

(2) 한대고기압

한대고기압(polar high)으로 대표적인 것이 시베리아고기압이다. 한대고기압은, 이미 언급된 바와 같이, 키가 작고 850hPa 면에서 이미 고기압 특성을 잃어버리는 경우가 많다. 시베리아고기압의 발생원인은 지표면의 냉각과 함께 히말라야 산맥이 장벽이 되어 한기의 유출이 방해를 받기 때문이다.

시베리아고기압이 동진하여 오호츠크해나 베링해에서 장기간 머무르면서 해양성 한대고기압인 오호츠크해고기압이 된다.

(3) 아열대고기압

아열대고기압(subtropical high)은 아열대에 생기는 고기압으로써 북위 20~30°의 아열대에서 위도권을 거의 둘러싸고 있는 고기압대이다. 태평양고기압이나 대서양의 아조레스고기압 등이 이에 속한다.

아열대고기압은 적도와 극 사이의 대기 대순환에 의해 역학적으로 생기는 고기압이므로 지속성이 강하다. 아열대고압대는 여름철에는 중위도까지 북상한다.

우리나라 부근의 대륙에서 생기는 아열대고기압으로는 양자강 고기압이 있다.

3) 발생지의 지표면 성질에 따른 분류

(1) 대륙성 고기압

시베리아고기압(Siberian High), 캐나다고기압(Canadian High) 등과 같이 겨울철에 대륙에 발달하는 고기압으로서 일반적으로 키 작은 고기압을 이룬다.

(2) 해양성 고기압

해상에서 발달하는 고기압을 말한다. 북태평양고기압, 북대서양고기압 등과 같이 키 큰 아열대고기압과 오호츠크해고기압 등과 같은 한대고기압이 있다.

4) 이동 성질에 의한 분류

(1) 반영구적 고기압

반영구적 고기압(semipermanent high)은 북태평양고기압이나 시베리아고기압과 같이 그 강도나 규모는 변하여도 계절적으로 한 지역에 계속 머무르는 대규모적인 고기압으로서 대기의 작용중심(center of action) 역할을 한다. 작용중심이란 해면기압의 평균도에 나타난 반영구적인 대규모 고저기압을 가리키는 것으로서 이들 고저기압의 움직임에 의하여 각 지역의 계절 기후가 좌우된다. 북반구의 주된 작용중심 고기압은 Siberia고기압, 북태평양고기압, 북미고기압, Azores고기압, Bermuda고기압 등이 있고 저기압으로는 Aleutian저기압, Iceland저기압 등이 있다.

(2) 이동성 고기압

이동성 고기압(migratory high)은 중위도지방을 3~4일 주기로 동진하는 비교적 규모가 작고 수명이 짧은 고기압을 말한다. 다음의 두 종류로 구분된다.

하나는, 저기압계 내의 이동성고기압이다. 즉, 저기압과 저기압 사이에 나타나는 작은 고기압으로서 원래는 한기로 형성된 것이다. 전후의 이동성 저기압과 함께 한대고압대에서 아열대고압대로 급속히 이동하여 아열대고압대에 합쳐진다. 때로는 폐색등압선을 이룰 때도 있으나 크게 발달하지는 않는다.

다른 하나는, 한기의 범람에 의한 이동성고기압이다. 저기압이나 저기압가족이 현저히 발달하였을 때 저기압가족 후면에 한기가 범람하여 고기압을 형성한다. 이것이 남하하면 침강과 하층으로부터의 가열로 인하여 2~3일 경과하면 아열대고기압의 성질을 가지게 되면서 아열대고기압에 수렴된다.

(3) 국지고기압

국지고기압(local high)은 야간에 육지의 복사냉각으로 국지적으로 형성되는 지형성고기압이다. 이동하지 않고, 일중에는 소멸된다. 키가 낮아 그 높이는 겨우 1000m 정도이므로 일기에 미치는 영향은 별로 없다. 또한 바람이 강할 때 산맥의 풍상측에 일시적으로 국지적으로 지형성고기압이 발생하기도 한다.

5) 등압선의 모양에 따른 분류

(1) 띠모양(대상) 고기압

우리나라 남쪽 해상을 동서로 길게 늘어서서 위치하는 고압대 형태로 나타나는 고기압이다. 봄철과 가을철에 주로 나타나서 계속 좋은 날씨를 나타낸다.

(2) 쐐기모양(설상) 고기압

우리나라 장마철에 Okhotsk해 고기압의 일부가 남서쪽으로 길게 V자 모양으로 우리나라에 영향을 주는데 이러한 모양의 고기압을 말한다.

(3) 거품(포말) 고기압

작은 고기압이 떼를 이루어 나타날 때 이를 거품고기압이라고 한다. 큰 시베리아 고기압이 쇠약하는 3~4월경에 대륙 내부에서 빈번히 나타난다.

6) 우리나라 부근 고기압의 일반적인 분류

(1) 시베리아고기압

시베리아고기압(Siberian high)은 겨울철에 시베리아 대륙에서 복사냉각에 의한 열적 원인으로 형성되는 정체성의 키 작은 한랭고기압이다. 여름에는 소멸하고 겨울에는 발달하는데 약 3㎞ 상공까지만 영향을 미치는 가장 대표적인 대륙성 한대고기압이다.

특히 시베리아고기압의 발생 원인은 접지냉각과 함께 히말라야 산맥이 장벽이 되어 한기의 유출이 방해되기 때문이다. 더욱이 시베리아고기압이 편서풍 파동의 마루와 합해질 때 아주 강해진다. 아시아 대륙보다 북미 북부의 대륙성한대고기압이 규모가 작은 이유는 히말라야 산맥에 상당하는 산맥이 없기 때문이다.

저기압이 대륙의 동쪽인 태평양 상에서 강하게 발달하면 시베리아고기압에 수반되는 한기는 저위도까지 범람하게 된다. 이때 고기압의 일부는 본체에서 분리되어 이동성 고기압이 된다. 이러한 이동성고기압도 한대고기압(한랭고기압)의 일종이다.

시베리아고기압은 하층이 심한 냉각으로 1~2㎞ 고도까지 기온역전을 나타내며 성층은 대단히 안정하다. 그러나 북서계절풍으로 우리나라에 불어올 때는 해상을 이동하는 동안에 열과 수증기의 공급을 받아 불안정화 된다. 이 습윤하고 불안정한 공기가 산의 경사면을 따라 강제상승하면 대류운을 발생시키고 많은 강수(주로 눈)를 유발한다. 시베리아고기압이 확장할 때 우리나라에서는 제주도 북부, 울릉도, 호남 서해안에 눈 또는 비가 내린다.

시베리아고기압은 약 7일 주기로 성장과 확장을 되풀이 하여 우리나라 부근에 3한4온(三寒四溫)의 현상을 나타낸다. 이 고기압은 한후기에 우리나라의 일기를 지배하는 작용중심이 되는 반영구적인 고기압이다.

시베리아고기압에서 떨어져 나온 이동성 고기압 내에서는 날씨가 좋으나 이 이동성 고기압이 이동하므로 날씨 변화가 빨라 곧 흐려진다. 이동성 고기압은 원래 한랭고기압이지만 저위도까지 흘러가는 동안에 침강과 하층 가열로 점차로 온난고기압으로 변화되어 해상에서 온난고기압인 아열대 고기압과 합쳐진다.

(2) 북태평양 고기압

아열대 해상에 동서로 길게 늘어서서 위치하는 매우 우세하고 지속성이 큰 그리고 키 큰 온난고기압으로서 대기 대순환으로 형성되는 것으로서 주로 해양 상에만 위치한다.

여름에 발달하고 북위 30도 이상까지도 북상하지만 겨울에는 남동쪽으로 후퇴하며 그 중심이 평균적으로 약 북위 25도에 위치한다.

역내에서는 고온다습하며 날씨가 좋다. 침강작용으로 상공에 역전층을 발생시키며 그 위에 심히 고온건조한 상층기단이 형성된다.

우리나라는 여러 개의 북태평양 고기압 중 가장 서쪽에 위치한 오가사하라고기압의 영향을 받는다. 북태평양고기압은 우리나라 부근 중위도의 일기에 중요한 영향을 미치는 열대기단의 생성역이 된다.

(3) 오호츠크해 고기압

오호츠크해(Okhotsk Sea) 해 고기압은 바다얼음(sea ice, 해빙)이 녹는 6월경에 오호츠크해 해역에서 발달하는 고기압이지만 키가 10㎞ 이상인 키 큰 온난고기압이다. 그러나 그 하층은 차가운 해역에 정체하는 동안 하층이 냉각되어 매우 한랭하다. 종래에는 북극기단이나 시베리아기단이 이곳에 정체하여 생성된다고 생각했지만, 최근에는 분리 고기압에 의한 것으로 알려졌다. 분리 고기압이 오호츠크해 해역에 주로 6월 무렵에 형성되기 쉬운데 오호츠크해 고기압은 키가 큰 온난고기압으로 시작하여 200hPa 면에서도 고기압으로 나타나지만 정체하고 있는 사이에 하층이 냉각되어 2㎞ 이하의 얇은 한기층을 이루며 확장하게 된다. 따라서 오호츠크 해 기단이란 오호츠크 해 고기압의 하층 2㎞ 정도까지의 냉습 기단을 가리킨다. 이 냉습한 기류가 남~남서쪽으로 확장하여 북태평양고기압과의 사이에 초여름 장마전선을 형성하므로 우리나라 부근의 장마전선의 북쪽 지역에는 음울한 날씨가 이어지고 때때로 호우가 나타난다.

(4) 이동성고기압

작용중심을 이루는 시베리아 고기압이나 북태평양고기압 등은 규모가 크고 거의 이동하지 않으나 그 밖의 고기압은 대체로 저기압처럼 이동한다. 넓은 의미로는 이동하는 고기압을 모두 이동성고기압(migratory high)이라고 할 수 있겠으나 보통은 등압선이 비교적 원형에 가깝고 규칙적으로 이동하는 고기압을 가리킨다. 이때 원형 등압선의 직경은 보통 1000㎞ 이상일 때가 많다.

우리나라 주변에서의 이동성 고기압은 한후기에 시베리아고기압의 일부가 분리되어 이동해오는 것과 난후기에 양자강기단의 일부가 이동하여오는 것이 있다. 봄과 가을에 많이 발생한다.

이동성 고기압의 역내에서는 일반적으로 바람이 약하고 날씨가 좋으나 중심의 서쪽에서는 저기압이나 기압골이 다가오므로 상층운이 곧 나타나며 점차로 날씨는 악화된다. 이동성고기압이 접근할 때는 습도가 심히 낮아지므로 일중에는 날씨가 좋고 따뜻하지만 야간에는 지표의 복사냉각이 심하여 안개나 서리를 발생시킬 때가 있다.

원래는 한랭고기압이지만 이동 중에 지표로부터 가열되고 또 고기압 내부의 침강기류에 의한 승온으로 온난화하여 아열대고기압의 성질을 띠게 되며 마침내는 아열대고압대에 합류된다.

이 고기압이 우리나라 남부를 통과하면 일반적으로 좋은 날씨를 보이나 북부를 통과할 때는 남부지방에 북동풍이 불고 구름이 많아진다.

3. 저기압의 종류와 특성

1) 전선의 유무에 의한 분류

(1) 전선저기압

전선저기압은 전선을 동반한 저기압으로서 기온경도가 큰 온대 및 한대에서 발생한다. 일명 온대저기압(extratropical cyclone)이라 한다. 전선저기압에 대해서는 뒤에서 상세히 다룰 것이다.

(2) 비전선저기압

전선을 동반하지 않는 모든 저기압을 말한다. 열대저기압(tropical cyclone)도 이에 포함된다.

가. 열저기압

열저기압(thermal low)은 지표가 국지적으로 가열될 때 형성된다. 일반적으로 규모가 작고 키가 작아 일사 가열이 없어지면 소멸하는 경우가 많다. 날씨는 과히 나쁘지 않으나 여름에는 뇌우, 봄과 가을에는 돌풍의 원인이 될 때가 있다. 여름철에 대륙의 가열로 인하여 형성될 경우는 규모가 큰 저기압이 되어 일기도 상에서도 볼 수 있다. 이를 계절풍저기압(monsoon low)이라고도 한다.

나. 지형성 저기압

지형성 저기압(orographic low)은 산맥이나 반도의 풍하측으로 강한 바람이 불어 넘을 때 기압이 하강하여 형성되는 저기압으로서 날씨는 별로 악화되지 않는다.

다. 부저기압

주저기압(primary low)에 동반되어 형성되는 저기압을 부저기압(secondary low) 또는 이차저기압이라 한다. 때로는 주저기압과 같은 크기로 발달하여 아령모양의 등압선을 이루기도 하고 때로는 주저기압을 흡수하여 병합시키기도 한다.

부저기압이 모체인 주저기압에서 독립된 저기압으로 발달하면 돌풍이나 뇌우 등의 독특한 날씨를 동반할 때가 있다.

부저기압은 발달한 저기압 중에 발생하거나 한랭전선 상에서 발생하거나 주저기압 부근에서 또는 지형성으로 발생하기도 한다.

라. 토네이도

규모가 작아 직경은 보통 수 100m 정도이다. 그러나 강풍의 폭은 1㎞에 미칠 때가 있으며 피해도 매우 크다. 주로 미국의 중남부 지역에서 빈번히 발생하며 때로는 풍속이 100m/s에 달하기도 한다.

육상에서 발생하는 것을 토네이도(tornado) 또는 용권(landspout)이라 하고, 해상에서 발생하는 것을 수용권(waterspout)이라고 한다.

보통 토네이도가 발생하여 소멸할 때까지는 30분 정도가 걸리며 이동하 는 경로의 길이는 5~10㎞ 정도이지만 드물게는 300㎞에 이르는 것도 있다. 일반적으로 스콜선(squall line)이나 강한 한랭전선을 따라 발생하며 난역의 바람을 따라 이동한다. 일반적으로 대기의 연직 불안정도가 커서 적란운이 발생하며 전선이나 불안정선 부근에서 잘 발생한다.

마. 열대저기압(tropical cyclone)

열대저기압(tropical cyclone)은 열대 해양 상에서 발생하는 저기압을 말하는데 태풍(typhoon, 태평양 북서부), 허리케인(hurricane, 북대서양, 태평양 북동부), 싸이클론(cyclone, 인도양, 남태평양 지역) 등으로 불린다. (열대저기압에 대해서는 별도로 다룬다).

2) 온도 구조에 의한 분류

(1) 한랭핵저기압

한랭핵저기압(cold-core low)은 중심역이 주위보다 한랭한 저기압으로서 기압의 연직적인 감소율이 주위보다 크므로 높이와 함께 중심과 주위와의 기압차가 점점 커진다. 따라서 한랭저기압은 고도와 함께 강도를 강화시키므로 키 큰 저기압이다[그림 9-2](a).

반대로 상층에 저기압이 있을 때 중심에서는 연직 아래쪽으로 기압이 급속히 증가하므로 지표면 부근에서는 저기압이 전혀 나타나지 않을 때가 있다. 분리저기압이 이것에 상당하는데 분리저기압은 상층에서는 강하지만 하층에서는 매우 약하거나 소멸한다.

(2) 온난핵저기압

온난핵저기압(warm-core low)은 중심이 주위보다 온난한 저기압으로서 상층에 갈수록 저기압성 순환이 감소하여 어느 고도에서는 마침내 소멸한다. 즉 키 작은 저기압이다[그림 9-2 (b)].

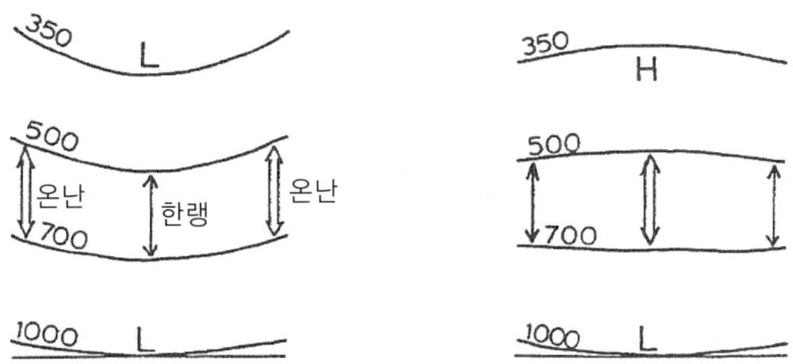

(a) 한랭핵저기압　　(b) 온난핵저기압

[그림 9-2] 저기압의 온도구조

3) 이동성질에 의한 분류

(1) 반영구적 저기압

알류션저기압이나 아이슬랜드저기압처럼 계절에 상관없이 반영구적으로 일정한 장소에 위치하는 저기압을 말한다.

(2) 이동성 저기압

중위도에 나타나는 전선을 거느린 저기압처럼 시간에 따라 그 위치가 일정 방향으로 이동하는 저기압이다.

(3) 국지저기압

열저기압이나 지형성 저기압처럼 국지적인 열적 특성이나 지형적 특성에 따라 나타나는 저기압이다.

4) 우리나라 부근 저기압의 일반적인 분류와 특성

(1) 알류션 저기압

알류션 저기압(Aleutian low)은 알류션(Aleutian) 열도 해역을 중심으로 한후기에 계속 머무르는 규모가 크고 준 정체성인 저기압이다. 대서양의 아이슬랜드(Iceland) 저기압도 같은 성질을 가진다.

알류션 저기압은 늦가을로부터 이른 봄에 걸쳐 베링해 해역에 중심을 두고 있는 광범위한 저기압으로서 최성기는 12~2월이며 한후기의 북태평양 북부의 날씨를 지배하는 작용중심의 역할을 한다. 이 저기압은 대기 대순환에 의해 형성되는 아한대저압대가 겨울철에 대륙고기압의 발달과 더불어 더욱 발달한 것이다. 여름철에는 한대전선의 북상과 함께 이동하여 없어진다. 한후기에도 일기도상에 이 지역에 항상 저기압이 있는 것은 아니고 고기압과 교체될 때도 있으나 저기압의 강도가 더 우세하여 평균해면일기도에 뚜렷이 나타나는 저기압이다. 현재까지 이 저기압 내에서 관측한 최저기압은 937hPa 정도이다.

우리나라 부근의 온대저기압은 대부분 북동진하여 마침내는 이 저기압 역내에 흡수되지만 때로는 저지고기압이 이 부근에 나타나면 저기압은 그 쪽을 향하지 않고 캄차카반도 쪽으로 북진하는 경향이 있다. 여름철에는 이 저기압은 해소되고 아열대고압대가 차지하며 그 부근의 해면에 안개를 발생시킬 때가 많다.

한후기의 Aleutian low의 특징을 열거하면 다음과 같다.

① 규모가 크다. 동서의 범위가 수 1000km 정도이다. 강할 때는 5000~6000km에 달하기도 한다.

② 전반적으로 저압대이므로 보통의 저기압과 같이 악기상을 동반하지는 않고 구름 5할 정도의 날씨를 보인다.

③ 바람도 이 저기압의 중심 부근에서는 약하고 오히려 중심에서 약 1000km 정도 떨어진 주위에 강풍대가 상당히 넓은 폭으로 나타난다. 주위 부분에서 기압경도가 크기 때문이다.

(2) 이동성 온대저기압

대부분의 이동성 저기압은 기단의 경계에 해당하는 전선대를 따라, 특히 전선대의 서쪽 부분에서 많이 발생하여 전선대를 따라 동진하면서 진로를 점차로 고위도로 편향하여 마침내 한기 중에 들어가서 작용중심을 이루는 큰 저기압과 융합되어 소멸한다.

전선대의 위치는 계절에 따라 이동하며 또 전선대 내에 실제로 전선의 위치도 매일 변하므로 저기압의 발생장소나 진로도 크게 변한다.

우리나라와 부근을 통과하는 저기압은 아시아 대륙에서 발생하여 동진해오는 것도 많지만 우리나라 주위에서 발생하는 경우도 많다. 우리나라 주위에서는 주로 아시아 대륙의 동쪽 연안이나 우리나라 부근의 전선대에서 발생한다. 개괄적으로 보면 우리나라 부근을 통과할 때는 아직 발달 초기이고 폐색 이전 상태인 것이 대부분이다. 이들 저기압은 계속 북동진하여 폐색되어 알류션 저기압에 합쳐지는 것이 보통이다.

이때 저기압의 이동경로나 속도는 주위의 기압배치, 기온분포, 대기환류 또는 상층의 대기상태 등에 따라 다르다. 저기압의 진행속도는 우리나라 부근에서는 대체로 30~50km/h이다. 대기환류가 강한 한후기에는 비교적 빠르고 난후기에는 조금 느리다. 일반적으로 진행속도가 빠른 저기압은 빨리 발달하는 경향이 있다.

이 이동성 저기압들의 발생지별로 저기압의 경로를 보면 대략 다음과 같다.

① 바이칼호 부근으로부터 동진하여 사하린을 경유하여 오호츠크해로 진입하는 경로의 저기압이 있다. 이 경로의 저기압은 우리나라에서 북쪽으로 멀기 때문에 한반도 북단 부분에만 영향을 미친다. 이 경로를 따르는 저기압은 겨울철에 많다.

② 중국 동북지방에서 남동진하여 동해 북부로 진행하는 경로를 택하기도 한다. 이 저기압은 우리나라 북부와 동해북부에 강풍과 강수를 발생시킨다. 북동으로 전향할 때까지는 별로 발달하지 않으나 방향을 바꾼 다음에는 발달한다. 이 경로를 따르는 저기압은 겨울철에 많다.

③ 중국 황하유역으로부터 동진하여 우리나라를 횡단하여 동해로 진입한 후 북동으로 이동하여 일본 북부로 진행하는 경로의 저기압이 있다. 이 경로를 따르는 저기압은 동해에서 발달하면 강수는 많지 않지만 해상에서 돌풍을 일으키는 경우가 많다. 여름에 주로 나타난다.

④ 중국 양자강유역으로부터 동중국해를 거쳐 동해 상으로 북동진하는 경로와 일본 남쪽해상으로 진행하는 경로의 저기압이 있다. 이 저기압은 겨울철과 장마철에 많다. 이들 중 북위 30도 이북에서 발생하는 것의 대부분은 대한해협을 거쳐 동해로 진행하고, 30도 이남에서 발생하는 저기압은 대부분 일본 남쪽 해상을 진행하는 경향이 있다.

⑤ 중국 남부, 대만 부근 해상으로부터 북동진하여 일본열도나 그 남쪽 해상으로 진행하는 경로를 가지기도 한다. 한후기에 많다. 이 경우 우리나라는 남해안까지 궂은 날씨가 나타난다.

(3) 대륙 열저기압

여름철에 아시아 대륙의 중남부에 생기는 열저기압(thermal low)이다. 겨울철에는 대륙이 차가워지면서 고기압이 나타나는 데 비해 여름철에는 대륙이 가열되어 대륙 내부 거대한 지역에 저기압이 나타난다. 이 저기압을 몬순저기압이라고도 한다. 이 저기압 때문에 대륙 주위 해양으로부터 기류가 대륙을 향해 수렴하게 되는 과정에서 우리나라의 여름 계절풍으로 남서~남동풍이 불게 된다.

아시아 대륙은 이러한 대륙 열저기압을 인도 파키스탄 저기압이라고도 한다.

Ⅱ 온대저기압

1. 한대전선 모델

1) 온대저기압의 정의

온대저기압(extratropical cyclone)은 중위도지방에서 발달하는 대규모 저기압성 요란이다. 온대저기압은 한대전선을 따라 형성되는 기온차로부터 에너지를 얻는다. 그래서 이들을 전선저기압(frontal low, frontal cyclone)이라고 한다.

온대저기압은 탁월편서풍대에서의 대규모 소용돌이로서 서에서 동으로 이동한다. 이 소용돌이는 한대전선을 파형으로 굴곡시킨다. 그래서 온대저기압을 파동저기압(wave cyclone) 또는 전선파동(frontal wave)이라고도 한다.

때로는 온대저기압을 단순히 저기압(low)이라고 부르기도 하는데, 이것은 주변상황에 따라 그 의미가 달라질 수 있기 때문에 주의해서 사용해야 한다.

전선저기압은 대기대순환이나 몬순보다는 짧은 시간규모를 가지고 있다. [그림 9-3]은

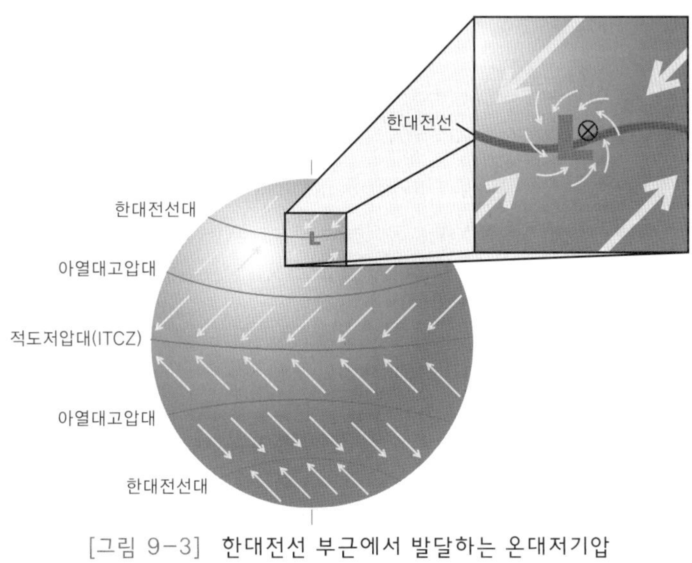

[그림 9-3] 한대전선 부근에서 발달하는 온대저기압

전구순환에서 전선저기압의 규모를 나타내고 있다. 언제든지 지구상에는 발달단계가 서로 다른 여러 개의 저기압들이 항상 존재한다[그림 9-4].

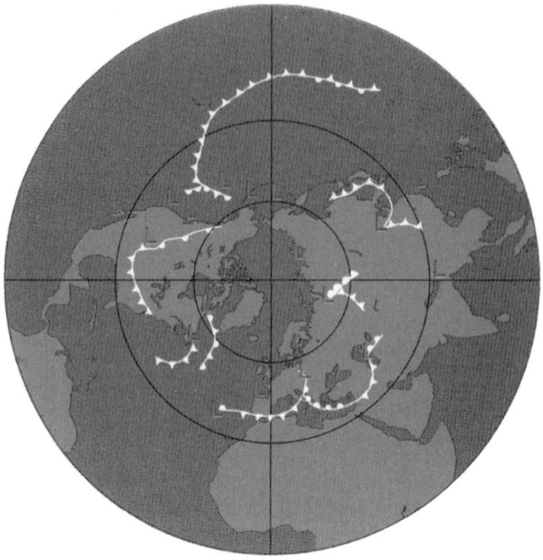

[그림 9-4] **북반구 중위도지방의 지상에 평균적으로 나타나는 온대저기압들**

전선저기압의 발달과 구조상의 중요한 특성들을 한대전선 모델(polar front model)로 표현한다. 이 모델의 개념은 1차 세계대전 당시 노르웨이 기상학자들의 연구에서 시작됐다. 최신의 한대전선 모델에는 지상 부분과 상층 부분을 모두 포함한다. 지상 모델은 하층대기에서의 전선과 기단의 구조와 움직임을 설명하고, 상층모델은 골, 마루, 권계면 및 제트류와 연관된 특성을 설명하고 있다.

2) 기단과 전선

(1) 기단

기단(air mass, 氣團)이란 동일한 온도, 안정도 및 수분 특성을 가지는 큰 공기덩어리이다. 일반적으로 기단의 크기는 약 1,000n.m.(약 2,000㎞) 정도이다. 시간규모를 말한다면 기단은 발원지를 떠난 후 수일에서 일주일 이상의 기간 동안 그 특성을 유지한다.

기단은 육지면 육지, 바다면 바다로서 지표의 상태가 균일하고 바람이 약한 지역에서 발달한다. 이러한 곳은 공기덩어리가 지표 기온과 수분 특성에 잘 적응되는 곳으로서 대개는 극지방이나 한대 지방의 눈이나 얼음 지역, 아열대 해상의 반영구적인 고기압계의 중심 부근 등이다. 이러한 곳을 기단발원지(air mass source region)라고 한다.

일반적인 기단의 종류에는 극기단(arctic air mass, A), 한대기단(polar air mass, P), 열대기단(tropical air mass, T)이 있다.

일단 기단이 발원지를 떠나 이동하면, 기단에는 지표면의 온도와 비교하여 이름이 붙는다. 한랭기단(cold air mass)은 기단이 이동하는 동안 기단의 온도가 지표면 온도보다 차가운 기단이고, 온난기단(warm air mass)은 기단이 이동하는 동안 기단의 온도가 지표면의 온도보다 따뜻한 기단이다. 한대기단과 열대기단은 각각 발원지로부터 멀리 이동하더라도 기단의 수분함유량을 보면 그 기단을 알 수 있다. 기단은 상당기간 대륙을 이동해 왔는가, 해양을 이동해 왔는가에 따라 대륙성기단(continental air mass)과 해양성기단(maritime air mass)으로 분류된다[그림 9-5].

기단은 발원지로부터 멀어지면 변질하게 된다. 그러나 기단이 빠르게 움직인다면 적게 변질될 것이다. 예를 들면, 한대기단이라 하더라도 중국북부지방을 통해 빠르게 이동 중인 한대기단은 새로운 지상온도에 적응할 시간이 없기 때문에 한반도를 통과할 때에도 여전히 한랭할 것이다. 반대로 만약 기단이 느리게 또는 먼 거리를 움직인다면 기단은 크게 변질된다. 예를 들면, 한대기단이 눈과 얼음으로 덮힌 발원지를 떠나 중국대륙으로 남하한 후 천천히 동으로 이동하여 한반도에 영향을 미치면 크게 변질되어 온난하게 된다.

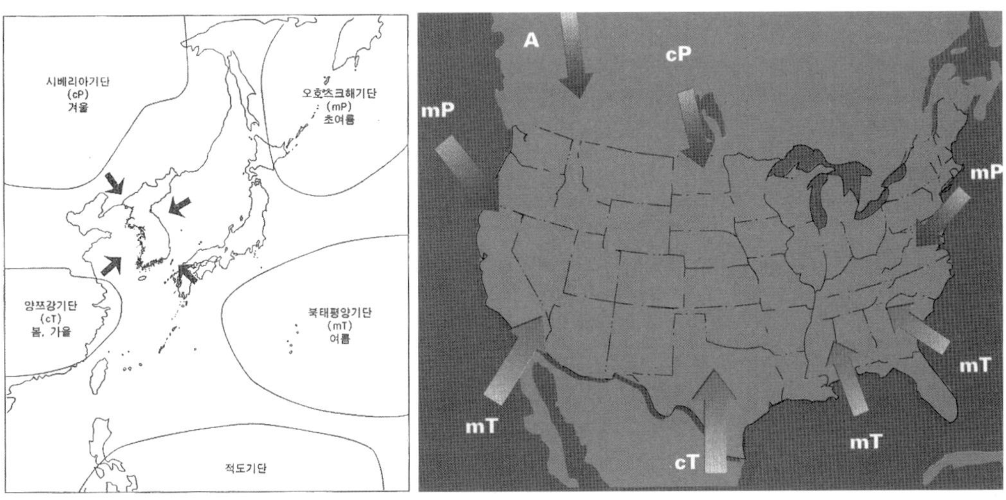

(a) 한국　　　(b) 미국

[그림 9-5] 특정 지역에 영향을 주는 기단들

앞의 설명에서처럼 건조하고 찬 아시아 대륙의 공기는 대륙에서 동진하면서 베링해에서 열과 수분을 공급받는다. 계속 동진하는 경우에는 북미대륙에 도착하게 되는데 이때는 한랭하며 습윤한 해양성기단이 된다.

한편 북미대륙의 한대기단이 미국 동부에서 대서양 해안을 벗어나 멕시코만류(Gulf stream) 위로 이동할 때 기단은 빠르게 수분량이 증가하고 온도가 상승한다. 비슷한 예로 대초원 위를 느리게 이동하는 기단은 특히 하늘이 맑고 지표면이 눈으로 덮여있지 않을 때 낮 동안 빠르게 따뜻해진다.

이 보다 작은 규모의 예로서는 가을에 북미주 오대호(Great Lakes)를 거쳐 이동하는 한랭한 기단은 종종 대단히 습윤해져서 오대호에서 풍하측으로 움직일 때 심한 소낙성 눈이 내리기도 한다.

한편, 한랭기단의 경우 느리게 이동할 때 낮 동안 지표면 가열로 불안정해지기도 하는데, 밤에는 지표면으로부터의 냉각으로 안정하게 된다. 예를 들어 낮에는 대류에 의해 적란운이 나타나기도 하고 좋은 시정을 나타내기도 하지만 야간에는 안개나 낮은 층운이 발생하기도 한다.

(2) 전선

기단은 다른 기단과 만날 경우에도 가지고 있는 특성을 상당한 기간 계속 유지하려는 경향이 있다. 서로 다른 특징을 가진 두 기단은 쉽게 혼합되지 않기 때문에 두 기단 사이에는 뚜렷한 경계가 생긴다. 그 경계를 전선면(frontal surface)이라 한다. 그리고 전선면이 지상과 이루는 선을 전선(front)이라고 한다. 전선은 길이가 수백 마일이고 기단과 비슷한 일생을 가진다.

전선은 한랭기단이 온난기단 쪽으로 진행하는가 또는 온난기단이 한랭기단 쪽으로 진행하는가에 따라 이름이 정해진다. 한랭기단이 온난기단 쪽으로 진행하는 전선을 한랭전선(cold front), 온난기단이 한랭기단 쪽으로 진행하는 전선을 온난전선(warm front)이라 한다. 만약 어느 기단도 거의 이동하지 않는다면 그 전선은 정체전선(stationary front) 또는 준정체전선(quasi-stationary front)이라고 한다. 한랭전선은 진행속도가 빨라서 온난전선을 따라 잡은 상황을 폐색전선(occluded front)이라 한다.

기단들이 서로 만날 때 그들의 상대적인 움직임에 따라 따뜻하고 습윤한 공기가 상승(전선치올림)한다. 전선을 이루고 있는 양쪽의 기단이 충분한 수분을 머금고 있을 때, 전선구역에 구름과 강수가 발생한다. 전선을 확인하고 추적하는 것은 기상예보에서 매우 중요한 작업이다. 항공종사자는 항공 악기상이 발생할 가능성이 있는 위치를 알려주는 이러한 현상들의 징조에 대해 숙달되어 있어야 한다[그림 9-6].

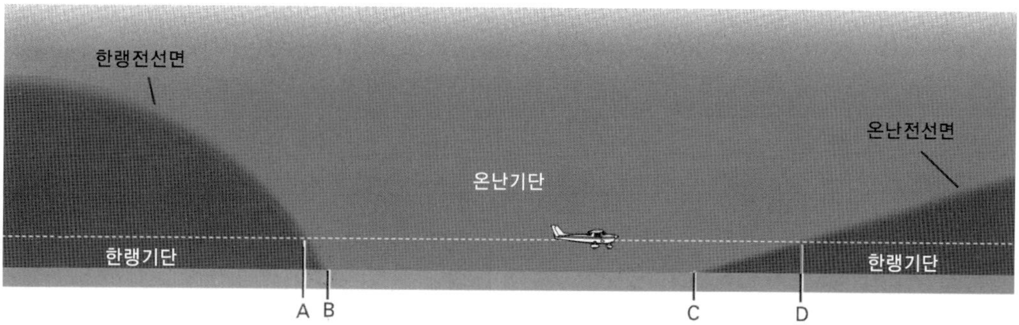

[그림 9-6] 온난전선과 한랭전선의 단면도

위 그림에서 한랭전선의 기울기는 온난전선의 기울기보다 더 가파르다. 이 그림에서 기울기는 매우 과장되어 있다. 두 전선은 모두 왼쪽에서 오른쪽으로 이동한다. 점선은 전선을 통과하면서 비행하는 항공기의 항로를 나타낸다. 비행경로에서 전선면과의 교점(A와 D)과 지상전선의 정확한 상대적인 위치(B와 C)에 유의하여야 한다. 상층의 전선면의 위치는 전선의 종류에 상관없이 항상 지상전선위치로부터 한랭공기 쪽에 위치한다.

두 개의 대조적인 기단이 서로 접촉하게 될 때는 차갑고 밀도가 큰 공기가 따뜻하고 밀도가 작은 공기의 아래로 파고들기 때문에 전선면은 항상 한랭기단 쪽으로 기울어져 있다.

이 장에서 설명하게 되는 대규모 전선 유형의 전선기울기(frontal slope)는 대개 1:50~1:500이다[그림 9-6]. 한랭전선은 온난전선이나 정체전선보다 경사가 급하다. 온난전선이나 정체전선의 경우는 그 경사가 1:200 이하인데 비하여 한랭전선의 경우는 1:50~1:100 정도이다. 빠르게 이동하는 한랭전선의 경우 가장 낮은 지상으로부터 1,000 또는 2,000ft까지는 1:50 이상의 기울기를 가진다. 폐색전선은 폐색 유형에 따라 각각 온난전선 또는 한랭전선의 기울기를 가질 수 있다.

전선기울기에 대한 이해가 중요한 것은 전선이 지표면 한 지점을 지나가거나 혹은 항공기가 전선을 통과하여 비행할 때, 기압, 바람, 온도 및 일기 현상에 주요한 변화가 발생하기 때문이다.

상층에서는 지상부근에서 나타나는 기울기 특성이나 날씨 특성과 반드시 같은 것은 아니다. 만약 항공기가 전선의 상층부를 통과한다면 전선기울기가 크게 다르기 때문에 상층 전선위치가 지상 전선위치와 다를 수 있다는 것을 명심해야 한다. 상층의 전선위치는 전선유형에 관계없이 지상 전선위치를 기준으로 항상 한랭공기 쪽에 위치하고 있다.

전선이 일기도에서 표시될 때는 하나의 가느다란 선으로 표시되지만, 실제로는 하나의 기단으로부터 다른 기단까지 어느 정도의 폭을 가지고 대기상태의 빠른 전이(transition)가 나타나는 전선 전이대(transition zone)이다. 이 전이대의 폭은 좁은 경우 0.5n.m. 정도, 넓은 경우는 100n.m. 이상일 수도 있다. 전이대는 지표 부근에서는 좁고 상층에서는 더 넓다[그림 9-7].

전이대를 가진 전선대는 종종 강한 시어와 난류가 발생하는 위치이기 때문에 항공운항자는 표시된 전선 위치에서 시어와 난류의 존재에 항상 유의해야 한다.

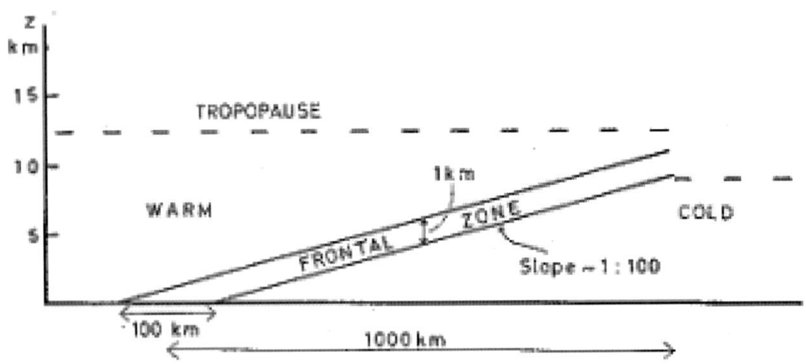

[그림 9-7] 성질이 다른 두 기단 사이에 형성되는 전선대(frontal zone)의 모습

2. 온대저기압 구조 및 발달

1) 지상구조 및 발달

온대저기압은 특정한 원인에 의해 발달한다. 앞 장에서 보았듯이 적도지방에는 태양에너지의 과잉현상이, 그리고 극지방에서는 부족현상이 항상 존재한다. 이 차이에서 발생된 온도경도는 한대전선(polar front)에 집중된다. 만약 한대전선 상에 있는 특정 지역

에서 온도경도가 일정 크기를 초과하면 온도경도를 해소(감소)시키기 위해서 요란이 발생한다. 이러한 경우의 요란이 온대저기압(extratropical cyclone)이다. 이와 같이 전선저기압(frontal cyclone)은 남북의 온도경도를 감소시키기 위해 극 쪽으로 향하는 온난공기와 적도 쪽으로 향하는 한랭공기 사이의 혼합이 이루어지는 과정 중에 발생하게 되는 것이다.

전선저기압은 항공기 운항시 청천난류, 착빙 및 바람시어와 같은 항공기에 대한 재해를 일으킬 수 있다. 대규모 순환을 이해하는 것이 중요한 점은 이들에 의한 위험을 피하는데 필요하기 때문이다. 전선저기압과 그와 관련된 전선 구조에 대한 철저한 이해를 바탕으로 비행을 계획한다면 문제의 지역들을 안전하게 비행할 수 있다.

전선저기압은 일정한 조건이 성립하는 지역에서 발달한다. 예를 들면, 겨울철에 한랭한 대륙과 온난한 해양이 만나는 해안선을 따라 국지적으로 강한 온도경도가 나타난다. 동아시아의 경우 아시아 대륙과 태평양이 만나는 해안선 지역인 중국 남부로부터 한국 등의 지역에 나타나고 있다. 북미의 경우는 멕시코만을 벗어나서 동부 해안을 따라 나타난다. 전선이 이러한 지역으로 이동할 때 보통 전선저기압이 발달한다.

또한 큰 산맥에 의한 연직 운동과 응결하는 동안의 습윤공기로부터 얻은 잠열은 저기압을 발달시킬 수 있다. 이들 두 과정은 티벧고원 동쪽 사면과 로키산맥 동쪽 사면에서 전선저기압을 생성시키는데 기여한다.

전선저기압은 일정한 생애를 거치며 발달한다[그림 9-8]. 저기압 발달은 정체전선으로부터 시작된다. 저기압 발달이 시작되면 기압은 초기 정체전선을 따라 양쪽 기단의 세력에 따라 변곡점에 해당하는 지점에서 기압이 낮아지며 북반구의 경우 반시계방향의 순환이 발생한다. 이 시점이 저기압의 초기단계이다. 이것은 저기압 발생 직전의 정체전선이 발달 중인 순환과 반응하여 파동 형태로 발달하기 때문에 파동저기압(wave cyclone)라고도 한다.

파동저기압은 15~25kts 속도로 북동쪽으로 이동하고 앞면은 온난전선이 되어 온난공기를 북쪽으로 밀면서 진행하고 저기압의 뒤를 쫓아오는 면은 한랭전선이 되어 한랭공기를 남쪽으로 밀면서 진행하게 된다. 전선과 저기압 남쪽의 삼각형의 온난공기 지역을 온난역(warm sector)이라 한다.

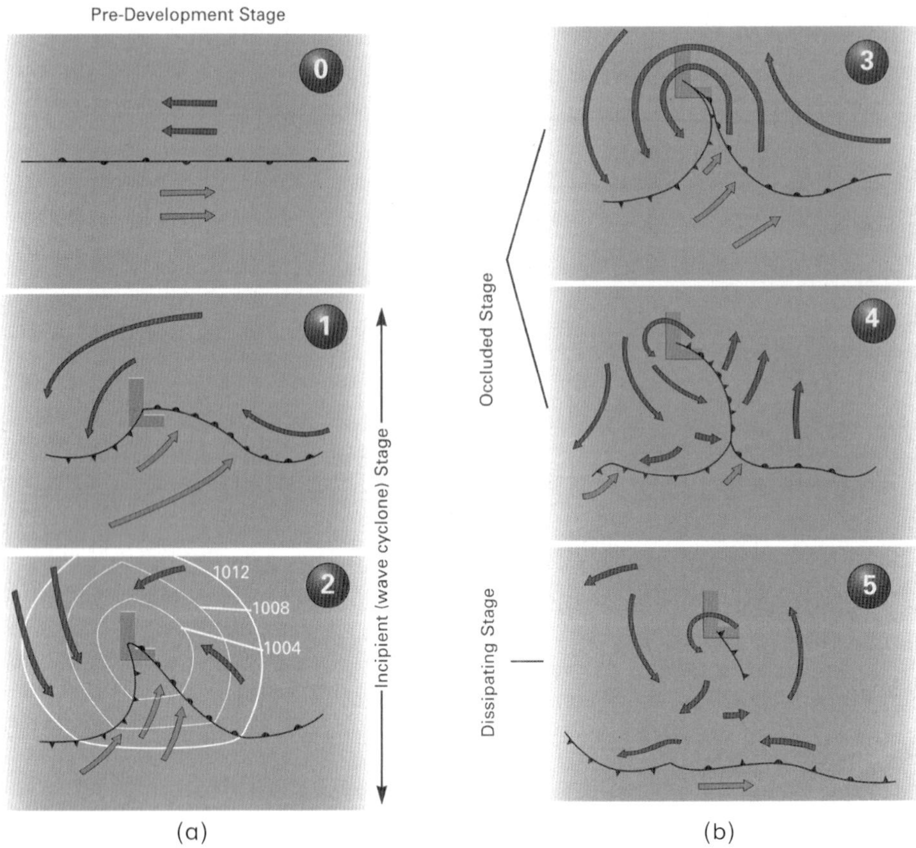

[그림 9-8] 전선저기압의 발달 단계 (화살표는 저기압 주위의 순환을 나타냄)

[그림 9-8]에서 각 단계는 다음과 같이 설명한다.

- **⓪** : 발달 전 단계(정체전선)
- **①~②** : 초기 단계(파동저기압 단계, **②**는 저기압 발생 시작 후 12시간 정도 경과)
- **③~④** : 폐색 단계(저기압 강도가 최대. 저기압 발생 시작 이 후 12~24시간 정도 경과)
- **⑤** : 소멸 단계(저기압 발생 이 후 며칠 경과)

이상화된 모델에서 두 전선은 저기압의 골에 위치해 있다. 이러한 구조는 전선에 접근하여 통과할 때에 기상현상을 경험하게 되는 순서에 다음과 같은 특징을 나타내게 된다.

① 전선이 어떤 지점으로 접근하면 그 지점에서는 기압이 하강한다. 그리고 전선이 통과한 후에는 기압이 상승한다. 이러한 특징은 온난전선에서보다 한랭전선에서 더 뚜렷하다.

② 전선을 가로질러 나타나는 기압경도가 강하면 전선통과가 바람급변과 일치한다.

바람이 한랭전선 앞 온난역에서는 남풍 또는 남서풍이 불지만 전선통과와 함께 한랭역에서 한랭한 북서풍으로 빠르게 변한다. 한랭전선이 통과한 바로 직후에는 한랭공기의 하층운이 북서쪽으로부터 이동해 온다.

온난전선이 접근할 때는 남동풍, 기압하강 및 낮은 시일링이 나타난다. 온난전선이 접근하므로서 나타나는 운형의 변화는 순차적으로 권운(Ci), 권층운(Cs), 고층운(As) 및 층운(St)을 포함한 난층운(Ns)이 나타나고, 그리고 안개, 악시정과 지속적인 강수가 특징이다. 온난전선 앞 한랭역에서는 바람이 남동풍으로 불지만 전선통과와 함께 온난역의 남서풍으로 변한다[그림 9-8].

전선대는 전선대마다 다른 경사면을 가지고 있기 때문에 전선면을 통과해 비행할 때는 수평 바람시어와 함께 연직 바람시어를 경험하게 된다. 전선 상에서는 연직 바람시어가 명백하게 나타난다.

저기압이 계속 동진함에 따라 중심기압은 계속해서 낮아진다. 이것은 저기압이 강화됨을 나타낸다. 저기압 주위의 기압경도가 커지면서 바람은 증가한다.

전선저기압의 발생 초기로부터 약 12시간 정도가 경과하면 저기압의 뒤를 쫓는 한랭기단은 저기압의 남쪽부분을 쓸고 지나가서 저기압의 전면에 있는 한랭공기를 추월하기 시작한다. 즉, 저기압 서쪽에 위치해 있던 한랭전선이 저기압 남쪽을 지나 저기압 동쪽에서 진행 중인 온난전선과 만나게 된다. 이런 과정을 폐색과정(occlusion process)이라 한다.

온난역의 공기는 폐색과정에 의해 상층으로 밀려 올라가게 되고 저기압은 폐색단계에 들어간다. 앞서 언급했듯이 이러한 전선구조를 폐색전선(occluded front)이라고 부른다. 저기압의 중심기압은 보통의 경우에 1,000hPa 이하로 낮아지고 이동속도는 약간 느려진다. 저기압은 폐색 시작 후 약 12시간 이내에 최대로 강화된다.

전선저기압이 소멸단계에 들어가면서 중심기압은 상승하기 시작한다[그림 9-8 (b)]. 이러한 저기압 약화는 초기 요란이 형성된 후 24~36시간 후에 시작되어 며칠 동안 계속된다. 저기압은 전선을 가로지르는 온도경도로부터 에너지를 얻는데, 저기압이 폐색되므로서 에너지 공급이 더 이상 유지되지 못하기 때문이다. 그리하여 온도경도가 붕괴되는 폐색과정에서 저기압은 완전히 한랭공기 안에 위치하게 되고 에너지원 부족으로 소멸하고 만다. 파동저기압은 발생단계에서는 악기상이 발달하지 않으나 최종 소멸단계에 들어서면서 한대전선을 따라 빠르게 이동하면서 악기상이 나타난다.

전선저기압 발달은 대개 한랭전선 뒤의 한랭고기압계에 의한 것이다. 이 고기압 중심은 가장 찬 공기의 중심 근처에서 찾을 수 있다.

(2) 상층 구조 및 운동

앞서 언급된 것처럼, 상층 고도의 골과 마루는 흔히 대류권 중부와 상부 그리고 성층권에 존재하는 구조이다. 겨울철 아시아의 동해안과 북미 동해안을 따라 나타나는 대규모 상층골(upper level trough)은 전구 순환의 중요한 특징이다.

전선저기압 발달과 일치하는 상층골은 이전에 언급된 장파들보다 작은 규모로서 1,000~3,000n.m. 정도의 크기이다. 또한 단파골(short wave trough)이라 부르는 요란은 장파골보다 더 빠르게 동진한다. 장파골(long wave trough)의 경우는 하루에 600n.m. 정도로 진행한다.

때로는 온대저기압의 발달이 지상에서 나타나기 전에 상층에서 먼저 시작되기도 한다. 지상에서 저기압발달이 시작되면 그러한 발달이 효과적으로 이루어지기 위해서는 상층골이 지상저기압의 풍상측에 위치하고 있어야만 한다. 이러한 이상적인 배열을 나타낸 것이 [그림 9-9 (a)]이다.

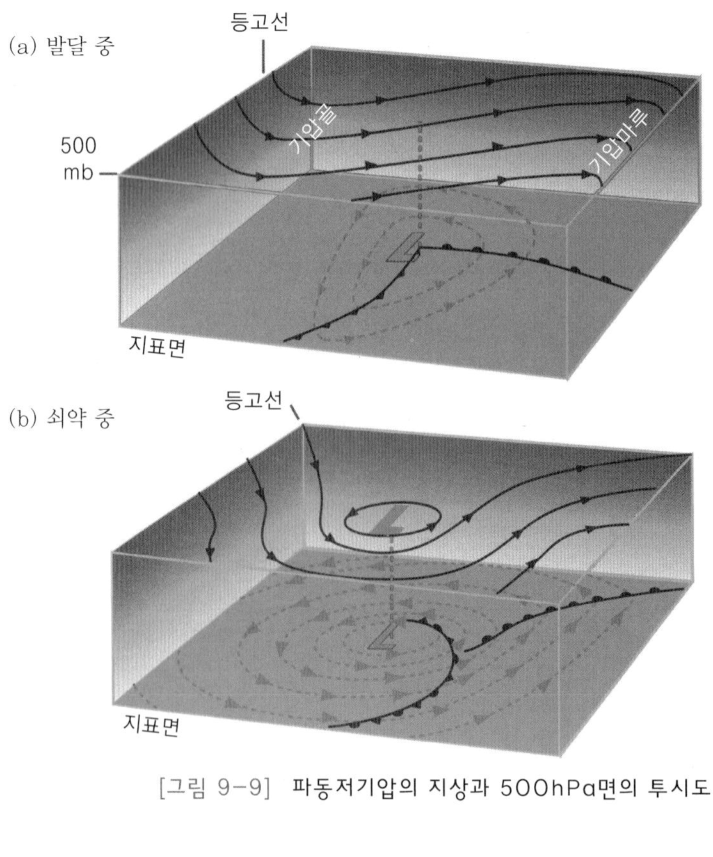

[그림 9-9] 파동저기압의 지상과 500hPa면의 투시도

지상저기압의 서쪽 상공에 위치한 단파골 전면의 강한 바람에 의해 저기압 위의 기단이 이동한다. 이것 때문에 지상 기압이 하강하고 지상저기압은 발달한다. 발달 중인 저기압에 관한 두 가지 주요한 정보는 다음과 같다.

① 전선저기압은 상층 단파골이 지상 정체전선의 300n.m. 범위 안에서 움직일 때 발달하기 쉽다.

② 상층 단파골의 동쪽(풍하측)이 악기상이 나타나는 쪽이다.

지상저기압이 발달하기 시작하면 상층골도 함께 발달한다. 지상과 상층요란은 더 이상 분리되지 않고 지상에서 권계면까지 확장된 단일 저기압이 되는 것이다.

상층골과 지상저기압은 파동저기압 단계를 통해 강화된다. 폐색단계에 한 개 이상의 닫힌 원형등고선으로 된 저기압순환이 보통 해발 약 10,000ft(700hPa) 이하 정도에서 나타나지만, 강한 경우에는 닫힌 저기압순환이 해발 18,000ft(500hPa) 이상에서도 나타날 수 있다. 폐색 단계 또는 그로부터 얼마 후에 상층저기압은 지상저기압 바로 위에 위치하게 된다[그림 9-9 (b)].

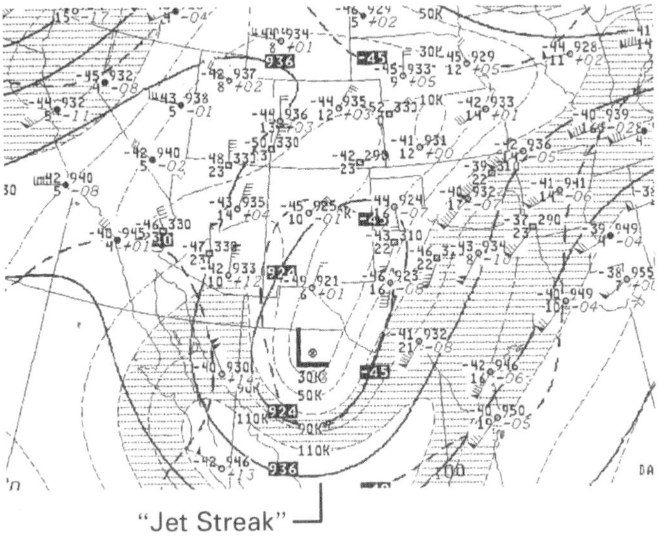

[그림 9-10] **제트스트리크의 예**

온대저기압의 기온의 중요한 특징 중의 하나는 한랭공기의 위치이다. 상층에서는 한랭공기가 골의 중심부근에 나타나지만 지상에서는 저기압 발생부터 폐색이 일어날 때까지 온난전선과 한랭전선을 경계로 하여 북서쪽의 한랭역에 국한된다.

온대저기압의 각 발달단계에서 저기압은 풍속이 지상에서보다 상층에서 더 강하다. 가장 강한 풍속은 권계면 고도 부근의 제트기류에서 나타난다.

권계면에서 한대전선 제트기류는 가장 한랭한 공기의 가장자리에 위치한다. 즉, 풍하측을 바라볼 때 가장 찬 공기의 왼쪽 가장자리를 따라 전선에 평행하다. 이는 중위도 권계면이 극권계면보다 높기 때문이다. 온대저기압이 제트기류고도에서 발달할 때 상층골 주위에서 나타나는 제트기류는 골이 발달하면서 강화된다. 저기압 발달의 초기단계에는 강한 바람인 이 제트스트리크(jet streak)가 상층골보다 더 명확하게 나타나는 것이 보통이다. 제트스트리크란 바람이 제트기류에서 풍상이나 풍하보다도 강한 제트기류의 일부분으로 정의할 수 있다. 제트스트리크는 [그림 9-10]에서처럼 권계면이 단절된 곳에 위치한다. 권계면의 높이는 저기압의 온난한 기압마루 영역에서 높고, 기압골의 한랭 공기 상공에서 낮다.

3) 온대저기압 내의 일기

(1) 전선의 구름과 일기

전선저기압(frontal low) 주위의 습윤지역 중 상승운동이 일어나는 곳에서는 폭넓은 구름층과 강수층이 형성된다. 상승운동은 저고도에서 전선과 저기압 주위에서 수렴하는 바람에 의해 발생하는데, 이러한 바람 속에 충분한 수분이 들어있다면 온난기단이나 한랭기단에서 하층 구름이 형성될 수도 있다.

높은 고도에서의 연직운동은 지상저기압 상공에서 대량으로 일어난다. 왜냐하면 기단은 지상 가까이에서보다는 제트기류고도에서 더 빠르게 이동되기 때문이다. 이러한 과정을 통해 저기압이 발달한다. 적절한 수분과 상승운동은 넓은 구름층을 만들어낸다.

저기압 중심과 전선 및 기압골 부근에서는 저고도에 구름과 악기상이 집중하는 경향이 있다. 이상화된 패턴을 나타낸 것이 [그림 9-11]이다.

전선면에서의 상승에 의해 발생되는 구름과 일기현상은 전선의 종류에 따라 다르다. 이들 전선의 단면도에 나타나는 전선과 관련된 구름분포와 일기를 나타내면 [그림 9-12],

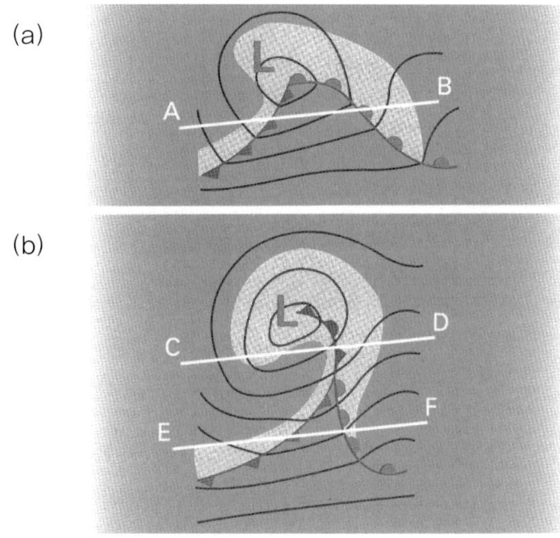

[그림 9-11] 각 발달단계의 온대저기압 중심 부근에서의 구름과 강수 분포

(이 그림에서는 제트기류 권운과 기단성 구름은 나타내지 않았다. E-F단면의 일기는 A-B단면의 일기와 비슷하다.)

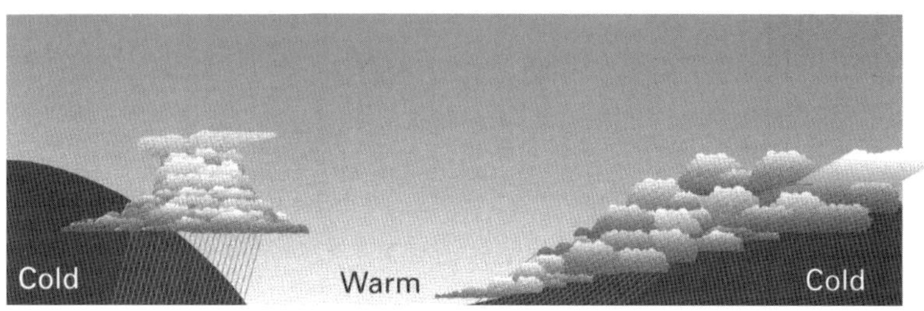

[그림 9-12] 한랭전선과 온난전선의 단면 구조

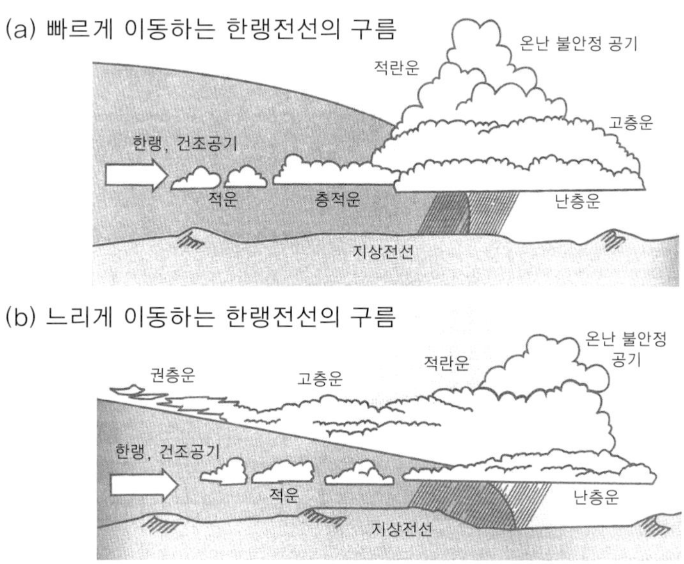

[그림 9-13] 한랭전선의 구조와 구름분포

[그림 9-14] **온난전선의 구조와 구름분포**

[그림 9-13], [그림 9-14]와 같다.

이상화한 이들 그림에서 보면, 한랭전선은 한랭공기가 가파른 한랭전선면을 따라 침강하면서 상대적으로 온난한 불안정한 공기를 상승시킨다. 이것은 소나기 활동과 관련된 좁은 폭에서 강한 대류를 가진 Cu와 Cb구름을 유발한다.

온난전선은 온난전선면을 따라 습하고 따뜻하며 안정한 공기가 땅에 깔린 쐐기모양의 찬 공기를 타고 위로 올라가면서 널리 퍼지는 모양으로 층운형의 구름이 나타난다. 그 결과 온난전선은 Cs, As, Ns 등의 구름층이 나타나고 연속적인 강수를 내리게 한다. 경사진 전선대 아래의 안정하고 차가운 공기를 통해 떨어지는 강수가 공기를 포화시켜 하층운 St로 낮은 시일링, 그리고 때로는 안개 때문에 시정이 악화된다. 이러한 상황은 특히 겨울철 언 강수가 발생될 때 더욱 악기상 조건이 된다.

위에서 설명한 온난전선 위를 상승하는 습윤하고 따뜻한 공기가 불안정할 때는 대류현상이 나타나므로 온난전선 부근에 있는 층상의 구름 속에서도 뇌우가 발달할 수 있는데, 이러한 뇌우는 심각한 항공재해를 유발할 수 있다.

한랭전선이 온난전선을 추월하면서 생긴 폐색전선은 폐색형태에 따라서 한랭전선 구름과 온난전선 구름의 결합된 모양이 조금 다르다. 한랭형폐색전선은 한랭전선 뒤의 한랭공기가 온난전선 앞의 한랭공기보다 더 한랭하여 지표면의 온난전선이 한랭전선에 침식당하여 위로 뜨게 된다[그림 9-15 (a)]. 그리하여 지면 위에 남아 있는 한랭전선이 먼저 통과하고 곧 상층으로 떠오른 온난전선도 통과하게 된다.

온난형폐색전선[그림 9-15(b)]은 온난전선 전면의 한랭공기가 한랭전선 후면의 한랭공기보다 훨씬 더 한랭하기 때문에 온난전선 전면의 한랭공기가 지표면 위에 남아 있다. 따라서 이 경우, 한랭전선은 온난전선면 위로 떠오른다. 온난전선의 완만한 기울기 때문에 소나기와 뇌우를 가진 상층 한랭전선의 통과는 지상 폐색전선의 통과에 앞서게 된다.

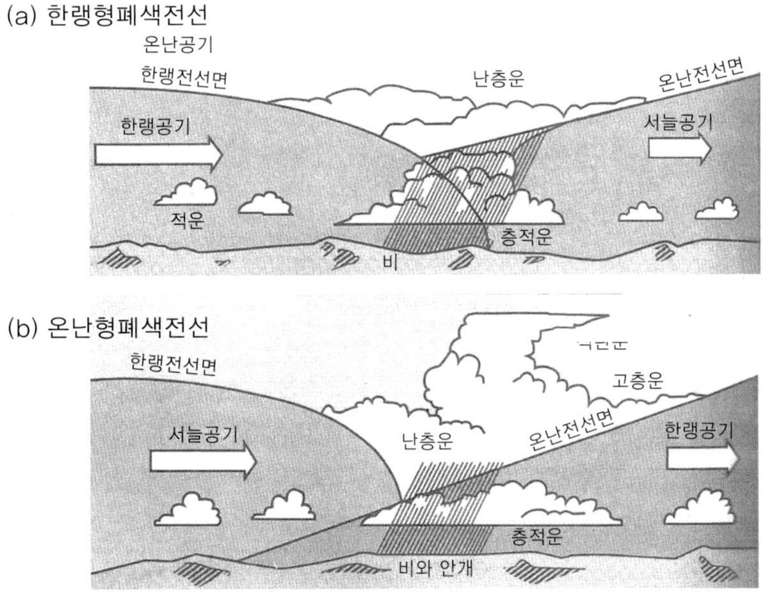

[그림 9-15] 폐색전선의 구조와 구름분포

한랭전선 후면에서 한랭공기가 따뜻한 지표면이나 해수면 위를 이동하면서 불안정해질 수 있는데, 이런 경우 불안정도가 커져 전선 후면에서 소나기가 발생하기도 하는데 이러한 지역을 제외한 다른 지역의 시정은 좋다.

위성사진에서 보면 온난한 해상에서 수분이 충분한 한랭공기 내에 대류운이 무리지어 나타나는 것을 흔히 볼 수 있다. 그러나 한랭공기에 중심을 둔 기압마루 또는 고기압이 그 지역으로 이동하면 하강기류가 강해져서 구름과 강수는 억제되고 날씨는 점차 좋아진다.

(2) 온대저기압의 위성관측

기상위성으로부터 얻은 영상은 지표나 조종실에서 바라본 광경과는 매우 다른 모양으로 보인다. [그림 9-16]은 폐색된 저기압에서의 전형적인 구름패턴을 보여주고 있다. 이 위성영상으로부터 우리는 앞서 언급된 상층기압골의 동쪽 면에서 악기상을 나타내는 3개의 특징적인 주요 구름형태를 볼 수 있다. 낮은 고도의 한랭전선 구름대가 저기압 남쪽과 상층기압골 동쪽에서 나타나는데 상층기압골의 동쪽에서는 중층운으로 구성된 콤마구름이 나타난다. 그리고 제트기류에 의한 권운이 넓고 굽은 띠 모양으로 제트축의 오른쪽

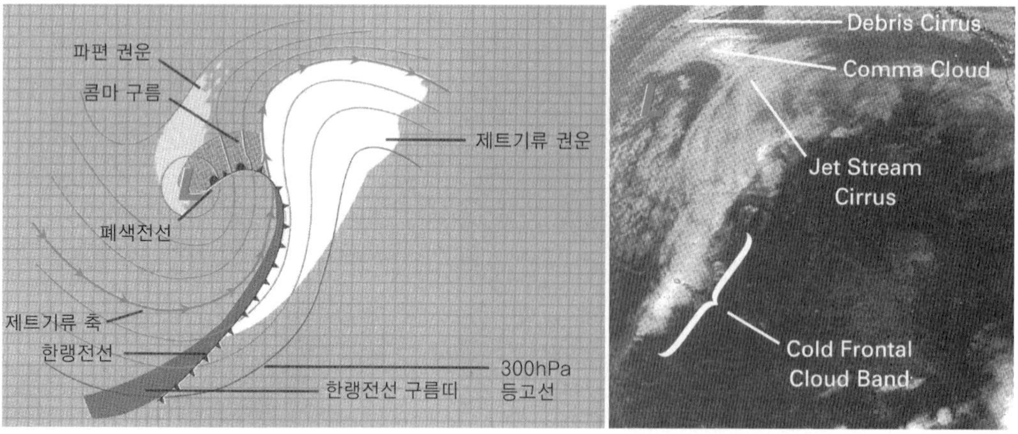

(a) 분석된 모양　　(b) GEOS에서 본 실제 구름 분포

[그림 9-16] 위성관측으로 본 폐색된 온대저기압의 주요 구름 분포

에 위치한다. 이 권운은 저기압 가까이에서 가장 높은 구름인데 대개 제트기류 축 부근의 권운 띠에서 매우 선명하게 확인된다. 또 콤마구름 부근에서도 다른 권운이 보인다. 이것들은 어느 정도 낮은 구름으로서 제트기류 권운과는 달라서 혼동되지 않는다.

[그림 9-16]에서와 같이 위성관측 한랭전선 구름을 볼 때 제트기류 권운이 온난전선 부근에 있는 많은 낮은 고도의 구름을 덮고 있다. 콤마구름은 상층기압골이나 저기압의 위치를 나타내는 지표로 쓰인다. 온대저기압 발달의 초기단계에서는 콤마구름이 한랭전선구름대로부터 분리되어 있다.

지상일기도의 분석을 적용하게 되면 이상화한 한대전선모델은 앞으로의 기상조건을 예상하는 효과적인 지침이 된다. 그러나 이 모델은 발생한 전선저기압의 구조와 움직임을 모두 정확히 설명할 수는 없다. 예를 들면, 해양에서는 대체로 저기압이 강화된다. 그리고 앞서 설명했던 것처럼, 폐색전선은 발달하지 않는다. 그리고 대륙의 서부해안으로 접근하는 폐색저기압에 동반되는 온난전선은 종종 지상일기도 분석에서는 나타나지 않아 위치를 확인하기가 매우 어렵다. 특히 북미대륙에서는 높은 산맥과 매우 따뜻한 멕시코만이 때로는 파동저기압의 여러 단계를 왜곡시킨다.

(3) 전선과 항공기의 운항

전선은 항공기 운항에 직접 영향을 미치므로 중요하다. 이는 전선에 수반되는 적난운이나 층상운이 난기류, 착빙, 번개 등의 장애를 일으키기 때문이다.

특히 주의해야 할 것은 할강전선(kata-front)이다. 이 전선 상에는 구름이 없으나 운동량이 위에서 아래로 수송되므로 전선에서는 바람의 연직시어가 커져서 난기류가 있다. 이 현상은 특히 제트기류 부근에서 심하다. 제트기류 전선에서는 흔히 청천난류(CAT)가 발달한다.

지금까지 언급한 일반적(거시적)인 성질 외에 전선은 지형이나 전선 상의 중소규모 소용돌이의 발달로 그 특징이 현저하게 변화한다. 1969년 2월 일본의 동경만을 남하한 한랭전선이 하네다(羽田) 공항을 통과했을 때는 별로 항공장애가 없었으나 기사라즈(木更津) 부근에 왔을 때는 수렴, 발산이 현저해져서 B-727형 항공기가 하강기류 때문에 추락하는 사고가 발생했다. 따라서 전선의 중규모 구조를 안다는 것은 항공에 있어서는 매우 중요하다.

또 엄밀한 의미에서 전선은 아니지만 착륙에 장애가 되는 것에는 해안지방의 해풍전선(sea breeze front)이 있다. 한 연구에 의하면 해풍전선에서 나타나는 상승기류는 100~200m의 폭에 2m/sec이었고 최대로 8m/sec까지 달했고, 그 바로 옆의 육지쪽에는 하강기류가 있었다고 보고되고 있다. 이 때문에 해풍전선도 가끔 착륙의 장애가 되므로 해풍이 탁월한 공항에서는 이에 대한 유의가 필요하다.

Ⅲ 열대저기압(태풍)

1. 태풍의 기후학

열대저기압은 열대 편동풍대에서 발달하는 저기압성 순환으로서 중규모 현상에 해당한다. 이것이 가장 강한 형태로 발달하면 강한 대류, 아주 강한 바람, 그리고 폭우를 동반하는 태풍이 된다.

1) 열대저기압의 분류

열대저기압(tropical cyclone)은 그 중심의 최대 풍속의 크기에 따라 [표 9-1]처럼 분류한다.

[표 9-1] 중심 최대풍속 크기에 따른 열대저기압의 분류

중심최대풍속(kts)	명 칭
〈 20	Tropical disturbance(열대요란)
20 ~ 34	Tropical depression(열대저압부)
35 ~ 63	Tropical storm(열대폭풍)
64 ≦	Typhoon*(태풍)

※ 대서양과 북미 태평양에서는 Hurricane, 인도양, 남태평양과 대양주에서는 Cyclone이라 한다.

열대저기압이 발달해 이루어진 태풍은 지역에 따라 다른 이름을 가지고 있다. 예를 들어 북태평양의 서부 해역에서는 태풍(typhoon), 대서양과 태평양 동부해역에서는 허리케인(hurricane), 남태평양과 대양주와 인도양에서는 싸이클론(cyclone)이라 부른다[그림 9-17].

태풍은 중심 최대 풍속이 100kts를 초과하는 경우도 종종 볼 수 있다. 태풍(허리케인)의 잠재적인 피해를 평가하는 데는 'Saffir-Simpson scale'이 쓰인다[표 9-2].

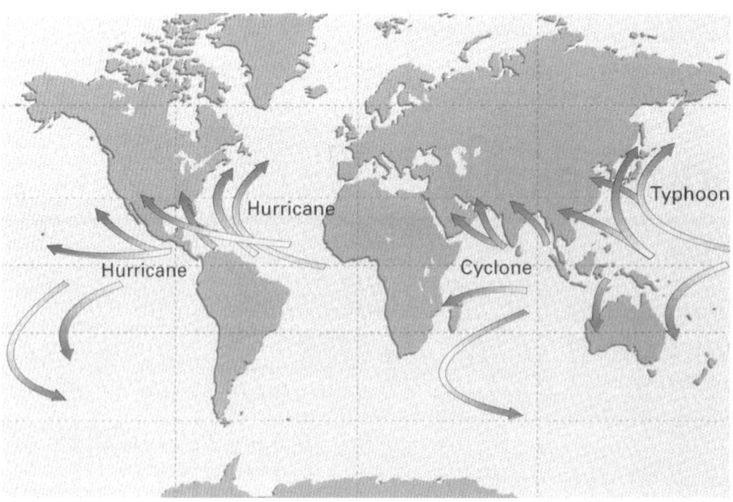

[그림 9-17] 일반적인 태풍(허리케인, 싸이클론)의 경로도

[표 9-2] 피해정도에 따른 Saffir-Simpson의 허리케인(태풍) 분류

범주	중심기압 (hPa)	풍속 (kts)	폭풍해일크기 (feet)	피해 정도
1	≥ 980	64~82	4~5	나무나 고정되지 않은 이동식 가옥 등에 피해
2	965~979	83~95	6~8	나무를 쓰러뜨리고, 이동식 가옥에 피해를 주며, 건물의 지붕에 피해를 입힌다.
3	945~964	96~113	9~12	큰 나무가 쓰러지며 이동식 가옥은 파괴되고, 작은 건물에 구조적인 피해를 입힌다.
4	920~944	114~135	13~18	모든 표지판이 떨어지고 넘어지며 지붕, 창, 출입문에 큰 피해를 입히며, 이동식 가옥은 완전히 파괴되며, 바닷가 제방에 피해를 준다.
5	〈 920	〉 135	〉 18	주택의 창과 출입문, 지붕 등에 심각한 피해를 주고, 작은 건물은 무너지고 날아가며, 해변 500m 이내에 있는 4.5m 이하의 모든 제방에 큰 피해를 입힌다.

어떤 열대저압부가 열대폭풍 강도에 도달할 때 국제 규정에서 미리 정한 명단에 의해 이름이 붙여진다. 서부 북태평양에서 발생하여 우리나라를 포함한 동아시아와 동남아시아에 영향을 미치는 태풍(열대폭풍 단계부터 태풍으로 간주)은 적도부근의 북태평양 해역에서 1년에 약 30여 개씩 발생하고 있다. 그중 2~3개의 태풍이 우리나라에 영향을 미친다.

미국 대륙에 영향을 주는 열대저기압은 주로 대서양, 카리브해 및 멕시코만에서 발생한다. 북미에서 허리케인의 피해를 가장 자주 입는 지역은 멕시코만과 동부해안이다. 허리케인은 늦여름과 초가을에 자주 발생한다. 동태평양에서 발생하는 대다수의 허리케인은 북서쪽으로 이동하며, 가끔 하와이섬을 위협하기도 하지만, 대부분은 북태평양의 찬 해상에서 소멸된다.

2) 열대저기압의 발달과 이동

[그림 9-17]에서 볼 수 있듯이 열대저기압은 적도로부터 약 1,200n.m. 이내의 79℉(26℃) 이상의 매우 따뜻한 해양에서 발달한다. 열대저기압은 열대요란(tropical disturbance)으로부터 시작된다. 만약 조건이 양호하다면 그것은 열대저압부(tropical depression)와 열대폭풍(tropical storm)의 단계를 거치면서 이동하고, 그 중 많은 수의 열대저압부가 계속해서 태풍(typhoon) 강도로 발달한다.

태풍은 발생지로부터 대부분 서쪽으로 이동하면서 점차적으로 아열대 고기압의 서쪽 면에서 고위도 쪽으로 전향(recurvature)하여 고위도에 도달하게 된다. 태풍이 따뜻한 해양으로부터 얻는 잠열 에너지는 차가운 해상이나 육지 위로 이동하면 더 이상 얻을 수 없기 때문에 태풍은 점차 약화되면서 빠르게 북동쪽으로 이동하면서 소멸하는데, 때로는 한대전선을 만나거나 강한 온도경도지역에 도달하여 강한 온대저기압으로 다시 발달하기도 한다.

열대저기압 중에는 서태평양에서 발생하여 인도양으로 진출한다든지, 대서양에서 발생하여 동태평양으로 진출하는 등 계속 서진하는 태풍도 있다. 이러한 경우에는 그러한 태풍에 이름을 다시 붙이게 된다.

2. 열대저기압의 구조와 날씨

1) 구조와 날씨

[그림 9-18] **태풍의 위성영상**

열대저기압이 태풍 강도로 발달하면 그 크기는 직경이 수백 마일이나 된다. [그림 9-18]은 기상위성에서 찍은 허리케인 영상이다. 태풍에 동반된 구름 영상의 수평규모(직경)는 일반적으로 300n.m. 이상이다. 위성으로 관측한 구름은 레이더로 관측한 영상의 경우보다 보통은 더 넓은 지역을 덮고 있다. 이것은 고고도의 상층 고기압대에서 권운이 발산되어 퍼져나가기 때문이다. 태풍의 레이더 관측은 구름구조 자체를 관측하는 것이 아니라 강수영역을 관측하는 것이기 때문에 위성영상을 보는 것보다 훨씬 규모가 작은 것처럼 보인다[그림 9-18]. 폭풍영역은 태풍등급의 바람영역보다는 작으며 그 거리는 대략 50n.m. 이내이다.

태풍의 외형적인 주요 특징은 눈, 눈벽 및 나선형 구름대이다[그림 9-19]. 태풍눈(typhoon eye)은 원형으로서 태풍의 중심에 위치하고 직경이 대략 10~20n.m.로서 거의 구름이 없는 지역이다. 이것은 태풍의 온난핵으로서 상대적으로 바람이 약하며 해면기압이 낮다. 실제로 세계에서 가장 낮은 해면기압은 태풍의 중심에서 관측되었다. 1979년에 태풍 Tip의 중심 해면기압은 870hPa로 관측되었는데 이는 기록적으로 낮은 기압값이었다.

눈벽(eye wall)은 눈 바로 주위에 접한 적란운(Cb) 구름영역이다. 이곳은 바람과 대류가 가장 강한 영역이다. 태풍은 권계면이 매우 높은 열대에서 발생하기 때문에 눈벽을 이루고 있는 Cb의 운정이 해발 50,000ft(약 15㎞) 이상으로 높은 경우도 있다. 또한 태풍의 나선형 구름대는 Cb, 따라서 소나기가 발생하는 수렴선이다. 그것은 폭이 수 n.m.로부터 약 30n.m.까지이고, 대략 60~200n.m. 간격으로 떨어져 있다.

지상에서는 강한 바람이 태풍 중심을 향해서 저기압성으로 불어 들어간다. 태풍의 상층인 해발 40,000ft(약 12㎞) 이상에서는 순환이 변화하여 태풍의 꼭대기는 바람이 약하고 고기압성 방향으로 밖으로 불어 나간다. 이 구조는 열대저기압의 중요한 특징이다. 바람은 지표부근에서 가장 강하고 상층(특히 해발 18,000ft(약 5.5㎞) 이상)에서는 약해진다.

태풍을 위성에서 관측하면 대략 대칭으로 보이지만, 기상현상은 대칭이 아니다. 태풍의 이동방향을 향해서 보면, 북반구에서는 가장 강한 바람은 오른쪽에서 발생하고 악기상은 오른쪽 앞쪽 4분원에서 발생한다. 강우 강도와 강우대의 이동은 국지풍과 강우대의

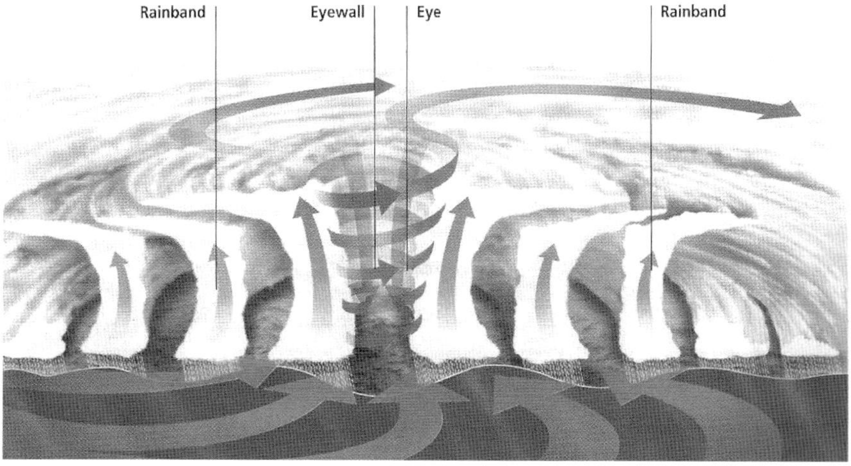

[그림 9-19] 태풍의 단면도

폭과 속도에 따라 영향을 받는다.

태풍을 설명할 때는 피해를 주는 강한 바람이 가장 큰 관심사이지만, 태풍으로 인한 가장 큰 피해는 대개 폭풍해일(storm surge)로 인한 해안지역의 해일재해이다.

적절히 주의를 한다면 온대저기압 부근에서는 비행이 가능할 수도 있지만, 태풍 부근에서의 비행은 불가능한 것으로 보고 절대적으로 피해야 한다. 태풍 부근에서는 바람이 강하고 흔히 뇌우가 발생하며 소나기가 심하게 내린다.

태풍이 한 지역에 접근하면 기상청은 태풍특보를 발표한다. 일반적으로 태풍주의보는 특정한 지역에서 태풍이 24~48시간 안에 접근이 예상될 때 발표되고, 태풍 경보(typhoon warning)는 24시간 이내에 접근이 예상될 때 발표된다. 우리나라에서는 나타날 기상현상의 강도에 따라 태풍주의보, 태풍경보를 발표한다.

2) 태풍이 항공에 미치는 영향

태풍눈 주변의 눈벽이나 나선형 구름은 적난운(Cb)이므로 항공기는 그 속에서 심한 난기류나 착빙을 만나게 된다. 특히 눈벽의 경우 폭 20㎞ 정도에서 난기류가 매우 심하다. 제트기라면 작고 약한 태풍 위를 비행할 수도 있으나 아주 발달한 태풍인 경우에는 10~13㎞ 상공에서도 심한 난기류를 만나게 될 위험이 있다.

저공비행의 경우에는 태풍의 중심을 왼쪽에 두고 우회하면 뒷바람(배풍)을 받으며 비행할 수 있다.

태풍 부근을 비행할 때는 전파고도계를 사용하지 않는 한 참높이를 구하기 어렵다. 기압고도계로 정고도를 비행하여도 참높이와의 차가 1000m에 달할 수도 있다..

이상의 여러 점을 고려하면 정찰비행을 위한 특별 훈련을 받은 조종사 이외는 태풍역을 피하여 비행하는 것이 현명하다.

비행장에 주기한 항공기도 태풍의 영향을 받는다. 우선 강풍으로 항공기가 전복될 우려가 있다. 항공기는 어느 정도의 풍속까지는 엔진을 가동하여 기수가 바람을 향하게 하면 안전이 유지되나, 그 이상의 바람일 때는 격납하든가 다른 비행장으로 대피시켜야 한다. 바다에 인접한 비행장에서는 해일피해의 가능성에도 대비해야 한다.

연 습 문 제

1. 시베리아 고기압의 형성과정과 이 고기압의 특성에 대해 설명하시오.

(참고 p.229)

2. 전선의 종류를 열거하고 간단히 설명하시오.

(참고 p.248~251)

3. 온대 저기압에 대해 설명하시오.

(참고 p.234, 242~248)

4. 우리나라에 영향을 주는 기단에 대해 설명하시오.

(참고 p.238~239)

5. 열대저기압을 규모에 따라 정의하시오.

(참고 p.254~255)

6. 상층일기도에서 등고선이 확실하지 않을 때 그 아래 지상일기도에서 온난고기압이 분석되었다면 상층일기도에서 나타나는 기압계의 모양은 무엇인가?

① 기압골　　② 저기압
③ 직선 등고선　　④ 고기압

7. 한랭전선이 통과한 후에 나타나는 현상 중 맞는 것은 무엇인가?

① 풍향이 남풍으로 바뀐다. ② 기압이 급격히 낮아진다.
③ 이슬점온도가 상승한다. **④ 기온이 급격히 낮아진다.**

8. 어느 비행장에서 구름이 권운 권층운 고층운 난층운의 순서로 나타나고 있다. 다음 차례에 기대할 수 있는 상황은?

① 기온이 급하강할 것이다. ② 풍속이 증가할 것이다.
③ 기압이 급상승할 것이다. **④ 날씨가 회복될 것이다.**

9. 이동성 고기압의 중심이 우리나라를 지나고 있다. 기대할 수 있는 현상 중에 가장 적합한 것은?

① 낮에는 바람이 강해질 것이다.
② 낮에는 구름이 많이 낄 것이다.
③ 밤에는 기온이 크게 낮아질 것이다.
④ 밤에는 비가 내릴 가능성이 커진다.

10. 강한 태풍이 내습할 경우에 지상에 있는 비행기를

① 기수를 바람이 불어오는 방향으로 향하고 엔진을 걸어둔다.
② 소형기는 격납고에, 대형기는 가능한 한 태풍의 영향권 밖으로 피난시킨다.
③ 접지시켜 낙뢰에 대비한다.
④ 비행기를 가항반원 쪽으로 옮겨놓는다.

제10장
뇌 우

I 뇌 운

1. 뇌운 발생의 원인

1) 열기포

뇌우의 발달을 이해하려면 뇌운의 운저 아래의 대류 특성에 대한 이해가 있어야 한다.

지면이 지상의 공기보다 더 따뜻하게 되면 최하층에서 기온감률은 경우에 따라 '초단열' 상태(LR>3℃/1,000ft)가 된다. 이러한 절대불안정 조건 하에서 작은 연직변위를 일으키는 임의의 공기는 빠르게 그 변위 방향으로 계속 움직일 것이다. 경계층에서 이 과정이 시작되면 지표면에서 상승하는 따뜻한 공기의 불연속적인 '기포(bubble)'가 형성된다. 이 기포들은 독특한 규모와 생애를 가진 또 하나의 대기순환으로 볼 수 있다. 이것은 열기포(thermal)라고 하는 것인데 이것이 적운 형성의 원인이 된다.

개개의 열기포는 수 백~수 천 ft의 수평규모와 5~10분의 생애, 그리고 분당 2,000ft (10m/s)정도까지의 연직속도를 가진다. 열기포는 지표면이 그 위의 공기보다 더 따뜻하면 어느 때든 발달할 수 있다. 이 조건은 한랭전선의 통과처럼 한랭기단이 따뜻한 대륙으로 이동할 때에도 생긴다.

열기포는 하루 중에는 맑은 날 낮에, 그리고 일 년 중에는 따뜻한 계절에 많이 발생한다. 열기포의 크기와 강도는 열기포가 주위보다 얼마나 더 따뜻한가, 즉 지표면의 가열 정도에 따라 결정된다. 열기포는 오전보다는 오후에 더 크고 강해지는 경향이 있다.

낮 동안의 열기포의 발원지는 빠르게 가열되는 지표면이다. 이러한 발원지의 지표면으로는 건조지역, 포장도로, 주차장 및 활주로가 특히 적합하다. 또한 높은 지형에서도 열기포가 잘 생긴다. 왜냐하면 높은 고도의 지면은 동일 고도의 주위 공기보다 더 따뜻한 경우가 많기 때문이다. 높은 고도의 맨땅에서는 근처 계곡에서보다 하루 중 더 일찍 열기포가 만들어지고 또한 오랫동안 만들어진다. 나무로 덮인 지역, 차가운 수역, 관개지역, 비로 인해 습한 지면 등은 열기포의 발원지로서는 적합치 못하다.

2) 회오리

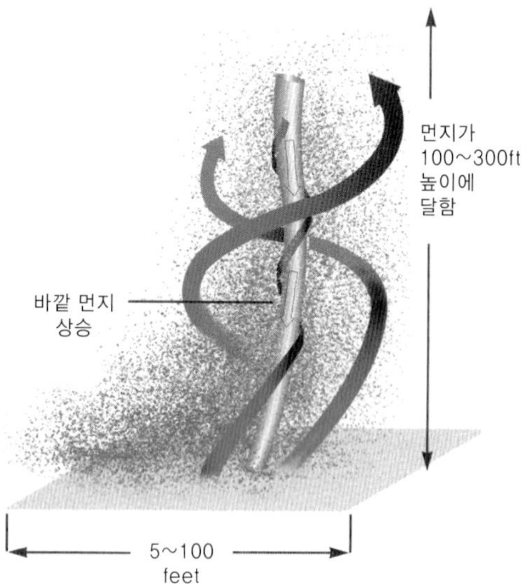

[그림 10-1] **먼지회오리(dust devil)의 모습**

지표면에 근접한 곳에서의 열기포는 직경 약 100ft, 길이 수 백 ft의 온난공기가 플룸(plume) 모양으로 상승하는 구조를 가진다. 바람이 강하면 지표면 근처의 열기포는 흩어져서 확인하기 어렵다. 열기포의 상승구조가 때로는 평평한 지면 위를 날아오르는 새떼나 파동치는 smoke plume처럼 나타난다.

바람은 때로는 나무나 언덕과 같은 장애물에 의해서 부분적으로 차단된다. 장애물의 둘레를 휘감는 공기는 풍하측에 맴돌이를 형성하기도 한다. 만약 열기포가 어떤 지역에서 우연히 맴돌이로 형성된다면 그것은 회전할 것이다. 열기포는 상승하므로 연직으로 뻗어나가면서 수평적으로는 수축한다. 따라서 더 빠른 회전을 유발한다. 회전하는 피겨스케이트선수가 팔을 몸 쪽으로 움츠릴 때의 효과와 같은 현상이다. 이러한 열기포의 회전 결과는 회오리바람(whirl wind)이나 먼지회오리(dust devil)로 알려진 소용돌이(vortex)들이다[그림 10-1]. 이들은 격렬한 토네이도나 용오름과는 구별된다. 먼지회오리 내의 풍속이 보통은 20kts 정도이지만, 50kts의 풍속이 보고된 먼지회오리도 있다.

먼지회오리는 여름철 이른 오후 사막지대와 같은 매우 뜨거운 지표면 위로 바람이 약하게 불 때 잘 형성된다. 먼지회오리는 회전방향이 일정하지 않다. 그리고 위치하고 있는 층에서의 평균바람의 속도와 방향으로 이동한다.

먼지회오리는 대개 직경이 5~100ft 정도이고, 길게는 몇 시간동안 유지되는 경우가 있지만 대개 4분 이하의 생애를 가진다. 소용돌이에 의해 상승된 먼지는 종종 지상 100~300ft 고도까지 이른다. 소용돌이 그 자체가 고고도로 확장될 수 있다. 사막지대에서 여름철에는 가끔 먼지회오리가 지상 수 천ft 고도까지도 도달된다. 먼지회오리는 건조 대류의 결과이다. 따라서 Cb나 Cu의 생성과는 상관이 없다.

3) 소용돌이 고리

보통의 열기포는 상승하면서 독특한 내부순환을 일으킨다. 열기포의 상승운동에 따라 소규모의 순환세포인 소용돌이 고리(vortex ring)가 나타난다. 소용돌이 고리는 지표면에서 위쪽으로 확장하는 소용돌이에 대해 상대적으로 좁은 상향운동 중심과 약한 하강운동 영역으로 둘러싸여 고리모양을 이루고 있다.

또한 열기포의 수평규모는 고도 증가에 따라 외부공기가 순환 속으로 들어와 혼합되면서 커진다. 열기포는 비록 상승기류가 지배적인 특징이지만 실제로는 바람시어와 같이 내부 온도차와 외적 영향 때문에 상승하면서 비틀려지거나 일그러진다.

소용돌이 고리 순환은 열기포가 상승할 때 외부공기를 끌어들이기 때문에 발생하는 것으로 열기포의 온도와 부력을 감소시킨다. 열기포의 상승은 주위보다 더 차가운 안정층에 도달할 때 멈춘다.

열기포는 큰 고기압지역 부근에서 흔히 발생한다. 이 경우에 경계층 대기는 낮 동안에 지표면 가열로 인해 불안정하게 되지만 열기포는 높은 안정층으로 인해 겨우 2,000ft 정도 상승할 수 있다. 만약 이 과정에서 구름이 형성된다면 화창한 날씨의 적운형 구름이 된다.

2. 기단뇌우의 생애

[그림 10-2]는 단세포 뇌우의 일생을 나타내고 있다. 그 생애는 적운단계, 성숙단계 및 소멸단계의 3단계로 이어진다.

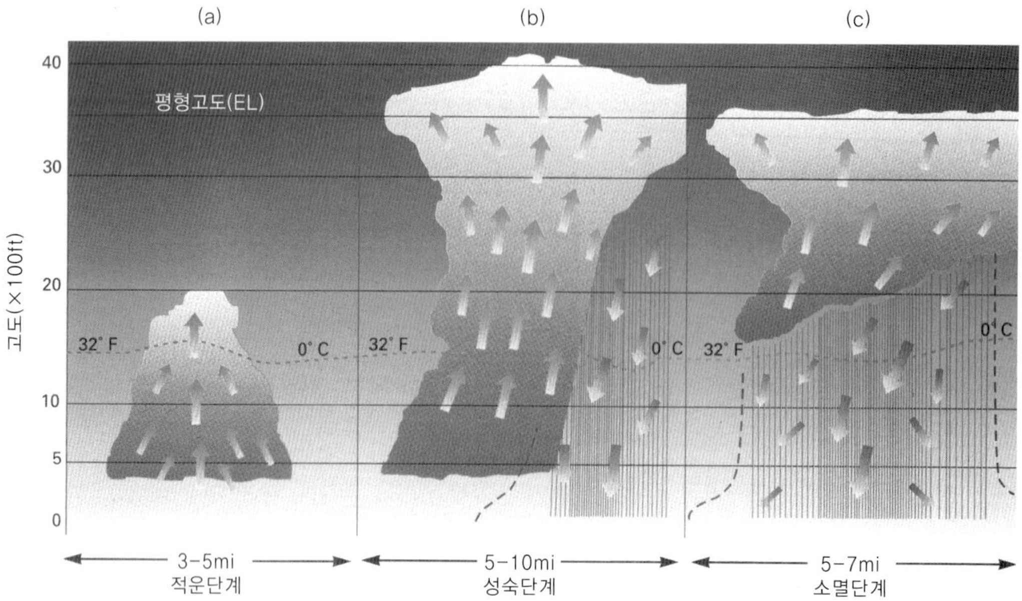

[그림 10-2] **단세포 기단뇌우의 일생**

1) 적운단계

대기가 충분히 습윤하고 불안정할 때 기단뇌우(air mass thunderstorm)의 발달이 시작된다. 적운단계(cumulus stage)에서는 대류의 특성에 중요한 변화가 일어난다. 즉 순환의 규모가 눈에 띄게 증가한다. 그리고 하나의 상승기류 영역의 크기는 개별 열기포의 크기보다 더 커진다. 이런 상황은 종종 한 개의 특정한 구름이 다른 구름들보다 더 빠르게 성장하기 시작하는 적운 영역에서 볼 수 있다. 발달하는 한 개의 적운 영역의 상승기류에 대응하여 적운 영역보다 더 넓은 영역의 공기가 하강하기 시작하면서 하강기류가 나타나는 영역의 작은 구름들은 사라진다.

[그림 10-3] **기단뇌우의 적운단계에서 나타나는 탑적운(TCu)**

뇌우의 첫 발달단계에서 열기포가 운정에 도달할 때 불규칙하게 볼록한 모양으로 보이는 탑적운(TCu)으로 발달한다[그림 10-3].

적운단계에는 대류순환이 일반적으로 직경 3~5마일과 고도

20,000ft까지 탑적운(TCu)으로 빠르게 성장한다. 이 적운단계에 발생하기 시작한 구름은 약 15분이면 다음 발달단계에 이른다. 구름이 계속 성장하면 적운단계의 최종 단계에서 구름 내부에 하강기류가 시작되면서 강수가 발달한다.

2) 성숙단계

성숙단계(mature stage)는 강수유발 하강기류가 지표면에 도달할 때부터이다[그림 10-2]. 번개(lightning)와 천둥(thunder)은 뇌우세포의 직경이 대략 5~10마일까지 성장할 때 시작된다. 뇌우세포의 순환은 이 단계에서 체계화된다. 상대적으로 온난한 상승기류와 강수유발로 한랭해진 하강기류(down draft)가 나란히 존재한다. 하강기류는 운저 부근에서 최대속도에 달하는 반면 상승기류는 적란운의 상층부분에 있는 평형고도(equilibrium level) 부근에서 최대속도에 도달한다.

[그림 10-4] **성숙단계에 도달된 뇌운(적란운)**

성숙세포의 꼭대기는 종종 성층권까지 이른다. 구름의 가장 높은 부분은 성층권의 매우 찬 온도와 강한 안정 특성 때문에 권운 모양으로 발달한다. 연직 운동은 약화되고 구름은 수평으로 퍼져서 마침내 잘 알려진 모루구름을 형성한다[그림 10-4]. 모루구름(anvil cloud)은 뇌우의 최상부 바람방향으로 빠르게 퍼져간다. 이것은 폭풍우가 이동하는 대략적인 방향이다.

기단뇌우세포의 성숙단계의 시작은 대개 지상에서 돌풍 및 강수로 나타나지만 예외적인 경우도 있다. 예를 들면 발달 중인 적운(Cu)이 소나기와 그와 관련된 하강기류를 일으킬 수 있으나 아직은 성숙단계에 도달한 것은 아니다. 이 경우에는 아직 번개와 천둥은 발생하지 않는다.

성숙단계의 전형적인 모델에 대한 예외가 여름철 특히 미국 서부의 건조지역에서 나타나는데, 이곳에서는 지표의 습도가 낮기 때문에 공기가 응결되려면 높은 고도까지 상승해야 하기 때문에 뇌우의 운저가 지상 10,000ft 정도로 높을 수도 있다. 운저가 높은 이들 구름에서는 번개와 천둥이 발생하지만 강수는 대부분 지상에 도달하기 전에 증발해 버린다. 이 경우 단지 꼬리구름(virga)으로 알려진 강수줄기만 운저 아래에서 관측된다.

무강수 상태에서 번개와 돌풍이 결합하면 종종 산림화재가 일어날 수 있다. 또한 지면에 비가 오지 않더라도 이러한 공중의 강수와 관련된 하강기류와 돌풍은 여전히 비행재해를 일으킬 수 있다는 것에 유의해야 한다.

만약 강수유발 하강기류가 규모가 작지만 예외적으로 강하다면 이것은 이륙과 착륙 시 위험한 바람시어를 일으키는 마이크로버스트(microburst)로 분류될 수 있다. 또한 비가 뇌우 아래 지면에 도달하면 차가운 하강기류는 밖으로 퍼져나가 종종 뇌우세포의 가장자리로 확장하는 수평돌풍을 일으킨다. 이것에 대해서는 항공기상재해에서 다루게 될 것이다.

3) 소멸단계

단세포 기단뇌우가 시작된 후 30분 정도가 지나면 뇌우는 소멸단계(dissipating stage)에 들어가게 된다. [그림 10-5 (c)]에서 보듯이 강수와 하강기류가 상승기류를 차단하면서 뇌우세포의 아래쪽으로 퍼진다. 뇌우성장을 위한 에너지원은 지표층으로부터의 상승기류에 의해 받는 열과 수분인데, 상승기류의 차단으로 폭풍우는 종말을 맞게 된다. 수분원이 없으면 강수는 감소하고, 전체 뇌우구름은 점차 소멸되면서 층운형 모양을 가지게 된다. 꼭대기의 모루구름(anvil cloud)은 얼음구름(ice cloud)이기 때문에 뇌우세포의 다른 부분보다도 더 오래 지속될 수 있다.

단세포 기단뇌우의 생애는 한 시간 이하이지만, 때로는 훨씬 더 오래 지속되는 뇌우도 있다고 생각하게 된다. 그러한 경우는 기단뇌우보다 더 넓은 지역에 영향을 주는 다중세포 뇌우나 거대세포 뇌우를 보고 있는 셈이기 때문이다.

Ⅱ 뇌우의 구조

1. 기상레이더에 의한 뇌우 탐지

1) 레이더 관측

뇌우의 생애를 기상레이더(meteorological radar)로 탐지할 수 있다. 레이더는 동일 안테나에 송신기와 수신기를 가지고 있다. 송신한 전자파 에너지가 안테나에서 목표물까지 갔다가 되돌아오는데 걸리는 시간을 측정함으로써 안테나에서 목표물까지의 거리를 알 수 있다. 목표물의 방향은 안테나가 에코를 받았을 때 가리키는 방향으로 결정된다[그림 10-5].

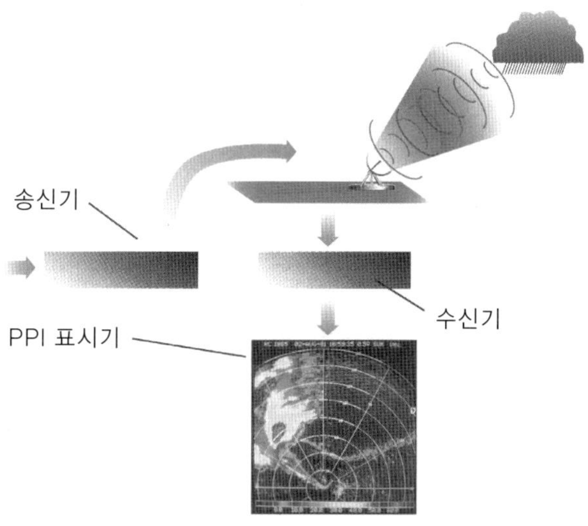

[그림 10-5] 레이더의 원리

도플러레이더(Doppler radar)는 레이더 쪽으로 다가오거나 레이더로부터 멀어지는 목표물의 속도를 측정할 수 있다. 즉 송신된 복사와 수신된 복사 사이의 주파수 차를 측정함으로서 그 물체의 속도를 결정한다. 반송 주파수는 목표물이 레이더에서 멀어져가면 송신된 주파수보다 감소하고 목표물이 레이더로 향해 다가오는 경우에는 증가한다.

기상레이더는 입자에 의해 산란될만한 민감한 특정 파장의 전자파 복사를 이용한다. 대부분의 기상레이더는 구름입자보다 큰 비나 눈 같은 입자를 탐지한다. 강수형태에 따라 반사율이 다를 수 있다. 예를 들면 큰 물방울과 습한 우박(wet hail)은 눈이나 이슬비보다 더 강한 에코를 나타낸다.

현재 미국의 기상레이더망은 도플러레이더 시스템으로 구성되어 있는데, 이 시스템은 약 60n.m. 밖의 바람과 130n.m. 밖의 상세한 악기상 형태를 감지할 수 있다.

항공기 탑재 기상레이더는 일반적으로 구름과 같은 극히 작은 목표물은 감지하지 못하고, 강수가 있을 정도의 물방울을 감지할 수 있다. 그래서 실제의 구름영역은 레이더 에코의 범위보다 더 크고, 운정의 경우도 일반적으로 레이더 에코에 나타나는 것보다 더 높다. 레이더 에코는 종종 강수와 함께 지면으로 확장하기 때문에 강수를 포함한 운저는 지면 에코와 구별되지 않아서 레이더에 의해 탐지하기가 어렵다.

그리고 강수는 기상레이더 신호의 감쇠효과가 매우 커서, 예를 들면 폭우 중에서는 레이더 신호가 목표물인 폭우의 레이더 반대쪽 부분이 부분적으로나 전체적으로 감쇠될 수 있다. 그래서 목표물 전체를 명백하게 확인할 수가 없게 된다. 이것은 항공기 탑재 레이더가 가지는 단점 중의 하나이다.

레이더 에코를 가로질러 나르는 비행의 안전성은 건너편까지를 내다 볼 수 있는 능력에 의해서 결정된다. 때로는 레이더 신호의 감쇠현상으로 인해 레이더로 확인할 수 없는 숨겨진 매우 강한 에코 때문에 레이더 에코를 가로지르는 비행이 불가능할 수도 있다.

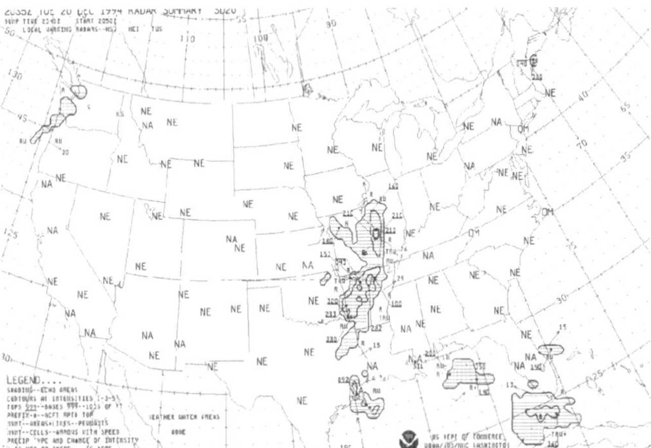

[그림 10-6] 기상레이더 합성도

[그림 10-6]는 여러 개의 레이더 시스템으로 관측하고 이를 합성하여 하나의 영상으로 편집하는 미국의 국가 레이더망으로 레이더 강도(VIP정보)를 나타낸 기상레이더차트이다. 레이더차트 상에 등치선으로 표시된 VIP레벨 등치선은 특정한 지역에서의 에코의 강도를 말한다. 뇌우는 짧은 생애를 가지기 때문에 매 시간의 레이더차트 사이의 시간보다도 짧을 수 있어서 앞 시간의 차트에 나타났던 에코의 연속성에 대해서는 세심한 주의가 필요하다.

기상레이더 신호가 때로는 산악지형에 의해 차단되거나, 레이더관측소가 때로는 작동되지 않을 수도 있어서 일부 뇌우세포가 관측에서 누락될 수도 있다. 이런 경우에는 지상관측이나 위성관측 그리고 낙뢰 감시 같은 다른 뇌우탐지 방법을 이용할 수도 있다.

2) 뇌운의 구조

뇌우(thunderstorm)는 적란운에 의해 발생되는 국지 폭풍우로 정의될 수 있는데, 항상 번개와 천둥을 동반한다. 뇌우는 일반적으로 강한 돌풍이나 폭우, 때로는 우박과 토네이도를 일으킨다. 뇌우는 보통 지속시간이 짧다. 그러나 드믄 경우이기는 하지만 단일 폭풍으로 2시간에 걸쳐 지속되는 경우도 있다. 비행경험에 비춰 보면 뇌우는 심한 난류, 착빙 및 바람시어가 나타나는 것이 특징이다. 만약 대류운이 적란운 단계에 도달하면, 다른 뇌우 활동 흔적이 있었는지에 관계없이 뇌우로 간주해야 한다.

뇌우에는 기본적으로 두 가지 유형이 있다. 기단뇌우(air mass thunderstorm)라고 하는 보통 뇌우와 위험뇌우(severe thunderstorm)라고 하는 스콜선뇌우가 그것이다. 위험뇌우는 50kts 이상의 돌풍과 직경 3/4in 이상의 우박 그리고 강한 토네이도를 일으키는 위험기상으로서 기단뇌우보다는 강도가 더 강하다.

뇌우의 기본적인 구성요소는 세포이다. 초기단계에서 세포는 성장하는 뇌우의 상승기류 영역이다. 뇌우가 발달한 후에는 강수유발 하강기류가 세포에 포함된다. 뇌우는 단세포 뇌우(single cell), 다세포 뇌우(multi-cell)혹은 거대세포 뇌우(super cell)로 존재할 수 있다. 단세포 뇌우는 지속시간이 한시간 이내이다. 이에 비해 거대세포 뇌우는 2시간 정도 지속될 수 있다. 다세포 뇌우는 뇌우가 밀집된 클러스터(cluster)이다. 클러스터는 대개 발달 단계가 각각 다른 여러 개의 뇌우세포로 구성되어 있다. 이런 세포들의 클러스터는 어떤 개별 세포보다 훨씬 더 오래 지속되도록 상호작용을 한다.

2. 뇌우세포의 발달

1) 다세포 뇌우

다세포 뇌우의 세포들 중 어느 하나의 일생은 기단뇌우와 매우 비슷하다. 그러나 다세포인 클러스터의 일생은 매우 다르다. 세포 간의 상호작용은 더 많은 세포를 생성하고 그

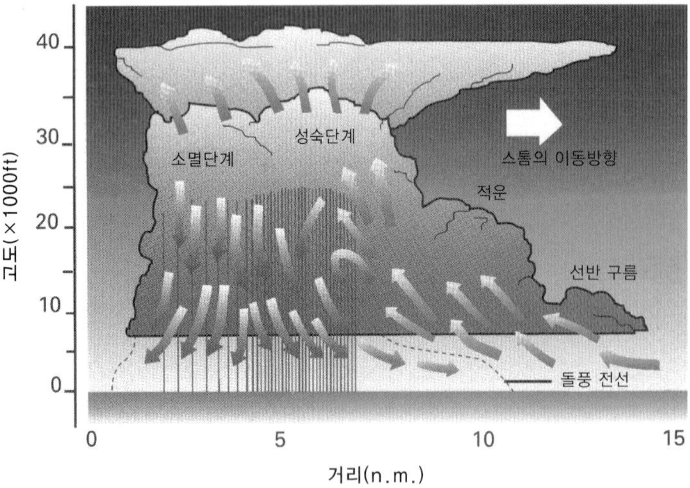

[그림 10-7] **여러 발달단계에 있는 세포로 구성된 다세포 뇌우**

래서 클러스터의 생애를 유지시킨다[그림 10-7].

다세포의 긴 생애의 요인은 뇌우 돌풍전선(gust front)의 발달이다. 이것은 뇌우 아래에서 하강하여 밖으로 퍼져나가는 한랭공기의 가장자리에서 나타나는 뚜렷한 경계 현상이다. 다세포의 주된 상승기류는 저고도의 돌풍전선 바로 위에서 나타나며, 뇌우의 중심을 향해 위쪽으로 경사져 있다. 선반구름(shelf cloud)은 돌풍전선 위에 상승기류가 있음을 나타낸다. 상승기류는 스톰이 이동하는 방향에서 스톰 안으로 들어간다.

돌풍전선이 불안정한 공기를 상승시킴으로써 새로운 세포가 돌풍전선을 향해 발달한다. 동시에 돌풍전선은 뇌우의 후면에서 여러 개의 성숙단계 세포와 소멸단계 세포의 강수유발 하강기류로부터의 한랭공기 공급으로 계속 유지된다. 이러한 세포 재생의 과정이 다세포 뇌우가 단세포 기단뇌우보다 더 넓은 지역에 영향을 주고 또 오래 지속되는 원인이다.

돌풍전선의 가장 강한 부분은 보통 뇌우의 이동에 수 마일 앞서 이동한다. 돌풍전선은 중규모 한랭전선과 아주 비슷하다. 돌풍전선 통과시에는 풍향급변이 있고 바람은 강하고 돌풍성이며 기압은 상승하고 기온은 하강한다. 뇌우세포의 이동방향과 속도는 700hPa(10,000ft)의 바람과 대략적으로 비슷하다. 유출경계(outflow boundary)는 뇌우 후에도 오랫동안 존재하는 돌풍전선의 흔적이다. 때로는 하루 중 늦게 뇌우에 의해 생성되는 유출경계는 백 마일 정도를 완전히 덮은 채 밤새도록 계속 이동하는 경우도 있다. 이러한 유출경계가 불안정한 지역으로 이동하거나 전선 또는 다른 유출경계를 가로지를 때 새로운 대류가 유출경계를 따라 발달할 수도 있다.

다세포 뇌우는 강도가 다양하다. 다세포 뇌우는 중규모 대류계로 조직화될 때는 강한 대류날씨(convective weather)를 나타낼 수 있다.

2) 거대세포 뇌우

다세포 뇌우는 악기상을 간혹 일으키데 비해 거대세포뇌우(supercell thunderstorm)는 거의 대부분 아주 심각한 대류성 날씨, 즉 매우 강한 돌풍, 큰 우박 및 토네이도를 일으킨다. 이러한 강도의 차이는 주로 뇌우구조의 차이에 기인한다.

거대세포 뇌우는 중위도 어디에서나 발생할 수 있지만, 그 중에서도 특히 발생이 적합한 지역은 봄철의 미국 남부 대평원(Great Plains)이다. 이는 거대세포가 심한 불안정과 함께 지표경계층 조건과 고고도의 바람 조건의 특별한 조합을 필요로 하는데, 이러한 조건이 연중 이 시기에 텍사스, 오클라호마 및 캔저스 지역에서 자주 나타나기 때문이다.

거대세포의 내부구조는 단세포 뇌우나 다세포 뇌우보다 좀 더 복잡하다. 실제로 이 복잡성이 거대세포의 크기, 강도, 지속시간을 결정한다. 특히 거대세포는 뇌우 상승기류가 경사를 이루고, 뒤틀리는 환경에서 형성된다.

거대세포 뇌우의 기류를 상세하게 설명하기 위해서 스톰의 3차원 모델을 사용한다. [그림 10-8]에서 보면 상승기류는 남동쪽에서 낮은 고도의 흐름을 이루며 스톰 안으로 들어간다. 이 경우에 공기는 뇌우 후방으로 상승하면서 북서쪽으로 경사진, 강하고 지속적인 상승기류가 된다. 모루구름 꼭대기에서 볼록하게 overshooting된 부분은 이러한 상승기류의 위치를 나타낸다.

상층의 강한 서풍의 영향하에서 대체로 수평으로 된 상승기류는 anvil을 통해 동쪽으로 뇌우를 벗어난다. 하강기류를 발생시키는 주된 강수는 [그림 10-8]에서 강수 줄기가

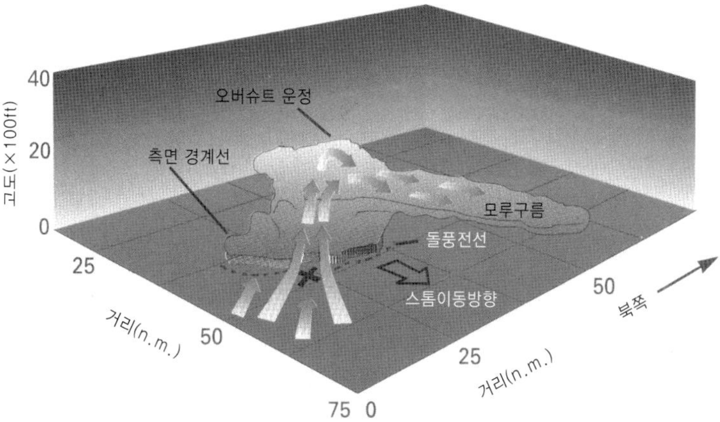

[그림 10-8] **거대세포뇌우의 투시도**

나타나는 상승기류의 북쪽에서 나타난다. 다른 하강기류(그림에서는 보이지 않음)는 또한 거대세포가 발달함에 따라 상승기류 서쪽에서 주위로 퍼진다. 그림에서 이 두 개의 하강기류로 발생되는 돌풍전선은 지상에 파선(deshed line)으로 표시되어 있다. 상승기류 남서쪽에서 전선돌풍과 평행한 측면에 성장하는 적운들이 늘어서 있다.

거대세포 뇌우의 구조는, 단세포 뇌우의 구조와 달리, 규모가 훨씬 더 크고, 또 상승기류와 강수 유발 하강기류가 분리되어 나타난다. 거대세포 뇌우는 지상 남풍에서 상층 서풍으로의 풍향 변화를 나타낸다. 이 연직시어 때문에 강수가 유발하는 하강기류는, 기단세포에서와는 달리, 상승기류와 충돌할 수 없는 곳에서 발생한다. 이 구조 때문에 거대세포는 강하고 지속적인 상승기류를 발달시키게 된다. 이것이 거대세포가 단세포 기단뇌우보다 훨씬 더 크고 강하며 오래 지속되는 이유이다.

거대세포에서 연직기류의 수평분리는 지상에서 뇌우의 종류를 구분할 때 유의사항으로 쓰인다. [그림 10-9]은 거대세포를 남동쪽([그림 10-9]에서의 X점)에서 바라 본 구름 모양을 나타낸다. 그림에서 북서쪽(그림의 오른쪽) 구름 아래의 하강기류에서는 강수가 있다. 남서쪽(그림의 왼쪽)에는 측면 경계선의 무강수 운저가 나타난다. 서쪽(그림의 중앙)의 인접한 스톰 지역은 주요 상승기류 지역에 매우 가깝다. 이 지역에서는 그림에 그려진 것처럼 벽구름(wall cloud)이라고 하는 더 낮은 무강수 운저 부분이 나타날 수 있는데, 그 곳에서 구름의 현저한 회전을 볼 수 있다. 실제로 이것은 강한 토네이도가 발생하는 위치이다. 모루구름 아래로 나타내는 불룩한 부분을 유방운(mammatus)이라 한다. 거대세포는 하나로 떨어져 발생하거나 다중세포와 다른 거대세포를 가진 중규모 대류계로 발생할 수도 있다.

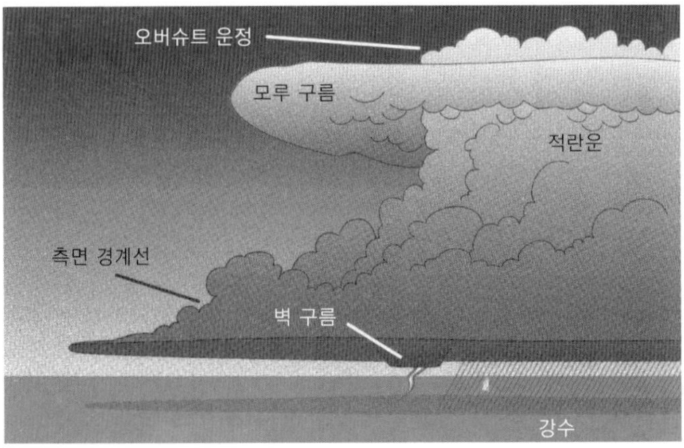

[그림 10-9] **구름의 남동쪽 지상에서 바라본 거대세포뇌우**

Ⅲ 뇌우의 악기상

1. 우박

대류운의 소나기에서 관측되는 빗방울들은 난층운(Ns)에서 내리는 빗방울보다 더 크다. 소나기에서 빗방울 크기가 큰 이유 중의 하나는 적운(Cu)과 적란운(Cb) 내의 상승운동이 난층운 내의 상승운동보다 강하기 때문이다. 강한 상승운동의 또 다른 산물은 우박(hail)이다. 우박의 형태는 앞에서 이미 설명한 바 있다. 3/4in 이상의 직경을 가진 큰 우박은 상공에서나 지상에서나 생명체와 재산을 위협한다.

얼음 입자가 빙정과정을 통해 성장하면 영하 온도에서 눈이 형성될 수 있다. 그러나 많은 과냉각수적이 존재하는 뇌우에서는 눈이 형성되지 않는다. 눈이 과냉각 물방울과 충돌하면서 물방울이 얼게 된다. 결착(accretion)으로 알려진 이 과정은 우박의 핵이 되는 비교적 큰 입자를 생성한다. 만약 뇌우 속의 상승기류가 구름 속에 떠 있는 이들 입자를 지탱하기에 충분히 강하다면 이것들은 상당한 크기로 성장하여 낙하한다. 만약 상승기류가 충분히 강하다면 떨어지던 우박은 다시 상승기류를 통해 위쪽으로 옮겨지고 그것들이 마침내 상승기류가 지탱하지 못하여 지상으로 떨어질 정도로 충분히 커질 때까지 계속해서 성장한다. 우박은 맹렬한 상승기류가 있는 뇌우의 정상부근에서 뇌우 밖으로 떨어져 나올 수도 있다.

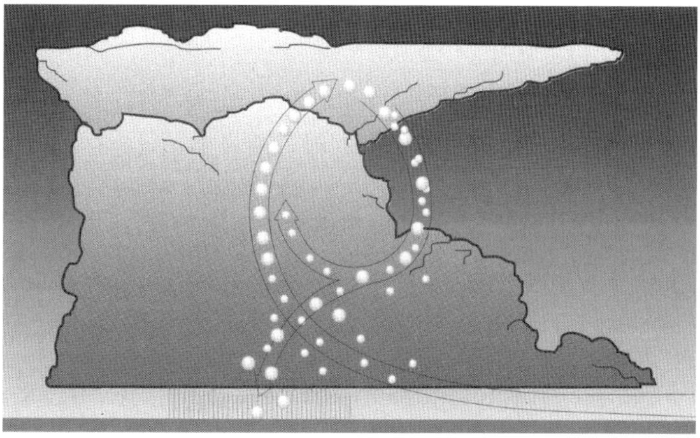
[그림 10-10] 우박의 성장 개념도

[그림 10-10]은 어떻게 우박이 구름 밖의 맑은 하늘에서 뿐만 아니라 뇌우의 모든 고도(지상 약 45,000ft까지)에서 관측되는지를 설명하고 있다. 또한 이들 궤적은 우박이 투명한 얼음층과 불투명한 얼음층을 교대로 가지는 이유를 설명하고 있다. 우박의 층상구조는

뇌우에서의 우박의 궤적을 따라 우박과 충돌하는 과냉각수적의 밀도와 온도가 다양하다는 사실을 나타내고 있다.

2. 번개

번개(lightning)는 뇌우에 의해 발생되는 눈으로 볼 수 있는 전기방전(electric discharge)으로서 다양한 형태를 나타낸다. 뇌우의 천둥은 사실 번개의 결과이다. 방전은 구름 내부에서 전하가 분리되어 발생한다. 번개가 혹 화산분출 때문에 인접지역에서 관측되기도 하지만 보통은 CB에서 발생한다.

번개 방전(lightning discharge)은 뇌우가 관측되는 곳에서라면 어느 곳에서나 발생한다. 즉 구름 내부, 구름과 구름, 구름과 지면, 또는 흔하지는 않지만 구름과 맑은 공기 사이에서도 발생한다. 번개 방전의 대다수는 항공기가 영향을 받기 쉬운 구름과 구름 사이나 구름 내부에서 발생한다.

갈라지는 번개를 가랑이 번개(forked lightning), 구름 내부에서 발생해서 구름이 밝게 빛나는 번개는 판 번개(sheet lightning), 먼 거리에서 발생하기 때문에 천둥이 들리지 않을 때를 열번개(heat lightning)라고 한다.

번개방전은 번개의 형태에 관계없이 약 300,000V/ft 이상의 전압을 가진다. 방전 통로 상의 공기는 50,000°F(약 30,000℃) 이상 가열되어 급속히 팽창하면서 충격파를 만들어 마침내 우리 귀에 벼락이나 천둥으로 들리게 된다. 번개 섬광은 광속(186,000mile/s, 300,000㎞/s)으로 이동하고 충격파는 음속(약 1,000ft/s, 약 340m/s)으로 이동하기 때문에 번개가 보이고 난 후에 천둥이 들리게 되는데 그 시간차로 뇌우까지의 거리를 가늠할 수 있다.

보통의 방전처럼 번개도 전하분리(charge separation)가 있어야 한다. 전하분리의 한 가지는 크고 작은 입자(물방울, 빙정, 우박)에 대해 서로 반대 전하를 일으켜 중력과 대류에 의해 분리되게 하는 것이다.

아직도 중요한 과정이 명확하게 밝혀진 것은 아니지만, 입자가 분리되기 전에 대전이 일어날 수 있는 방법은 여러 가지이다. 예를 들면 우박이 빙결과 분해 과정을 통해 다양한 방법으로 차가운 빙정과 접하게 될 때 이온과 충돌을 통해서 입자가 대전될 수 있다. 또 어떤 경우에는 무거운 음전하가 구름의 아래 부분에 모이고 가벼운 양전하는 운정으로 올라가게 한다. 그리고 반대되는 전하는 서로를 끌어당기기 때문에 운저에 분포하고 있는 음전하는 지표 위에 양전하를 유도한다[그림 10-11].

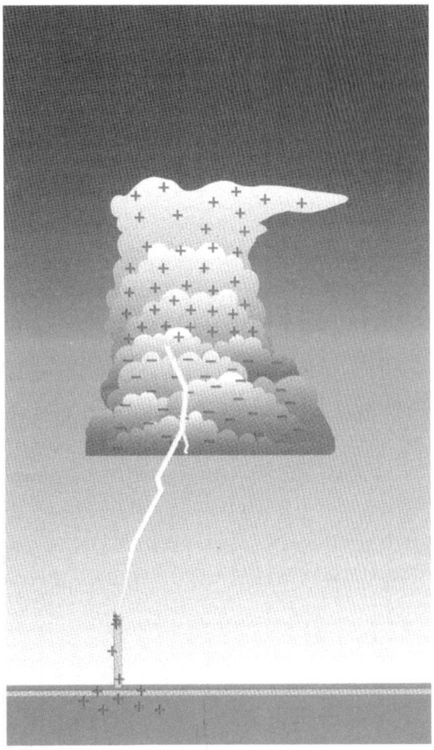

[그림 10-11] 대류운에서의 전하분리와 방전

낙뢰(벼락)는 실제적으로 구름 하단으로부터 지표로 전자를 이동시키지만 거의 보이지 않은 계단 선도방전(stepped leader)으로부터 시작하는 일련의 현상이 있는데, 이는 뒤를 잇는 방전을 위한 이온화된 통로를 만드는 과정이다. 지표면 부근에서는 위로 이동하는 양전하가 계단식 선도방전을 만난다. 밝은 되돌이 뇌격(return stroke)은 계단식 선도방전의 처음 경로를 따라 양전하가 구름 속으로 되돌아 가면서 발생된다. 초기방전 이후 종종 여러 개의 화살 선도방전(dart leader)과 되돌이 뇌격(return stroke)이 나타난다. 이들은 개별 현상들이지만 너무나 빨라 눈으로 구별할 수는 없다.

번개방전은 지표면까지 최소 저항의 통로를 선호하기 때문에 산 꼭대기, 높은 빌딩, 나무 꼭대기, 안테나 및 뾰족탑과 같은 높은 지점은 특히 낙뢰를 맞기가 쉽다. 물체가 음전하를 띤 구름에 가까우면 가까울수록, 그리고 양으로 전리된 물체에 가까우면 가까울수록 구름으로부터 벼락을 맞기가 더욱 쉬워진다.

일반적인 뇌우는 1분당 3~4회의 번개섬광을 일으킨다. 그러나 심한 뇌우는 더 자주 번개섬광을 일으킨다. 구름과 지표 간의 낙뢰(thunder bolt, 벼락)는 그 횟수가 전체 벼락의 10~25% 정도이다. 즉, 뇌우로 인한 대부분의 방전은 구름 내부나 구름 사이에서 발생한다.

NEWS

비행기가 벼락을 맞으면?

하늘을 날아다니는 세계의 항공기는 통계적으로는 연간 한 번 정도는 벼락(낙뢰)를 맞는다. 그러나 벼락을 맞아 여객기 사고가 발생했다거나 승객과 승무원이 감전됐다는 얘기를 들은 사람은 거의 없다. 그 이유는 비행기가 +나 −의 전하를 띠지 않은 중성체이기 때문. 그럼에도 드물게 벼락을 맞는 것은 비행 과정에서 구름을 통과하거나 공기와의 마찰 등 여러 이유로 때로는 비행기가 낮은 전압의 전기를 띠기 때문.

따라서 벼락을 맞아도 높은 전압이 아니므로 날개에 설치돼 있는 방전침에서 충분히 처리된다. 또 승객이 이로 인해 전혀 피해가 없는 것은 비행기가 금속으로 된 일종의 통이기 때문. 벼락처럼 순간적으로 높은 전류가 흐르는 고주파는 금속의 표면으로만 흐른다. 안쪽은 전류가 흐르지 않는 데다 공기가 절연체이므로 아무 영향이 없다.

그러나 벼락으로 인한 항공기의 피해가 적은 것만은 아니다. 벼락이 주로 뾰족한 부분을 치기 때문에 해당 부위의 금속이 녹기도 하고, 전류에 의해 전자 시스템이 장애를 일으키기도 한다.

따라서 항공기는 이 같은 벼락 피해를 줄일 수 있도록 설계된다. 기상용 레이더는 항공기의 대표적인 낙뢰 피해방지 장치이다. 벼락이 생기는 구름인 적란운을 추적해 비행기가 이를 피할 수 있도록 유도한다. 또 본딩 와이어(Bonding wire)는 낙뢰 전류를 원활하게 흐르도록 해 기체와 날개의 손상을 최소화 한다. 이 밖에 공기와의 마찰로 인해 발생하는 정전기를 공기 중으로 방전하는 정전기 방전장치도 있다.

Ⅳ 위험 뇌우

1. 위험 뇌우 발달 조건

1) 필요 조건

뇌우와 뇌우에서 발달하는 다운버스트, 돌풍전선, 토네이도 등의 현상은 뇌우발달에 적합한 상황을 만드는 대규모 순환 속에 잉태되어 있다.

뇌우가 형성되기 위해서는 두 가지 기본적인 조건이 필요한데, 첫째는 대기의 잠재불안정이 크고, 둘째는 초기 상승이 있어야 한다는 것이다.

잠재 불안정층은 조건부 불안정일 뿐만 아니라 수분도 많이 포함하고 있다. 즉, 공기가 상당한 고도를 상승한다면 심각한 대류로 뇌우가 발생하게 된다. 뇌우가 존재하는 대부분의 대규모 및 중규모 순환은 저층에서 따뜻하고 습윤한 공기를 유입시킬 때 대기가 잠재불안정으로 된다. 또한 잠재 불안정은 기온감률이 크기 때문에 상층에서 한랭공기가 유입될 때 불안정해질 수 있다.

초기 상승은 지표가열, 산악지형, 전선, 저고도 수렴과 상층 발산 등에 의해서 일어난다. 따라서 뇌우는 수분의 근원에 가까운 지역, 그리고 상승 근원에 가까운 지역에서 생성되기 쉬운 것으로 추정된다.

2) 불안정 판단

뇌우 형성 여부 판단을 위해 잠재불안정 조건을 평가하기 위한 실제적인 방법은 안정도지수(stability index)를 평가하는 것이다. 가장 일반적인 것 중의 하나가 치올림지수(lifting index)이다. 이것은 관측된 500hPa의 실제온도와 공기덩이가 경계층에서부터 500hPa 고도까지 상승했을 때 나타낼 온도와의 차이다. 이 때 관측된 실제의 500hPa 온도가 그 고도까지 상승한 공기덩이의 온도보다 더 차갑다면 불안정 상태이어서 뇌우가능성이 있다고 평가하고 그 지수 값에 따라 뇌우강도를 추정한다. 치올림지수와 뇌우강도의 관계는 [표 10-1]과 같다.

[표 10-1] Lifted index(치올림지수)와 뇌우 강도의 가능성

Lifted index	Severe Thumderstorm의 가능성
0~-2	Weak(작음)
-3~-5	Moderate(보통)
≤-6	Strong(큼)

치올림지수는 발생 확률이 아니라 뇌우강도로 표현된다. 만약 뇌우가 발생한다면 치올림지수는 뇌우가 얼마나 강할 것인가를 나타낸다. 기단성뇌우는 치올림지수가 작은 수이지만 양의 값일 때 발생할 수 있다.

또 K-지수(K index)는 기단뇌우의 발생확률을 결정하는데 이용된다. K-지수는 현재의 고층관측 자료를 이용해 다음식으로 구한다.

$$K = (T_{850} - T_{500}) + Td_{850} - (T_{700} - Td_{700})$$

여기서 T와 Td는 각각 기온(℃)과 이슬점온도(℃)이다. K-지수는 얼핏 보면 복잡해 보이지만, 이 식은 물리적 해석을 단순화한 것이다.

오른쪽 첫째항은 850hPa와 500hPa 층 사이의 기온감률 값이다. 만약 이것이 양의 큰 값이면 공기는 불안정하다. 둘째항은 850hPa에서의 수분의 정도를 나타낸다. 만약 850hPa의 이슬점온도가 높다면 그 공기는 상승하여 포화될 때 잠열방출에 의해 불안정해질 가능성이 더 크다.

음의 부호를 가진 셋째 항은 단순히 700hPa에서의 공기의 습윤 정도를 나타낸다. 기온과 이슬점온도 차가 작으면 그 고도의 공기는 습하다. 불안정도에 대한 기여도는 음(-)이다.

대기가 수분을 많이 포함하고 감률이 크면 K-지수는 커지고 기단뇌우의 발생확률이 높아진다. [표 10-2]는 K-지수와 기단뇌우 발생확률 사이의 관계를 나타내고 있다.

뇌우는 임계 안정도 지수 값과 적당한 초기 상승이 공존하는 지역에 위치한다.

[표 10-2] K Index와 기단뇌우의 발생확률

K Index	Thunderstorm의 가능성(%)
〈 15	거의 0
15~20	20
21~25	20~40
26~30	40~60
31~35	60~80
36~40	80~90
〉40	거의 100

2. 선으로 늘어선 뇌우

다세포 뇌우(multicell thunderstorm)가 때로는 단일 뇌우의 직경보다 훨씬 긴 선(line)을 따라 발생한다. 선을 따라 바람조건이 상승운동을 일으키는 과정은 앞에서 설명된 바 있다. 전선상승 및 지상수렴이 이러한 과정에 속한다. 그런 선들에서 위험뇌우나 보통의 뇌우가 나타날 수 있다.

1) 대규모 전선 뇌우

한랭전선은 빠르게 움직이고 또한 온난전선보다 상대적으로 급한 경사를 가지기 때문에 종종 갑작스런 상승운동이 나타난다. 만일 한랭전선이 충분히 잠재불안정이면 전선뇌우(frotal thunderstorm)의 선이 생길 것이다. 전선 상의 이러한 뇌우발생은 한랭공기가 상층에 존재할 때 특히 잘 나타난다[그림 10-12].

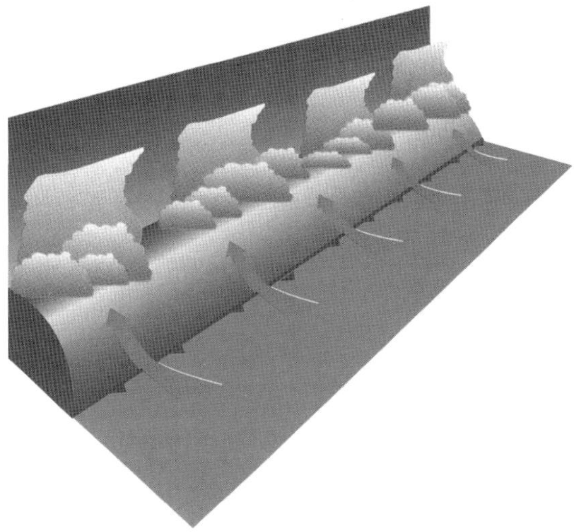

[그림 10-12] 빠르게 이동하는 한랭전선에 의한 돌연 상승으로 생긴 뇌우선

한랭전선을 따라 형성된 뇌우형태는 가끔 강하게 나타나는 다중세포 뇌우나 강한 거대세포 뇌우이다. 치올림지수와 VIP레벨로 뇌우 형태와 강도를 평가하기도 한다.

물론 한랭전선 모두가 뇌우를 발생시키는 것은 아니다. 예를 들면 어떤 한랭전선은 건조하여 강수가 아주 적고, 또 어떤 한랭전선은 주로 난층운으로 구성되어 지속적인 비를 내리거나 뇌우를 동반하지 않고 소나기만 내리게 한다. 따라서 뇌우가 한랭전선에 나타나는지를 알기 위해서는 지상일기도 분석과 아울러 다른 정보를 검토하는 것이 중요하다. 기상레이더 자료, 위성영상 자료들은 뇌우의 존재에 관한 많은 정보를 제공한다.

어떤 항공기상 문헌에는 단세포 기단뇌우보다 더 강하고 오래 지속되는 전선뇌우에 대해 설명하고 있는데, 이는 다세포 뇌우와 거대세포 뇌우에 관해 설명하고 있는 것에 불과하다. 또한, 선모양 뇌우와 지역모양 뇌우에 대해 설명하고 있다고도 볼 수 있는데, 이들도 역시 다세포 뇌우와 거대세포 뇌우에 대해 설명하고 있는 셈이다.

온난전선의 경우라도 불안정한 공기가 낮은 고도에서 쐐기모양으로 후퇴하고 있는 한랭공기를 추월할 때에는 뇌우가 온난전선을 따라 일렬로 형성될 수 있다. 이러한 형태는 여름철에 육지에서 자주 발생한다. 이런 경우에는 뇌우가 종종 층운 속에 숨겨져 있어 지상에서는 볼 수 없기 때문에 특히 주의해야 한다.

2) 스콜선

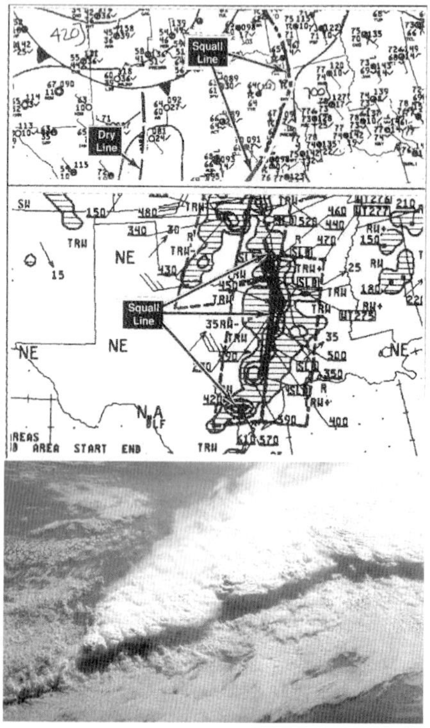

[그림 10-13] 위성에서 본 스콜선

스콜선(squall line) 또는 불안정선(instability line)은 비전선뇌우로서 길이가 약 백 마일에서 수백 마일 정도이다. 스콜선을 따라 형성된 뇌우는 보통 불안정의 정도와 바람의 변화에 따라 다세포, 거대세포, 또는 이들의 혼합일 수도 있다.

스콜선은 저기압의 온난역 한랭전선 전방에서 한랭전선에 평행하게 선 모양으로 발생한다. 스콜선에서 일단 이러한 다세포 뇌우가 형성되면 또 새로운 세포를 발생시킬 수 있는 능력이 있어서 스콜선이 계속 유지된다. 스콜선에서는 강한 바람, 강한 우박, 토네이도와 같은 극심한 일기가 나타난다. 일반적으로 스콜선은 500hPa의 풍향으로 온난역을 가로질러 이동한다.

스콜선이 어느 지역을 접근해서 통과할 때 그 영향은 이상화한 한랭전선과 비슷하다. 지상일기도, 레이더관측 자료, 및 위성관측 자료에서 스콜선의 예를 [그림 10-13]에 나타내고 있다. 이 그림에서는 강한 뇌우띠가 한랭전선 전방 50~200mile(180~300㎞)에 위치하고 있다. 이 경우 토네이도 발생도 가능하다.

3) 기타 중규모 불안정

중규모 현상으로 좁은 띠를 따라 뇌우가 형성되는 몇 가지 기타의 대기현상이 알려져 있다. 예를 들면 5장에서 언급된 해풍전선과 관련된 상승작용이 있다. 만약 공기가 잠재적으로 불안정한다면 해풍전선의 상승작용에 의해 그 전선 상에서 뇌우가 형성될 수 있다.

또한, 잠재불안정 공기가 지표면 가열의 도움을 받아 산악에서 상승이 일어나면 뇌우가 산맥을 따라 선 모양으로 늘어서게 될 것이다. 경우에 따라서는 이 선들은 뇌우세포가 동일 지역에서 계속 형성되기 때문에 정체하고 있는 것처럼 보이기도 한다. 경우에 따라서는 이러한 현상이 국지적인 호우를 일으키기도 한다.

선 모양의 모든 뇌우는 그 지역에서 상층 단파나 상층 저기압이 존재할 때 강화된다. 제트기류 고도 부근의 발산은 하층의 연직운동을 강화하게 되며, 상층의 한랭공기 유입은 불안정도의 발달에 기여하게 되기 때문이다.

3. 뇌우 클러스터

중위도의 뇌우는 일정한 환경이 성립되면 선 모양보다는 원형에 가까운 중규모 내지 대규모 클러스터로 발달한다.

1) 대규모 클러스터

수 천 평방 마일 지역에 걸쳐 갑작스럽게 뇌우를 발생시킬 수 있는 대규모 상층 순환이 있는데 여기서 몇 가지 일반적인 패턴을 설명한다.

상층 요란이 불안정 지역의 상공을 통과할 때 넓은 지역의 뇌우가 발생하여 발달한다. 이 경우 상층 요란은 대개 대류권 상부의 한랭골이나 저기압이다. 결합된 뇌우클러스터(thunderstorm cluster)는 상층 요란의 약간 앞이나 아래에서 쉼표구름(comma cloud)으로 기상위성에서 잘 나타난다[그림 10-14 참조]. 이 패턴은 다량의 수분을 필요로 하므로 해상에서 더 자주 발생한다.

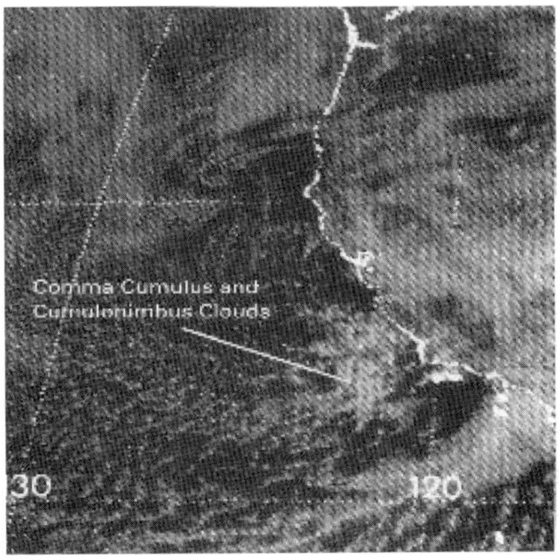

[그림 10-14] 상층 단파골 직전 하층 대류활동 지역에 나타나는 콤마구름 지역

뚜렷한 전선구조 없이 발달하는 대규모 뇌우 지역은 폐색 저기압, 상층의 한랭저기압 및 열대 저기압과 관련된 지역들이다.

예를 들면, 미국의 경우에는 상층의 대규모 한

랭저기압이 여름동안 미국 남서부까지 넓은 지역에 걸쳐 뇌우를 발생시킨다. 또 이 지역들은 소멸 중인 열대저기압이 멕시코 서부해안에서부터 이동할 때마다 활동적인 뇌우가 넓게 발생한다. 물론 허리케인(태풍)도 지상에 상륙하면 대규모 뇌우 활동을 일으키는 경우가 종종 있다.

상층 요란이 지상전선 부근에서 강화되면 온대저기압과 온난전선 및 한랭전선이 발달된다. 이런 경우 뇌우는 전선이나 스콜선을 따라 분포한다.

2) 중규모 대류복합체

중규모 대류복합체(mesoscale convective complex)는 원형으로 발달하는 뇌우 클러스터로서 미국에서는 주로 여름동안 로키산맥과 애팔래치아산맥 사이에서 발생하여 호우와 악기상이 흔히 일어난다. 위성관측에서 보면 대류복합체는 일반적으로 직경이 수백마일에 이른다.

중규모 대류복합체는 작은 뇌우집단의 상호결합의 결과로서 일반적으로 오후 늦게 발달한다. 그들은 일반적으로 동진하는데, 한밤중에 강화되어 발달하고 이른 아침에는 대체로 약해진다.

4. 토네이도

토네이도(tornado)는 적란운 아래에서 나타나는 맹렬히 회전하는 구름 먼지 기둥이다. 지상에까지 도달하지 않은 토네이도를 깔때기구름(funnel cloud)이라 한다. 가장 강한 토네이도는 강한 위험뇌우를 동반하는 것으로서 풍속이 180kts를 초과하여 막대한 피해를 일으킨다.

대부분의 토네이도는 직경이 300~2,000ft(100~500m) 정도이지만 최고 1마일(약 1.5㎞)의 직경을 가진 것도 보고된 바 있다.

미국에서는 토네이도를 일으키는 대규모 기상조건이 있어서 토네이도가 보통 30kts 정도의 속도로 남서쪽에서 북동쪽으로 이동한다. 토네이도의 일생은 대체로 수 분 정도이지만, 특이한 경우에는 3시간 이상 지속되었던 기록도 있다. 강한 토네이도는 위험뇌우를 동반한다. 앞에서 설명했듯이 거대세포는 벽구름(wall cloud) 부근에서 토네이도 형성을 위한 최적의 회전운동을 발달시키는 내부순환을 가진다.

토네이도에 의한 피해는 흡입소용돌이(suction vortex)가 나타나기 때문에 발생한다. 때로는 이러한 흡입소용돌이가 여러개 나타나기도 한다. 이들은 더 큰 토네이도의 깔때기 안에 나타나는 직경 약 30ft 정도의 작고 매우 강한 회전 깔때기이다.

미국 시카고대학의 T.Fujita에 의하면 피해 정도와 풍속의 크기를 기초로 한 토네이도의 강도 규모는 [표 10-3]과 같다.

[표 10-3] 미국의 토네이도 강도 분류(T. Fujita의 의한 분류)

규모	강도	풍속		예상피해
		MPH	knots	
F0	Weak (약함)	40~72	35~62	Light(가벼움) 나무 가지들이 부러지고, 안내 표지판들이 손상됨.
F1		73~112	63~97	Moderate(보통임) 나무들이 부러지고, 창문들이 깨짐.
F2	Strong (강함)	113~157	98~136	Considerable(상당함) 큰 나무들이 넘어지고, 약한 구조물들이 파괴됨.
F3		158~206	137~179	Severe(심함) 큰 나무들이 뿌리 채 뽑히고, 자동차들이 전복되며, 건물 벽들이 무너짐.
F4	Violent (매우 강함)	207~260	180~226	Devastating(파괴적) 건물 구조물들이 파괴됨.
F5		261~318	227~276	Incredible(황폐화) 차량 크기 구조물들이 100m 이상 이동되고, 철강 구조물들도 큰 손상

토네이도는 약한 보통 뇌우와 함께 발생시키기도 한다. 이 경우 토네이도는 약하다. 육지에서 발생하는 토네이도를 특히 육지용오름(landspout), 물 위에서 발생하는 토네이도는 용오름(waterspout)이라 한다. 해상에서 발생하는 것은 육지에서 발생하는 토네이도보다는 약하다. 좋은 날씨의 용오름은 우리나라에서도 발생하며, 세계 도처에서 발생한다. 이 소용돌이들은 발달 중인 적운 근처의 따뜻한 수면 위에서 발생한다. 일반적으로 좋은 날씨 용오름은 매우 약하고 단시간 존재하며 느리게 움직인다.

NEWS

氣球타고 40km 상공까지 뜰 수 있을까?

영국인 앤디 엘슨과 콜린 프레스콧은 QinetiQ 1"을 타고 13만2천피트(약 40 km) 상공의 성층권에 도달하여 1시간가량 머물며 각종 실험을 수행할 예정이었다.

영국 글래스턴베리에서 제작된 키네티큐 1호의 높이는 미국 엠파이어스테이트 빌딩(381m)과 거의 같고, 부피는 일반 기구의 400배에 이른다. 기구가 이처럼 큰 것은 공기가 희박해지는 지상 3km 이상의 고도에서도 충분한 부양력을 얻기 위함이다. 기구의 재질은 폴리에틸렌에 특별한 화학물질을 첨가해 영하 70도의 악조건에서도 잘 견딜 수 있게 했다. 또 구멍이 나더라도 일반 풍선과 같이 폭발하지 않는 구조로 설계됐다. 지상 40km 높이에서는 공기가 희박해 진공상태에 가깝기 때문에 반드시 우주복을 착용해야 한다. 이 우주복은 외부 기온이 영하 50도로 떨어지는 고공에서 정상 체온을 유지해주는 한편 공기 압력도 일정 수준으로 유지시켜 준다.

그러나 이 신기록 도전은 기상상태가 적절하지 못해 하루 연기됐었고, 다음날 비행을 시도했으나 헬리움 누출로 이 계획을 포기하고 말았다.

수동식 기구에 의한 이 분야의 이제까지의 기록은 지난 1961년 2명의 미국 해군 비행사 Malcolm Ross와 Vic Prather에 의해 작성된 11만3740피트(34,667m) 고도의 비행이다.

연습문제

1. 지표부근 공기덩어리의 상승운동을 일으키는 원인을 설명 하시오.

(참고 p.263)

2. 일반 뇌우의 생애를 단계별로 나누어 설명하시오.

(참고 p.265~268)

3. 뇌우에서 발생하는 돌풍전선(gust front)에 대해 설명하시오.

(참고 p.272)

4. 대류성 구름 속에서 우박이 발달하는 기구(mechanism)을 설명하시오.

(참고 p.275)

5. 뇌우가 잘 생기는 전선에 대해 설명하시오.

(참고 p.281~283)

6. 열기포(thermal)가 가장 발달하는 시각은 보통 어느 때인가?

① 6 LST 경 ② 10 LST 경
③ 14 LST 경 ④ 20 LST 경

7. Altimeter가 뇌우에 의한 gust나 강수에 의해 그 값이 심하게 영향을 받는 정도와 경향은?

① 100ft 정도 높아지는 경우도 있다.
② 100ft 정도 낮아지는 경우도 있다.
③ 20ft 정도 높아지는 경우도 있다.
④ 20ft 정도 낮아지는 경우도 있다.

8. 뇌운 속 온도가 0℃ ~ −10℃ 되는 층에 나타나는 위험기상과 관계가 적은 것은?

① 강한 착빙 ② 우박
③ 강한 난류 ④ 강한 돌풍

9. 적란운 속에서 직경 약 2cm의 우박을 지탱할 수 있는 상승류의 속도는 어느 정도일까?

① 100ft/sec. (30m/sec) ② 60ft/sec. (18m/sec)
③ 30ft/sec. (9m/sec) ④ 20ft/sec. (6m/sec)

10. 스콜라인을 횡단하여 비행하고자 합니다. 기상장애가 가장 적은 고도(soft level)는?

① 모루구름층 고도
② 빙결층 고도
③ 구름의 하층으로 지상 4000~6000ft 고도
④ 기온 0℃~10℃ 정도의 안정층 고도

제11장
바람시어와 난류

I 바람시어

1. 바람시어의 중요성

바람은 풍향과 풍속을 가지는 벡터이기 때문에 바람시어(wind shear)는 짧은 거리에서 나타나는 풍속이나 풍향 혹은 이들 두 가지 모두의 변화로 정의할 수 있다.

항공기상에서 바람시어는 매우 중요한 관심사 중의 하나다. 바람시어는 수평바람시어(horizontal wind shear)나 연직바람시어(vertical wind shrear) 혹은 이들 두 가지가 결합된 것이 있다.

[그림 11-1]에서와 같이 항공기가 연직시어가 있는 대기 속을 하강한다면 이 경우에는 풍향이 일정한 상태에서 고도하강에 따라 풍속이 감소하므로 바람을 향하여 비행하는 항공기는 하강할 때 맞바람의 감소를 경험한다. 이 예에서 연직바람시어는 30kts/300ft, 즉 10kts/100ft 이다.

한편 풍향이 180° 변하는 고도에 항공기가 있을 때를 가정해 보자. 항공기가 마이크로버스트(microburst)를 통과할 때 예상되는 경우이다. 풍향이 반대로 변하기 때문에 비행경로에 따른 풍속을 잘못 인식할 수도 있다. 중요한 시어는 풍향이 반대로 변하는 지점에서의 맞바람(headwind, 정풍)의 변화이다.

일반적으로 풍향과 풍속의 변화가 동시에 발생한다. 조종사의 관심은 '비행경로를 따라

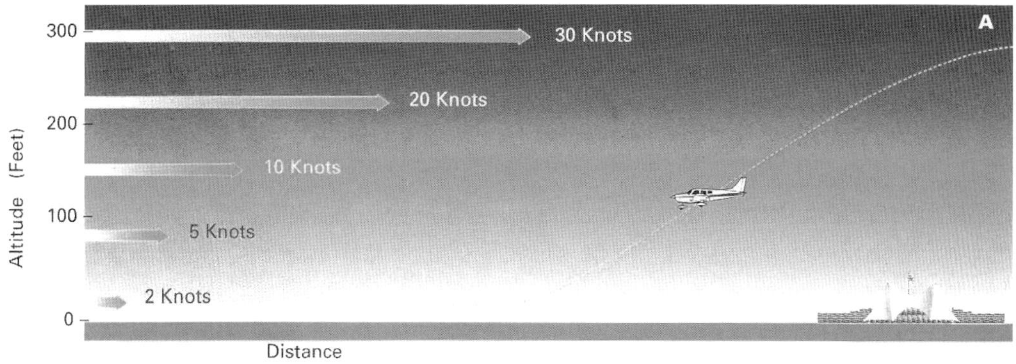

[그림 11-1] 연직 바람시어가 있는 기층을 통과하여 활주로로 접근하고 있는 항공기의 행로

맞바람(정풍)이나 뒷바람(배풍)이 얼마나 변할 것인가, 그리고 얼마나 짧은 거리에서 변화가 일어날 것인가'에 있다. 최종 접근로나 이륙로 혹은 이륙 직후의 초기 급상승로를 따라 고도 2,000ft(600m) 이하에서 나타나는 바람시어를 저층바람시어(low-level wind shear, LLWS)라 한다.

바람시어는 이·착륙 중인 항공기의 안전운항에 큰 영향을 미친다. 착륙 진입 시 바람시어를 만나 갑작스런 맞바람의 감소나 뒷바람의 증가로 항공기를 조정하는데 실패하면 항공기의 대기속도는 감소할 것이며, 항공기는 갑자기 고도가 떨어져 활주로에 못 미쳐 착지할 수도 있다. 이와 반대로 착륙 진입 시 맞바람의 갑작스런 증가나 뒷바람의 감소는 항공기를 활주로의 착륙대를 지나서 착지하게 할 수도 있다. 이륙 시 바람시어는 맞바람이 감소하거나 뒷바람이 증가하여 상승각이나 상승률이 낮아질 것이다. 이륙이나 착륙 중에 받은 옆바람(측풍)성분을 가진 강한 바람시어는 항공기가 활주로의 중심선을 벗어나는 원인이 될 수 있다.

2. 바람시어의 강도

[표 11-1]은 저층의 연직 바람시어의 강도 분류를 나타내고 있다. 만약 주어진 거리에서 풍향도 변한다면 풍속만 변할 때보다는 실제 바람시어가 항상 크다. 바람시어는 대기속도 변동이 100ft 당 15~20kts(10m 당 약 5~7kts)로 일어날 때는 심각한 상황이 된다.

[표 11-1] 저층바람시어(Low-Level Wind Shear ; LLWS)의 강도

LLWS의 강도	시어의 크기(kt/100ft)
Light(약)	〈 4.0
Moderate(보통)	4.0~7.9
Strong(강)	8.0~11.9
Severe(매우 강)	≥ 12

※ LLWS는 최종접근로 혹은 이륙로와 이륙 중의 급상승로를 따라 지상으로부터 2,000ft 이내의 연직 바람시어로 정의한다.

대기 속에 불규칙한 소용돌이가 있으면 기류는 교란되어 난류가 된다. 난류의 강도(I)는 $I = (v'^2)^{1/2} / V$ 와 같이 정의된다. 여기서 V 는 평균풍, v'는 평균편차이다.

난류의 강도(I)와 파장에 대한 스펙트럼 분석을 하면 어느 정도 크기의 난류가 항공기에 영향을 미치는가를 알게 된다. 난류가 항공기에 미치는 영향은 항공기 기체와 같은 크기의 것이 가장 현저하나 난류에 대한 항공기의 반응은 비행속도, 날개면, 하중, 비행기 자세 등에 관계되므로 아주 복잡하다.

난기류에 관한 정보는 현시점에서는 거의 조종사의 주관적인 관측자료인데 특별한 경우에는 측기로 관측하기도 한다.

주관에 의한 난류(난기류)의 계급은 난기류에 의한 항공기의 동요 정도에 따라 약(弱), 보통, 강(强)으로 나눈다. 조종사의 보고에는 조종사 개인, 항공기종, 속도, 중량, 고도 등에 따라 난기류의 강도가 달라질 수 있다.

[표 11-2]은 ICAO의 항공위원회가 제안한 난기류 계급표이다.

[표 11-2] ICAO 항공위원회에서 정한 난기류 계급표

난기류의 계급		가속도계 시도	난기류의 정도
None(없음)	0	1.0g	아무런 동요도 느끼지 못한다.
Light(약)	1	1.1g or 0.9g	약한 동요를 느끼나 쉽게 수정할 수 있다.
	2	1.3g or 0.7g	상당한 동요를 느끼나 허리가 뜰 정도는 아니다.
Moderate(보통)	3	1.6g or 0.4g	상당한 동요를 느끼며 허리가 뜬다.
Severe(강)	4	1.9g or 0.1g	동요가 심하고 몸이 떠서 조종이 곤란하다.
	5	2.2g or -0.1g	동요가 아주 심하고 조종이 아주 곤란하다.

난기류의 강도를 결정하기 위해서는 여러 가지 요소를 감안해야 하므로 어렵다. 그러나 조종사가 보고하는 난기류의 강도와 예보되는 강도 사이에 차이가 있어서는 안되므로 미국의 NASA(National Aeronautical & Space Administration)에서는 오랜 기간에 걸쳐 조종사가 느끼는 난기류와 여기에 상응하는 기상요소와의 관계를 [표 11-3]과 같이 정하여 난기류 보고에 이용하고 있다.

[표 11-3] NASA의 난기류 계급표

계급	운항 상의 기준	gust의 세기
Light (약)	승객은 좌석 벨트를 사용해야 하나 기내 물체는 이동하지 않는다.	5~20 ft/sec 까지
Moderate (보통)	승객은 좌석벨트를 사용해야 한다. 가끔 벨트로 조여짐을 느낀다. 고정하지 않은 물체는 이동한다.	20~35 ft/sec까지
Severe (강)	가끔 조종이 곤란해진다. 벨트가 심하게 조여지거나 좌석에 밀어붙여진다.	35~50 ft/sec까지
Extreme (매우 강)	기체가 심하게 동요하고 조종이 아주 곤란해지며 때로는 구조적인 위험을 초래한다.	50 ft/sec 초과

3. 바람 시어의 원인

1) 바람시어의 규모

최근 몇 년 동안 바람시어(wind shear)란 용어는 보통 마이크로버스트(microburst)와 같이 대류성 강수 부근의 저층바람시어를 뜻하는 것으로 인식되어 왔다. 저층바람시어가 언급될 때 경험이 있는 조종사는 마이크로버스트를 떠올리게 된다. 마이크로버스트가 많은 인명 손실과 재산 피해를 일으키는 수많은 기상관련 재해의 중요한 원인으로 인식되어 왔기 때문이다. 그러나 마이크로버스트는 단지 바람시어 원인 중의 하나에 불과하다.

항공기 운항에서 위험한 바람시어는 일반적으로 규모가 작아서 1n.m. 이하의 수평거리 및 연직으로도 1,000 ft 이하이다. 크기가 작기 때문에 조종사들이 바람시어에 대처해 항공기를 안전하게 조정할 시간적 여유가 없다.

바람시어는 대규모 저기압계로부터 소규모 열기포(thermal)에 이르기까지 여러 가지 규모의 순환에 의해 발생한다.

2) 마이크로버스트

대류운의 운저 아래에서의 바람시어의 발달은 일반적으로 강수 유발 하강기류 때문이다. 이 현상의 주요 특징을 [그림 11-2]에 요약되어 있다.

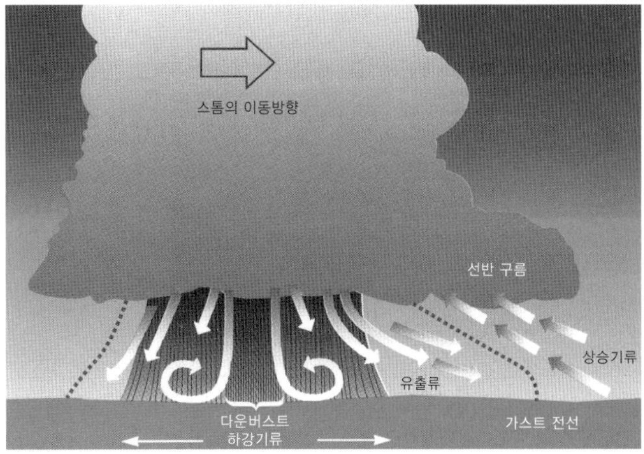

[그림 11-2] **다세포뇌우 아래의 일기 상태**

강수를 유발하는 하강기류 모두가 위험한 바람시어와 관련이 있는 것은 물론 아니다. 그러나 하강기류 중 두 가지 형태 즉, 다운버스트와 마이크로버스트는 매우 격렬하고 크기도 작아 항공기 운항에 특히 위험을 초래한다.

뇌우로부터 나타나는 집중적이고 강한 하강기류를 다운버스트(downburst)라고 한다. 강한 하강기류는 지상에 도달하여 외부로 향하는 버스트(burst)를 유도한다.

마이크로버스트(microburst)는 다운버스트(downburst) 중 2.2n.m.(4km) 이하의 수평거리를 가지는 작은 규모의 것을 말한다.

마이크로버스트란 용어는 일반적으로 항공 문헌에서 위험한 바람시어 조건을 만들어내는 강수 유발 하강기류인 다운버스트 대신 자주 사용된다. 이 곳에서는 혼란을 피하기 위하여 이후의 설명에서는 다운버스트 대신 마이크로버스트를 사용한다.

마이크로버스트는 강하지 않은 매우 보편적인 다운버스트가 만들어지는 과정, 즉 강수에 의한 항력과 강수입자의 녹음과 증발로 인한 냉각에 의해 형성된다. 마이크로버스트에서 하강기류는 강한 강수에 의해 강화되며, 또한 건조공기가 증발냉각과 큰 음의 부력을 유발하는 하강기류 속에 혼합될 때 강화된다.

마이크로버스트는 기단뇌우, 다세포 뇌우, 거대세포 뇌우 등 모든 종류의 뇌우에서 발생할 수 있다. 고립된 single-cell storm들이 보편적으로 나타나고, 규모가 작고 신속히 발달하여 강한 outflow를 나타내기 때문에 항공에 매우 큰 재해를 유발한다. 이에 비해 큰 multi-cell storm들은 드믈고, 규모가 크고, 생애가 길어 이미 위험성을 인식하고 있기 때문에 피하기가 쉽다. 어쨌든 뇌우가 접근 중일 때는 이착륙을 시도해서는 안 된다.

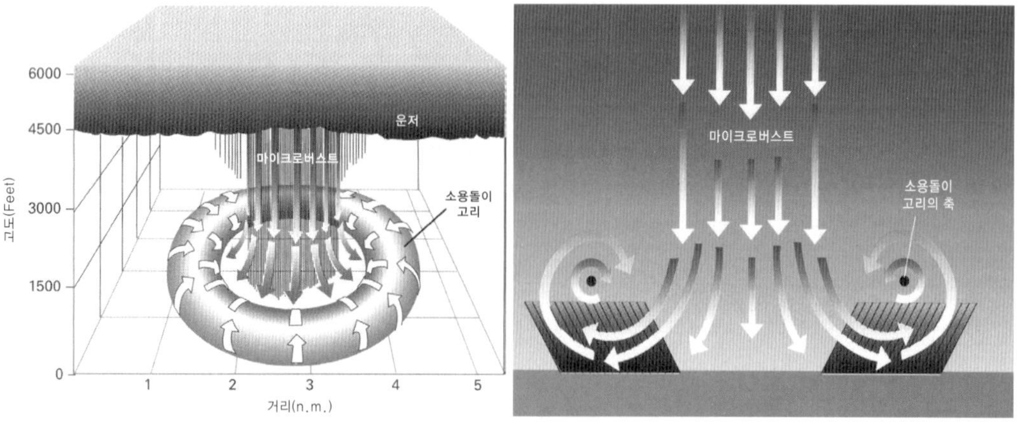

(a) 투시도 (b) 단면도

[그림 11-3] **마이크로버스트의 모습**

[그림 11-3]은 마이크로버스트의 투시도와 단면도이다. 마이크로버스트에서는 보통 호우를 동반하는 강한 하강기류, 돌풍성 바람, 강한 바람시어 그리고 소용돌이고리(vortex ring)에서 난류가 나타난다.

마이크로버스트는 대류운의 구름 밑면에서 강하게 하강하는 밀도가 큰 차가운 중심부를 가지고 있는 것이 특징이다. 그것이 지상에 도달하면 측면 바깥으로 퍼져서 바깥 경계를 따라 위쪽으로 감싸는 소용돌이고리를 형성한다. 이 패턴은 열기포(thermal)의 역으로 생각할 수 있다.

전형적으로 마이크로버스트는 어미구름(parent cloud)의 구름 밑면에서 지상까지 1분여에 걸쳐 빠르게 하강한다. 지상 100ft 이내에서 마이크로버스트에 동반된 바람시어를 인식하고 대처하려면 수 초 밖에 시간이 없다.

그림에서와 같이 마이크로버스트의 바닥을 가로지르는 수평바람시어가 나타난다. 풍속은 강하고 풍향은 마이크로버스트의 중심선을 가로질러 180°로 변한다. 마이크로버스트에서 항공기가 맞바람 45kt를 만난다면 버스트를 가로지르는 동안 전체 90kt의 시어를 맞게 된다고 생각해야 한다. 더욱이 강력한 하향운동과 다운버스트 중심에서의 폭우는 항공기의 상승력을 감소시킨다. 동시에 낮은 실링과 악시정을 경험한다. 지상 근처에서 이 모든 것은 매우 짧은 시간에 발생한다.

일단 마이크로버스트가 지상에 도달한 이후에는 마이크로버스트의 생애가 5~30분 정도인데, 사실 15분 이상인 것은 드물다. 대부분의 마이크로버스트는 단지 수 분 내에 상당히 약화된다. 더 오래 지속되는 어떤 다운버스트라면 이는 같은 위치에서 수 분 간격의 연속적인 마이크로버스트가 결합되어 나타난 것이라고 볼 수 있다.

마이크로버스트에서 평균적으로 관측된 극대 유출속도는 약 25kts이지만, 클 때는 100kts를 초과할 수도 있다.

[그림 11-4]는 더 극단적인 마이크로버스트를 횡단할 경우의 풍속 변화를 나타낸다. 그림에서 보면 항공기는 처음에 맞바람 증가를 경험하게 되고(위치 1), 점차 맞바람 감소와 하강기류를 맞게 된다(위치 2). 곧 이어서 뒷바람을 맞게 된다(위치 3). 결국 뒷바람으로 인한 대기속도 감소와 함께 지상부근을 위험스럽게 운항하는 결과를 초래할 수 있다(위치 4). 가장 강한 하강기류는 위치 2와 3 사이에서 만나게 된다.

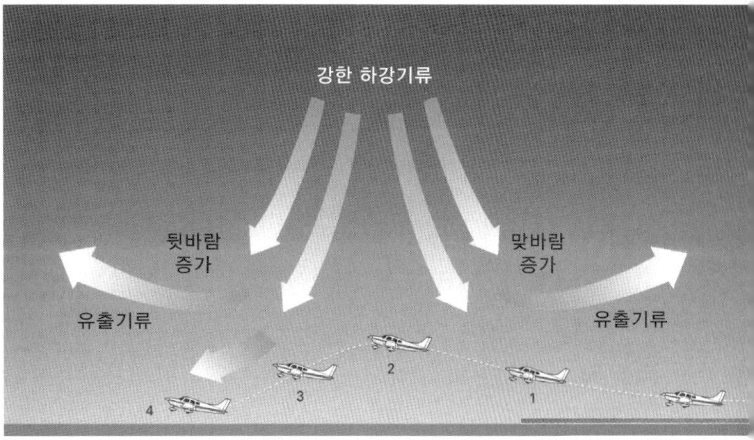

[그림 11-4] 마이크로버스트가 있는 영역에서의 이륙 광경

마이크로버스트를 횡단하는 항공기라면 평균 약 45kts의 맞바람 변화를 경험하게 된다. 이러한 저층바람시어(LLWS)는 대부분의 경비행기의 안전능력을 초과함은 물론이며 제트수송기가 견딜 수 있는 대략적인 한계값이다.

강수 유발 하강기류나 마이크로버스트의 형성은 매우 다양하다. 예를 들면 하강기류는 반드시 뇌우에서만 발생하는 것은 아니다. 앞에서 설명했듯이 소나기는 적란운 단계까지 이르지 못한 적운에서도 흔히 나타난다. 그러므로 소나기가 내리는 적운 조건 하에서도 마이크로버스트가 발생할 수 있다. 이동 중인 마이크로버스트는 풍하측, 즉 마이크로버스트가 이동하는 방향으로 더 강한 바람이 나타난다.

큰 다운버스트나 마이크로버스트의 존재를 나타내는 시각적인 징조들이 많이 있다.

습윤기후에서는 대류운의 운저가 낮아지는 경향이 있다. 이러한 조건은 가시적인 빗줄기를 동반하는 습한 다운버스트나 습한 마이크로버스트를 만들어낸다.

그러나 사막이나 산악지 같은 건조기후에서는 뇌우의 운저가 높아 소나기가 내리면서 증발해버리는 경우가 있다. 이런 경우 건조 다운버스트나 건조 마이크로버스트가 만들어질 수 있는데, 우리가 눈으로 볼 수 있는 것이라고는 운저에 나타나는 꼬리구름(virga)이나 지상에 나타나는 특유의 먼지고리(dust ring) 정도이다. 다행한 것은 건조한 다운버스트는 주로 그 모양을 눈으로 볼 수 있는 오후에 주로 발생한다는 것이다.

3) 전선과 키낮은 저기압에서의 시어

지상일기도를 분석할 때 전선의 위치를 확인하려면 종종 전선을 가로지르는 풍향급변을 이용한다. 전선은 두 개의 서로 다른 기단 사이의 경계지역이어서 바람시어가 크다.

찬 공기는 따뜻한 공기 아래로 파고들기 때문에 전선면은 전선의 종류에 상관없이 항상 찬 공기 상공으로 경사져 있다. 경사진 전선면에서는 수평바람시어와 연직바람시어가 나타난다.

전선면의 전이구역은 어느 정도의 두께를 가지고 있기 때문에, 전선의 통과 시점은 전선대의 온난한 쪽 경계가 통과할 때로 정의한다. 따라서 전선에 의한 저층바람시어(LLWS)는 온난전선의 경우에는 지상 온난전선보다 앞서 나타나며, 한랭전선의 경우에는 지상 한랭전선의 뒤에 나타난다. 전선통과와 관련된 전형적인 강한 저층바람시어의 발생은 한랭전선의 경우는 통과 후 1~3시간 정도이고, 온난전선의 경우는 통과 6시간 전 정도이다. 전선대가 지나가면서 수평온도변화가 크면 클수록 바람시어는 더 강하다. 강한 바람시어는 겨울철 전선을 거느린 키 낮은 저기압, 그 중에서도 온난전선 가까이에서 특히 강하다.

온난전선에서의 바람시어는 매우 큰 문제를 발생시킨다. 온난전선에서의 바람시어는 강하고 오래 지속되며, 동시에 낮은 실링과 저시정을 나타내기 때문이다.

바람시어는 대규모 전선뿐만 아니고 해풍전선과 같은 중규모 현상 영역에서도 발생한다.

4) 기단바람시어

기단바람시어(air mass wind shear)는 강한 전선도 없고, 강한 기압경도도 없는 맑은 날 밤에 발생한다. 이러한 시어는 복사냉각의 결과로서 지면 가까이에 있는 공기가 위에 덮힌 기단의 공기보다 더 냉각될 때 발달한다. 지면이 충분히 냉각되면 지면 가까이에 지면역전이 나타난다. 이 경우에 온도는 지상에서 수 백ft까지 고도에 따라 증가하는 안정층이 발달한다. 이렇게 형성된 야간의 복사역전층을 야간역전층(nocturnal inversion)이라고도 한다[그림 11-5].

야간역전층 내의 지구경계층의 안정이 그 보다 상공의 공기가 지상으로 빨리 움직여 혼합되는 것을 방해한다. 그래서 지상풍은 야간에 약화되는 경향이 있다. 반면에 지상 수 백ft 높이에서는 때로는 바람이 야간 복사역전에 의해 지상 마찰의 영향으로부터 분리되기 때문에 강해지는데, 이러한 과정에서 야간역전의 영향으로 연직 바람시어가 증가한다. 항공기의 하강 중에 야간역전층의 상부로부터 만나는 이러한 저층바람시어는 강한 데에도 불구하고 예상하기가 어렵다.

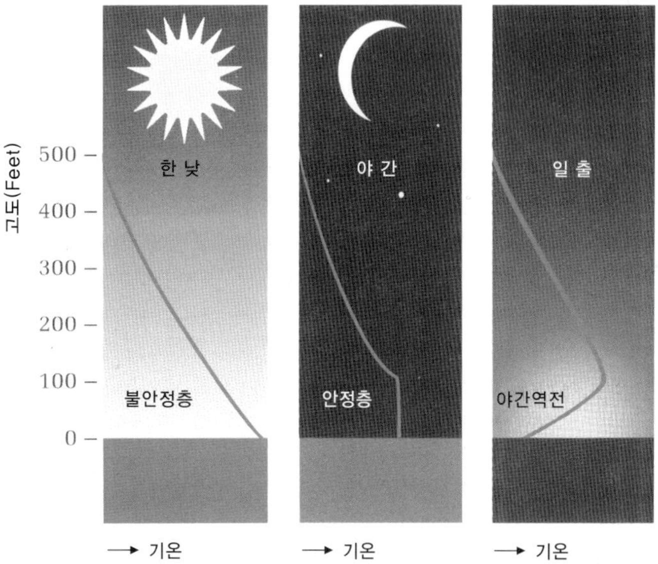

[그림 11-5] 맑은 날 하루동안의 지표층의 연직 온도분포

일출 후 대류혼합에 의해 야간역전이 해소되어 지상의 마찰과 상층 흐름 간의 연결이 다시 시작되면 연직 바람시어는 약해진다.

겨울철 눈이나 얼음이 덮인 지역 위의 지면역전은 특히 강하다. 그리고 때로는 낮에도 지속된다. 이런 경우에는 이·착륙 시에 특히 주의해야 한다. 역전층 위에서 바람이 강할 때는 특히 조심하지 않으면 안된다.

5) 상층의 안정층에서 나타나는 시어

바람시어는 전선과 야간역전 외에 자유대기(free atmosphere)의 안정층에서도 나타난다. 이러한 안정층은 상층안정층(elevated stable layer)이라고 한다. 이것은 얇은 한랭기단에서 나타난다. 여름철 낮 동안의 대류는 그 기단의 꼭대기에 시어를 집중시킨다. 겨울철에는 이러한 안정층이 지상까지 확장되며 눈이나 얼음 벌판 위에서 특히 안정하다.

한랭기단이 산악지역을 가로질러 이동할 때는 찬 공기가 계곡에 갇히게 되고, 상부에는 비교적 온난한 공기가 이동해 오는 경우가 있다. 그리하여 산맥 정상의 바로 아래에서 강한 상층 안정층이 나타나게 된다. 이 때 산 위에 강한 바람이 불면, 계곡 안에서는 약하고 한랭한 기류와 산 위에서 산을 가로질러 빠르게 흐르는 온난기류 사이에서 강한 연직 바람시어가 나타나게 된다.

6) 제트기류에서 나타나는 시어

상층의 단파골과 단파마루의 패턴은 강한 바람시어를 발생시킨다. 가장 강한 시어는 보통 심하게 굽은 등고선 패턴에서 바람이 강할 때 나타난다.

제트기류 가까이나 또는 권계면의 몇 천ft 이내의 지역은 강한 시어가 있을 가능성이 크다. 특히 이곳에서의 상승이나 하강 시에 가끔 강한 시어로 항공기 속도에 큰 파동을 일으키기도 한다. 이러한 시어층은 또한 청천난류층에 해당한다. 청천난류(CAT)에 대해서는 뒤에서 자세히 다루게 될 것이다.

Ⅱ 난류

1. 항공기 난류

항공기 난류(turbulence)는 간단히 '항공운항 중의 동요(bumpiness in flight)'로 정의될 수 있다. 이 정의는 대기의 상태보다는 항공기의 반응에 근거한 것이다. 이것은 항공기 난류가 비조직적인 난류운동일 수도 있고, 조직적인 소규모 순환의 결과일 수도 있다는 것을 의미한다. 또한 항공운항 중 충격의 규모는 항공기의 설계와 조종사의 반응에 따라 다르다. 편의상 우리는 여기서 난류는 항공기난류(aviation turbulence)를 의미하는 것으로 간주한다.

항공기의 운항 중 만나게 되는 대기 순환의 규모가 충분히 크다면 조종사가 항공기를 상승시키거나 하강시켜 피할 시간이 주어질 수 있다. 또한 순환이 매우 작은 경우라면 항공기는 심각한 영향을 받지 않고도 무사히 통과해 지나갈 수 있을 것이다. 난류를 일으키는 순환은 이상의 두 크기의 중간에 들어간다. 운항 중인 대부분의 항공기에 대해서 난류를 일으키는 대기순환(맴돌이)의 수평규모는 50ft~8,000ft 정도이다. 이 규모는 만일 난류맴돌이가 원형을 이루고 있다고 생각하면 맴돌이의 직경에 해당될 것이다.

난류맴돌이에 의해 발생하는 대기 운동은 보통 난류돌풍(turbulent gust)으로 인식된다. 일반적으로 연직돌풍은 수평돌풍보다 운항에 더 큰 영향을 미칠 수 있는데, 이는 항공기 발진각(angle of attack)과 상승각(angle of lift)을 변화시키기 때문이다. 그러나 이·착륙과 같은 비행단계나 풍하파와 두루마리구름과 같은 순환에서는 수평돌풍도 연직돌풍 만큼이나 중요하다.

항공기난류에 대한 조종사의 영향과 조종사에 대한 난류의 영향은 여러 방법으로 나타날 수 있다.

어떤 강도의 난류는 단지 불편할 뿐이다. 그러나 이러한 난류에 오랜 시간동안 노출된 조종사는 큰 피로를 느낄 것이다. 항공기의 흔들림의 빈도가 매우 크다면(1초당 4~5회) 조종사는 계기를 읽을 수 없다. 만일 흔들림의 빈도가 4초당 1회 정도라면 멀미가 날 수 있다. 이런 모든 결과는 조종사의 경험과 능력과 결합하여 난류에 대한 조종사의 반응에 영향을 미친다.

Pilot(혹은 autopilot)가 과잉반응을 한다면 비행기의 제어는 실제로 동요의 강도를 더 증가시킬 수도 있다. 이러한 경우를 기동조종(maneuvering)이라 한다.

2. 난류의 측정

난류의 가장 중요한 특징은 강도이다. 난류의 강도는 약(light)에서부터 매우 강(extreme)까지 분류되는데, 항공기와 승무원의 반응, 그리고 항공기에 고정되어 있지 않은 물체들의 움직임의 크기로 분류한다[표 11-4].

난류 분류 기준(turbulence reporting criteria)은 매우 주관적이어서 항공기의 형태나 대기속도 및 조종사의 경험에 의존하고 있다. 예를 들면 대형 항공기로부터 보고된 난류의 강도 표시는 같은 시각, 같은 지역에서 소형 항공기로부터 보고된 난류의 강도 표시보다 약할 것이다.

[표 11-4] **난류 보고 기준**

	항공기 반응	기내의 반응	보고 용어의 정의
Light (약) 	순간적으로 약간의 영향을 주는 난류. 고도나 자세가 약간 변화 Light Turbulence*(약한 난류)로 보고함. 또는 고도나 자세가 다소의 변화 없이 빠르고 다소 부드러운 요동의 원인이 된 난류는 Light Chop(약한 흔들림)으로 보고함.	탑승자는 안전벨트에 약한 장력을 느낌. 고정되지 않은 물체는 약간 움직일 수 있음. 식사 서비스가 가능하지만 걷기에 약간의 어려움을 느낄 수 있음.	· Occasional(가끔) : 기간의 1/3 미만 · Intermittent(단속) : 기간의 1/3~2/3 · Continuous(계속) : 기간의 2/3 초과
Moderate (보통) 	약한 난류와 비슷하게 느끼지만 강도가 더 강함. 고도와 자세의 변화가 발생하지만 항공기 조종이 가능함. 대기속도 변화의 원인이 됨. Moderate Turbulence*(보통 난류)로 보고함. 또는 Light Chop과 유사하지만 강도가 더 강함. 항공기의 고도나 자세의 변화 없이 급격한 흔들림이나 요동의 원인이 됨. Moderate Chop(보통 흔들림)으로 보고함.	탑승자들은 안전벨트에 어느 정도의 장력을 느낌. 고정되지 않은 물체는 움직임. 식사 서비스나 걷기가 어려움.	**주** 1. 조종사는 위치, 시간(Z), 강도, 구름 내부/부근 여부, 고도, 항공기 종류, 난류지속시간을 보고. 2. 지속시간은 두 지점 사이나 한 지점의 시간에 근거하며, 모든 지점은 인식 가능해야 함. **예** a) Over Omaha, 1232Z, Moderate Turbulence in cloud, Flight Level 310, B707 b) From 50 miles south of Albuquerque to 30 miles north of Phoenix, 1210Z to 1250Z, Occasional Moderate Chop, Flight Level 330, DC8.
Severe (강) 	고도나 자세에 갑작스런 큰 변화를 일으키는 난류. 큰 기류변화의 원인이 됨. 항공기는 순간적으로 통제력을 상실함. Severe Turbulence*(강한 난류)로 보고함.	탑승자는 안전벨트에 격심한 힘을 받음. 고정되지 않은 물체는 이리 저리 나뒹굴고, 식사 서비스나 걷기는 불가능	
Extreme (매우 강)	항공기가 급격하게 이리저리 요동하고 실제적으로 통제가 불가능함. 구조적 손상의 원인이 됨. Extreme Turbulence*(매우 강한 난류)로 보고함.	–	

※ 뇌우를 포함하여 적운형의 구름과 관련이 없는 고고도 난류(보통 해발 15,000ft 이상)는 적절한 강도나 Light 혹은 Moderate의 Chop(흔들림)이 선행되는 청천난류(CAT)로 보고되어야 함

난류강도의 정량적 표시는 중력부하(g-load), 대기속도 변동 및 상승률로 결정된다. 중력부하(g-load 또는 gust load)는 중력의 영향 때문에 발생하는 힘이다. 정상적인 중력은 중력부하 1.0g에 대응된다. 정상값 상하로의 g-load의 변화는 난류 강도의 대략적인 추정치이다. 예를 들어 항공기가 총 +1.5g의 g-load를 받았다면 그것은 난류가 +0.5g의 초과 부하를 받았다는 것을 의미한다.

대기속도 변동은 대기속도의 평균값으로부터의 난류 발생 중에 발생하는 최대, 최소의 대기속도 편차를 말한다. 예를 들어 평균 대기속도가 140kts이고 130~150kts 사이에서 변화했다면 ±10kts의 변동을 겪은 것이다.

실제로 난류 발생 지역을 비행할 때 난류 강도는 보고된 값 이상으로 발생할 수 있다고 해석해야 한다.

상승률은 단순히 난류 발생 중 양이나 음의 가장 큰 값을 의미한다. [표 11-5]는 난류 강도에 대한 변화의 여러 범위를 나타낸다.

[표 11-5] **난류의 강도**

강도 (Intensity)	대기속도 변동(kts) (Airspeed fluctuation)	중력부하(g) (g-load)	유도 돌풍(f.p.m.) (Derived gust)
Light (약)	5-14.9	0.20-0.49	300-1,199
Moderate (보통)	15-24.9	0.50-0.99	1,200-2,099
Severe (강)	25 이상	1.00-1.99	2,100-2,999
Extreme (매우 강)	-	2.00 이상	3,000 이상

※ 강도의 정량적 값은 양의 값이나 음의 값이 될 수 있음

난류돌풍(turbalence gust)에 의한 상승률은 연직돌풍(vertical gust) 속도의 근사값으로 사용될 수 있는데, 그것은 연직돌풍의 효과와 항공기의 움직임 둘 모두를 포함하기 때문이다. 유도된 '상당 돌풍속도(equivalent gust velocity)'는 중력 부하에서 일정한 증가분만큼의 변화를 발생시키는데 요구되는 연직돌풍의 이론적 추정값이다.

Ⅲ 난류의 종류와 특성

항공기 난류는 그 난류가 발생하는 위치, 대규모 대기순환과의 관계, 혹은 난류에 나타나는 대기현상 등에 따라 저층난류(LLT), 뇌우난류(TNT), 청천난류(CAT), 및 산악파난류(MWT)로 분류될 수 있다.

1. 저층난류

저층난류(low level turbulence, LLT)는 해발 15,000ft(약 5㎞) 이하의 난류로 정의한다. 주로 대기경계층 내에서 발생하는 난류이다. 대기경계층은 지표면 가열과 마찰의 영향을 받는 층이므로 LLT는 역학난류, 열난류, 전선난류를 포함한다. 항적난류(wake)는 어떤 고도에서도 만날 수 있지만, 지상 가까이에서는 특히 위험하다. 그래서 항적난류도 LLT로 분류한다. 편의상 지표면 부근의 뇌우나 기타 습한 대류에서 발생하는 난류는 뇌우난류에 포함시킨다. 그리고 산악파 조건에서 지면 근처에서 발생하는 저층 회전형 난류는 산악파난류에 속하는 것으로 한다.

(1) 역학난류

평지에서 지상풍이 강할 때는 현저한 LLT가 발생하는데 이것이 역학난류(mechanical turbulence)이다. 이는 지면마찰이 지면 위의 풍속을 늦추면서 기류가 난류맴돌이(turbulent eddy)로 변하기 때문이다 [그림 11-6]. 또한 난류맴돌이는 바람과 연직속도에 변동을 일으킨다.

지속적인 바람에 의해 휩쓸리는 난류맴돌이는 또한 지면 가까이의 바람시어에 빠른 진동을 일으킨다. 진동하는 시어와 난류는 항공기의 비행장 접근이나 이착륙을 어렵게 만든다.

바람이 강해짐에 따라 이러한 역학난류는 높은 고도로 확장된다. 지상 돌풍이 50kts 이상이면 지표면 효과로 인한 난류가 지상 3,000ft 이상의 고도에까지 도달할 수 있다.

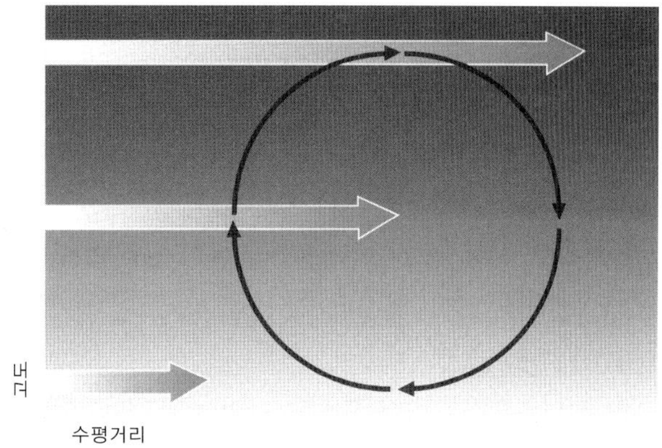

[그림 11-6] **지면 마찰에 의한 난류맴돌이**

빌딩이나 나무와 같은 장애물은 지표면 마찰의 효과를 증가시켜서 LLT와 바람시어를 강화시킨다. 평탄한 지면 위에 강한 바람이 불 경우에는 지상의 최대 돌풍은 지상의 평균풍보다 40% 정도 더 강하다. 지상에서 바람이 20kts를 초과할 때는 착륙 접근 시에 항공기의 대기속력이 10~20kts 정도 변동을 일으킨다.

평탄한 육지에서 지상풍이 30kts를 초과할 때, 역학적으로 유발되는 LLT는 보통(moderate) 이상이 된다.

전형적으로 난류맴돌이의 꼬리는 지상에서 발생한 난류지역과 유연한 상층 흐름 사이에 생기는 시어층으로서 장애물의 풍하측에 생긴다. 이를 일반적으로 항적난류(turbulent wake)라 한다. 항공기의 격납고나 큰 빌딩이 공항 근처에 있을 때 강풍이 불면 이착륙시 추가적인 제어 문제가 생길 수 있다.

언덕은 강풍이 불 때 매우 강한 항적 난류를 일으킬 수 있다. 평지의 난류와 비교하면 언덕의 풍하측 난류 맴돌이가 더 크다. 이것은 언덕에 의해 발생되는 장애가 더 크기 때문이므로 결과적으로 바람시어와 난류도 더 강하게 된다.

난류의 성질은 지세의 모양에 따라 결정된다. 급한 언덕 사면은 흐름을 지표면에서 분리하여 맴돌이, 저층난류, 그리고 시어 구역을 발생시킨다.

강한 옆바람이 부는 계곡으로 비행할 때는 주의해야 한다. 계곡의 양 경사면에는 종종 각각 현저한 상승, 하강 흐름이 생긴다. 매우 좁은 협곡에서는 난류돌풍이 있을 때는 비행을 제어할 공간이 제한적이기 때문에 어려움을 겪을 수 있다..

만일 산의 측면공간이 하강기류의 영향을 받을 때 계곡에서 비행기를 이륙하고저 한다면 계곡을 떠나기 전에 산의 최고 고도 위로 상승하여 만약의 하강기류에 대처할 공간을 확보하여야 한다.

기류가 산맥의 능선을 가로질러 불 때 산정 부근의 풍속과 바람시어는 주위의 평평한 지역 상공의 같은 고도에서보다 더 강할 때가 많다. 이것은 기류의 두께가 산정 위에서는 감소되기 때문에 공기괴가 좁은 공간을 통하여 이동하기 위해서는 공기속도가 커야 하기 때문이다.

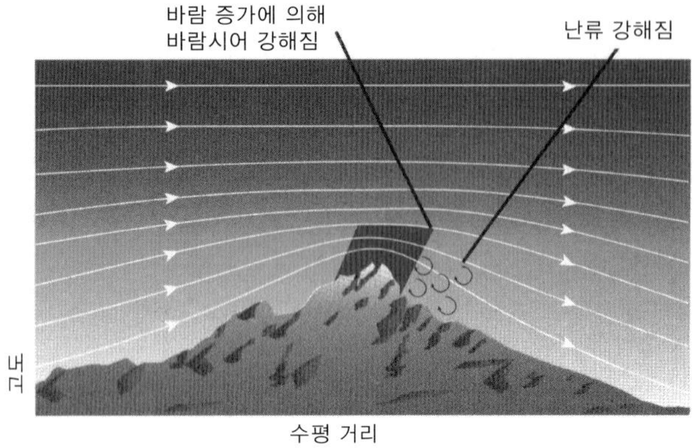

[그림 11-7] 산마루선을 따른 단면에 나타나는 기류

마찬가지로 넓은 기류가 좁은 산악형 골을 통하여 흐를 때 상당한 LLT와 바람시어를 가진 강한 국지풍이 발생한다. 이 깔대기 효과로 인한 이러한 강한 바람은 통과 후에 하강기류로 이어진다[그림 11-7].

산맥을 가로질러 강한 기압경도가 있을 때, 저고도에서 산고개(mountain pass)를 통과해서 비행하는 항공기는 강풍, 강한 시어 및 난류를 만날 수 있다.

큰 언덕이나 산악에서 산정상이나 능선을 가로질러 흐르는 안정한 기류는, 앞에서 설명한 효과뿐만 아니라, 풍하파(lee wave)를 형성한다. 이러한 풍하파 시스템은 대기의 어떤 층에서 광범위하게 난류를 발생시킨다.

(2) 열난류

열난류(thermal turbulence)는 지구경계층 내의 건조 대류에 의해서 발생하는 저층난류(LLT)이다. 열난류는 전형적으로 맑은 날 낮에 지상에서 발생하는 현상이다. 지면을 태양복사가 가열하면 지구경계층의 최하층에서 대류가 발생된다. 이러한 대류는 아침부터 시작되어 이른 오후에 두꺼워진다. 오후에 최대에 달하며 저녁이 되어 지표면이 냉각되면서 점차 해소된다. 찬 공기가 따뜻한 육지나 해양 위로 지나갈 때에도 열난류가 발생할 수 있다.

열기포(thermal)가 지면으로부터 상공으로 올라감에 따라 상승속도를 얻으며 규모도 커지고 더욱 조직화 된다. 평평한 지면 위로 바람이 약하게 불 때 열기포가 벌집 모양으로 배열되고, 약 20kts의 강한 바람이 불 때는 이들이 때로는 바람을 따라 선 모양으로 배열된다. 매우 강한 바람이 불면 이 열적 패턴들은 무질서하게 된다. 이 경우에는 역학효과와 열효과의 결합으로 강한 LLT가 생성된다.

LLT의 강도는 풍속과 지형의 경사도에 따라 증가한다. 거친 지형 위에서 풍속이 25kts 이상일 때는 보통 내지 강한 LLT가 나타나고, 풍속이 40kts 이상일 때는 매우 강한 난류가 나타날 수 있다.

앞에서 언급된 바 있지만, 열난류는 높은 지형 위에서 흔히 발생한다. 태양을 향하고 있는 경사면에서는 열기포가 더욱 강해지기 때문이다. 이런 경우에 LLT는 더욱 강하다.

글라이더 조종사는 고도를 유지하며 넓은 지면을 가로질러 날기 위해서 열기포의 상승운동을 이용한다. 천천히 움직이는 글라이더를 상승시키는 열기포의 발생원인은 또한 동력 비행기에 대한 LLT의 원인이기도 하다.

건조대류층(dry convection layer)을 통과하여 나르는 항공기는 약 내지 보통의 난류를 만나게 된다. 열기포에 의한 전형적인 연직돌풍은 200~400f.p.m 정도이며, 극단적인 경우는 1,000~2,000f.p.m이 되기도 한다. 여름철 한낮 경계층을 통과하는 비행기는 열기포로 인해 빈번한, 따라서 평안치 못한, LLT를 경험한다.

열기포에 의한 이러한 계속적인 요동은 대체로 모자안정층(capping stable layer)이라고 하는 안정층으로 상승함으로써 벗어날 수 있다. 이 안정층은 매우 천천히 이루어지는 대기의 침강운동에 의해 생기는 층이다. 이것은 일반적으로 대규모의 고기압지역에서 생긴다. 모자안정층은 건조대류의 꼭대기에 위치한다. 항공기가 이러한 층을 통과하면서 상승할 때는 난류가 갑자기 소멸된다. 모자안정층의 높이는 보통 지상으로부터 몇 천 ft이다. 여름철 사막지역에서 건조대류의 윗면은 지상 10,000ft 고도를 초과할 수도 있다.

모자안정층의 밑면은 종종 열기포에 의하여 아래에서 위로 확산되어 온 연무나 먼지에 의해 뚜렷한 층으로 보인다. 적운이 존재한다면 연무층이 그 Cu의 밑면에 위치하고 그 적운의 운정은 모자안정층의 밑면까지 이르게 된다.

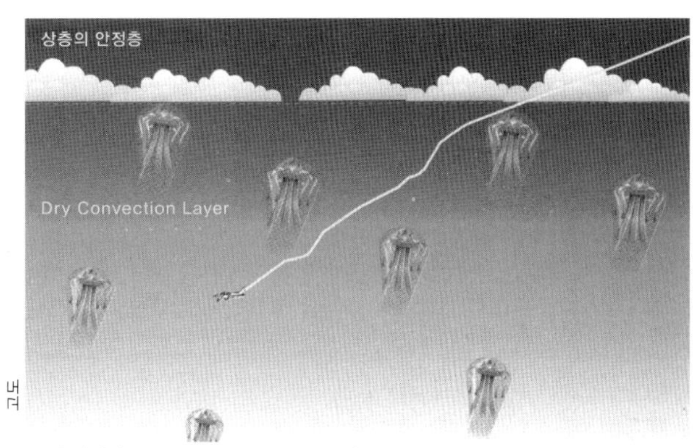

[그림 11-8] 안정층 후 적운층을 지나면서 하강하는 항공기가 경험하는 LLT

비행기가 상층의 안정층으로부터 아래의 대

류층으로 하강 진입할 때는 난류가 순간적으로 시작되어 난류를 예기치 못했던 조종사는 어려움을 겪을 수 있기 때문에 주의가 필요하다[그림 11-8].

맑은 날 열기포에 의하여 발생된 LLT는 전선통과, 구름, 젖어 있거나 눈이 덮인 지표면 등에 의해서 변화된다. 또한, 불안정이 매우 크면 습윤대류나 뇌우가 발생하기도 한다. 이런 조건 하에서는 경계층이 다양하게 변화된다. 이때 LLT는 주로 뇌우 활동의 결과로 나타난다.

3) 전선난류

전선은 바람시어가 빈발하는 지역으로서 보통 내지 강한 난류를 일으킨다. 지구경계층 내에서 빠른 속도를 가진 한랭전선은 경사가 일반적으로 상층에서보다 하층에서 급하다.

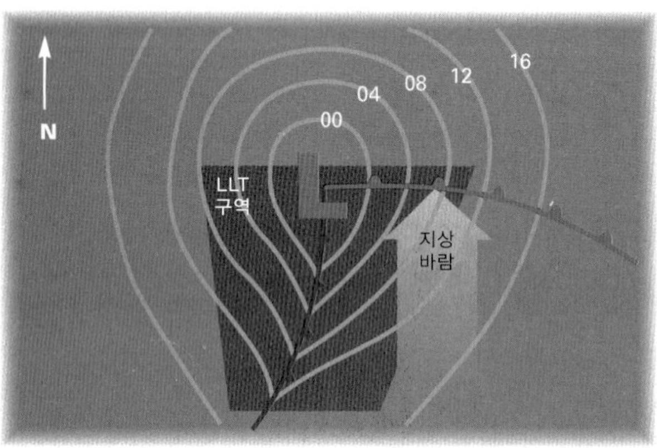

[그림 11-9] 파동 저기압에 동반된 전형적인 LLT 지역의 대체적인 분포

이런 경우 상승기류가 전선 전면 좁은 구역에서 1,000f.p.m에 달하기도 한다. 이러한 조건이 대류와 전선을 가로지르는 강한 바람과 결합될 때, LLT와 바람시어가 넓은 지역에 걸쳐 비행에 심각한 위험을 발생시킨다. [그림 11-9]에서 LLT 지역은 한랭전선 전면의 강한 남서풍 지역으로부터 전선 후방 약 200mile에 이르는 지역까지이다. 난류의 강도는 대체로 전선의 강도와 속도에 비례한다.

일반적으로 평탄한 지표상에서 30kts 이상의 속도로 이동하는 전선은 보통 이상의 LLT를 발생시킨다. 그러나 거친 지형 위에서라면 모든 전선들이 속도와 관계없이 보통 이상의 난류를 발생시키고 있다는 사실에 유의해야 한다.

4) 항적난류

항적난류(wake turbulence)는 비행 중인 항공기에 의해서 유발되는 난류이다. 이것은 역학난류의 한 형태로 볼 수 있는데, 특징이라면 공기가 장애물을 지나가면서 생기는 것이 아니라 반대로 장애물(이 경우에는 항공기의 날개)이 공기 속을 이동하기 때문에 생기는 것으로서 장애물 뒤에서 발생하는 것이다[그림 11-10]. 소용돌이(vortex) 또는 wake turbulence는 부력을 발생시키고 있는 비행기의 후방에서 발생하는 turbulence이다.

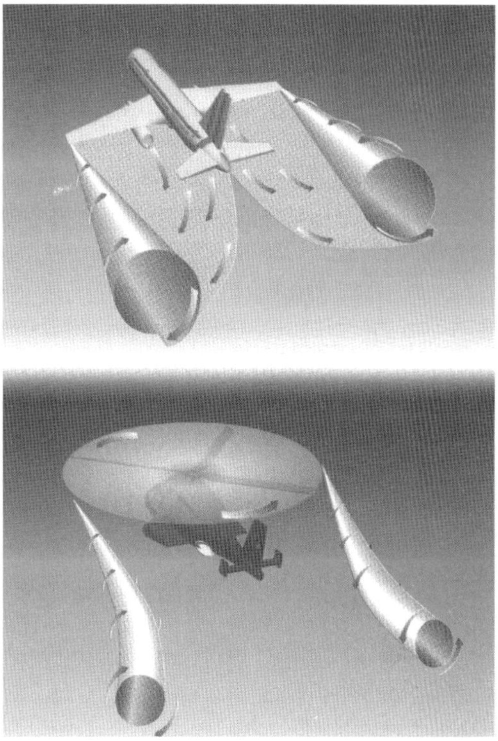

[그림 11-10] **항공기 상승시 날개에서 발생하는 후류 소용돌이**

다른 역학난류에 비해, 항적난류는 예상이 가능하다. 이는 모든 항공기가 부력을 발생시키고, 이 부력이 항적난류를 발생시키기 때문이다.

대부분의 항공기는 기본적인 형태가 같기 때문에 항공기가 만드는 소용돌이는 유사한 모양을 나타낸다. 그러나 항공기의 크기, 날개의 형태, 무게나 속도에 따라 난류의 강도에는 큰 차이가 있다.

느리고 무겁고 큰 항공기는 작은 항공기들보다 큰 소용돌이와 강한 난류를 만든다. 항적난류는 날개 근처에서 날개 위쪽의 저압을 통해 흐르는 기류와 날개 아래쪽의 고압을 통해 흐르는 기류 때문에 발생한다. 이러한 과정은 항공기 뒤쪽으로 흐르는 2개의 서로 반대로 회전하는 소용돌이를 발생시킨다.

소용돌이 발생은 lift off 부근에서 시작되어 touch down에서 끝난다. [그림 11-10]에서 보면 각 vortex는 wingtip의 inboard에서 downwash를 생성하고 outboard에서 upward flow를 생성한다. 소용돌이가 항공기 뒤쪽으로 날개 길이 두 배 만큼의 거리에서 소용돌이가 완전하게 형성되었을 때의 소용돌이의 직경은 전형적으로 25~50ft 정도이다. 실제 소용돌이의 규모는 날개 길이에 따르는데, 이것은 날개 길이의 대략 3/4 정도 떨어져서 유지되는 경향이 있다. 좌우 두 개의 소용돌이는 약 2분 이내에 항공기 아래로 800~900ft까지 하강하고, 그것이 소멸될 때까지 그 층에 머무르게 되고, 항공기로부터 멀어짐에 따라 약화된다. 대기 난류도 항적난류의 소멸을 재촉한다.

바람이 없는 조건하에서는 이 소용돌이가 지면에 도달하면 약 5kts 정도의 속도로 항공기로부터 바깥쪽으로 움직인다. 만일 바람이 분다면 이 소용돌이의 움직임은 바람이 없을 때의 조건과 풍속의 합으로 나타난다. 그래서 약한 옆바람은 활주로 위에 거의 고정되어 나타나는 소용돌이의 한 원인이 될 수 있다.

항적난류가 비행에 위험하다는 것은 분명하다. 대형 항공기 가까이에서 이륙하거나 착륙하는 소형 항공기는 조정이 불가능한 상태가 되는 연직돌풍 혹은 수평돌풍을 만나게 될 수도 있다. 따라서 천천히 움직이는 항공기가 직접 이러한 소용돌이 속으로 들어갈 때는 특히 주의해야 한다. 항공기의 항적에서 최대돌풍은 소용돌이의 중심에서 발생한다. 이런 상황에서 10,000f.p.m 이상의 gust가 보고된 적이 있다. trailing aircraft가 이륙 또는 착륙할 때 vortex 사이 지역의 downwash로의 비행은 심각한 어려움에 직면하게 된다. 항공기가 큰 각으로 wake를 가로지를 때 또다른 재난 상황을 만날 수 있다. 이 경우 항공기가 소용돌이와 downwash를 만나게 되고, 바로 연속해서 다른 소용돌이를 만나게 된다.

심한 항적난류는 대형 항공기는 물론이고 소형 항공기에 의해서도 발생될 수 있다. 항적난류의 영향을 피하기 위하여 특정 비행절차가 개발되어 왔다.

2. 뇌우 난류

뇌우난류(turbulence in and near thunderstorm, TNT)는 발달 중인 대류운과 뇌우의 내부 혹은 꼭대기 혹은 다운버스트나 돌풍전선에서 발생하는 난류이다. [그림 11-11]은 성숙단계에 있는 뇌우세포의 주요 난류영역을 나타내고 있다.

모든 뇌우에서는 반드시 재해를 만나게 된다는 점에 유의해야 한다. 그 중에서도 만약 뇌우 꼭대기가 35,000ft MSL을 초과한다면 그러한 뇌우는 극심한 재해를 일으킬 수 있다는 점을 명심하여야 한다.

적란운이 발달하는 동안에는 보통 내지 강한 난류가 존재한다고 생각해야 한다. 뇌운은 4개의 영역, 즉 뇌우 내부, 뇌우 아래, 뇌우 주위, 그리고 뇌우 상공에서 난류가 발생한다. 또한 다세포 뇌우를 조심해야 한다. 그 이유는 성숙세포가 거의 소멸하는 세포의 구름에 의해서 가리워져 보이지 않을 수도 있기 때문이다.

[그림 11-11] 뇌우난류(TNT) 영역(뇌우 내부(A), 뇌우 아래(B), 뇌우 주위(C), 뇌우 상공(D)에서 나타난다.)

1) 뇌우 내부의 난류

뇌우구름(적란운) 영역 내에서의 난류는 강한 상승기류와 하강기류에 의해 발생한다. 전형적으로 가장 빈번하고 가장 강한 TNT는 뇌우구름 내부에서 나타난다. 뇌우구름 아래의 난류가 피해의 위험이 크긴 하지만, 뇌우 내부의 난류는 피해가 뇌우나 번개 혹은 우박이나 착빙을 동반하는 기상상태에서 발생하기 때문에 더욱 위험하다. 이러한 위험요소들의 결합 때문에 뇌우는 치명적인 항공사고의 주된 요인이 된다.

뇌우 내부의 난류는 큰 것과 작은 것 두 가지의 규모로 발생한다. 가장 큰 규모의 맴돌이는 주된 상승기류와 하강기류의 크기와 같다. 작은 규모의 돌풍은 연직기류 가장자리의 강한 시어에 의해 발생한다.

기단뇌우의 발달단계 중 적운단계에서 뇌우 내부의 난류는 구름영역의 절반을 차지하는 상승기류가 원인이다. 상승기류의 속도는 운저로부터 점차 증가하여 운정에서 최대가 된다.

성숙단계에서는 상승기류 속도가 스톰의 깊이를 통해서 가속되고, 세포 상층부의 평형고도에서 최대에 이르는데, 평형고도가 때로는 권계면 가까이까지 이른다. 운정의 급속한 상승 때문에 권계면 바로 아래를 비행하는 조종사는 가끔 운정이 비행고도에 도달할 때 갑작스런 난류로 놀라게 된다.

기단뇌우의 성숙단계에서 상승기류 속도가 뇌운의 밑면 부근에서는 보통 400~1,200f.p.m(0.2~6m/s) 정도이고, 평형고도 부근에서는 4,000f.p.m(20m/s)

정도까지 이른다. 가장 강한 뇌우에서는 10,000f.p.m(50m/s) 이상의 격렬한 연직돌풍이 보고되기도 한다.

강한 뇌우의 평형고도 위에서 상승기류가 약화되기는 하지만 완전히 안정되기까지는 성층권으로 수천 ft를 침투할 수 있다. 가장 강한 상승기류는 강한 뇌우에서 나타나는 뇌운의 꼭대기 위로 확장되는 적운형의 돌출부인 과돌출 상부(overshooting top)이다. 이러한 곳의 상부는 비행을 하지 않아야 한다.

뇌우의 하강기류는 강수지역에서 가장 강하다. 일반적으로 하강기류는 뇌운의 밑면 근처에서 가장 강하다. 최고 5,000f.p.m(25m/s)가 보고된 적이 있다.

난류 강도는 뇌우의 발달과 더불어 강해진다. 즉 적운단계에서는 난류 강도가 약~보통이고, 성숙단계에서는 보통~강 이상이다. 뇌우 세포가 소산단계에 들면 뇌우 내부의 난류는 약해진다. 그러나 비록 레이더에 나타나지 않더라도 소산 단계의 세포에서도 난류 가능성에 대해 유의해야 한다.

성숙단계의 세포가 소산단계의 세포로 전환되는 정확한 시점과 지점을 목측으로는 확인할 수 없다. 예를 들면 소산의 초기 단계에 있는 뇌우의 어떤 지점에서의 난류는 성숙단계에서의 난류만큼이나 강하다. 소산의 말기에도 드문드문 강한 난류가 존재할 수 있다. 어떤 단계이든, 레이더를 장착하고 있다 하더라도, 뇌우 속으로 비행하는 것은 극히 위험한 일이다. 레이더분포도(radar summary chart)와 대부분의 항공기 탑재레이더에서 사용되는 VIP level(레이더 강도규모)은 [표 11-6]과 같다.

[표 11-6] VIP(Video Integrator Processor) Level과 추정 난류강도

VIP Level	강도	추정 난류 강도
1	Weak(약)	Light ~ Moderate Turbulence 가능성
2	Moderate(보통)	Light ~ Moderate Turbulence 있음.
3	Strong(강)	Severe Turbulence 가능성
4	Very Strong(매우 강)	Severe Turbulence 있음.
5	Intense(격렬)	조직화된 지상돌풍을 동반한 Severe Turbulence
6	Extreme(매우 격렬)	대규모의 지상돌풍을 동반한 Severe Turbulence

번개의 확률은 VIP Level 1 이상에서 증가하고, 큰 우박은 VIP Level 4 이상에서 증가한다.

뇌우 내부나 부근을 비행하는데 대한 가장 좋은 충고는 '가지 마시오' 이다. 그러나 만약 무심코 이미 뇌우 속으로 비행하게 되어 피할 수 없는 형편이라면, 난류 통과 속도(turbulence penetration speed)로 출력을 높이고, 계속 수평비행(wing-level flight)으로 고도를 유지해야 한다.

2) 뇌우 아래의 난류

앞에서 설명된 상승기류, 다운버스트 및 마이크로버스트는 뇌우 아래의 난류지역에서 나타난다. 이러한 현상이 바람시어 외에도 강한 난류를 발생시킨다. 하강기류로부터 퍼져 나가는 강한 바람은 역학난류를 발생시킨다.

난류는 또한 다운버스트, 소용돌이고리 내부, 돌풍전선 부근, 깔대기구름 부근, 토네이도 등에서 발생한다. 난류, 바람시어, 강한 강수, 낮은 시일링 및 악시정의 결합으로 뇌우 아래 지역은 항공항행에 매우 위험스러운 지역이 된다.

강한 뇌우가 발생한 곳에서 20마일 이내이거나 강한 레이더에코(VIP level 5 이상)가 나타나는 곳은 비행하지 않아야 한다. Cb 구름이 떠 있는 곳의 아래로 비행해서는 안 된다.

3) 뇌우 주위의 난류

뇌우 주위의 난류는 주된 대류지역을 벗어난 곳에서 나타나는 난류이다. 이것은 주된 적란운 주위의 맑은 공기 속이나 옆에 위치한 구름 속의 난류를 포함한다.

기단 뇌우 주위의 맑은 영역 대부분에서의 하강기류는 수 백 f.p.m 이내(1~2m/s 정도)이다. 그러나 맑은 하늘에서도 강한 난류가 발생하는 경우가 있다. 이런 난류의 원인은 잘 밝혀지지 않고 있으며, 일부가 밝혀져 있다 해도 잘 예측되지는 않는다. 따라서 항공기는 뇌운에서 상당히 멀리 떨어져 비행해야 한다.

뇌우세포가 대규모 기류에 대하여 장애물로 작용할 때 뇌우의 바깥쪽에 난류가 만들어진다고 보고 있다. 다세포뇌우나 거대세포뇌우는 상층의 바람보다 더 천천히 이동한다. 이러한 조건 하에서 대규모 상층 바람은 뇌우의 주위를 돌아 흘러가면서 다양한 난류 맴돌이를 발생시킨다. 이 효과는 강한 뇌우나 상층의 강풍으로 더 커진다.

난류성 기류가 뇌우의 풍하측 모루구름 아래에서 발생한다. 이것은 뇌우의 밑면 고도 이상의 뇌우 바깥에서 나타나는 가장 위험한 구역의 하나에 해당된다. 모루구름 아래 구역이 강한 난류의 위치이며 우박도 있을 수 있는 구역임이 경험 많은 pilot에게는 잘 인식되어 있다.

4) 뇌우 상공 난류

뇌우 꼭대기 근처의 상공에는 여러 가지 순환이 있다. 꼭대기가 overshooting된 적운은 그 구역이 대류상승으로 인한 현저한 난류의 발생원이라는 것을 나타내고 있다. 또한 상승기류와 안정한 성층권의 강풍과의 상호작용은 뇌우 꼭대기 위나 풍하측에 연직시어, 난류 맴돌이 및 풍하파와 유사한 중력파를 만들어 낼 수 있다. 따라서 뇌우 꼭대기 상공을 비행하는 것은 가능한한 피해야 한다.

모루구름 속으로는 물론 비행하지 않아야 한다. 모루구름 상공을 비행해야 한다면, 고도를 모루구름 위로 풍속 10kts 당 1,000ft의 비율로 고도를 높여야 한다. 예를 들어 구름 꼭대기에서 50kts 풍속이라면 구름 꼭대기로부터 5,000ft 상공 이상으로 비행해야 한다. 따라서 만약 이 고도가 항공기의 비행 상한 고도를 초과한다면 뇌우를 우회하여야 한다.

3. 청천난류

청천난류(Clear Air Turbulence, CAT)란 눈에 보이는 상승기류가 없음에도 자유대기에서 발생하는 중정도(moderate) 이상의 강도를 가진 난류를 말한다. CAT란 명칭은 맑은 날 고층에서 심한 난류를 겪은 초기의 조종사들의 경험에서 유래되었다. 그러나 지금은 CAT가 대류운과 관련 없이도 나타나는 고고도의 전선 난류와 제트기류 난류를 포함한 개념으로 사용되고 있다.

CAT는 정확하게 관측하기가 어렵기 때문에 그것을 통계적 용어로 기술하는 것이 편리하다. 예를 들면 항공기가 고고도를 비행하는 중에 moderate 이상의 CAT를 만날 가능성은 약 6% 정도, severe 이상의 CAT를 만날 가능성은 1% 미만 정도이다.

CAT를 만날 가능성은 제트기류지역에서 더 높기는 하지만 그 가능성이 그다지 높은 것은 아니다. moderate 이상의 현저한 CAT를 만날 가능성이 10%라면 그 자체가 매우 큰 확률에 해당한다. 그러므로 CAT와 관련된 용어는 '가능성 있는 지역'이라든가 '높은 빈도를 가진 지역'으로 표현한다는 것에 유의하여야 한다. 절대 규모 개념의 현저한 CAT의 가능성은 항상 낮다.

CAT를 만나지 않도록 주의해야 하는 이유는 가끔 항공기에 피해를 주는 심각한 상황이 발생할 수 있기 때문이다. 따라서 현저한 CAT에 직면하는 상황을 최소화시키는 것이 조종사와 기상학자의 책임이다.

CAT의 발생빈도는 권계면의 아래나 위 수 천ft 이내, 그리고 높은 산의 상공에서 크고, 여름보다는 겨울에 더 크다.

CAT는 연직바람시어가 있는 고고도의 안정층 근처에서도 관측된다. 안정층의 공기덩이가 연직적으로 변위되면 중력파가 발달한다. 이 중력파는 파장이 몇 백ft로부터 1~2마일 정도로 다양하다. 만약 연직시어가 강하면, 파봉이 파골을 추월하게 되어 매우 불안정한 상태가 된다. 그리하여 파동이 격렬하게 뒤집히게 된다. [그림 11-12]에서 (a)~(c)는 파동 궤적을 따라 이동할 때 시어에 의해 안정한 공기덩이가 뒤집히는 과정을 보여주는 시계열이다. 이 과정은 몇 분 정도 소요된다. 풍속이 파골에서보다 파마루에서 더 강하다. (a)단계는 공기가 포화상태일 때 가능하다. 물결구름(billow cloud)의 청어뼈(herring bone) 패턴을 나타낸 왼쪽 사진은 (c)단계

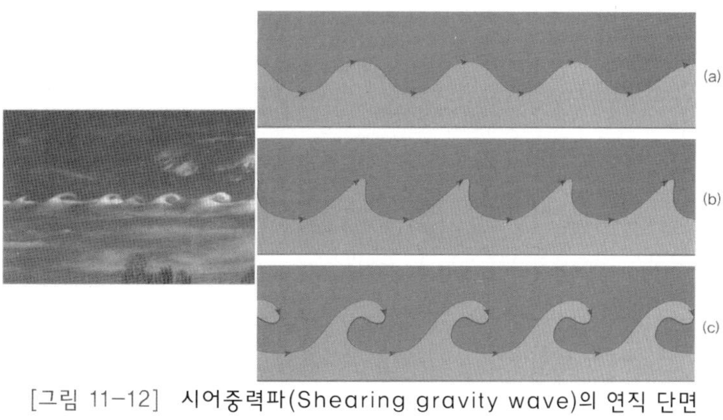

[그림 11-12] 시어중력파(Shearing gravity wave)의 연직 단면

파동의 사진이다. 그 결과로 CAT가 된다. 이런 짧은 중력파를 시어 중력파(shearing gravity wave)라 한다.

CAT는 전형적으로 넓이가 몇 십mile, 길이가 50mile 이상, 그리고 두께가 2,000feet 이하로 얇게 발생하는 경향을 가진다. 그리고 때로는 항공기가 얇은 난류층에 비스듬히 진입할 때 갑자기 CAT를 경험하게 된다.

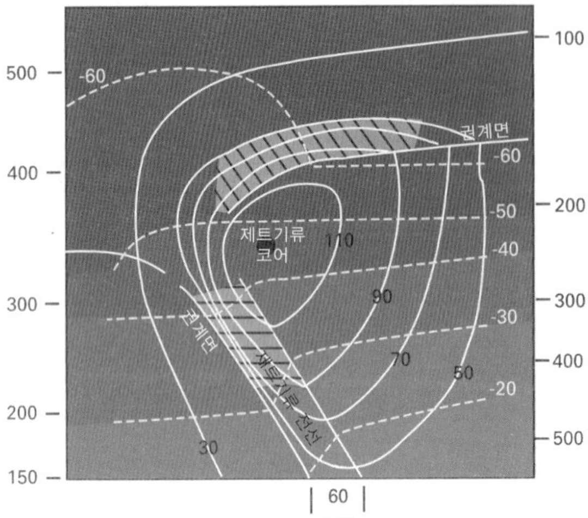

[그림 11-13] 이상화한 제트기류의 연직 단면에서 난류 가능성이 높은 구역(가는 실선 : 등풍속선 (kt 단위), 파선: 등온선(℃ 단위), 굵은 실선: 권계면과 제트류 전선 구역의 경계)

현저한 CAT의 발생 가능성은 연직 바람시어가 5kts/1,000ft (1.5kt/100m)를 초과할 때 빠르게 증가한다. 제트기류는 CAT의 약 2/3를 차지하므로 매우 중요하다.

[그림 11-13]은 이상화한 제트기류의 연직 단면도에서 현저한 난류가 나타날 가능성이 높은 구역을 나타내고 있다. 전선의 기울기는 매우 과장되어 표시되어 있고 다양한 특성 고도들은 위도와 계절에 따라 상당히 달라질 수 있다. 난류 가능성이 가장 높은 구역은 빗금칠 부분이다. 제트기류 핵의 주위 부분은 CAT가 잘 발생하는 구역이다.

제트기류 부근에는 CAT가 자주 발생하는 두 개의 지역이 있다. 그 중 한 지역은 제트 중심부 아래 고고도의 경사진 전선대로서 제트기류전선이라고 하는 곳이다. 제트기류전선은 모든 제트기류에서 나타난다. CAT는 제트기류 코어 아래의 제트기류전선 구역에서 가장 잘 발생한다. 제트기류 차트에서 풍하를 향해 바라보고 있을 때 전선구역은 제트 축의 왼쪽(고위도 쪽)에 위치하고 있다.

또 한 지역은 전형적으로 제트기류 중심 고도 위의 저위도 쪽으로 뻗은 경사진 권계면이다.

제트기류 부근에서 현저한 CAT와 바람시어는 제트기류 핵에서의 풍속이 110 kts를 초과할 때 발생할 가능성이 크다.

CAT에 대한 관측자료의 부족으로 예보관들은 CAT 예측을 위해 대규모 기상패턴을 중요한 도구로 사용한다. CAT 발생과 관련 있는 특정한 등고선과 제트기류 형태 사이의 알려진 통계적 관계에 기초하여 난류의 가능성이 큰 지역을 예측한다. 따라서 항공기가 우연히 조우한 난류를 보고하지 않는한 CAT의 정확한 위치는 명확히 예측될 수 없다.

[그림 11-14]는 일반적으로 CAT가 잘 발생하는 상층패턴을 보여준다. CAT가 발생하기 쉬운 지역은 급격하게 굽은 trough와 ridge, 그리고 제트기류가 수렴하고 발산하는 구역이다. 깊은 저압골로 이루어진 굽은 제트기류는 직선 제트기류의 경우보다 더 강한 난류가 나타난다.

이미 보고된 현저한 CAT 구역으로 비행하는 경우 첫 파동(ripple)을 조우할 때의 적절한 조치는 권고된 적정 속도로 속도를 수정하는 것이다.

청천난류는 다음과 같은 요령으로 비교적 안전하게 피할 수 있다.

① 고도나 항로를 변경한다.

② 적절한 난류 침투속도로 비행한다.

③ 좌석벨트와 어깨벨트를 조인다.

④ 제트기류 난류를 옆바람으로 만났을 경우에는 전진함에 따라 온도가 상승하면 항로 고도를 높이고, 전진함에 따라 온도가 하강하면 항로 고도를 낮춘다.

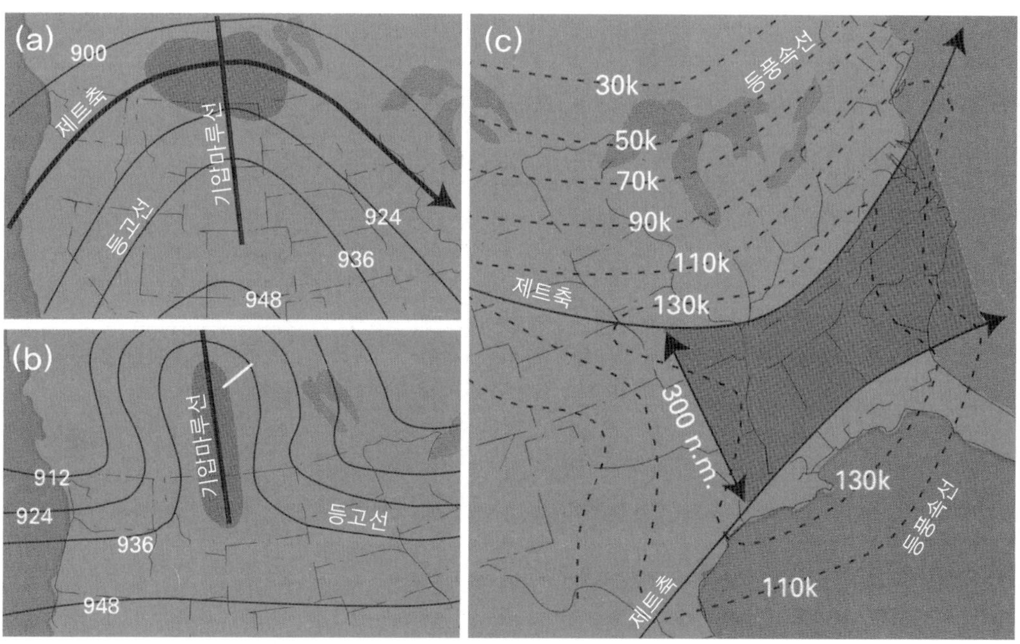

[그림 11-14] CAT와 관련 있는 제트기류 패턴 (그늘칠 표시 부분이 CAT 가능성 구역이다.)

4. 산악파 난류

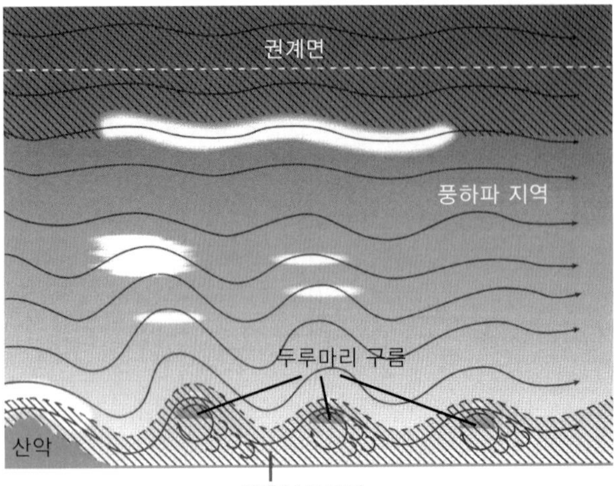

[그림 11-15] 이상화한 산악 풍하파 시스템의 연직 단면(난류 발생 가능성이 높은 지역은 빗금칠 부분이다)

산악파난류(mountain wave turbulence, MWT)는 산악 풍하파와 관련되어 발생하는 난류이다. 이것은 뇌우와 상관없이 나타나는 난류 중에서는 가장 강한 난류이다.

MWT는 주로 풍하파 시스템의 잘 알려진 두 구역에서 발생한다. 그 두 지역 중 하나는 권계면 부근이고 다른 하나는 낮은 난류가 나타나는 지면 부근이다([그림 11-15] 참조).

MWT의 가능성과 강도는 산정 고도의 바람이 강할수록 커진다. 산정에서 풍속이 25~50kts일 때 권계면 위 5,000ft까지의 모든 고도에서 보통 난류(moderate turbulence)를 예상할 수 있고, 산마루에서 풍하쪽으로 150~300마일까지 보통 난류가 나타날 수 있다.

산정에서 풍속이 50kts를 초과할 때는 산마루의 풍하쪽으로 50~150마일까지, 특히 권계면의 5,000ft 이내와 두루마리구름(rotor cloud)의 정상부 아래에서 강한 난류(severe turbulence)를 예상할 수 있다.

1) 풍하파 지역

풍하파는 대체로 난류보다는 훨씬 평탄하지만 풍하파 지역에서 난류가 발생한다면 권계면의 5,000ft 이내에서 발생할 가능성이 크다. 이것은 바람이 권계면 위와 아래에서 최대 풍속이 나타나며 강한 연직시어를 가지기 때문이다. 산악 풍하파의 활동은 시어를 강화시키고 시어 중력파의 발달을 촉진한다.

매끈한 풍하파 부근에 종종 작은 규모의 난류에 의해 렌즈구름에 시어 중력파의 모양이 톱날모양으로 나타난다. 항공기는 이러한 톱날모양의 불규칙한 주변을 가진 시어 중력파(ACSL)에 주의해야 한다.

산악지역 위에 제트기류가 위치할 때 산악파와 CAT의 생성 조건이 형성된다. 그래서 고층 난류가 다른 지역에서보다는 산 위에서 더 빈번하게 보고되고 있다.

산악파를 피하기 위해서는 가능하면 항로를 변경하는 것이 좋다. 만약 항로 변경이 불가능하다면 난류 발생 가능성이 가장 큰 층인 권계면 부근만은 피하도록 고도를 수정해야 한다.

MWT는 보통 산정 풍하측의 첫 번째 파동 순환에서 가장 강하다. 풍하파가 큰 진폭을 가질 때는 기류가 보통 강하다. PIREP을 보면 종종 ' ...severe turbulence...'라 하기보다는 '... strong wave action....'이라고 표현하고 있다. 항공기가 실제로 경험하게 되는 난류는 풍하파의 진폭뿐만 아니라 파장과 항공기 속도에도 좌우된다.

NEWS

날벼락 '에어포켓'

인도네시아의 유명 휴양지 발리를 이륙해 인천공항으로 향하던 항공기가 비행 도중 '에어 포켓(Air Pocket)' 때문에 급강하 하면서 승객과 승무원 등 40여명이 다치는 사고가 발생.

2005년7월14일 오전 4시15분(한국 시각) 발리 덴파사르공항을 출발한 항공기가 이륙 후 40분인 오전 4시55분쯤 말레이시아 영공 직전 3만8000피트(1만1582m) 지점 상공에서 기장이 기류에 이상을 느껴 '자리에 앉아 안전벨트를 착용해 달라'는 안내방송을 했지만 방송이 채 끝나기도 전에 '에어 포켓'의 일종인 '청천난류(CAT)'를 만나 갑자기 100m 아래로 뚝 떨어졌다.

기내는 곧바로 아수라장이 됐다. 통로를 걷던 승객과 미처 안전벨트를 매지 못한 승객들은 비행기 위쪽 선반까지 붕 튕겨져 올라갔다. 이로 인해 일부 승객은 이마가 찢겨 피를 흘렸고 안경이 깨졌다. 선반에 넣어두지 않은 손가방들은 요란한 소리를 내며 사방으로 튀었다. 이로 인해 승객 257명 중 4명이 튕겨져 선반에 머리를 부딪쳐 이마가 찢어지는 등 부상을 입었고, 25명이 목에 통증을 호소해 응급치료를 받았다. 또 기내 서비스를 준비하던 승무원 11명도 부상을 입었다.

승객 K씨는 "잠을 자고 있다가 기체가 흔들리고 안내방송이 나오는 것을 들어 안전벨트를 매려고 했는데 갑자기 비행기가 뚝 떨어졌다"고 말했다. 다른 승객 L씨는 "안전벨트를 느슨하게 맸는데 급강하할 때의 압력으로 벨트에서 빠져나와 튕겨져 올라가 머리를 부딪혔다"고 말했다.

사무장 Y씨는 "그나마 다행이었던 것은 당시 기내식 등 기내서비스가 이뤄지지 않던 시점이었다. 기내 서비스를 하고 있었다면 무거운 음료카트나 와인병 등이 날아다녀 피해가 더 커졌을 것"이라고 말했다.

'청천난류'는 멀쩡한 하늘에서 기상현상과는 무관하게 예고 없이 발생하기 때문에 기상레이더에도 잡히지 않아 '마른하늘의 날벼락(청천벽력·靑天霹靂)'으로도 통한다.

항공기 운항 시 풍하파의 영향은 바람을 거슬러 풍상을 향해 비행할 때와 풍하 방향으로 비행할 때가 크게 달라진다. 산악의 풍상측으로부터 바람을 등지고 능선으로 접근 통과할 때는 능선을 넘어서면서 곧바로 풍하파 순환에 들어가게 된다. 따라서 강한 풍하파에 대한 예고가 없다. 한편 항공기가 바람을 안고 산악의 풍하측으로부터 능선으로 접근할 때는 능선으로 접근하면서 파동이 점차 증가하기 때문에 조종사는 필연적으로 주의를 기울이게 된다.

약한 풍하파에서는 300~900f.p.m 정도의 상승 하강기류를 가진다. 반면에 강한 풍하파에서는 1,800~3,600f.p.m 정도가 된다. 매우 강한 풍하파에서는 5,000~8,000 f.p.m의 연직기류가 보고된 적이 있다. 강한 풍하파에서는 고도계에 지시되는 값이 정확하지 않다는 점에 유의할 필요가 있다.

산악파 발생 가능성이 있는 지역에서는, 특히 밤에 고도계의 부정확성에 유의하고, 풍하파에서는 연직운동이 강하여 고도계 지시값이 크게 불안정해진다는 점에 유의해야 한다.

아주 높은 산들을 제외하고는, 산악파에 대한 대처 방법은 다음과 같다. 즉, 바람이 강할 때는 풍하측으로부터 바람에 거슬러 산악파 지역으로 접근한다면 산으로부터 최소한 수평거리 100마일 정도부터는 상승을 시작하라. 그래서 능선을 넘기 전에 적어도 산정고도 상공 3,000~5,000ft의 높이로 상승하라. 그리고 난류에 직면한 경우에 가장 좋은 방법은 급한 회항(retreat)이 가능하도록 능선에 대해 45° 경사로 접근한다. 첫 번째 시도에서 성공하지 못한 경우에는, 항공기가 높은 고도로 상승할 수 있는 능력을 가졌다면, 더 높은 고도에서 다시 시도할 수 있을 것이다. 그러나 때로는 되돌아가거나 다른 더 좋은 항로로 우회하는 것 중에서 선택할 수밖에 없을 수도 있다.

2) 낮은 난류 구역

낮은 난류 구역은 풍하파 시스템에서의 지구경계층이다. 산악 풍하쪽의 강한 바람과 바람시어는 이곳에 폭넓은 난류를 발생시킨다. 일반적으로 최악의 난류는 첫 풍하파의 골을 이루는 풍하경사면 지역 혹은 첫 두루마리구름(rotor cloud)에서 발생한다.

산 가까이에 강한 바람이 하강 경사를 따라 나타나서 강한 바람지역이 풍하측 경사 아래로 확장된다. 강한 풍하파 조건 하에서는 강하고 돌풍성 지상풍이 산의 아래쪽으로 확장될 수 있다. 산으로부터 불어내리는 강풍이 따뜻하고 건조한 돌풍성 바람인 경우 푄(foen), 치누크(chinook), 높새바람 등의 지역적 고유 이름을 가지는 경우가 있다.

산악파가 발생했을 때는 능선을 가로지르는 저층 운항을 시도해서는 안 된다. 공기가 습윤하다면 산악파 구름이 발생하는데, 이러한 구름은 산악파의 발생 가능성을 인식하는데 중요하다. 특히 모자구름(cap cloud)은 풍하측 경사를 따라 강한 하강운동이 있음을 나타내는 지표가 된다.

강한 바람이 부는 동안에 산의 고개마루나 계곡을 비행하는 것은 안전하지 않다. 만약 산정고도에서 바람이 25kts 이상이라면, 높은 고도로 비행하거나, 우회하거나, 또는 비행을 포기해야 한다. 물론 구름이 존재하지 않는다고 MWT가 존재하지 않는다고 생각해서는 안 된다.

가장 강한 MWT는 전형적으로 풍하파의 파마루 아래에 나타나는 두루마리구름(roll cloud) 순환에서 나타난다. 산마루 풍하의 첫 파동과 관련된 두루마리구름은 일반적으로 난류가 가장 강하다. 두루마리구름 순환 중심의 높이는 능선의 정상부 고도 와 비슷하다. 두루마리구름은 전체 두루마리 순환의 윗부분에 해당한다. 충분히 강하게 발달했을 때 이 두루마리 순환은 폐색 원을 그리며, 낮은 층에서의 바람은 윗 부분의 바람 방향에 반대로 나타난다.

두루마리 순환의 강도는 풍하파의 강도에 비례한다. 특히 두루마리 순환은 산악 정상에서 풍속이 강하고, 풍하측 경사가 심하고, 그리고 산이 계곡의 하강 바람에 비교하여 높을 때 강하게 나타난다. 어떤 경우에는 이 두루마리 순환은 약한 순환으로 존재하기도 하고 전혀 존재하지 않을 수도 있다. 그러나 언제든지 신중한 접근이 바람직하다.

풍하파가 존재한다는 의심이 있을 때는 두루마리구름이 있거나 없거나 한 개 이상의 강한 두루마리 순환이 있다고 생각해야 한다.

NEWS

중력가속

"고양이에게 목덜미를 잡아채인 생쥐처럼 목이 뒤로 꺾였다. 온몸이 갑자기 자석에 끌리듯 좌석에 철썩 달라붙고 얼굴 피부는 뒤로 잡아당겨졌다." KF-16 전투기가 발진하는 순간 보통사람이 체험하는 느낌이다.

그것도 잠시, 순식간에 1만5000피트 상공에 도달한 전투기가 이번엔 공중돌기를 한다. "꼬챙이에 꽂힌 통닭이 돌아가듯 수초 만에 세 번 고속회전을 하면서 하늘과 땅이 다투어 빙글빙글 목전에서 소용돌이를 쳤다". (한 대학생의 전투기 탑승기)

몸무게의 6배에 달하는 하중이 가해지는 '6G단계'. 피를 짜는 듯 한 압박감에 정신이 아득해지고 머리에서 피가 빠져나가면서 시야가 까맣게 좁아진다. 일명 '터널현상'. 전신에 힘을 주며 복부 근육으로 특수 호흡을 하지만 "윽, 윽"하는 고통의 숨소리가 절로 나온다. '9G 단계'에서는 시야가 컴컴해지고, 심하면 피가 머리에서 너무 빠져나가 의식을 잃기도 한다.

급하강의 순간에는 거꾸로 피가 머리로 몰려 심한 불쾌감과 함께 앞이 빨갛게 보이는 '레드 아웃'현상이 일어난다. 비행 중 귀가 터질 듯이 아프다거나, 비행기가 기울어져 있는 듯한 착각에 시달리는 '비행 착각현상'은 기본. 전투기가 급기동할 때는 평소 기억력과 판단력의 30%밖에 발휘되지 못한다고 한다. 인간 생체조건의 한계를 넘나들며 생사를 건 공중전까지 해야 하는 전투기 조종사들을 초인적이라고 부르는 것은 단순한 수사(修辭)가 아니다. 경력 10년의 F-16 조종사(소령급) 한 명을 양성하는 데는 87억원이 들어간다고 한다. 전투기 한 대가 한 시간 비행을 하는 데는 대략 200만원의 연료비가 들어간다. 1000시간 비행이면 20억원이다. 여기다 교육비와 전투기 감가상각비 등이 보태진다. 미국에서는 전투기조종사들을 '워킹 포천'이라 부른단다. 걸어다니는 돈덩어리란 뜻이다.

연습문제

1. 바람의 시어의 중요성에 대하여 설명하시오.

(참고 p.291~292)

2. 항공기 난류의 발생원인을 열거 하시오.

(참고 p.304~320)

3. 마이크로버스트(Microburst)를 설명하시오.

(참고 p.295~297)

4. 청천난류(CAT)에 대하여 설명하시오.

(참고 p.314~317)

5. 산악파의 항공장애에 대해 설명하시오.

(참고 p.318~321)

6. 다음 중 청천난류(CAT)가 가장 심하게 나타나는 경우는?

   ① 연직방향의 바람시어가 10kt/1,000ft인 곳
   ② 수평방향의 바람시어가 10kt/150mile인 곳
   ③ 한여름 오후에 발달하는 열기포(thermal) 속
   ④ 연직방향의 바람시어가 5kt/1,000ft이고, 동시에 수평방향의 바람시어가 10kt/150mile 인 곳

7. 산악파 중에서 난류가 가장 심한 곳은?

① 산정의 직상공의 권계면
② 산정의 잘 발달된 모자구름 속
③ 커다란 렌즈구름 속
④ 산악파 중의 잘 발달한 두루마리구름 속

8. 활주로 상에서 항공기의 이착륙 때에 해당 항공기의 후방에 발생하는 인공난류의 보존에 가장 관계가 큰 것은?

① 기압골(trough)의 통과 ② 바람시어
③ 지면역전 ④ 낮은 층운

9. 다음 운형 중 일반적으로 난류가 가장 큰 것은?

① CU ② NS
③ TCU **④ CB**

10. 항공기에 대해 난류를 일으키는 대기순환의 수평규모는?

① 30~5,000ft **② 50~8,000ft**
③ 100~10,000ft ④ 500~80,000ft

제12장
착 빙

I 착빙의 특성

1. 착빙의 영향

착빙(icing)은 어떤 물체의 표면에 얼음이 덮이거나 쌓이는 현상이다. 이 절에서는 항공기에 생기는 서리(frost)와 착빙(icing)의 형태와 원인을 다룬다.

항공기 표면에 얼음이 형성되면 항공기 운항에 여러 가지 장애를 초래한다. 상승하는 항공기 표면의 공기역학적 형태가 착빙에 의하여 변형되어 무게(weight)와 항력(drag)은 증가하고 양력(lift)은 감소한다. 프로펠러 표면의 착빙은 추진력(thrust)을 감소시킨다. 카뷰레터와 공기 흡입구 내의 착빙은 동력(power)을 감소시킨다. 그리고 착빙은 실속속도(stalling speed)를 증가시킨다. 심한 착빙은 가변날개(control surface)와 착륙 기어(landing gear)가 완전한 작동을 못하게 할 수도 있다.

프로펠러에 불규칙하게 얼어붙은 착빙은 진동을 일으켜 운항에 악영향을 줄 수 있다. 항공기로부터 떨어져 나온 얼음 파편이 제트 엔진 내부로 유입될 수도 있고 압축날개(compressor blade)를 손상시킬 수도 있다. 피토시스템(pitot-static system)에 생기는 착빙은 대기속도계, 고도계, 연직속도계에 오류를 일으킬 수도 있다. 무선수신기 안테나의 착빙은 통신에 좋지 않은 영향을 줄 수 있다. 조정석 앞 유리창의 착빙은 시정을 악화시킨다. 활주로의 결빙과 적설로 제동이 어렵게 되면 이착륙은 물론 지상에서의 조종도 어렵게 된다.

2. 착빙의 형태와 원인

1) 구조착빙

항공에 중요한 착빙으로는 구조착빙(structual icing)과, 흡입착빙(induction

icing)이 있다. 먼저 구조 착빙에 대해 알아본다.

구조착빙은 항공기의 외부에 얼음이 얼어붙는 것을 말한다. 즉 항공기의 날개, 프로펠러, 안테나, 앞 유리, 피토관 및 방향타 등 항공기 표면에 생기는 착빙이다. 구조 착빙의 주된 영향은 항공기의 공기역학적 효율성이 감소된다는 것이다.

구조착빙의 주된 원인은 항공기가 0℃ 이하의 과냉각수적을 포함하고 있는 구름 속을 통과할 때 항공기 표면에 이 수적들이 결빙되기 때문이다. 이러한 착빙과정은 구름 내의 과냉각수적의 크기와 수량 및 온도에 따라 맑은 착빙(clear icing), 거친 착빙(rime icing) 및 혼합 착빙(mixed icing)의 세 가지 형태로 나타난다.

만약 과냉각수적이 크다면 항공기에 부딪힐 때 항공기 기체 표면에 퍼지면서 천천히 결빙되어 clear icing이 된다. Clear icing은 표면이 매끄럽고 윤이 나고 투명 또는 반투명한데, 이는 항공기 표면에 단단하게 붙어 항공기 날개의 형태를 크게 변형시키기 때문에 구조착빙 가운데 가장 위험한 형태이다.

(a) 맑은착빙

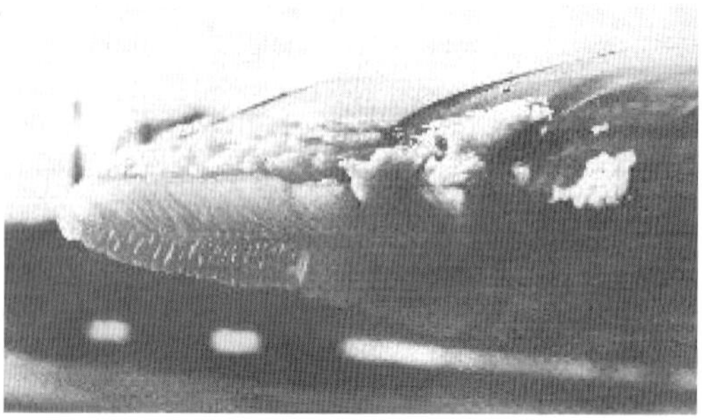

(b) 거친착빙

[그림 12-1] 항공기의 착빙 예

Rime icing은 작은 과냉각수적이 항공기와 부딪히면서 신속히 결빙하기 때문에 공기를 포함하고 있어서 공간이 많으며 불투명하고 우유빛을 띠고 있으며 부서지기 쉽다. 이 착빙은 항공기의 주 날개, 받침대, 또는 외부에 노출된 부분 등의 첨단부에서 발생한다[그림 12-1]. Rime icing도 항공기 날개의 공기역학에 심각한 영향을 줄 수도 있으나, clear icing보다는 덜 위험하고 de-icing 장치로 쉽게 제거할 수 있다. Mixed icing은 clear icing과 rime icing의 결합이다. Mixed icing은 눈 또는 얼음 입자가 맑은 착빙 속에 묻혀 있는 형식으로 형성되어 있어서 울퉁불퉁하게 발달한다.

구조착빙은 착빙의 형태나 강도를 PIREP으로 보고한다.

착빙의 강도는 착빙율, 제빙/방빙 장치 이용 시의 효율성 및 조종사의 대처에 따라 [표 12-1]과 같이 분류된다.

제빙장치(de-icing device)는 착빙이 형성된 후 제거하는 장치이며, 방빙장치(anti-icing device)는 착빙의 형성을 미리 방지하는 장치이다.

[표 12-1] 항공기 착빙과 조종사의 대책

강도	항공기 착빙율	조종사의 대처 방안
Trace (매우 약)	착빙이 시작됨. 얼음의 적산율이 승화에 의한 손실율보다 약간 큼.	한 시간 이상 지속되지 않는 한 제빙/방빙 장치를 가동하거나, 비행방향 또는 비행고도의 변경이 불필요함.
Light (약)	이러한 착빙율로 한 시간 정도를 비행하면 얼음의 적산율은 문제를 발행시킬 수 있음.	제빙/방징 장치를 가끔 가동하거나 또는 비행방향이나 고도의 변경이 필요할 수 있음.
Moderate (보통)	짧은 시간의 착빙이라도 계속되면 잠재적으로 위험.	제빙/방빙 장치를 가동해야 하거나, 비행방향이나 고도의 변경이 필요함.
Severe (강)	제빙/방빙 장치로도 착빙율을 감소시키거나 위험을 제어할 수 없을 정도임.	신속하게 비행방향이나 고도를 변경해야 함.

2) 흡입착빙

흡입착빙(induction ice)은 항공기 동력장치의 가동에 영향을 준다. 이러한 착빙에는 공기흡입기와 기화기(carburetor)의 착빙이 포함된다. 흡입착빙은 엔진으로 들어가는 공기를 막기 때문에 동력을 감소시킨다.

흡입착빙도 구조착빙의 생성조건과 같은 조건 하에 공기 흡입구에서 발달한다. 기화기 착빙(carburetor icing)은 기화기로 유입된 습윤공기가 영하의 이슬점 온도까지 냉각될 때 발생한다. 이러한 냉각은 기화기 내에서 공기의 단열팽창과 연료의 기화 때문에 일어날 수 있다. 기화기 내의 icing은 공기와 연료혼합의 흐름을 방해 또는 차단할 수 있다. 실질적으로 carburetor icing은 엔진을 완전히 정지시킬 수도 있다. 더구나 심각한 문제는 외부 공기의 온도는 어는점 이상인데도 기화기 내의 냉각이 매우 심하여 기온이 외부공기 온도보다 20℃ 이상 떨어질 수도 있어서 판단을 잘못 할 수가 있게 된다. Carburetor icing은 22℃~-10℃(72°F~14°F)의 넓은 온도 영역에서 관측되고 있다.

Carburetor icing 방지를 위해서는 가열이 필수적이다. 이런 가열 장치의 적용과 한계는 Pilot's operating handbook(조종사 운항핸드북)에 자세하게 설명되어 있다.

제트항공기가 활주로에서 이동 중이거나, 이륙 상승 중에도 흡입 압축기에서 압력이 낮아진다. 이 때 흡입구를 통과하는 공기는 단열적으로 냉각된다. 엔진의 유형에 따라서는 외부 공기의 상대습도가 높을 때에는 심지어 구름이나 액체강수가 존재하지 않고 외부기온이 0℃ 이상일 때에도 착빙이 형성될 수 있다. 그 결과 공기가 차단되고 엔진 효율이 낮아지게 된다.

주어진 착빙 환경에서 착빙의 가능성은 항공기의 형태와 속도에 영향을 받는다. 제트항공기는 보통 착빙의 생성이 적은데, 그 이유는 강한 추진력과 함께 아주 높은 고도에서 비행하여 착빙의 임계온도 영역을 벗어나기 때문이다.

한편 대부분의 작은 왕복기관 항공기(reciprocating-engine aircraft)는 착빙이 많이 생성되는데, 그것은 착빙 방지 장치의 열악성과 함께 주로 낮은 고도에서 운항하기 때문이다. 헬리콥터는 추진력과 상승력을 동시에 발생시키는 회전날개에서 착빙의 가능성이 극히 크다.

Test data에 의하면, leading edge와 날개의 윗면에 중정도 거친 sandpaper 두께만큼 거칠기를 가진 ice, snow 또는 frost가 끼었을 때라면 양력(lift)은 30%나 감소하고, 항력(drag)은 40%나 증가한다.

3) 서리

서리(frost)는 습윤공기가 0℃ 이하인 이슬점온도까지 냉각되어 수증기가 직접 얼음으로 승화되어 형성된다. 일반적으로 맑은 날 밤에 지표면의 복사냉각으로 항공기 표면의 온도가 영하의 온도로 떨어지면서 발생된다. 서리는 일반적으로 깃털모양의 빙정구조를 나타낸다. 항공기에 형성된 모든 서리는 이륙 전에 반드시 항공기에서 제거해야 한다.

항공기 표면에 달라붙은 서리는 맑은 착빙의 두께와 비교할 때 위험이 큰 것은 아니지만, 서리의 주된 위험은 항공기 표면의 서리가 항력을 증가시켜 부력의 원천이 되는 공기의 흐름을 악화시킨다는 것이다. 서리는 이륙 횡전(takeoff roll)을 증가시켜 이륙에 지장을 주고 심지어는 불가능하게 할 수도 있다. 단단한 서리는 실속(stalling)을 5~10%

증가시킬 수 있다. 서리가 달라붙은 항공기는 저고도에서 난류나 바람시어를 만날 때 매우 위험해지며, 특히 저속운항이나 방향 회전을 할 때 큰 위험을 초래한다. 서리는 정상적인 이륙속도로 이륙할 수 없게 만든다.

서리는 운항 중에도 형성될 수가 있다. 이것은 주로 냉각된 항공기가 구름은 없지만 상대습도가 높은 온난 지역으로 상승하거나 하강할 때 발생한다. 이런 서리는 항공기가 따뜻해지면 곧 사라지기도 하지만 서리가 존재하는 한 실속의 증가 문제가 발생한다.

Ⅱ 착빙의 조건

착빙 환경은 구조착빙이 발생할 수 있는 환경을 말한다. 착빙 환경은 착빙이 발생할 수 있는 온도, 구름 형태, 일기패턴을 포함한다.

1. 온도 조건

온도가 영하인 구름 속을 비행할 때 착빙이 형성될 수 있다. 온도가 −40℃ 이하가 아니면 구름 속에는 과냉각수적(supercooled water droplet)이 들어 있을 수 있다. 따라서 이 온도 −40℃가 착빙 형성의 한계이다. 그러나 적란운을 제외하면 −20℃ 이하의 온도에서는 착빙 위험은 크지 않다. 0℃~−20℃ 사이의 온도에서는 착빙 형태가 온도 범위에 따라 [표 12-2]에서와 같이 결정된다.

[표 12-2] **착빙의 임계 외기온도* 범위**

외기온도의 범위	외기온도의 범위
0℃~-10℃	Clear Icing (맑은 착빙)
-10℃~-15℃	Mixed Clear and Rime Icing (혼합 착빙과 거친 착빙)
-15℃~-20℃	Rime Icing (거친 착빙)

※ 외기온도(Outside Air Temperature, OAT)의 범위는 대략적인 것으로서 5℃까지는 서로 겹칠 수가 있다. 거친 착빙(rime ice)은 -20℃ 미만에서도 발생할 수 있다.

2. 구름 조건

과냉각수적의 크기가 크고 수가 많으면 강한 착빙의 가능성이 높아진다. 구름 내의 연직운동이 강하고 온도가 영하로 낮아지면 과냉각 구름방울은 더 커진다. 이런 큰 과냉각 구름방울 조건 하에서는 항공기와 부딪히는 구름방울은 비교적 천천히 결빙한다. 0℃~-10℃ 사이의 온도에서는 clear icing의 가능성이 훨씬 더 크다.

적운과 적란운은 연직발달 특성 때문에 착빙 위험이 수평적으로는 범위가 넓지 않지만 연직적으로는 매우 폭넓게 나타난다. 착빙은 적란운의 상반부에서 강하며, 특히 온도가 -20℃ 이하로 떨어지는 고도에서 강하다. 일반적으로 맑은 착빙의 가능성은 낮은 층에서 크며, 거친 착빙과 혼합 착빙의 가능성은 높은 층에서 크다. 적란운의 경우 -40℃에 가까운 낮은 온도가 나타나는 고도에서도 착빙이 보고된 적이 있다.

적운형 구름에서는 clear icing이 결빙층 위의 모든 고도에서 관측된다. 착빙이 가장 급격하게 형성되는 층은 0℃~-15℃의 온도를 가진 기층이다.

층운형의 구름은 비교적 작은 구름방울을 가지고 있으므로 거친 착빙이나 혼합 착빙이 보통이다. 연직으로 발달하는 구름과 비교할 때 층운형 구름에서의 착빙층은 전형적으로 빙결고도 상공 2,000~3,000ft까지의 두께에 불과하고 5,000ft 이상의 두께인 경우는 극히 드물다. 그러나 층운형 구름에서 착빙의 수평구역은 적운형의 경우보다 훨씬 더 넓다. 권운형 구름에서는 보통은 착빙의 위험이 없다. 그러나 뇌우와 관련된 모루구름에서는 착빙이 관측된다. 흔하지는 않지만, 강한 대류가 과냉각수적을 빠른 속도로 운정으로 운반하기 때문에 매우 차가운 온도를 가진 고고도에서도 착빙이 발생할 수 있다.

3. 어는 강수(Freezing rain)에 의한 착빙

겨울철에는 지상에 얇은 영하의 차가운 기층이 있고 그 바로 위에 따뜻한 기층이 존재하는 경우가 종종 나타난다[그림 12-2]. 이러한 경우에 더 높은 상층의 차가운 구름 속에서 형성된 눈이 아래에 있는 따뜻한 층을 통과해 떨어지는 동안에 녹아서 비로 바뀌고, 다시 차가운 아래 층을 통과할 때 다시 얼어서 얼음싸라기(ice pellet)로 떨어지는 강수 형태를 볼 수 있다. 이때 만일 아래 차가운 층이 얇고 영하의 차가운 지표면과 접해 있다면 떨어진 비는 지면에 얼어붙는다. 즉, 어는 비(freezing rain)나 어는 이슬비(freezing drizzle)가 된다. 항공기의 경우에도 기체의 표면온도가 빙점 이하이면 얼음이 부착될 수 있다. 이런 상황은 온난전선 상황에서 자주 발생한다.

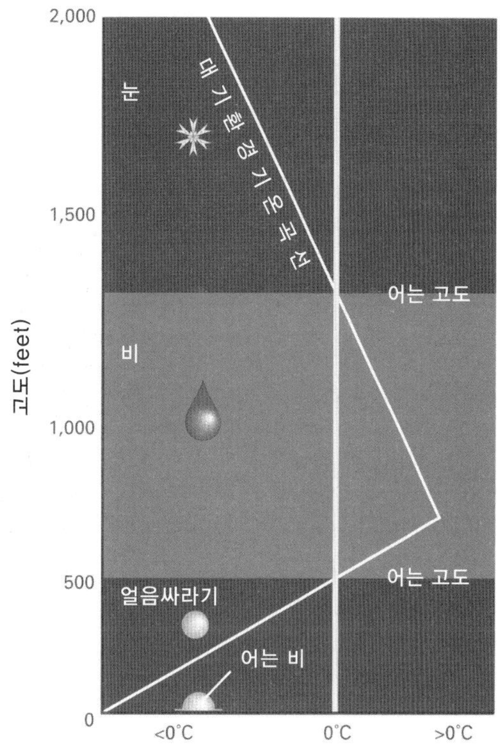

[그림 12-2] Freezing rain(어는비)를 발생시키는 환경곡선(emagram으로 표현)

착빙이나 freezing rain의 가능성 판단을 위한 실제적인 정보는 어는 고도(freezing level, 빙결고도)이다. 보통은 대기에서 freezing level이 한 개이지만 겨울철의 어떤 경우에는 0℃ 이하의 기온을 가진 얇은 기층이 지상에도 나타나는데 이런 경우는 두 개의 freezing level이 나타날 수도 있다. freezing level은 단열선도에서 확인할 수 있다.

층운형 구름에서 착빙의 가능성을 줄이기 위해서는 항공기의 운항고도를 높은 온도를 가진 고도, 즉 freezing level보다는 낮은 고도 또는 -10℃보다 낮은 온도를 가진 높은 고도를 택하는 것이 좋다.

항공기 기체가 차가울 때는 freezing rain이 빙결온도보다 조금 높은 기온에서도 얼어붙는 경우가 있다. freezing rain이 내리고 있을 때는 조금 높은 고도에서는 항상 어느 점 이상의 기온이 나타나므로, 이런 경우에 항공기가 상승하기로 결심했다면 신속히 실행해야 한다. 지체하면 많은 착빙을 발생시킬 수 있다. 상승 중에는 큰 상승각 때문에 대기속도가 너무 적으면 날개의 아래 표면에 많은 착빙이 형성되었을 수도 있다. 이런 상황은 극적으로 drag와 stall speed를 증가시키는 위험에 빠지게 된다.

4. 전선 효과

앞에서 언급된 것처럼 착빙의 강도나 형태는 기류의 연직운동의 크기에 큰 영향을 받는다. 전선은 큰 연직운동, 구름, 강수 등의 발생원이고, 때로는 어느 강수가 발생하기에 적합한 환경을 이루므로 광범위한 착빙 위험을 발생시킨다. 겨울철에는 특히 더욱 그러하다. 보고된 착빙의 85% 정도가 전선 부근에서 발생하고 있다.

[그림 12-3]은 각각 온난전선과 한랭전선에서 착빙을 일으키는 온도 구조를 나타내고 있다. 전선면의 구름은 맑은 착빙, 거친 착빙 혹은 혼합 착빙을 일으킨다. 전선에 의하여 상승된 공기가 불안정하다면 착빙 패턴은 적운형이 되어 연직으로 확장되고 수평적으로는 비교적 좁게 제한된다. 공기가 안정한 곳에서의 착빙 패턴은 층운형으로 형성되기 때문에 연직으로는 제한되나 수평적으로는 넓게 확장되는 것이 보통이다.

온난전선에서는 착빙구역이 전선면으로부터 전방 300n.m.까지, 한랭전선에서는 전선면으로부터 후방 100n.m.까지에 걸쳐 나타난다. 전선대와 전선 아래의 얇고 차가운 공기층에서 freezing rain에 의한 severe icing과, freezing drizzle에서의 moderate icing은 자주 나타난다. 전선면의 경사가 완만한 온난 정체전선에서의 freezing precipitation은 일반적으로 경사가 급한 한랭전선에서의 경우보다 훨씬 더 넓은 지역에 걸쳐 나타난다.

파동저기압의 폐색 단계에서는 대류권 전체에 걸쳐 한랭하기 때문에 폐색 저기압의 중심 부분에서 회전하는 구름에서 흔히 moderate icing이 나타난다.

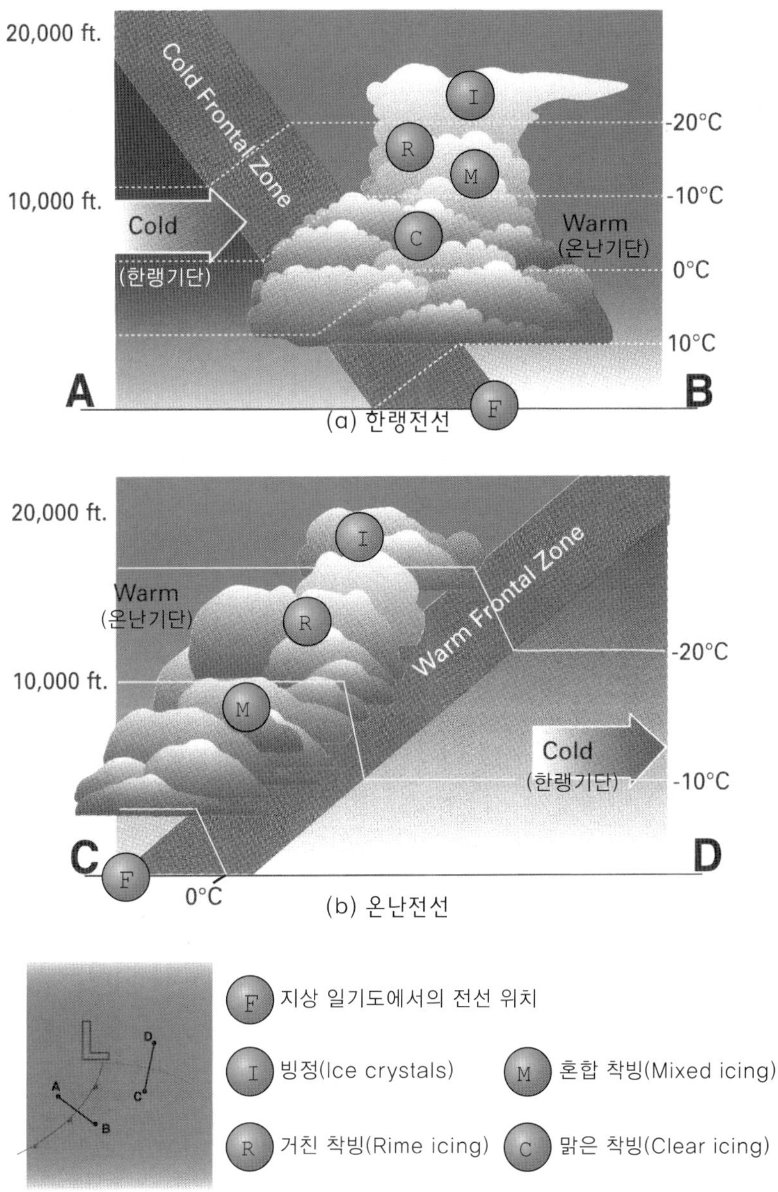

[그림 12-3] 이상화한 전선 부근의 착빙 구역

5. 지형효과

[그림 12-4] **공기가 활승류를 이루고 있을 때의 착빙 구역**

산악지형은 구름이 있을 때 항상 착빙이 심각하다. 산의 풍상측에서 상승운동으로 형성된 구름은 액체상태의 구름방울을 빙결고도 이상으로 상승시킨다. 따라서 최악의 착빙지역이 산맥의 상공과 그 풍상측에 나타난다. 이러한 착빙 지역은 산의 정상 상공 약 5,000ft까지 달할 수도 있다[그림 12-4].

산을 넘는 공기가 불안정해지면 두꺼운 착빙구역을 동반한 적운형 구름이 발달한다. 전선이 산맥을 가로지를 때, 전선과 산맥과 불안정이 결합되어 최악의 착빙 가능구역이 나타날 수도 있다.

6. 착빙기후

중위도 지역에서 착빙이 주로 발생하는 철이 일반적으로 겨울철이다. 겨울철에는 기온이 낮고, 빙결고도가 지면에 가깝고, 스톰과 전선대가 빈번하기 때문이다. 초봄과 늦가을에도 강한 착빙은 일어날 수 있다. 여름에는 착빙 발생율이 매우 낮다.

겨울철에는 착빙이 대륙의 동해안을 따라 잘 나타난다. 이 지역에는 전선 활동이 육지로부터 동쪽으로 이동하는 찬 공기가 해상의 따뜻하고 습윤한 공기와 마주치는 지역이기 때문이다.

대륙의 북서 지역에서도 겨울 스톰이 많은 수분을 내륙으로 수송하기 때문에 착빙이 쉬운 환경을 조성한다.

북극을 포함하여 아시아대륙과 북미대륙의 고위도에서는 겨울철 착빙 발생이 적은데, 그 이유는 기온이 너무 낮기 때문이다. 그러나 저위도로부터 해양성 공기가 이 지역으로 유입될 때는 예외일 수도 있다. 북미의 경우 이러한 수분이 미국 서해안과 카스케이드 산맥(Cascade Ranges)과 북로키산맥(Northern Rocky)으로 공급 될 때, 착빙 환경이 잘 형성된다. 또한 겨울철에도 착빙이 북태평양과 북대서양의 북쪽과 서쪽 지역에서 빈번히 나타난다.

Ⅲ 항공운항과 착빙

항공기의 기체에 생기는 착빙은 주로 항공기가 과냉각수적으로 구성된 구름 속을 비행할 때 생긴다. 심할 경우에는 항공기의 운항에 예측치 못한 위험을 초래하기도 한다.

초기의 항공기들은 그 성능이 열악하고 운항 보조시설이 빈약했기 때문에 부득이한 경우를 제외하고는 운중 비행을 절대 피했다. 그러한 이유 중의 하나가 운중의 착빙 위험 때문이었다.

그 후 항공기 성능이 향상되고 운항 보조시설이 충실해지면서 운중에서도 계기비행이 가능하게 되었다. 그 이유는 제빙, 방빙 장치의 발달 때문이다. 근년에는 엔진 예비출력의 증가, 착빙 방지 장치의 발달, 제빙 장치의 개량, 또한 정기 항공로에 높은 순항고도의 제트기가 취항하는 등의 이유로 순항단계에서의 착빙에 대한 위험은 감소되었다.

그러나 장비가 충분치 못한 경항공기나 수직이륙기 등에서는 아직도 착빙은 매우 위험한 존재이다. 또 최근에 큰 공항들은 항공교통량이 크게 증가하여 그 중 일부에서는 적극관제(positive control) 방식이 도입되어 착빙 위험구역을 회피하도록 하는 비행계획의 변경이 어려워지고 있어서 착빙 정보의 중요성은 앞으로도 변함이 없을 것이다.

비행 중 적절한 기온과 구름으로 인한 습윤 조건을 만난다면 착빙은 언제나 발생할 수 있다. 착빙에 대한 대책을 위한 정보가 [표 12-3]에 정리되어 있다.

[표 12-3] 착빙 위험을 피하거나 최소화 하는 방법

위치	대처방법
지상	-이륙 직전에 항공기 기체의 모든 서리, 얼음, 눈을 제거한다. -추운 날씨에서는 가능한 한 습지나 진창에서의 지상 이동이나 이륙을 피한다. 만일 그러한 이동이 있었다면 이륙 전에 랜딩기어 컨트롤의 작동 여부를 미리 확인한다.
비행 중	-착빙층을 벗어날 때는 실속을 방지하기 위하여 대기속력을 정상보다 더 빠르게 하여 상승한다. -착빙의 축적이 크지 않으면 방빙/제빙 장치를 가동한다. 이러한 장치의 가동이 효과적이지 못할 때라면 가능한 한 빨리 착빙지역을 벗어나도록 항로를 바꾸거나 고도를 변경한다. -항공기에 가열 Pitot-static system을 장착하지 않은 경우라면 고도계, 대기속도계, 수직속도계의 지시값이 잘못되었을 가능성이 있음을 명심한다. -착빙이 너무 심하여 항공기가 공기역학적 효과를 상실했을 때에는 갑작스런 조작을 삼간다.
착륙 중	-착빙이 심할(iced-up) 때는 power로 착륙접근을 시도한다.

NEWS

제빙 늦어 항공기 결항·지연 계속

김포공항은 2001.1.8일 전날에 이어 이틀 째 항공기 결항과 지연운항 사태가 이어졌다. 김포공항 대합실은 지연된 항공기를 기다리는 승객과 마중객들이 한데 엉켜 북새통을 이루었으며, 일부 승객들은 발길을 돌리기도 했다. 전국적인 폭설로 인해 항공기 결항률이 70%를 넘어섬에 따라 국내 항공사는 최소한 120억원의 손실을 입은 것으로 집계되었다.

이 같은 최악의 항공대란을 일으킨 주범은 활주로에 쌓인 눈보다도 항공기 제빙작업(deicing) 지연이었다. 항공기 동체에 그림에서처럼 눈, 서리, 얼음이 언 상태로 이륙하는 것은 안전운항에 치명적 영향을 주기 때문에 절대 금지되어 있다.

이틀째 이어진 무더기 항공기 결항과 지연 사태는 수서로 제설작업을 벌여 활주로 상태가 양호했음에도 불구하고, 항공기 동체에 얼어붙은 눈과 얼음을 제거하는 제빙작업에 시간을 빼앗기는 바람에 야기된 것이다.

비행기 표면에 눈, 안개 등이 붙어 얼면 제빙액을 뿌려 없애고, 방빙액을 분사, 다시 결빙되는 것을 막은 뒤 이륙한다. 눈이 얼어 붙어 있으면 한 편당 제빙액을 10드럼 정도 쓴다. 제빙액은 물에 비해 아주 낮은 온도(영하 35)에서 어는 글리콜과 점성첨가제로 만든다. 겨울철 출발 전 분사트럭으로 물을 뿌리는 것 같은 작업은 바로 이 과정이다.

보잉 747 등 대형 항공기의 경우는 제빙차 2대가 달라붙어도 1시간 이상 걸려야 한다. 더구나 제빙액의 효과는 매우 짧아 30분 정도로서 꼬리부분까지 작업을 마치면 머리부분이 다시 얼어붙고 하여 작업에 어려움을 겪는다. 그만큼 지속 효과가 짧아 승객이 탑승한 후 출발 직전에 제빙작업을 하기도 한다.

항공기에 눈이 쌓이면 이륙시 무게에 영향을 줄 뿐만 아니라, 보조날개에 얼어붙는 경우는 항공기가 아무리 활주로를 달려도 항공기 이륙에 필요한 양력을 발생시키지 못해 상승할 수 없게 된다. 항공기는 웬만한 폭우에는 끄떡 없지만, 눈은 항공기 안전운항에 천적인 셈이다.

연 습 문 제

1. 착빙(icing)의 종류를 설명하시오.

(참고 p.327~330)

2. 과냉각수적을 정의하고 발생원인을 설명하시오.

(참고 p.328)

3. 항공기에 서리(frost)가 내렸을 때 나타날 피해를 설명하시오.

(참고 p.330)

4. 각종 전선을 가로질러 비행할 때 나타날 착빙에 대해 설명하시오.

(참고 p.334~335)

5. 비행 중 착빙구역을 진입하고 있다면 어떤 대책을 취해야 할 지 설명하시오.

(참고 p.337~338)

6. 대기 온도만 생각할 경우라면 다음 중 어떤 온도대에서 가장 강한 착빙이 생기는가?

① 0℃~-5℃
② -5℃~-10℃
③ -10℃~-20℃
④ -20℃~-30℃

7. 운형으로 판단할 경우 다음 중 어떤 구름에서 가장 강한 착빙이 생기는가?

① Ns	**② Cb**
③ Cu	④ Sc

8. 제트엔진의 공기 흡입닥트에 생기는 착빙은 다음 중 어떤 경우에서 가장 잘 생기는가?

단, A=대기 온도. B=대기 습도, C=대기 속도

① A=3℃,	**B=100%,**	**C=150kts**
② A=-1℃,	B=70%,	C=250kts
③ A=-4℃,	B=50%,	C=350kts
④ A=-10℃,	B=40%,	C=400kts

9. 가장 강한 착빙역은 다음 중 어느 것인가?

① 전선대	② 고기압역
③ 저기압역	④ 얼음안개 속

10. 착륙을 시도할 때 거친착빙(rimeicing)이 발생했다면 어떻게 처치할 수 있는가?

① 보통의 경우처럼 강하각을 유지하면서 스위치를 끈다.
② 실속하지 않는 범위에서 보통보다 큰 하강각으로 착륙을 시도한다.
③ 제빙장치의 스위치를 넣은 상태에서 보통의 조종 방법으로 착륙한다.
④ 엔진을 끄지 않고 보통의 착륙속도보다 충분히 큰 속도를 유지하며 착륙한다.

제13장
계기비행 기상상태

I 비행규칙과 기상상태

1. 계기비행 기상상태

항공규정은 기상상태, 항공기 장비, 조종사의 능력, 영공 및 비행고도를 기초로 하여 비행규칙을 계기비행규칙(instrument flight rule, IFR)과 시계비행규칙(visual flight rule, VFR)으로 분류하고 있다.

기상에 관한 다양한 정보는 항공 및 항행 여부를 결정하는데 도움을 준다. 이러한 정보를 능률적으로 그리고 효과적으로 해석하기 위해서는 시계비행과 계기비행에 관한 용어나 기준을 알아야 한다.

계기비행 기상상태(instrument meteorological condition, IMC)은 시일링(ceiling)과 시정(visibility)이 특정값 이하인 기상상태를 말한다. 저시일링과 저시정은 조종사가 비행하는 기상환경에서 보통 일어나는 현상이다. 이러한 일기상태를 이해하고 주의를 기울이지 않으면 비행 시 심각한 문제가 발생할 수 있다.

계기비행 기상상태(IMC)의 상대적인 개념은 시계비행 기상상태(visual meteorological condition, VMC)이다. 이 두 용어의 차이는 항공운항과 관련해서 시일링과 시정의 상태로 설명된다. 비행규칙을 결정하는 특정 시일링이나 시정의 범주는 [표 13-1]과 같이 정리될 수 있다.

[표 13-1] **비행규칙과 기상상태**

범주	Ceiling (feet AGL)		Visibility (Statute mile)
Visual Flight Rule(VFR) (시계비행규칙)	None 또는 3,000을 초과	and	5를 초과
Marginal Visual Flight Rule(MVFR) (한계 시계비행규칙)	1,000~3,000	and/or	3~5
Instrument Flight Rule(IFR) (계기비행규칙)	500~1,000	and/or	1~3
Low Instrument Flight Rule(LIFR) (낮은 계기비행규칙)	500 미만	and/or	1 미만

저시정과 저시일링 때문에 발생할 수 있는 비행 위험을 이해하기 위해서는 관련 기상용어에 대해 정확한 개념들을 이해할 필요가 있다([표 13-2] 참조).

[표 13-2] **계기상태에 관련된 중요 용어**

Ceiling (시일링)	Runway Visibility : RVV (활주로 시정)
Cloud Amount (운량, 구름량)	Runway Visul Range : RVR (활주로 가시거리)
Cloud Height (운고, 구름 높이)	Sector Visibility (부분시정)
Cloud Layer (운층, 구름 층)	Surface Visibility (지상시정)
Obscuration (차폐현상)	Temperature-Dewpoint Spread (이슬점 차)
Partial Obscuration (부분차폐)	Tower Visibility (탑시정)
Prevailing Visibility (우시정)	Vertical Visibility (연직시정)
Relative Humidity (상대습도)	Weather Depiction Chart (일기도)

주의: 위의 구름과 시정 항목의 정규 관측(지상관측)의 기상보고 용어는 자동관측인가 수동(인력)관측인가에 따라 다를 수도 있음.

시일링과 시정의 관측은 완벽하게 정확한 것은 아니다라는 점에 유의해야 한다. 관측값이 때로는 추정치일 수도 있으며, 특히 IMC 상황에서는 짧은 거리와 짧은 시간 사이에도 큰 변화가 있을 수 있다. 이런 문제 때문에 IMC에서 비행할 때 관측 값에 의심이 들 때는 언제나 관측값에 대한 신중한 해석이 필요하다.

METAR(항공기상 정시관측) 보고에서 시정과 시일링 정보는 지상관측소에서 관측된 것임에 유의해야 한다. 시정의 불확실성은 관측하는 방법 때문에 생기기도 한다. 보고된 시정은 물체를 보고서 식별할 수 있는 수평거리이다. 밤에는 낮이라면 내다보고 물체를 식별할 수 있는 거리를 나타낼 수 있도록, 밝은 불빛을 식별할 수 있는 수평거리로 표현한다. 이러한 두 가지의 정의는 동일한 기상상태이라도 밝은 곳에서 관측했는가 혹은 어두운 곳에서 관측했는가에 따라 다를 수 있다는 것을 의미한다. 또한 활주로 시정은 활주로의 방향이나 위치에 따라 다를 수 있다.

이런 문제 외에도 지상 시정 관측은 조종사들이 운항 중에 관측한 것과는 다를 수 있다는 것이다. 특히 구름이 있을 때는 더욱 그러한데, 부분 또는 완전한 차폐현상이 있을 때 항공기에서 공항을 내려다보면 지상관측자가 볼 수 없는 물체도 볼 수 있는 경우가 있는 것이 사실이다. 또 다른 중요한 문제는 활주로에 최종적으로 접근할 때의 'slant visibility(빗시정)'이다. 이것은 조종사가 착륙 중에 활주로등이나 표식물과 같은 착륙

유도장치를 볼 수 있는 경사거리이다. 이 값은 지상에서 보고한 시정과 항상 같을 수는 없다. Control tower(관제탑)에서 바라본 시정이 'tower visibility(탑시정)'이다. 지상시정은 기상관측소에서 관측한다. 보통 이를 시정이라 한다. 보통 연직시정은 시일링 고도로 보고한다.

기상보고에 나타난 시정은 우시정(또는 시정)이라는 것을 명심하여야 한다. 우시정(prevailing visibility)이 어떠한 종류의 시정값인지 완전하게 이해하는 것이 매우 중요한다.

관측의 불확실성은 지상에서 관측된 구름 밑면(운저) 높이도 구름 높이(운고)가 높을수록 추정 오차가 증가한다.

2. 계기비행 기상상태의 원인

시정은 대기 중의 입자들이 빛을 흡수, 산란, 반사하기 때문에 악화된다. 대기 중의 이러한 입자들은 항상 대기 중에 어느 정도는 분포하면서 그 양이 크게 변한다. 대부분의 경우에는 이러한 입자들의 수가 적거나 크기가 작아서 어떤 거리에 있는 물체를 보고 인

NEWS

괌 KAL사고는 계기착륙 시도 중 조종사 과실과 공항시설 미비의 합작

97년 대한항공 801편의 괌 추락 사고 원인은 조종사 과실과 공항시설 미비 및 관제상의 문제로 1999년에 결론지어졌다.

자정 넘어 괌의 아가냐 공항으로 향하던 대한항공기가 강한 비와 짙은 구름으로 공항 위치를 확인하지 못해 계기착륙을 시도했으나, 조종실 승무원들이 사전에 이에 대한 충분한 브리핑을 거치지 않은 상태여서 각자의 임무를 제대로 수행치 못한 점이 가장 큰 이유라고 지적. 이에 따라 사전에 작동치 않는 것으로 고지돼 전면적으로 무시했어야 할 활공각지시기의 작동 여부에 대해 혼동을 일으켰고, 활주로 끝에서 5.9km 떨어진 니미츠힐의 전방향무선표지시설(VOR)에서 나오는 정보를 활주로 끝으로부터의 거리 정보로 착각. 결국 정상보다 700피트(210m)나 낮은 고도에서 니미츠힐을 향해 돌진하게 되었으나, 설상가상으로 최저안전고도경보장치마저 작동치 않는 상태였고 관제 역시 완벽치 않아 최종 순간 조종사들의 재상승 노력에도 불구하고 추락을 피할 수 없었다는 것이다.

식하는데 큰 영향을 주지 않는다. 그러나 때로는 대기 중에 입자가 매우 많아져서 시정이 zero에까지 감소하기도 한다. 이러한 특정 조건이 나타나는 원인을 이해하기 위해서는 대기 중에 부유하고 있는 이러한 입자의 형태와 움직임을 알 필요가 있다.

대기 중의 이러한 입자는 일반적으로 두가지 유형, 즉 물방울, 빙정과 같은 물 입자들과, 연소에 의하거나 바람이 운반한 토양, 화산재와 같은 먼지 입자들이다. 이러한 두 유형의 입자 중에서 빗방울이나 화산재와 같이 큰 입자들은 지면으로 낙하할 수 있으나 구름입자나 연무입자처럼 작은 입자들은 대기 중에 부유한다. 이러한 입자들의 수와 크기는 시정 자체는 물론이고 하늘의 색깔에도 영향을 미친다.

1) 안개와 낮은 층상운

구름이 물방울로 구성되어 있거나 빙정으로 구성되어 있거나, 혹은 이들 두 가지의 혼합으로 구성되어 있거나 모든 구름은 시정에 큰 영향을 미친다.

권운 속에서는 시정이 일반적으로 0.5마일 이상이지만, 하층운이나 적란운 속에서는 시정이 100ft에서 0ft까지도 떨어진다.

안개(fog)는 지면에 붙어 있는(실제적으로는 지상 50ft 이하의 운저를 가지는) 낮은 구름이다. 안개는 구름처럼 시정을 악화시킨다.

2) 기타 저시정 요인

(1) 강수

강수(precipitation)는 시일링이나 시정에 여러 가지 방법으로 영향을 미친다. 첫째로 drizzle(이슬비), rain 및 snow의 입자들은 구름입자보다는 훨씬 더 커서 시정 악화에 큰 영향을 미칠 수 있다. snow나 drizzle에 의하여 시정이 5/8s.m. 이하로 악화될 때도 있다. Drizzle이나 rain이 안개를 발생시켰다면, 계속적인 강수가 예상되는한 시정이 호전될 것으로는 기대하지 말아야 한다.

(2) 연기와 연무

연기(smoke)로 인한 시정장애의 정도는 발생하는 연기의 양, 바람에 의한 연기의 이동, 혹은 난류에 의한 연기의 확산 및 발원지로부터의 거리 등에 따라서 달라진다. 바람이 약할 때는 연기 발원지 부근에서 시정이 심각하게 악화될 수 있다.

불안정한 대기는 연기를 높은 곳까지 혼합하여 연기 발원지 부근을 제외하고는 시정에 영향이 적다. 대규모 화재에 의해 연기가 발생했다면, 하늘 높이 솟아올라 높은 안정층 아래까지 이동한다.

연무(haze)는 대단위 산업지역이나 도시에서 잘 발생하는데, 어떤 특정 지역에서 상층에 지속적인 안정층이 있을 때 바람이 약하면 지형적인 장애물과 결합하여 오염물질을 가두어 두는 역할을 한다. 이것은 공기 오염을 누적시키는 결과를 낳고 결과적으로 시정을 악화시킨다.

(3) 먼지

Blowing dust(높은 날림먼지)는 바람에 의해 불려 올라간 먼지 때문에 시정이 7s.m. 미만으로 악화되는 현상이다. duststorm(먼지보라)은 시정이 5/8s.m.(1,000m) 미만이고, severe duststorm은 시정이 5/16s.m.(500m) 미만이다. blowing sand(높은 날림모래)는 blowing dust와 유사하지만 날리는 입자가 굵고 무겁기 때문에 국지적으로만 나타난다.

건조기후지역에서는 바람이 강하고 대기가 불안정할 때 먼지로 인해 시정이 흔히 나빠질 수 있다는 데에 유의해야 한다.

Ⅱ 시정과 활주로가시거리

대기의 혼탁의 정도를 육안으로 보이는 거리로 나타낸 것을 시정이라 한다. 낮에는 하늘을 배경으로 하는 검은 목표물(엄밀하게는 visual angle 0.5도~ 5도의 목표물)을 육안으로 확인할 수 있는 최대거리이다. 또 야간에는 주간과 같은 밝기라고 가정했을 때의 목표물을 확인할 수 있는 최대거리이다. 따라서 주야에 관계없이 같은 혼탁 상태라면 시정은 같아야 한다.

1. 여러가지 시정

시정(視程, visibility)은 방향이나 관측하는 장소의 높이에 따라 달라지는 경우가 많다([그림 13-1] 참조). 따라서 시정에 대한 용어는 여러 가지이다.

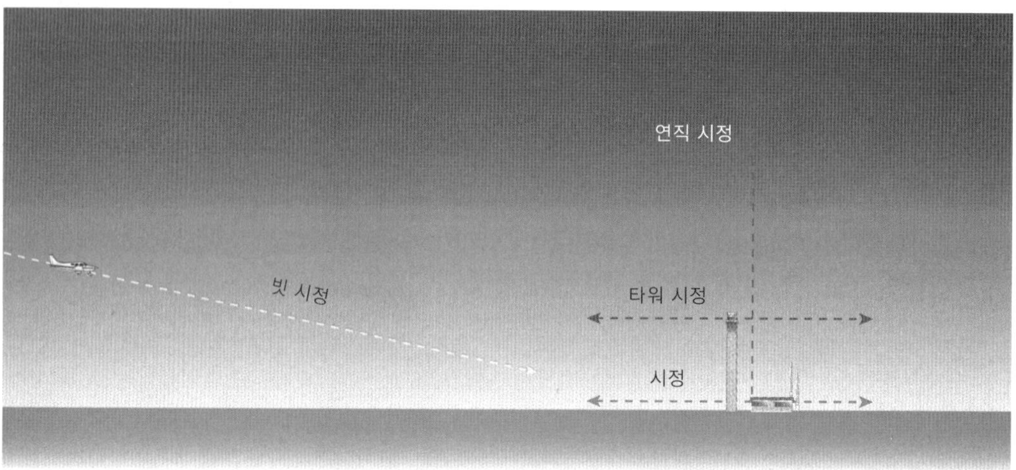

[그림 13-1] 여러 가지 시정(visibility)

1) 우시정

우시정(優視程, prevailing visibility)이란 방향에 따라 시정이 다를 경우 시정이 나쁜 1/2 원 중에서 가장 좋은 시정이다. 예를 들면 시정 7km인 부분이 100°, 5km인 부분이 90°, 3km인 부분이 50°, 1km인 부분이 120°인 복잡한 시정 분포를 나타내고 있을 때, 낮은 시정으로부터 3㎞까지 취하면 각도의 합이 170°로서 아직 360°의 1/2인 180°에 미달이므로 다음 5㎞까지 취하면 180°를 넘는 각도가 되므로 우시정은 5㎞이다.

항공기상에서는 단순히 visibility라 하면 prevailing visibility를 뜻한다. 일부 국가에서는 항공기상뿐만 아니라 종관기상에서도 prevailing visibility를 사용한다. 우리나라의 종관기상 업무에서는 최소시정을 사용한다.

2) 최소시정

최소시정(minimum visibility, 최단시정)이란 방향에 따라 시정이 다를 때 그 중에서 가장 짧은 시정을 뜻한다. 굴뚝에서 나오는 연기는 시정을 관측할 때 무시되지만, 그 연기가 넓은 범위로 확산하여 어떤 방향의 시정을 특히 나쁘게 하였을 때는 이 방향의 시정을 minimum visibility라고 할 수 있다. 종관기상에서는 원칙적으로 minimum visibility를 통보한다. 유럽에서는 항공기상에서도 최소시정을 사용하는 나라가 많다.

(3) 빗시정

빗시정(slant visibility, 경사시정)은 비행 중인 항공기의 조종석에서 구름에 의해 차폐되지 않은 지상의 뚜렷한 목표(밤에는 특정의 등화)를 경사진 방향으로 확인할 수 있는 최대거리이다([그림 13-2] 참조).

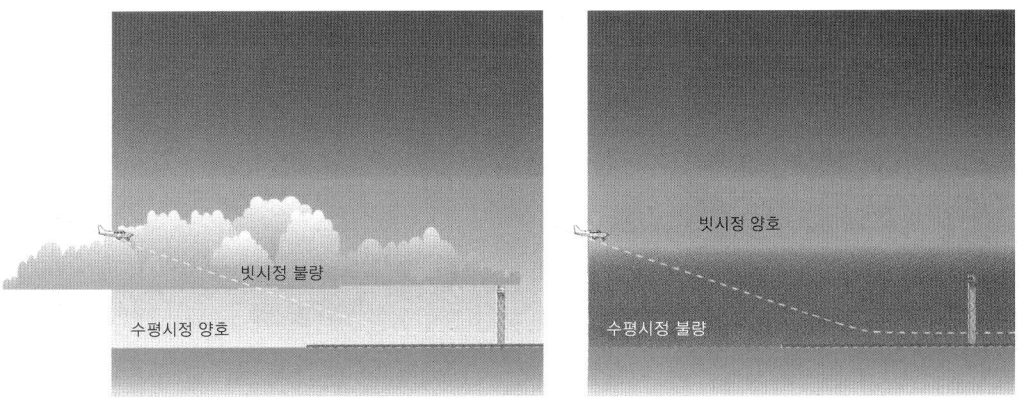

[그림 13-2] **빗시정과 수평시정의 차이**

NEWS

황사오면 항공기를 샤워시켜야

황사가 오면 항공기 세척작업으로 분주해진다.

항공기의 표면은 대부분 무게가 가벼운 금속성 알루미늄과 비금속성 복합재료로 돼 있다 여기에 부식을 막기 위해 접착성이 강한 도료가 입혀져 오염물질을 제거하기 위해 한 달에 한번가량 정기적으로 세척을 한다. 특히 황사는 항공기 동체에 묻은 뒤 지상에서 습기와 반응하면 강한 산화물이 돼 표면을 부식시켜 광택을 덜 나게 만든다.

따라서 황사를 뒤집어쓴 항공기는 대부분 세척을 해야 한다. 항공기 세척은 물탱크를 실은 차량에서 적정한 압력으로 물을 분사한 뒤 무공해세제로 닦고 다시 물로 헹궈내는 과정이 보편적인 방법. 물은 약 6000리터 정도가 소요된다. 겨울에는 세제와 물이 결빙되기 때문에 왁스류로 '건식세척'을 한다. 항공기 세척은 기체가 가장 큰 B747 점보기의 경우 9명의 인원이 전문 특수차량을 사용해 약 7~8시간 작업을 진행해야 한다.

황사로 인해 항공기가 고장을 일으켰다는 보고사례는 아직 없다. 다만 항공기 외부 표면에 황사 흙먼지가 달라붙으면 양력을 감소시킬 수 있기 때문에 평소보다 세척을 자주 해야 한다.

4) 연직시정

연직시정(vertical visibility)은 하늘을 배경으로 연직 상방으로 보았을 때의 시정이다. 보통 PIBAL관측에 의해 결정한다.

5) 활주로 시정

활주로 시정(runway visibility, RVV)은 활주로 말단에서 활주로 자체 또는 활주로에 가까운 목표(야간에는 활주로등)를 활주로를 따라 확인할 수 있는 최대거리를 말한다.

2. 활주로 가시거리

활주로 가시거리(runway visual range, RVR)는 활주로 진입 말단에서 활주로를 따라 조종사에게 보일 것으로 예상되는 최대 수평거리를 뜻한다. 이것은 고휘도(高輝度)

활주로등이 보이는 거리 또는 기타의 목표물의 육안 대조가 되는 거리이다.

WMO의 정의에 의하면 RVR은 항공기가 접지하는 지점에서 조종석에 앉아 있는 조종사의 평균 눈의 높이인 5m에서 이륙방향 또는 착륙방향으로 활주로 자체나, 활주로를 나타내는 특정 등화 또는 표식을 확인할 수 있는 최대거리이다.

여기서 특정 등화란 활주로등이나 활주로중심등 중 멀리 보이는 쪽을 말한다. 또 표식이란 활주로 중심선이나 접지대 등을 나타내는 백색 페인트로 활주로면에 그린 표식을 말하나 특별히 표식을 설정하는 경우도 있다.

WMO 기술규칙에서는 다음과 같은 비행장에서 RVR을 관측하도록 되어 있다.

① 정측진입활주로

② 이륙시 고광도 활주로등 또는 중심선등이 있는 활주로

③ 기타

RVR은 정의에서 언급된 바와 같이, 접지점에서 바라본 가시거리이지만 실제로 활주로에서 관측한다는 것은 불가능하므로 가능한 한 접지점에서 본 가시거리를 대표하는 값을 얻을 수 있도록 하여야 한다.

WMO 기술규칙에서는 활주로 말단에서 약 300m 들어간 지점의 활주로 중심선에서 직각 외측으로 120m 이내인 곳에서 관측하도록 되어 있다. 보조적인 관측 위치로는 이륙활주로 또는 착륙활주로의 후반 부분의 가시거리 정보가 얻어질 수 있는 장소(활주로 말단에서 1000~1500m 들어간 위치 또는 반대 활주로 말단에서 300m 들어간 곳에서 외측으로 120m 이내인 곳)를 지정하고 있다. 또 국지적인 특수조건, 예를 들어 활주로 근처에 연못이나 하천이 있어서 안개가 발생하기 쉬운 곳에서는 관측점을 더 추가할 필요가 있다.

Ⅲ 기타 항공 재해기상

1. 대기전기

항공에서 조종사들이 관심을 가지는 대기전기는 번개(lightning)와 방전(static discharge)이다.

번개(lightning)는 뇌우에 의해 발생되며 눈으로 볼 수 있는 전기방전으로서 다양한 형태를 나타낸다. 뇌우의 천둥(thunder)은 사실 번개의 결과이다. 방전은 보통 CB에서 발생하지만 간혹 화산분출의 인접지역에서 관측되기도 한다.

번개는 구름 내부에서, 구름과 구름 사이에서, 또는 구름과 지면 사이에서 발생한다. 방전은 뇌우 주위의 맑은 하늘과 적란운 사이에서도 관측된다. 구름과 지면 간의 방전을 낙뢰(thunder bolt)라 하는데, 이 현상은 가장 극적인 장면이기는 하지만 전체 방전 중의 일부일 뿐이다. 번개 방전의 대다수는 항공기가 영향을 받기 쉬운 구름과 구름 사이나 구름 내부에서 발생한다.

항공기가 벼락(lightning strike)을 맞으면 여러 가지 장애가 발생할 수 있다. 그 영향이 대부분은 사소한 것이지만 어떤 경우에는 사고로 이어질 만큼 심각하다. 가까운 곳에서의 번개섬광(lightning flash)은 순간적인 시력 상실이 발생하고, 주의력을 잃게 하여 항공기의 제어력을 상실하기에 충분하다.

뇌우 근처를 비행할 때 번개에 의한 순간시력상실(temporary blindness)을 줄이기 위해 직접 뇌우를 바라보지 않는 것이 좋다. 비록 낮 시간이라도 조종실의 불빛을 가장 밝게 켜 두는 것도 좋은 요령이다.

비행기의 구조적 손상으로는 보통 항공기 동체에 작은 구멍이 생기는 것이다. 그리고 동체로부터 튀어나온 날개 끝이나 엔진과 같은 장치들이 벼락을 맞기 쉽다. 안테나가 비틀리고 불타버려 통신장비와 항행장비가 장애를 일으키고, 피토관의 손상으로 대기 속도를 잘못 나타내는 문제를 발생하기도 한다.

벼락은 가시적인 손상 외에도 전자장비에 심각한 장애를 일으킬 수 있다. 예를 들면 날개 구동모터와 같은 전기모터는 벼락을 맞으면 제멋대로 작동하는 것으로 알려져 있다. 오늘날에는 아날로그나 기계적 장비들을 대체하는 디지털 비행제어장치의 사용이 증가함에 따라 항공기는 벼락에 대하여 더 취약하게 되었다. 따라서 벼락을 맞은 후 모든 장비가 정상적으로 작동되는지를 확인하여야 한다.

잠재적으로 벼락의 가장 심각한 영향 중의 하나는 연료탱크의 발화이다. 그 동안 연료탱크의 설계 개선으로 그러한 사고의 발생가능성은 희박해졌으나 여전히 그러한 사고 발생 가능성에는 유의해야 한다. 그리고 모든 공항은 근처 약 5n.m. 이내에 뇌전 활동이 있을 때는 주유를 삼가도록 되어 있다.

번개가 가장 빈번한 곳은 저층 대류권이지만, 항공기가 벼락에 맞을 가능성은 뇌우의 상층부인 모루구름에서도 높다. 이곳에서는 주된 뇌우세포가 소멸단계로 약화된 후에도 번개가 가능하다.

항공기에 대한 벼락을 줄이기 위해서는 결빙층으로부터 ±5,000ft 이내의 고도를 운행하지 않아야 하며, OAT가 ±8℃인 층은 가능한한 운행하지 않아야 한다. 벼락이 큰 재해를 일으킬 가능성이 적다는 것이 문제가 심각하지 않다는 것을 의미하는 것은 절대 아니다.

일반적으로 가장 빈번하고 가장 심각한 비행장애 문제는 한 가지의 기상위험이 최악일 때보다는 또 다른 기상위험과 결합했을 때 발생한다. 번개는 이러한 법칙을 보여주는 가장 좋은 예이다. 뇌우 환경에서 비행하는 상황은 계기비행기상상태이며 이때에 난류와 착빙이 심하다. 이러한 문제에 직접 직면했을 때 명확히 대처하기 위해서는 충분한 주의가 필요하다.

한편 항공기가 구름 속을, 특히 뇌우구름 속을 통과할 때 강수나 먼지, 모래 같은 입자들의 충돌에 의해 항공기에 정전기 전하를 축적하게 될 수 있다. 정전기(static electricity)는 항공기와 주위 환경과 전하 차이가 충분히 크게 될 때는 불꽃방전(spark discharge)이나 포인트방전(point discharge)을 하게 된다.

정전기의 가장 일반적인 영향은 강수전기(precipitation electricity)라고 하는 저주파수신기의 잡음 발생이다. 정전기에 의한 이러한 잡음은 주로 200~400kHz 영역을 중심으로 HF영역에서 심하게 나타나는데, HF 영역에서보다는 그 영향이 적지만 VHF영역에서도 나타날 수 있다. 드물긴 하지만 정전기에 의해 성엘모의 불(St. Elmo's fire)로 알려진 코로나 방전(corona discharge)이 항공기 구조나 조종실 앞창 주위나 끝에서 후광(무리)처럼 나타나기도 한다.

2. 성층권 오존

대기 중의 오존(ozone, O_3)은 좋은 측면과 나쁜 측면을 다 가지고 있다.

좋은 측면으로는 오존이 태양으로부터 오는 유해한 자외선(ultra-violet radiation)을 흡수함으로서 지상의 생물체를 보호한다는 것이고, 나쁜 측면은 오존 자체의 독성 때문에 사람과 동식물이 사는 환경을 나쁘게 한다는 것이다.

대기 중에 오존의 농도가 충분히 높으면 매캐한 냄새가 나고 눈이 자극되고 호흡이 곤란해진다. 나쁜 측면에서의 오존의 이러한 영향은 대기 저층에서 태양복사가 자동차 배기가스에서 나오는 질소산화물(NOx)과 작용하기 좋은 지역(예, LA)에서 오존을 발생시킨다. 이 과정에서 오존은 기본 구성물질인 'photochemical smog(광화학 스모그)'를 형성한다.

저층 대기에서는 보통 맑은 날 오후에 오존의 농도가 가장 높아진다. 만일 어느 정도 높은 고도에 위치하고 있는 역전층(안정층)이 공기의 오염물질을 가두고 있는 환경이라면 오존농도는 상대적으로 그 역전층 아래에서 짙어지고 오래 지속된다. 하늘이 맑을 때는 오존 농도가 짙은 층이 연무층의 상한에 나타난다.

대기 상층인 성층권에서도 자연적으로 생기는 오존에 의해서 권계면이나 권계면 위로 비행할 때 두 가지 측면에서 고농도 오존에 노출될 수 있다.

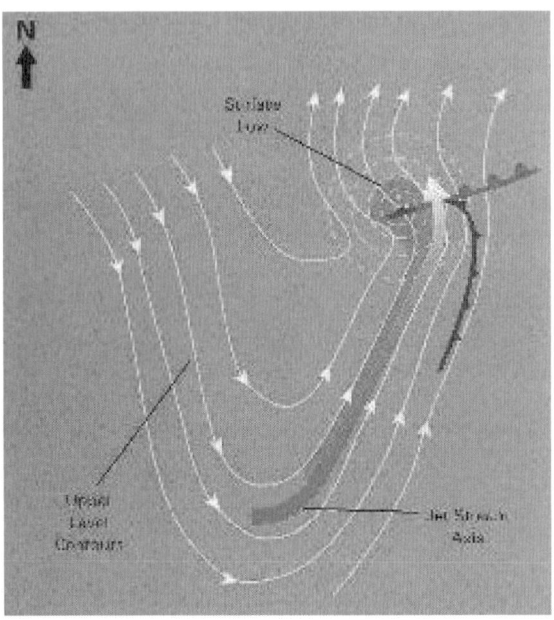

[그림 13-3] 벼락의 발생

첫째는 초음속여객기(SST)나 특수한 군용 항공기가 성층권과 같은 높은 곳에서 비행할 때 최대 오존농도에 접근할 수 있다. 둘째는 많은 항공기가 운행하는 권계면 근처의 고도 아래로 오존농도가 큰 성층권 대기가 대기운동에 의해 하강할 때이다. 이 때 성층권 대기는 제트기류 축의 왼쪽에서 상층대류권으로 하강한다[그림 13-3].

일반적으로 권계면은 저기압 위에서 훨씬 더 낮아지는데 그 곳에서 오존을 많이 포함한 성층권 대기가 종종 나타난다. 이러한 과정이 고위도에서 발생할 때 항공운항고도까지 고농도의 오존이 유입될 가능성이 증가한다. 이것은 평균 권계면의 높이가 극으로 갈수록 낮아지기 때문이다. 어떤 항공사는 오존농도가 임계농도 이상일 때 저위도 쪽으로 운행하도록 통제하는 경우도 있다.

많은 항공사의 정기노선 항공기의 운항 중 승객이나 승무원이 높은 오존농도에 노출되는 경우가 가끔 발생한다. 노출의 양과 영향에 대해서는 아직 불확실한 점이 많다. 그러나 항공기 환기장치의 세밀한 설계와 기상상태에 대한 지식, 그리고 적절한 운항절차의 적용으로 잠재된 이러한 문제점을 최소화할 수 있을 것이다.

3. 화산재

활화산은 현재에도 전 세계 도처에서 활동하고 있다.

지진, 폭발에 의한 화산 분출, 심한 화산재의 강하 및 용암분출은 화산의 볼만한 광경이지만, 항공의 입장에서는 항공에 위험한 화산재구름(volcanic ash cloud)을 발생시키는 존재일 뿐이다. volcanic ash cloud의 주된 영향은, 항공의 측면에서 보면, 항공기 운항에 방해가 된다는 것이다[그림 13-4].

화산분출로 인한 가스, 먼지, 재로 구성된 화산재는 전 세계로 퍼져나가며 수 개월 이상 성층권에 머무를 수도 있다. 이러한 화산재는 지표면이 받는 태양복사량 감소와 함께 날씨와 기후에 큰 영향을 미친다.

화산재구름이 발생지로부터 멀리 떨어져 있을 때는 항공기가 그 구름에 접근할 때까지는 물이나 얼음으로 구성된 보통의 구름과 구별하기가 쉽지 않다. 그러나 그 구름 안으로 들어가면 상황은 완

[그림 13-4] 2010년 4월18일 남부 Iceland에 있는 에이야프얄라요쿨(Eyjafjallajokull) 화산에서 분출되고 있는 화산재구름을 25km 거리에서 촬영한 모습(화산재 구름 속에 번개가 있는 것이 보인다)

전히 달라진다. 가스와 먼지가 조종실로 들어와 전기화재와 비슷한 냄새를 풍기기도 한다. 그리고 화산재 입자 때문에 항공기 앞창 주위에 번개(lightning), 성엘모의 불(St. Elmo's fire) 그리고 제트엔진 흡입구 주위에 밝은 오렌지색의 빛을 발생시킨다.

화산재구름은 주성분인 이산화황(SO_2)이 황산으로 변하여 비행기의 엔진과 외관을 심하게 마모시킬 수 있어서, 화산재 입자와 충돌하는 앞창이나 착륙 라이트를 사용할 수 없을 정도로 흠집을 낼 수 있다. 상황에 따라 더 심한 영향을 받을 수도 있는데 조종익면(control surface)을 망가트릴 수도 있고, 피토시스템(pitot static system)이나 통풍시스템(ventilation system)을 막아서 장비가 정상적으로 작동하지 못하게 하기도 한다. 화산재의 유입으로 화산재 성분 중 규산염 분자가 엔진에 들어가 녹아서 엔진이 갑자기 정지되기도 한다.

화산재의 흡입에 의하여 출력을 상실할 가능성은 피스톤엔진의 경우가 제트엔진의 경우보다 더 작지만 심한 손상을 입을 가능성은 거의 확실하다. 특히 화산에서 분출된지 몇 시간 정도인 경우에는 더욱 그러하다. 화산재구름을 만났을 때는 피하는 것이 가장 좋은 방법이다. 가능하면 항공기는 화산재구름의 풍상측에 위치하도록 노력해야 한다.

화산재구름은 화산 분출이 일어났을 때, 화산 가까이에서는 화산재의 입자들이 크기 때문에 위험성이 가장 크다. 화산재구름이 분출된 화산으로부터 30n.m. 이내에 있을 때는 현장에서 가까이 있는 성능이 좋은 기상레이더로 화산재 구름임을 인식하는 것이 가능하다. 화산재구름의 크기에 따라서는 400n.m. 정도 멀리 떨어져 있는 레이더에 의해서도 감지될 수는 있지만 이런 경우에는 대부분 강수구름으로 오인하게 된다.

그리고 화산재가 안정한 성층권으로 유입되면 낙하가 매우 느리다. 화산재구름은 입자들의 크기가 클 때나 작을 때나 모두 운항에 영향을 주는 것임을 명심해야 한다. 작은 입자로 된 화산재구름은 널리 퍼지고 바람에 의하여 멀리 이동한다. 예를 들면 25kts의 풍속을 가진 기류에 실린 전형적인 화산재구름은 바람방향으로 하루

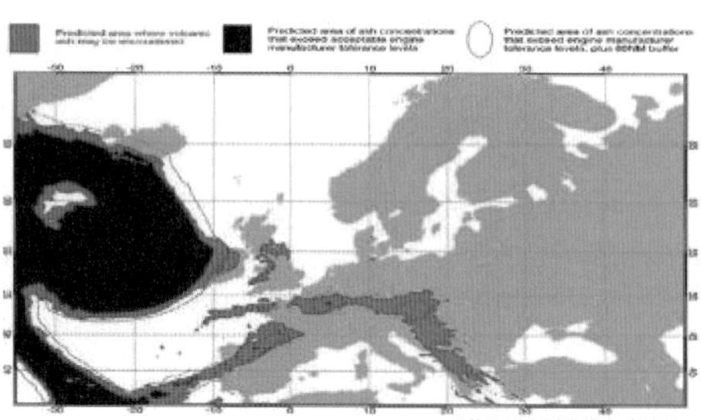

[그림 13-5] 영국기상청이 2010년 5월10일에 발표한 Iceland 남부의 에이야프얄라요쿨(Eyjafjallajokull) 화산 폭발에 의한 화산재 구름 확산 예측도

에 600n.m.이나 퍼진다. 이러한 구름이 제트기류 근처에 있다면 더 급속한 이동이 일어난다.

아이슬란드 에이야프얄라요쿨 화산이 2010년 3월20일에 다시 폭발하기 시작했고, 4월14일부터는 굉장한 양의 화산재를 뿜어냈다. 이 화산재는 대서양 상공 11㎞까지 올라가면서 바람을 타고 남동진하여 영국과 북유럽 상공을 뒤덮었다. 이에 따라, 서유럽 국가 공항들은 항공기 운항이 전면 금지되어, 4월16일 하루 동안에만 유럽 전역에서 1만 7000여 편의 항공기 운항이 취소되었고, 인근에 있는 호텔들은 갑자기 몰려드는 손님들로 북새통을 겪었고, 대도시 기차역에는 표를 구하려는 인파로 장사진을 이루어 '교통대란'이 발생했다. 5일간 지속된 항공운항 금지로 유럽과 유럽으로 연결되는 모든 공항에서 10만편의 항공기 운항이 취소됐다. 발이 묶인 전세계 여행객들과 항공편 결항에 따른 직접손실만 13억달러를 넘어선 것으로 집계되기도 했다.

5월에 들어서도 이미 화산이 토해낸 막대한 양의 화산재 구름이 그린랜드에서 포루투갈까지 길게 뻗치며 유럽하늘 전역을 덮었다[그림 13-5]. 항공사들은 대서양 횡단 노선의 경우 화산재구름의 북쪽과 남쪽으로 회항하면서 인근 항로에서는 정체현상도 빚어졌다.

현재 각국 기상청은 조종사보고, 레이더관측, 위성관측을 통하여 화산분출을 감시하고 있다. 화산재구름의 예상위치는 컴퓨터 예측모델에서 추정되어 SIGMET으로 ARTCC나, 공항기상대에서 발표한다.

항공기를 위한 화산관측과 경보 제도에서 가장 중요한 역할은 조종사에 의한 보고이다. 특히 조종사가 때로는 가장 먼저 화산분출을 관측할 수 있고, 또 우연히 잘못 화산재구름 속으로 진입했던 항공기가 있었다면 화산재구름의 위치와 영향을 직접 감지하게 되는 것이다. 모든 조종사는 화산활동을 보고하도록 되어 있다. 만일 조종사가 화산 폭발을 보게 되고, 이에 대해 그 때까지 보고에 접한 바가 없다면 조종사는 즉시 ATC에 보고해야 한다.

4. 비행운

[그림 13-6] **비행운**

비행운(condensation trail, contrail)은 맑고 차갑고 습윤한 공기 중을 비행하고 있는 항공기 뒤에 형성되는 구름줄기를 말한다. 비행운은 상층 대류권에서 자주 발생하지만, 기온이나 습도 및 항공기의 종류에 따라 발생하는 고도가 각각 다르다[그림 13-6].

과거에 군사적으로 항공기 탐지 때문에 관심을 끌었던 것 외에도 비행운에 의한 위험은 이전에는 구름이 없었던 비행고도에서 시정 감소를 일으키는 구름층이 발달할 수 있다는 것이다.

비행운에는 항공역학비행운(aerodynamic or wing-tip contrail)과 배출비행운(exhaust contrail)이 있다. 항공역학비행운은 항공기의 프로펠러, 날개, 기타 부위 위로 흐르는 공기에 의하여 압력이 낮아질 때 단열냉각 되어 형성된다. 이러한 비행운은 보통 엷어서 쉽게 사라진다. 항공역학비행운은 특히 온화하고 습한 날 큰 날개를 가진 항공기의 이륙이나 착륙 중에 종종 날개 끝의 소용돌이에서도 나타나는 것을 육안으로 볼 수 있다. 또 곡예비행을 수행하는 작고 빠른 항공기의 큰 날개 끝 소용돌이 항적에서도 가끔 뚜렷한 나선형 모양의 비행운이 형성된다.

배출비행운은 뜨겁고 습한 배출기체가 바깥의 차가운 공기와 혼합될 때 형성된다. 이때 차가운 공기의 조건은 고도에 따라 다르다. 예를 들면, 해수면 근처에서는 -24℃ 이하, FL500에서는 -45℃ 이하여야 한다.

배출비행운은 항공역학비행운에 비하여 더 지속적인데 특히 비행운이 형성된 공기가 매우 차갑고 습하면 더 오래 지속된다. 실제로 권운이 이미 존재하고 있는 층에서 배출비행운이 형성되는 것은 보통 있는 일이다.

비행운의 주된 영향은 항공교통이 빈번한 곳에서 비행운이 아니라면 맑은 하늘인데 몇 시간 동안 많은 비행기에 의해 비행운이 형성되고 퍼지면서 사라지지 않아 권운으로 하늘이 흐려질 수도 있다는 것이다.

비행운 형성은 건조하고 따뜻한 기층을 찾아 나르면 방지할 수 있다. 때로는 권계면을 지나 성층권으로 상승하면 비행운을 방지할 수 있다. 권계면을 벗어나 고적운이나 권운들이 있는 층으로부터 더 상승하거나 또는 더 하강하면 때로는 비행운 형성을 충분히 방지하게 된다.

가끔 비행운은 그보다 낮은 고도에 있는 권층운층에 뚜렷한 검은 그림자를 만들기도 하는데, 이것은 지상에서 올려다보면 이 현상이 소산비행운으로 잘못 이해되기도 한다. 소산비행운(dissipation contrail or distrail)은 항공기가 얇은 구름층이나 그 바로 위로 비행할 때 항공기 뒤에서 구름이 소산되어 생긴 맑아진 줄기이다. 이 경우에 항공기가 배출한 열 또는 aircraft downwash에 의한 구름층에 건조한 공기가 혼합되어 항공기의 경로를 따라 구름이 소산되기 때문이다. 소산비행운은 비행운보다는 드문 것이 보통이다.

NEWS

악천후에 뜨는 비행기, 못 뜨는 비행기

비행기 운항에 영향을 미치는 주된 요소는 안개와 바람, 폭우, 폭설 등 기상이다. 폭우나 폭설보다도 바람과 안개가 운항에 더 영향을 미치는데, 그 중에서도 안개가 문제다. 비행기 착륙에 가장 중요한 것은 육안으로 볼 수 있는 가시거리인데 안개가 시야 확보에 절대적으로 영향을 주기 때문.

통상적으로 악천후 속에서 정상적인 비행기 운항을 가능하게 하는 요소는 세 가지다. 공항의 운영 능력, 비행기의 첨단장비 탑재여부, 조종사의 자격이 그것들이다.

국제민간항공기구(ICAO)는 비행기가 착륙하기 위한 조건으로 조종사의 판단고도(DH)와 활주로 가시거리(RVR)를 규정하고 있다. 이를 기준으로 공항마다 운영등급(CAT)이 정해진다. CAT-1은 가시거리가 800m이상, CAT-2는 350m 이상, CAT-3A는 200m 이상, CAT-3B는 50m 이상일 경우에 착륙이 가능하다. 김포공항의 등급은 CAT-3A, 인천공항은 CAT-3B이다.

예를 들면, 제주에서 김포로 가는 비행기는 가시거리가 200m 이상이어야 하지만, 인천으로 가는 비행기는 가시거리가 50m만 되어도 착륙할 수 있다는 것이다.

항공기 기종에 따라 운항 여부가 결정되기도 한다. 비행기 역시 CAT1~CAT3로 등급이 나뉘며 공항 등급에 맞춰 착륙이 가능하다. 예를 들어 CAT-2인 공항에서 가시거리가 350m일 때라면 CAT-1 수준 비행기는 착륙할 수 없다.

비행기는 소형과 대형이 문제가 아니라 기내 장착된 첨단 기기에 의해 운항 여부가 결정된다. 동종 비행기라도 내부에 장착된 기기가 첨단화 됐고 모든 사양을 갖췄다면 악천후에서도 운항할 수 있지만 그렇지 못한 경우는 운항이 불가능하다.

조종사의 능력도 수준에 따라 3개로 나뉘는데, 공항과 비행기가 CAT-3인데 조종사의 자격이 이에 미치지 못하면 CAT-3로는 비행이 허가되지 않는다.

결론적으로 수준 높은 공항과 첨단 비행기, 조종사 자격 등 3박자가 맞아야 악조건에서도 결항을 줄일 수 있다.

NEWS

버드 스트라이크

하늘을 나는 새들은 비행기 조종사들에겐 '미사일'. 시속 370km로 이륙하는 항공기 동체에 체중 900g인 작은 청둥오리가 부딪히면 그 충격은 4.8t에 이른다. 이를 '버드 스트라이크(Bird Strike)'라 한다.

광대한 풀밭이 펼쳐진 비행장은 새들에겐 먹이가 되는 곤충류나 식물 열매가 많고, 비가 온 후 기어나오는 지렁이와 가을에 모여드는 잠자리 등 진수성찬을 이룬다. 들개와 사람 등 천적도 없어 안식처에 가깝다. 도요새, 괭이갈매기, 청둥오리에서부터 제비, 까치, 종다리, 백로까지 그야말로 새들의 고향이다. 철새 이동이 잦은 9~10월에는 수 만 마리가 밀려들 정도. 항공사나 공항의 처지에선 비행기 수리, 항공편 지연 등 새 때문에 엄청난 비용이 들어가니 방관할 수 없다. 이른바 새를 전담하는 '배트맨(BAT·Bird Alert Team)'을 고용해 폭음발사기, 경보기, 공포총, 엽총에 꽹과리까지 들고 새들을 쫓는다. 맹금류인 매를 이용하기도 한다. 그래도 새들은 때가 되면 공항 주변을 맴돌며 말썽을 일으킨다.

이착륙 과정에서 자주 발생하는 비행기와 새의 충돌은 새들이 비행기를 미처 피하지 못해서가 아니라 비행기를 무서워하지 않기 때문이라는 주장이 제기됐다. 새들은 날다가 매 등 맹조류를 만나면 잽싸게 방향을 틀어 날아가는데 비해, 고속 비행중인 비행기에 대해서는 단지 몸을 살짝 기울이는 것으로 알려졌다. 새는 비행기와 충돌하기 5초 전쯤에야 반응을 시작 한다고 한다.

5. 화이트아웃 현상

고위도에서 눈으로 덮인 지역은 시정 상의 특별한 문제가 나타날 수 있다. 예를 들면 눈이 덮인 지표면에 의한 햇빛의 반사로 지상의 명암을 감소시키고 물체를 확인하기 어렵게 하는 현상이 발생한다. 이런 현상을 화이트아웃(whiteout)이라고 한다. 이런 현상은 태양고도가 낮고 눈 쌓인 지표면 위로 구름층이 있어서 모든 높이 감각이나 명암 감각을 상실시키는 현상이다. 즉 구름층에 의한 태양광선의 분산이 빛을 여러 각도로 반사시키고 지면과 구름 사이에서 반복되는 반사가 모든 그림자를 제거시킴으로써 수평선을 구별할 수 없게 되어 혼란이 발생된다.

6. 접지역전

겨울철에 눈 덮인 지역에서는 강한 접지역전(ground inversion)이 나타나는 것이 보통이다. 이로 인해 극지방에서는 특히 심각한 문제가 자주 발생한다. 강한 ground inversion이 나타나면 항공기가 이륙 상승할 때 역전층의 상한 이상에서 높은 온도를 만나게 되어 상승력에 현저한 감소를 경험하게 된다.

7. 활주로 조건

극지방 뿐만 아니라 어느 지역이든지 일반적으로 항공기 바퀴의 타이어와 지면 간의 마찰이 감소될 때는 제동효과가 감소한다. 이러한 현상은 활주로가 얼음이나 눈, 진눈개비로 덮여 있을 때 이륙이나 착륙 순간에 발생한다. 제동효과의 감소는 얇은 수막(水膜)이 타이어를 활주로 표면으로부터 분리시키는 수막현상(hydroplaning)이 발생할 때에도 크게 나타난다. 특히 폭우나 활주로 표면에서 배수가 늦어질 때에 이러한 현상이 나타난다. hydroplaning은 고여 있는 물, 질퍽한 눈 및 부드러운 활주로면 조건에서 잘 발생한다. 활주 속도가 빠를수록 그 효과는 커진다.

매우 낮은 기온(-40℉, -40℃)에서는 얼음 표면 구조가 끈끈한 상태가 되기 시작한다. 이러한 조건은 썰매다리 비행기 효과(ski plane effect)를 나타낸다. 따라서 긴 이륙거리와 더 큰 동력이 요구된다. -60℉(-51℃)에서는, 이러한 ski plane 상태가 되어 이륙이 거의 불가능해진다.

브레이크의 효과가 낮거나 없는 환경에서 운행할 때는 활주로 길이가 충분한지, 바람의 상태가 적절한지를 확인하지 않으면 안된다.

NEWS

시차를 극복하는 요령

비즈니스 상담 중 꾸벅꾸벅 졸고, 호텔로 돌아오면 눈이 말똥말똥…. 외국 여행시 밤낮이 바뀌어 고생하는 사람들이 적지 않다. 시차를 극복하기 위해서는 다음을 유의한다.

▷ 비행 3일 전부터 취침시간을 조절한다. 서쪽 방향으로 여행하기 위해서는 1시간 늦게 자고, 동쪽 방향으로 여행을 하려면 1시간 일찍 잔다.

▷ 미주 지역에 오전에 도착하면, 동쪽 방향으로 여행했으므로, 먼저 2시간 정도 수면을 취하고 오후에 햇볕을 쬔다. 반대로 미주 지역에서 한국에 도착하면, 서쪽 방향으로 여행했으므로, 잠을 자지 말고 활동하다 오후 늦게 잔다.

▷ 이왕이면 저녁에 출발하는 일정을 잡는 것이 수면 조절하기에 유리하다.

▷ 술을 마시지 않는다. 술은 잠이 쉽게 들게 하지만 숙면을 취할 수 없고 잠을 빨리 깨게 한다. 특히 수면제를 먹고 술을 마시면 위험하다.

▷ 대체로 도착지에 아침 일찍 일어나 일광욕을 하면 생체 리듬이 현지 시각에 빨리 적응한다.

한편, 멜라토닌을 적절히 복용하면 좋은 효과를 볼 수도 있다. 멜라토닌은 뇌의 송과선이라는 부분에서 밤에 집중적으로 분비되는 호르몬으로, 생체 리듬을 조절해 밤에 잠들게 해준다. 멜라토닌은 건강보조식품으로 소개되어 있다.

국립의료원 내과 Y과장은 "외국에 도착한 직후엔 현지 시각은 밤이나 인체의 생체 리듬은 낮 상태로 남아 있어 멜라토닌 분비량이 늘지 않아 잠이 오지 않는 것"이라며 "취침 30~1시간 전 멜라토닌을 복용하고 잠자리의 빛을 차단하면 도움이 된다."고. 시차 극복에 적당한 1회 복용량은 3~5mg. 멜라토닌은 별다른 부작용은 없으나, 수면제가 아니므로 아무 때나 먹는다고 잠드는 건 아니다. 그러나 "멜라토닌을 지나치게 복용하면 숙면을 방해할 수 있다"는 연구 결과도 있다 하네요.

연 습 문 제

1. 계기비행 기상상태(IMC)를 설명하시오.

(참고 p.343~344)

2. 우시정과 최소시정을 구분하여 설명하시오.

(참고 p.348~349)

3. 낮은 시일링을 유발하는 기상환경에 대하여 설명하시오.

(참고 p.345~347)

4. 활주로 가시거리(runway visual range)에 대해서 설명하시오.

(참고 p.350~351)

5. 대기전기가 항공에 미치는 영향에 대해 설명하시오.

(참고 p.352~353)

6. 복사안개(Radiation fog)가 생기는 때는 언제인가?

   ① **구름이 없는 맑은 밤을 지난 아침.**
   ② 강한 비가 내린 다음 날 아침.
   ③ 온난전선이 다가오는 날 아침.
   ④ 한랭전선이 다가오는 날 아침.

7. 여름철 맑은 날 적운(Cu)이 생겼다. 원인은 무엇인가?

① 기류의 파동 현상
② 난기류 현상
③ 대류 현상
④ 수렴기류 현상

8. 복사안개가 낀 경우 지면 부근의 연직 기온분포의 모양으로 적합한 것은?

① 건조단열감률 분포
② 포화단열감률 분포
③ 등온 분포
④ 기온역전 분포

9. 인천공항에서 야간에 흐리고 남풍이 약하게 불면서 새벽부터 안개가 끼었다. 안개의 성격은?

① 복사안개 **② 이류안개**
③ 증기안개 ④ 전선안개

10. 비행장 정시관측 전문(METAR)에서 표시된 시정은 보통 다음 중 어느 것인가?

① 최소시정
② 타워시정
③ 우세시정
④ 활주로 시정

제14장
비행계획과 기상자료 지원

I 항공기상예보 절차

어떤 지역의 미래의 기상상태를 정확히 예측한다는 것은 쉬운 일이 아니다. 그럼에도 불구하고 항공기상정보를 충분히 효과적으로 사용하기 위해서는 먼저 이러한 기상정보들이 생산되는 절차에 대한 바른 이해가 필요하다.

1. 기상자료의 수집

어떤 한 특정 지점이나 지역에 대한 예보를 위해서는 그 지역을 중심으로 넓은 범위에 대한 현재의 기상상태를 기상관측을 통해 알아야 한다. 지상기상관측(surface observation)은 공항기상관측소를 포함하여 전 세계적으로 분포되어 있는 10,000여 개의 지상기상관측소에서 수행하고 있다. 기상레이더시스템으로는 구름과 강수, 그리고 바람에 대한 정보를 수집한다. 상층기상관측(upper air observation)은 주로 라디오존데를 운영하는 상층기상관측소에서 시행한다. 또한 바람연직분포측정기, 항공기 및 기상위성에 의해 수행하기도 한다. UN의 전문기관인 세계기상기구(WMO)는 국가들 간에 이러한 모든 기상관측 절차를 통일시켜 관측하게 하며, 기상관측 자료를 포함한 모든 기상자료를 국제적으로 교환시키고 있다.

기상관측이 수행되면 자료는 전화나 컴퓨터 또는 위성을 이용하여 National Center(국가기상센터)를 통해 Regional Center(지역센터)로 중계된다. 이러한 많은 관측소로부터 수집한 자료는 미국의 워싱턴D.C., 러시아의 모스크바, 호주의 멜버른에 위치한 3개의 World Center(세계기상센터)에 중계된다. 이렇게 각 국가기상센터로부터 수집된 전 세계의 기상정보는 다시 각 참가국의 National Center로 중계된다.

우리나라의 경우 기상청(Korea Meteorological Administration)이 기상예보의 중심기관이다. 미국의 경우는 NCEP(국립환경예보센터)이 미국 기상예보의 중심기관이다. 특히 NCEP는 자료 분석, 일기도 제작, 미국과 전 세계의 일기예보를 수행하고 있다.

일기도와 예보가 아직도 많은 국가에서 기상학자들의 수작업으로 작성되기도 하지만, 대부분은 수퍼컴퓨터에 의해 일관 작업으로 생산된다. 컴퓨터 모델은 자료를 분석할 뿐만 아니라 예보를 만들어내기도 한다. 각국의 국가기상센터에서는 매일 수 많은 종류의 문숫자자료와 수 많은 그래픽자료를 만들어낸다. 이들 정보는 각 지방에 위치한 지방기상청, 기상대, 항공기상대, 텔레비전방송국, 항공사 등 전 세계의 공공 또는 사립 기관에서 이용된다.

2. 예보기법과 예보 정확도의 한계

1) 예보법

예보관들은 기상예보를 위하여 국가예보센터로부터 공급되는 기상분석자료에 그들 자신의 기상 특성에 관한 지식을 결합한다. 기상예보를 생산하는 데는 다양한 기법이 사용된다.

예보기법 중 가장 간단한 기법이 지속예보법(persistance forecast)이다. 이 예측 방법은 미래의 기상이 현재의 기상과 같을 것이라는 개념에 기초하고 있다. 예를 들어, 지금 하늘에 구름 한점 없는 맑은 날씨라면, 지금으로부터 한 시간 후에도 맑을 것임은 어느 정도 합당한 근거를 가지고 예보할 수 있다. 즉, 태양이 지금부터 한 시간 동안 지지 않는다는 조건 하에서 지속예보는 몇 시간 동안은 매우 정확하다. 그러나 그 후에는 정확도가 떨어진다. 특히 날씨가 나쁠 때는 더욱 정확도가 떨어진다.

또한, 날씨 변화에 대한 여러가지 물리법칙과 일기도 등에 나타나는 기압계의 성질과 이동 특성을 분석하여 어느 정도의 객관성을 가지고 발표하는 주관예보(subjective forecast)가 있다.

단순하지만 유용한 또 다른 예보기법으로는 외삽법(extrapolation method)이 있다. 이 방법은 지상기상시스템이 이제까지 움직여 왔던 것과 같은 속도로 같은 방향으로 움직이려는 경향이 있다는 개념에 기초하고 있다. 이러한 단순한 계산으로 예보관들은 기상 시스템이 특정 지역을 통과하는 대략적인 시간을 예보할 수 있다.

어떤 예보관들은 유사법(similarity method)을 사용한다. 이 기법은 현재의 기상패턴과 유사한 과거에 일어났던 기상패턴을 찾아서 당시에 있었던 기상상태에 대한 기록을 이용하여 미래 기상을 예보한다.

또 다른 방법인 기후예보(climatological forecast)는 특정 지역의 평균적인 기상(기후)에 근거하여 만들어진다. 예를 들면 7월에 서울 지역에 눈보라가 없을 것이라는 예보는 아주 타당한 예보이다. 기상상태가 매일매일 크게 변하지 않는 지역에서는 이 예보법이 매우 정확할 수도 있다. 장기예보(long period prediction)에 유용하게 쓰인다. 그러나 기후 그 자체에만 의존하는 예보는 문제가 있을 수 있고, 중위도에서 자주 발생하는 뇌우가 지배적인 지역에서는 특히 문제가 된다.

기상예보는 대기변화에 관한 기상전문가의 과학적 지식에 기초하는 예측이다. 따라서 오늘날에는 기상을 예보하기 위해 대기의 운동을 지배하는 물리법칙을 나타내는 수학방정식들을 사용하는 수치예보가 현대 기상예보의 가장 중요한 방법이 되고 있다. 미래의 기상 상태를 결정하기 위하여 현재의 기상상태를 관측하여 이러한 방정식들에 적용한다. 이를 수행하는 데에는 엄청난 양의 계산이 필요하기 때문에 슈퍼컴퓨터가 사용된다. 이러한 방정식 체계를 컴퓨터 프로그램으로 처리하여 작성한 예보를 수치예보(numerical weather prediction, NWP)라 한다. 현재 대부분의 선진국에서는 수치예보 모델을 사용하여 전 세계의 2주 이상 기간의 수치예보를 생산하고 있다.

일단 컴퓨터에 의해 수치예보가 만들어지면, 지역 예보관들은 수치예보자료를 참고자료로 사용하고, 그들의 과학적 지식과 경험을 바탕으로 지역의 상세예보를 발표한다.

2) 예보 정확도의 한계

기상예보의 정확도는 예보기법과 예보기간에 따라 달라진다. 현재의 예보기술에 의하면 12시간까지의 예보는 매우 정확하다. 12~24시까지의 대규모의 온대저기압의 이동과 이 저기압과 관련된 기온, 강수, 운량, 대기의 성질 변화에 대한 예보는 대체로 정확하다. 대개 예보관들은 한파나 중요한 스톰과 같은 대규모 순환 현상의 발생을 수 일 전에 미리 예보할 수 있다. 그러나 5일이 넘어가게 되면 세부적인 예보에 대한 정확도는 크게 감소한

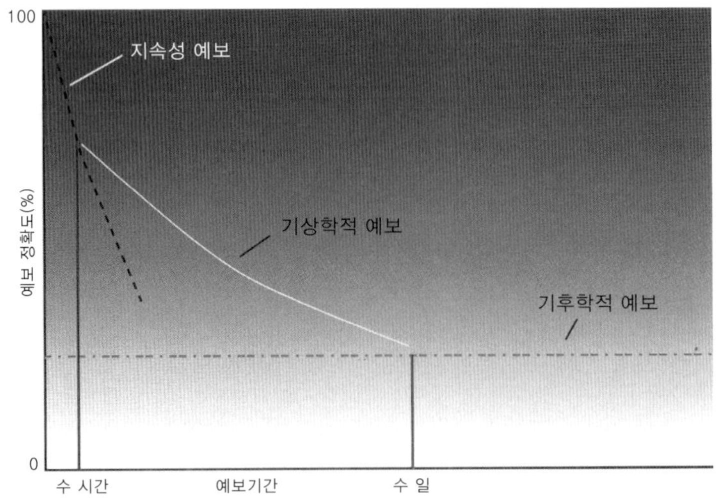

[그림 14-1] 예보기간에 따른 예보의 정확도 변화

다([그림 14-1] 참조). 그림에서는 두 세 시간에서 수 일 간의 예보정확도를 기상학적인 예보와 기후학적인 예보로 비교하고 있다.

너무 먼 미래의 특정 기상상태에 대해 정확히 예보하기에는 어려움이 따르기 때문에 비행계획을 세울 때에는 가장 최근에 발표된 기상예보를 사용하는 것이 무엇보다도 중요하다. 예를 들면 이틀 전에 받은 예보로 비행계획을 세운다는 것은 전혀 현명하지 못한 일이다.

예보의 정확도는 컴퓨터의 도움에 힘입어 계속해서 향상되고 있지만 그럼에도 불구하고 기상예보에는 한계가 있다. 그 이유 중의 하나는 필요한 만큼의 기상관측소가 없다는 것이다. 해양이나 산악지역 등에는 관측소가 매우 드물다. 또한 기상관측소 간의 거리가 멀고 기상관측 시간 사이의 간격이 길다는 것도 주요 원인이다. 오늘날 물리학 문제에 대한 많은 이해 증진에도 불구하고 현재의 관측이 더 정확해지지 않으면 안 된다.

또한 수치예보모델은 계산량을 제한하기 위해 대기를 어느 정도 단순화시키는 과정을 사용하고 있는데 이러한 단순화 과정이 잘못되어 있다면 모델은 정확한 대기상태를 묘사할 수 없게 된다. 이것이 소규모와 중규모의 기상현상에서는 특히 중요한 문제이다.

또 다른 문제는 컴퓨터가 일정 거리 이상 떨어진 격자점(grid point)이라고 하는 위치에서의 대기의 상태를 근거로 방정식을 풀기 때문에 발생한다. 이때 뇌우와 같은 작은 순환은 누락될 수도 있고, 비록 정확하게 관측한다 해도 계산을 시작할 때 컴퓨터가 생산한 예보차트에 표시될 수가 없다. 지역 기상시스템에서 수면, 얼음, 산과 같은 지상 특성의 영향을 컴퓨터 모델이 적절히 예보하기에는 아직도 어려움이 많다.

3) 일기의 카오스

일기의 예측 결과는 초기조건(initial condition)에 매우 민감하여 초기조건이 조금만 달라져도 그 결과가 크게 달라질 수 있다. 카오스 이론(chaos theory)은 초기조건에 대한 민감성에 기초하여 기상예보의 어려움을 설명하고 있다. '카오스 과학'은 수학자이면서 대기과학자인 에드워드 로렌츠(Edward Lorenz)가 1960년대 초기에 컴퓨터 예측에 대한 설명에서 사용하기 시작하였다.

E. Lorenz는 1938년에 Dartmouth대학 수학과를 졸업했다. 제2차 세계대전으로 그는 한 공군부대에서 기상예보에 종사할 기회를 가지게 되었다. 제2차 세계대전이 끝난 후 Lorenz는 그의 수학적 지식을 기상학적 문제를 포함하는 수학적이고 이론적 문제를 추구하는데 사용하게 되었다. 이 때 컴퓨터 예측모델이 소개되었다.

Lorenz는 예보시스템의 초기조건에 관한 근사적 정보가 주어지고 물리 법칙을 이해한다면 그 시스템의 근사적 운동을 계산해 낼 수 있다는 생각을 가지고 연구를 계속했다. 이러한 개념이 성공을 거둘 수 있기 위해서는 한 시스템에서의 매우 작은 요란이 전체의 운동에 영향을 주지 않아야 한다. 천문학자들은 별이나 혹성, 혜성의 운동을 기술하는 수학방정식을 적용하는데 이러한 가정을 사용하였다. 우주선이나 미사일 궤적의 정밀한 컴퓨터 예측은 이러한 개념에 기초하고 있다. 이러한 똑같은 개념을 기상시스템의 운동이나 구름의 발달에 사용하여 계산해 낼 수 있을까 하는 것이 Lorenz가 관심을 가진 부분이었다.

Lorenz는 기상 상태를 서술하고 컴퓨터에서 이것을 프로그램으로 처리할 수 있는 일련의 방정식을 발전시켰는데, 결과적인 출력이 실제 기상시스템의 변화 패턴을 나타내야 한다고 보았다. Lorenz는 기상은 반복되고 시간에 따라 유사한 패턴을 나타낸다는 생각을 가지고 있었다.

1961년 어느 날 Lorenz는 특정한 예보패턴을 재확인할 필요가 있었다. 컴퓨터를 원래의 수치로 다시 가동하는 대신에 그 컴퓨터가 다시 시작할 시점에서의 컴퓨터 출력으로 수치를 입력했다. 이 새로운 실행이 먼저 번의 결과와 비슷할 것으로 기대했는데 그 결과는 먼저 번의 패턴에서 크게 빗나간 것을 보게 되었다. 3개월의 예보를 출력시킨 결과 먼저 번 결과의 패턴과 새 결과의 패턴 사이의 유사성은 거의 없었다. 프로그램은 동일했고 컴퓨터의 잘못은 없었다. 검토 결과 그 미스터리는 Lorenz가 입력한 수치에 있었다는 것을 알게 되었다. 그 컴퓨터는 소숫점 이하 6자리(0.819631)까지를 계산했는데 재입력을 위한 출력은 단지 소수 이하 세 자리(0.819)까지 만을 계산하였다. 초기데이터의 매우 작은 차이가 결과에 매우 큰 차이를 나타낸 것이다.

계산 초기에는 컴퓨터가 생산해낸 Lorenz의 두 가지의 기상패턴이 거의 비슷했지만, 계산이 진행된 얼마 후에는 그 패턴의 유사성은 모두 사라지고 큰 차이를 나타내기 시작했다. 비록 각각의 컴퓨터 실행이 같은 시작점을 가지지만, 로렌츠가 입력한 수치의 작은 차이가 결과에는 큰 차이를 만든다는 것이다. 똑같은 영향이 실제 기상 시스템에서도 나타나는 것이다.

작은 대기요란이 기상시스템에서는 큰 규모의 기상 시스템에 영향을 나타낼 수 있다. 초기 조건에 대한 이러한 반응은 나비효과(butterfly effect)로 알려져 있다. 이 말은 중국의 홍콩에서 한 마리의 나비가 날개를 펄럭이면 그 영향이 몇 달 뒤에 미국의 덴버에서 나타나는 스톰의 발달에 영향을 줄 수 있다고 설명한데서 기원하고 있다. Butterfly effect가 암시하는 것은 “예보에 영향을 줄 수 있는 모든 것을 완전하게 알 수는 없다”고 하는 것이고, “시간이 지나감에 따라 예보 결과는 크게 달라질 수 있다”는 것을 나타낸다. 카오스 이론에 의하면 더 정확한 관측, 더 조밀한 관측망과 완벽한 컴퓨터 모델에 의한 예보 정확도의 향상에는 결국 한계가 있어서 정확한 예보는 약 2주가 그 한계라는 것이다.

Ⅱ 항공기상업무

항공기상 예보절차의 마지막 단계는 기상정보를 조종사를 포함한 모든 항공 종사자에게 전달하는 것이다. 기상예보는 항공 종사자들이 비행계획을 위해 기상상태를 판단하는데 도움을 주게 된다.

1. 항공기상대

미국의 FSS(flight service station)는 일반적으로 조종사를 위한 기상정보를 제공하는 곳이다. 주마다 있는 AFSS(automated flight service station)는 신뢰성 있는 오래된 기상대이다. FAA FSS는 다른 어떤 정부기관보다 많은 항공기상 브리핑 서비스를 시행하고 있다. FSS로부터 기상정보를 얻는 가장 일반적인 방법은 전화에 의한 기상 브리핑이다.

만일 비행에 앞서 예비 기상정보를 얻을 필요가 있다면 해당 운항에 맞추어 제공되는 가장 적절한 기상정보인 표준브리핑(sranderd briefing)을 요청할 수 있다.

Sranderd briefing은 통상 다음의 항목을 포함한다.

① 악기상조건(해당 정보를 접수한 후 기상브리핑을 취소할 수 있음)
② 권고 안 된 VFR 비행(적절한 경우라면)
③ 기상개황
④ 현재 기상
⑤ 기상예보(항공로와 목적지 공항)
⑥ 상층의 온도예보와 바람예보
⑦ 대체 항로(있는 경우라면)
⑧ 항공정보(NOTAM)
⑨ ATC 지연정보
⑩ PIREP 전문 요청

단축 브리핑(abbreviated briefing)으로는 배포 지원된 데이터를 보충하고 앞서 시행된 브리핑을 업데이트하거나, 또는 특정 정보를 요청할 수 있다. 만일 출발 예정시간이 앞으로 6시간 이상 여유가 있을 때는 전망 브리핑(outlook briefing)이 일반적인 기상 개요를 제공한다. 기록된 기상정보도 FSS로부터 제공받을 수 있다.

기상정보 녹음브리핑서비스(transcribed information briefing service, TIBS)는 FSS가 제공하는 기상정보 및 항공정보 녹음전화 서비스이다. TIBS는 정규 브리핑을 제공하고, 사용자 요구에 따라 최신 기상관측과 예보, 상층의 바람과 온도예보를 제공한다. 운항 중에 있는 조종사에게 기상정보를 제공하는 항로비행지원서비스(enroute flight advisory service, EFAS)는 운항 중의 조종사에게 가장 친숙한 서비스이다. 이 서비스를 이용하기 위해서는 'Flight watch'란 단어를 사용하여 그 지역의 EFAS와 연락한다. 해발 18,000ft 이하에서 Flight watch의 주파수는 122.00MHz이다. Flight watch는 조종사의 요청에 따라 항공기상정보를 제공할 수 있고 조종사가 위험이나 급박한 기상상태에 직면할 때 긴급 항로정보를 제공하고 대체 항공로 등의 다양한 방법을 권고할 수 있다. PIREP의 접수와 신속한 전달도 EFAS의 주요 임무이다.

기상방송 중계서비스(Transcribed weather broadcast, TWEB)는 기상정보를 지정된 저·중주파수의 무지향무선표지소(NDB: 190~535kHz)와 고주파수의 전방향무선표지소(VOR: 108.0~117.95MHz)을 통하여 계속적으로 방송한다.

방송 자료는 보통 항공로 상의 기상개황과 ROFOR를 포함하고 있다. 비행 중의 기상지원은 악기상, 향후 전망 그리고 상층의 온도와 바람 예보, 그리고 수정된 정보, 레이더보고와 조종사보고 등이다.

또 비행 중에 지원되는 서비스에는 재해기상지원서비스(Hazadous inflight weather advisory service, HIWAS)가 있다. 이 서비스는 난류, 착빙, 계기비행기상상태이나 강풍과 같은 위험 비행조건을 조종사에게 알리기 위하여 지정된 VOR을 통하여 계속적으로 방송한다. 이러한 정보는 SIGMET, AIRMET, 악기상정보 및 기상특보를 포함한다.

FAA의 항공관제소는 적절한 기상상황을 이륙 또는 착륙하는 항공기에게 통지한다. 어떤 공항에서는 기상대와 관제탑(ATCT)이 함께 시정관측보고의 의무를 진다. 경우에 따라서는 관제탑의 관제사가 공항 내의 관측보고, 기상조건의 분류에 대해 모든 책임을 진다. 관제소를 운용하는 주요 공항에서 자동공항기상정보서비스(ATIS)를 이용할 수 있다. 이 서비스는 주파수의 혼잡을 줄이고 관제의 효과를 향상시킨다. ATIS는 현재 지역공항기상조건을 포함한 정보들을 미리 녹음하여 특정 주파수로 방송하는 서비스이다. ATIS방송은 일반적으로 매시간 녹음되지만 기상상태가 변화되면 언제나 최신 자료로 바꾼다.

또 다른 정보 전달체제는 이용자 직접접속 공항서비스(Direct user access terminal service, DUATS)이다. 이것은 컴퓨터에 의한 프로그램으로 운영되는데,

일반적으로 조종사 기상브리핑에서 사용되는 자료를 제공한다. 비행에 앞서 개인용 컴퓨터와 모뎀을 사용하여 기상정보를 이용할 수 있다. 비행계획은 DUATS를 통하여 기록될 수 있고 수정될 수도 있다.

2. 세계공역예보 시스템

1) WAFS 운영의 개념

세계공역예보시스템(World Area Forecast System, WAFS)이란 비행 전에 조종사와 항공 운항자에게 비행계획과 항공로 상의 비행활동에 직접 활용할 수 있도록 전 세계를 망라한 상층바람기온 분포도(WINTEM chart), SIGWX 등의 항공기상정보를 제공하는 시스템이다.

WAFS는 세계적으로 필요한 모든 위험일기도(SIGWX chart)와 상층바람기온분포도를 현재 2소(런던, 워싱턴)의 세계공역예보센터(WAFC)에서 작성하여 모든 사용자들에게 3대양 상공에 각각 위치한 위성을 통하여 지원하고 있다([그림 14-2] 참조).

우리나라는 ISCS 2 (International Satellite Broadcast System 2)와 SADIS

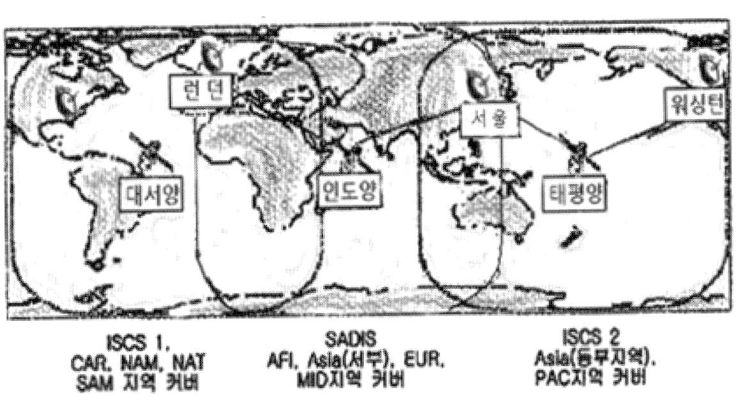

[그림 14-2] 세계공역예보시스템(WAFS)의 활동 영역

(Satellite Distribution System) 체제에서 지원되는 WAFS 자료를 항공기상청에 설치된 WAFS Terminal로 수신하여 사용하고 있다.

2) WAFS의 방송자료

WAFS에서 방송되는 정보는 각각 특성을 가진 3개 채널(PVC-1, 2, 3)로 공급된다.

(1) PVC-1

■ WAFS GRIB 자료

- FL050, 100, 180, 240, 300, 390, 450, 530, 600의 기온, 바람, 상대습도, 연직와도, 고도
- MSL/Earth의 기압, 강수량
- 권계면 고도의 기온, 바람
- 최대풍속 고도의 기온, 바람

(2) PVC-2

■ WAFS Alphanumeric 자료

- METAR, SPECI, TAF (ICAO 항공항행계획에 의한 1200여 지점)
- SIGMET, ARFOR, ROFOR, AIREP, NOTAM, WAFS의 행정전문 등

(3) PVC-3

■ WAFS Graphic Products(SIGWX 및 WINTEM Chart)

- High level(FL250~630)의 Significant weather chart

■ 제트기류, 적란운구역, 보통~강한 청천난류구역, 열대폭풍, 화산재 정보

- Medium level(FL100~250)의 Significant weather chart

■ 제트기류, 적란운구역, 보통~강한 청천난류규역, 열대폭풍, 화산재 정보, 운중 착빙과 난류에 대한 세부정보, 어는 강수, 강한 스콜라인, 먼지보라, 모래보라, 산악파

- FL180, 240, 300, 340, 390의 WINTEM Chart

3. 항공예보철

항공예보철(flight document)에는 다음의 정보를 포함한다(권고 사항).

① 상층 바람 기온

② 항공로 상에서 예상되는 특이 기상현상, 그리고 필요한 경우에는 권계면 높이 및 제트기류

③ 비행장예보

④ 목적지비행장, 이륙, 교체비행장, 항공로예보와 목적지비행장, 교체비행장의 METAR, SPECI 그리고 부호형식 보고

⑤ 관련 항공로 전체에 대한 SIGMET 및 SIGMET에 포함되지 않는 필요한 특별 항공기보고

⑥ AIRMET(저고도비행 기상정보)

※ 지역 항공항행 협정 또는 관련 기상당국과 운항자 간의 합의에 따라 짧은 중간 기착 또는 회항 후 2시간 이내의 비행을 위한 항공예보철은 운항 상 필요한 정보만으로 제한될 수 있다. 그러나 모든 항공예보철에는 적어도 ③, ④, ⑤ 그리고 필요하다면 ⑥이 포함되어야 한다.

권고 기상관서는 가능한 한 WAFS를 통해 수신한 정보를 Flight Document에 제공해야 한다. Flight Document는 도면, 도표, 또는 약어화된 평이어 형식으로 제공해야 한다. TAF는 부호형식 또는 도표형식을 사용한 약어화된 평이어 형식으로 제공되어야 한다.

권고 Flight Document를 항공승무원에게 제공할 때는 필요하고 또한 가능할 때라면 언제든지, 수기 기입하거나 또는 구두설명으로 수정하여야 한다. Flight Document를 제공한 후 항공기가 이륙하기 전에 수정 필요성이 발생할 경우 기상관서는, 지역적으로 합의된 바에 따라, 필요한 수정 또는 갱신된 정보를 운항자 또는 지역항공교통업무기관에 통보하여 항공기에게 송신해야 한다.

4. VOLMET 방송

1) 개요

VOLMET 방송은 영어 Flight Meteorology에서 유래된 말로써 국제항공로를 비행하고 있는 항공기의 조종사가 목적지 공항의 기상상태를 미리 파악할 수 있도록 정기적으로 행하는 무선 기상방송이다.

세계 여러 곳에 VOLMET 방송국이 있어 단파(HF) 또는 초단파(VHF)로 국제공항의 최신 METAR와 TAF 방송을 24시간 운영한다.

태평양 지역에서는 4개국의 5개 지점이 하나의 방송그룹을 형성하여 VOLMET 방송을 수행한다[그림 14-3].

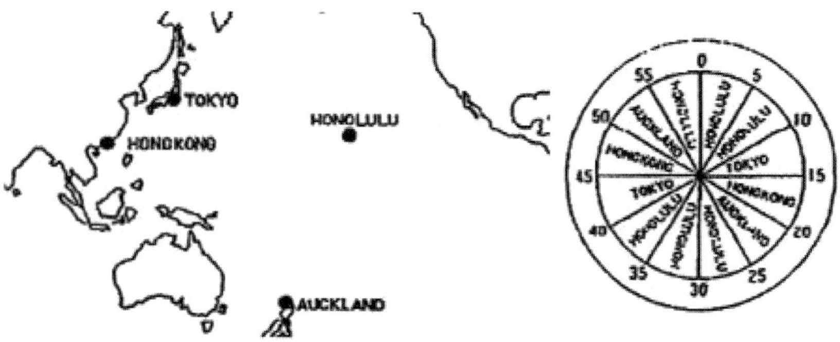

[그림 14-3] VOLMET 방송국과 매시 방송시각 분할

2) VOLMET 방송의 운영

태평양 지역과 주변에서 운영하는 VOLMET 방송국별 방송시간대와 내용은 [표 14-1]과 같다.

VOLMET 방송은 각 공항으로부터 수신되는 최신의 공항관측보고(METAR)나 공항예보(TAF)를 해석하여 평이어로 방송한다. 예로써 인천공항의 공항관측보고는 [표 14-2]와 같이 방송된다.

[표 14-1] 태평양 지역에서 운영하는 VOLMET 방송국별 방송시간과 내용

방송국	Honolulu	Honolulu	Tokyo	HongKong	Auckland	Honolulu
활동 시각	00~05분 30~35분	05~15분 35~40분	10~15분 40~45분	15~20분 45~50분	20~25분 50~55분	25~30분 55~00분
공항 관측 보고	Honolulu Hilo Kahului Guam I.	SanFrancisco LosAngeles Seattle Portland Sacrament Ontario LasVegas	NewTokyo Chitose Nagoya Kansai Fukuoka Incheon	HongKong Guangzhou Naha Mactan	Aucland ChristChurch Wellington Nandi Noumea Tahiti Pago	Anchorage Fairbanks KingSalmon Elmendore Vancouver Cold Bay Shemya
공항 예보	Honolulu Hilo Kahului Guam I.	SanFrancisco LosAngeles Seattle	NewTokyo Kansai	HongKong Taibei Kaoshiung Manila	20~25분 Nandi Noumea 50~55분 Auckland ChristChurch	Anchorage Fairbanks Vancouver Cold Bay

[표 14-2] VOLMET 방송에서 방송하는 인천공항의 공항관측보고의 예

공항 기상 관측 보고문
SAK031 RKSI 110500A METAR RKSI 01007KT 3000 -RA BKN030 OVC060 18/18 Q1016 RERA TEMPO RA=

공항 기상 관측 보고문 방송
Incheon Incheon zero one zero degrees seven knots visibility three thousand meters light rain broken three thousand feet overcast six thousand feet temperature one eight dew-point one eight QNH one zero one six tempo rain

Ⅲ 항공고정통신망

1. 개요

항공고정통신망(AFTN)은 항공고정통신국들 사이에 항공정보를 교환하기 위하여 ICAO의 기술기준에 따라 구축된 전 세계통신망이다([그림 14-4] 참조).

AFTN에서 취급하는 정보는 다음과 같다.

① 조난, 긴급수색, 구조, 비행계획, 출발, 도착, 취소, 지연, 위치보고 등 ATC 관련 정보

② 항공고시보(NOTAM)

③ 항공 항행 정보

1) 세계 항공고정통신망 구성

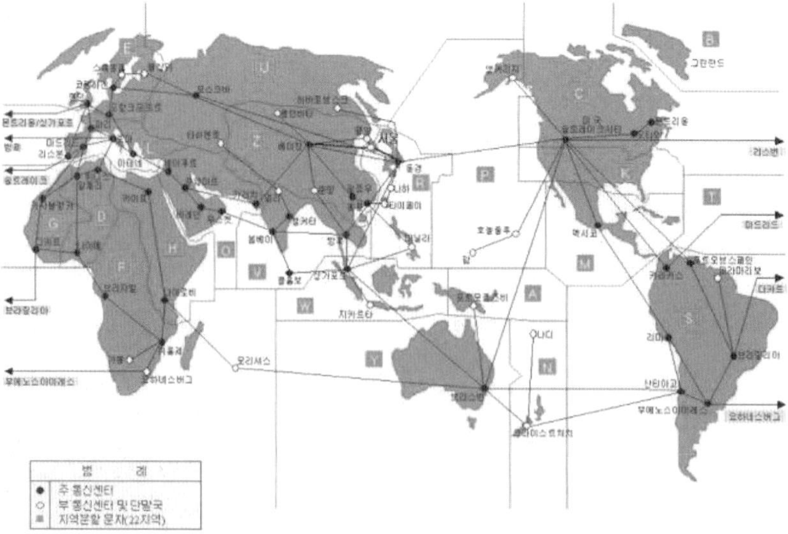

[그림 14-4] 세계 항공고정통신망(AFTN) 구성도

2) 한국 항공고정통신망([그림 14-5] 참조)

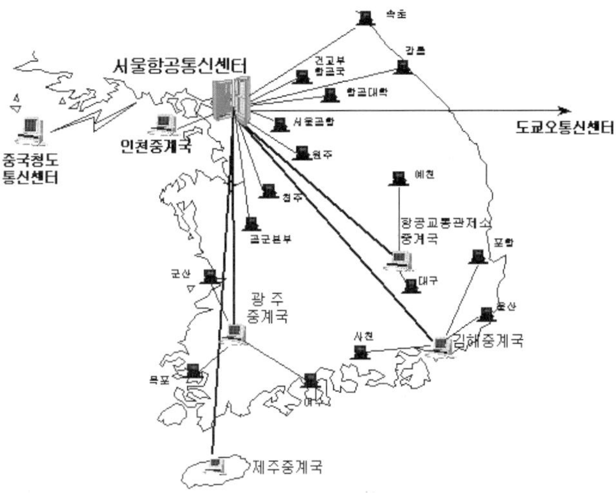

[그림 14-5] 한국 항공고정통신망(AFTN) 구성도

2. AFTN 전문 형식(IA-5 전문형식)

AFTN을 통해 분배되는 현업기상(OPMET) 정보를 포함한 보고는 긴급상황에 따라 우선순위를 정하여 처리 된다.

1) 기상보고 두문(Heading)의 형식

① 전문 시작 문자 : SOH

② 전송 식별 부호 : HZA////

☞H : 발신국, Z : 수신국, A : 회선(회선이 1개면 A), ////: 전문 발생 일련번호(0001~9999)로서 매일 0000UTC에 새로운 번호로 시작된다.

2) 수신처 주소의 구성

(1) 우선순위전문

-SS	조난 전문	- 재난전문, 비상전문 - 선박, 항공기 또는 기타 이동체가 중대하고 급박한 위험상황을 알리는 전문과 조난 중인 항공기가 요구하는 긴급 구조에 관한 모든 전문
-DD	긴급 전문	- 특별 순위가 요구되는 전문 - 선박, 항공기 또는 기타 이동체, 선상 또는 시계 내의 인명의 안전에 관한 전문
-FF	비행안전 전문	- 비행 중이거나 이륙 준비 중인 항공기에 대하여 항공사가 긴급히 발신하는 전문 - SIGMET, WARNING, ADVISORY, SPECI, SPECIAL
-KK	항공행전 전문	- 예약, 일반 항공업무 등 행정에 관한 전문

(2) 수신처 주소

① 주소는 8자로 구성된다.

② 1개 전문의 주소란은 3행으로 제한한다.

③ 1개 행에 한 주소와 다른 주소는 스페이스로 구분된다(주소는 7개로 제한).

RKSSYMYX		
RKSS	YMY	X
ⓐ	ⓑ	ⓒ

ⓐ : 수신국의 4문자 지명부호(예, RKSS : 김포)
ⓑ : 수신국의 기관/업무기능(항공당국, 업무기관 또는 항공사)을 구별하는 3문자 지정자 (예, YMY : 공항기상대)
ⓒ : 수신국의 기관/업무기능 내의 부서를 나타내는 보충 문자(보충 문자 X는 구별이 불필요한 경우 사용)

(3) 전문 송신시각과 송신국

//////RKSIYPYX	
//////	RKSIYPYXX
ⓐ	ⓑ

ⓐ : 전문송신시각(UTC 기준 날짜, 시간, 분, 6자리)
ⓑ : 전문 송신국(예, RKSIYPY : 인천공항기상대

3) 본문의 구성

전문의 본문은 STX(본문 시작), ETX(본문 종료) 사이에 문숫자로 구성된다.

① ICAO가 정하는 전문의 두문

② 수신처 주소(8자로 구성)

ⓐ T1T2 : 전문종류(ICAO, Doc. 8896 6.2에 의함)

SPKO41		
T1T2	A1A2	ii
ⓐ	ⓑ	ⓒ

ⓑ A1A2 : 지명(예, KO:한국, KR:북한, HK:홍콩, JP:일본, CI:중국, AM:미국, AK:알래스카

ⓒ ii : 자료 분배의 범위(00~09 : 세계적 분배, 20~39 : 지역 또는 지역 상호간 분배, 40~89 : 국가간 협정에 의한 분배, 90~99 : 예약에 의한 분배)

(4) 편집 지시부호, 전문 편집시각, 전문 수정·교정 지연부호

ⓐ CCCC: 지역 지시부호, 상호 다자 간 합의된 전문 생산 또는 편집 고지 기관의 4문자 국제 위치부호. 예) RKSI, RKSS, RJAA

RKSI 231230		
CCCC	YYGGgg	(xxx)
ⓐ	ⓑ	ⓒ

ⓑ YYGGgg : UTC 기준 편집, 날짜, 시각, 분

ⓒ (xxx): 전문수정·교정·지연 시 사용.

- 수정(Amended) `: AAX(X : A~X까지 사용)
- 교정(Corrected) : CCX(X : A~X까지 사용)
- 지연(Delayed) : RRX(X : A~X까지 사용)

(5) 전문 내용

```
[METAR 271830Z]
[METAR RKSI 271830Z 13009KT 6000 NSC 03/M01 Q1027 NOSIG=]
[........]
[........]
[........]
```

① 전문의 내용은 종류별 형식에 따라 작성한다.

② 전문 종료 부호(=)는 전문 하나의 종료를 뜻한다. 반드시 표시해야 한다.

③ 전문의 본문은 1,800자 이내로 한다.

4) 전문 종료

① 〈VT〉줄바꿈 문자, 〈ETX〉본문종료 문자

② 전문의 전체 길이는 2,100자 이내로 한다.

5) AFTN 주소 구성

AFTN 주소의 구성은 [표 14-3]과 같다.

[표 14-3] AFTN 주소 구성(주요부분 발췌)

Designator	Authority or Service
-YAY-	Government Civil Aviation Authority (정부의 민간항공 당국)
-YBY-	MOTNE (유럽 기상용 통신망)
-YCY-	Rescue Co-ordination Centre (구조협력 센터)
-YDY-	Aerodrome Authority (공항 당국)
-YFY-	Aeronautical Fixed Station (항공 고정 통신국)
-YLY-	Aeronautical Accident Authority (항공기 사고 관리 당국)
-YMY-	Meterelogical Office (기상대)
-YNY-	International NOTAM Office (국제 NOTAM 기관)
-YOY-	AIS Unit (항공정보 업무기관)
-YPY-	Robex Centre (Robex 센터)
-YSY-	Aeronautical Station (항공통신국)
-YTY-	Telecommunication Authority (통신 당국)
-YWY-	Military Flight Plan Office (군사 비행 계획 기관)
-YZY-	MET Data Bank (기상자료 은행)
-ZAZ-	Approach Control Office (접근 통제소)
-ZBZ-	Repetitive Flight Plan Office (반복 비행계획 기관)
-ZDZ-	Air Traffic Flow Control Unit (항공교통 통제 기관)
-ZEZ-	Flight Information Data Base (비행 정보자료 취급소)
-ZFZ-	Centre in Charge of FIR/UIR(VFR) (비행정보구역/고공비행정보구역(시계비행) 센터)
-ZGZ-	Air Traffic Control (gen) (항공교통관제소)
-ZHZ-	Helicopter ATC (헬기 항공교통관제소)
-ZIZ-	Flight Information Centre (비행정보센터)
-ZOZ-	Oceanic Air Traffic Control (해양항공교통관제소)
-ZPZ-	ATS Reporting Office (항공교통업무 보고기관)
-ZQZ-	Centre in Charge of FIR/UIR (IFR) (비행정보구역/고공비행정보구역(계기비행 센터)
-ZRZ-	Area Control Centre (구역 통제센터)
-ZSZ-	Sarsat Centre (Sarsat 센터)
-ZTZ-	Aerodrome Control Tower (공항관제탑)
-ZUZ-	Upper Area Control Centre (고공구역 통제센터)
-ZYZ-	Aerodrome Security Services (공항안전업무 기관)

3) AFTN의 항공기상정보 운영

(1) ICAO ANNEX 3

① ICAO에서 정한 통신시설 운영에 필요한 조직과 책임은 각 체약국이 결정

② 기상기관과 항공교통업무기관 간의 통신시설 설치

③ 기상기관 사이에 기상정보를 교환할 수 있는 통신시설 준비

④ 세계공역예보센터와 기상당국 및 기타 이용자 간의 통신시설 준비

(2) ICAO ANNEX 10

① 항공기상통신 운영과 운영절차

(3) ROBEX(Regional OPMET Bulletin Exchange) Handbook

① 지역 운항 기상정보 교환지침

② MID/ASIA/PAC 지역의 편집전문 작성과 분배에 관한 통신절차와 그 시행규정

4) AFTN 전문종류와 형식 지시자

기상관련 AFTN 전문의 종류와 형식 지지자는 [표 14-4]와 같다.

[표 14-4] AFTN 전문 종류와 형식 지시자(ICAO, Doc 8896 6.2.2)

지시자	전문 종류	지시자	전문 종류
SA	METAR	WV	화산 SIGMET
SP	SPECI	FK	태풍주의보
FT	TAF(공항예보 18~24시간)	FV	화산재주의보
FC	TAF(공항예보(9~12시간)	UA	AIREP
WA	AIRMET	FA	ARFOR, GAMET
WS	SIGMET	FU	WINTEM
WC	태풍SIGMET	FR	ROFOR

5) AFTN 전문 종류별 두문

기상관련 AFTN 전문의 종류별 두문(heading)은 [표 14-5]와 같다.

[표 14-4] AFTN 전문 종류별 두문

전문 두문	전달지역		전문 종류	편집 내용
	국제	국내		
SAKO31	○		METAR	국제공항(7소)
SAKO41		○	METAR	국제공항(7소), 국내공항(3소)
SAKO42		○	METAR	공군관할공항(12소)
SPKO31	○		SPECI	국제공항(7소)
SPKO41		○	SPECI	국제공항(7소), 국내공항(3소)
SPKO42		○	SPECI	공군관할공항(12소)
FTKO31	○		TAF(24시간)	국제공항(7소)
FTKO41		○	TAF(12시간)	국제공항(7소)
FCKO41		○	TAF(12시간)	국내공항(3소)
FTKO42		○	TAF(12시간)	공군관할공항(9소)
WSKO31	○		SIGMET	공역(RKRR)
WCKO31	○		태풍SIGMET	공역(RKRR)
WMKO31		○	주의보/경보	국제공항(7소), 국내공항(3소)
WMKO32		○	경보	공군관할공항(9소)
FAKO31		○	ARFOR	공역(5개 공역)
FRKO31		○	ROFOR	항공로(5개 항로)
UAKO31	○		AIREP	항공기보고
RQM	○	○	REQUEST	정보요청전문

연 습 문 제

1. 일기예보 정확도의 한계성에 대하여 설명하시오.

(참고 p.369~370)

2. 나비효과(butterfly effect)에 대하여 설명하시오.

(참고 p.371~372)

3. 세계 공역예보시스템(WAFS)에 대해 설명하시오.

(참고 p.375~376)

4. Weather Briefing이란 무엇인가?

(참고 p.377)

5. Volmet 방송 체계에 대해 설명하시오

(참고 p.378)

6. 김포에서 제주로 가는 항공기의 비행계획을 세운다고 가정한다. 현재 제주의 일기는 안개가 끼어 있고 시정은 400m이며, 항공기의 도착예정시간에는 맑고 시정이 5km가 되리라는 예보가 나와 있다. 비행계획을 세운다면 다음 중 가장 적합한 것은?

① 제주에서 안개가 갤 때까지 출발을 늦춘다.
② 예보를 믿고 예정대로 착륙할 수 있도록 계획한다.
③ 기상조건이 적합한 대체공항을 선정한다.
④ 제주까지는 1시간이 채 안 걸리므로 도착예정시간을 30분만 늦춘다.

7. 비행 중 비행형식을 결정하는 근거가 되는 기상관측값은 누가 측정하는가?

① 운항관리사 ② 기상관측관
③ 항공교통관제관 **④ 조종사**

8. 정기항공사의 경우 비행계획은 누가 작성하는가?

① 운항관리사 ② 기상예보관
③ 조종사 ④ 항공교통관제관

9. 활주로 부근에 전선이 위치하고 있으며 지상 300ft 이하의 고도에서 뒷바람(tail wind)이 갑자기 맞바람(head wind)으로 바뀌는 상황에서 착륙 중인 비행기의 강하 경로는 어떻게 될 것인가?

① 단계적으로 파상 경로.
② 정상적인 경로.
③ 오버슈트(over shoot) 경로.
④ 언더슈트(under shoot) 경로.

10. 에어본 기상레이더로 검출할 수 없는 기상요소는?

① 우박 ② 난류
③ 층상운 ④ 강수 강도

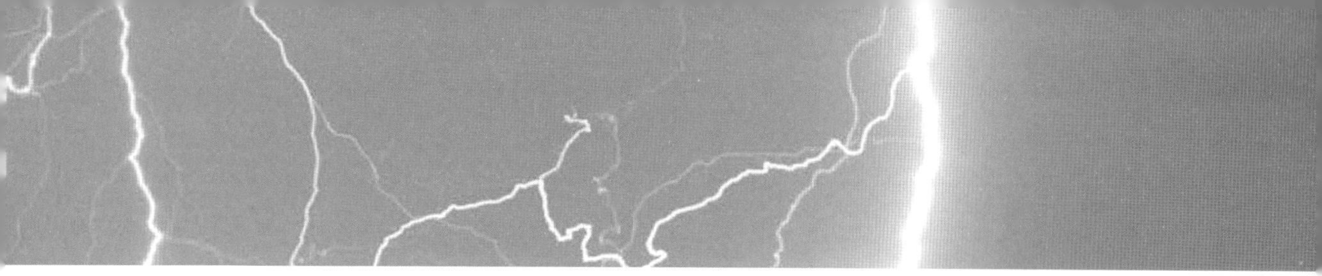

제15장

항공기상 실황과 예측 정보

I 항공기상 실황 정보

경제적이며 효율적인 항공기 운항을 위해서는 항공기상 관측과 예보가 매우 중요한 위치를 차지한다.

항공기상청은 ICAO ANNEX 3(국제민간항공협약의 부속서Ⅲ)에 따라 국내와 국제항공을 위한 공항실황, 공항예보, 이착륙예보, 항공로예보, 공역예보, 국내용 악기상 예상도와 상층 바람·기온예상도를 생산하여 발표하고 있다. 항공기상청은 또한 국제항공을 위하여 세계공역예보센터(WAFC; World Area Forecast Center)가 발표하는 항공기상예보 자료를 수집하고 이를 편집하여 국내에서 업무를 수행하고 있는 항공업무 기관에 제공한다.

항공기상청에서 발표하는 항공기상정보의 종류는 [표 15-1]과 같다. 기상예보의 정확도는 예보기간의 함수로서 예보기간이 길어질수록 정확도는 대체로 감소한다(14장의 [그림 14-1] 참조).

[표 15-1] 항공기상청에서 발표하는 항공기상정보의 종류

<table>
<tr><th colspan="3">항공기상정보</th><th>자료 형태</th></tr>
<tr><td rowspan="2">실황</td><td colspan="2">METAR와 SPECI(공항 실황 정보)</td><td rowspan="2">문숫자</td></tr>
<tr><td colspan="2">AIREP(항공기 관측보고)
PIREP(조종사 관측보고)
RAREP(레이더 기상 관측보고)</td></tr>
<tr><td rowspan="2">예보</td><td colspan="2">TAF(공항예보)</td><td rowspan="2">문숫자</td></tr>
<tr><td colspan="2">Trend forecast(경향예보)
Take-off Forecast(이륙예보)
Landing Forecast(착륙예보)
ROFOR(항공로예보)
ARFOR(공역예보)
GAMET(저층공역예보)</td></tr>
<tr><td>특보</td><td colspan="2">SIGMET(위험기상정보)
Aerodrome Warning(공항경보)
Wind Shear Warning(바람시어경보)
Tropical Cyclone Warning(태풍경보)
Volcanic Ash Warning(화산재 경보)
AIRMET(저층위험기상정보)</td><td>문숫자</td></tr>
<tr><td rowspan="2">예보 일기도</td><td rowspan="2">WINTEM chart
(상층 바람 기온 예상도)</td><td>WAFC</td><td rowspan="4">분포 그림</td></tr>
<tr><td>항공기상청</td></tr>
<tr><td rowspan="2">특보 일기도</td><td rowspan="2">SIGWX chart
(위험기상 예상도)</td><td>WAFC</td></tr>
<tr><td>항공기상청</td></tr>
</table>

1. METAR와 Trend forecast

1) METAR 전문의 형식

[표 15-2] METAR 전문의 형식(FM 15-XIV METAR)

METAR(or SPECI) COR *CCCC* *YYGGggZ* NIL AUTO

$dddffGf_mf_m$ KT(or KMH, or MPS) $d_nd_nd_n\mathrm{V}d_xd_xd_x$

VVVV (or *VVVV*NDV) $V_nV_nV_nV_nD_V$

  $\mathrm{R}D_RD_R/V_RV_RV_RV_Ri$(or $\mathrm{R}D_RD_R/V_RV_RV_RV_R\mathrm{V}V_RV_RV_RV_Ri$)

  $w'w'$ $N_SN_SN_Sh_sh_sh_s$(or $\mathrm{VV}h_sh_sh_s$, or NSC or NCD)

[or CAVOK]

$T'T'/T'_dT'_d$ $\mathrm{Q}P_HP_HP_HP_H$

RE$w'w'$ WS $\mathrm{R}D_RD_R$(or WS ALL RWY) (WT_ST_S/SS') ($\mathrm{R}D_RD_R$ / $E_RC_Re_Re_RB_RB_R$)

{*TTTTT* *TTGGgg* $dddffGf_mf_m$ KT(or KMH, or MPS)

  [*VVVV* $w'w'$(or NSW) $N_SN_SN_Sh_sh_sh_s$(or $\mathrm{VV}h_sh_sh_s$, or NSC)]

  [or CAVOK]}

{ or NOSIG }

(RMK......)

※ Valid only for METAR

① METAR는 정시 항공기상정보를 위한 전문명이다. METAR는 1시간 또는 30분 간격으로 보고한다.

SPECI는 특별 항공기상정보를 위한 전문명으로서 해당 기준에 부합되면 보고한다.

③ METAR와 SPECI는 [표 15-2]에서 보이는 것처럼 형식이 같고 둘 모두 Trend forecast(경향예보)가 추가되기도 한다.

④ METAR와 SPECI는 다음과 같은 정보가 순서대로 보고된다.

식별그룹, 지상풍, 시정, RVR(필요할 경우), 현재일기, 구름, 기온, 이슬점 온도, QNH, 보충 정보

⑤ METAR와 SPECI의 끝(실제적으로는 경향예보의 끝)에 있는 RMK로 시작되는 비고정보그룹이 첨부될 수 있다. 이 부분은 각국의 국내에서만 사용하고 국제적으로는 분배되지 않는다.

2) METAR 내용 설명

(1) 식별그룹

① 전문 형식 : METAR(or SPECI) COR *CCCC* *YYGGggZ* NIL AUTO

② 작성 예 : SPECI RKSI 211025Z

③ 이 그룹은 다음과 같이 3부분으로 구성되어 있다.

ⓐ 전문명-METAR(or SPECI)

ⓑ 보고 지점의 ICAO 약호 (**예** **RKSI** : 인천공항)

ⓒ 관측시간 – 해당 날짜와 시간과 분으로 구성된 UTC시각. Z를 붙인다.

예 211025Z : 21일 10:25Z

④ METAR 전문 bulletin에서는 bulletin의 서두에만 날짜시간그룹을 표시하고 개별적인 METAR의 시간그룹은 보고전문 bulletin의 서두에 표시되는 공식적인 관측시각에서 10분 이상 벗어나지 않을 때는 생략된다.

⑤ COR과 NIL은 필요한 경우 각각 코드이름 직후와 시간그룹 직후에 기록한다.

⑥ AUTO는 기상관측이 완전히 자동적으로 시행되는 경우, 그리고 비행장 운영시간 이외의 시간에만 사용한다.

(2) 지상풍

① 전문 형식 : $dddffGf_mf_m$ KT(or KMH, or MPS) $d_nd_nd_n$V$d_xd_xd_x$

② 작성 예 : 31015G27KT 280V350

③ 5자리 숫자(앞 3자리는 풍향, 뒤 2자리는 풍속)로 된 10분 평균으로 나타낸 바람그룹으로서 적절한 풍속 단위를 뒤에 붙인다.

④ 풍향은 끝을 10도 단계로, 풍속은 1kt(1km/h) 단계로 4사5입하여 나타낸다.

⑤ 만일 관측이 시행되고 있는 10분 동안에 Gust(돌풍, 최대순간풍속)가 풍속보다 10kt (20km/h, 5m/s) 이상 크면 이 Gust는 풍속 바로 다음에 G라는 문자와 함께 보고된다.

⑥ 만일 관측하기 바로 전 10분 동안에 풍향 변화가 60도 이상 180도 미만이고 풍속이 3kt(6km/h, 2m/s) 이상일 때는 양 극단의 풍향을 시계방향 순서로 양 방향 사이에 V자를 넣어서 표기한다.

⑦ 보고되는 풍향 풍속은 10분평균값이지만, 만일 이 기간 동안에 적어도 2분 이상 지속되는 현저한 불연속이 있을 경우에는 이 불연속 이후 기간의 풍속값이 채택된다. 이러한 현저한 불연속은 변화 전후의 풍속이 10kt(20km/h, 5m/s) 이상일 때 풍향이 30도 이상 변화하는 경우, 또는 풍속이 10kt(20km/h, 5m/s) 이상 변화하는 경우를 말한다.

⑧ 평균풍속으로부터의 변화를 측정하는 평균적인 기간은 3초이다.

⑨ VRB는 가변풍향으로서 다음과 같은 경우에 사용한다.

ⓐ 풍속이 3kt(6km/h, 2m/s) 미만일 때. (예 VRB02KT)

ⓑ 풍속이 3kt(6km/h, 2m/s) 이상이지만 풍향이 180도 이상 다양하게 변화하여 단일풍향을 결정하기가 불가능할 때, 공항 상공에 뇌우현상이 있을 때 이러한 현상이 잘 나타난다.(예 VRB28KT)

⑩ 풍속이 1kt(2km/h, 0.5m/s) 미만인 Calm(정온)의 경우에는 00000에 단위를 붙여 나타낸다.(예 00000KT)

⑪ 풍속이 100kt(200km/h, 50m/s) 이상일 때는 풍속에 P를 앞세워, P99KT(P199KMH, P49MPS)와 같이 보고한다.(예 240P99KT)

(3) 시정

① 전문 형식 : *VVVV* (or *VVVV*NDV) $V_nV_nV_nV_nD_V$

② 사용 예 : 4000 1400SW

③ *VVVV*는 우시정(prevailing visibility)을 미터 단위로 4개의 숫자로 표시한다. 그리고 수평시정의 변동이 커서 우시정을 결정할 수 없을 때는 최단시정(lowest visibility)을 보고한다.

예 *VVVV* 가 4000이라면 우시정이 4000m임을 나타낸다.

④ 사용하고 있는 visibility sensor가 방향을 구분치 못하게 설치된 경우에는 시정 보고에 NDV(No Directional Variation)를 붙여 보고한다.

⑤ 시정보고 단계는 다음과 같다.

VVVV가 800m 미만이면 50m 단계, 800m~5㎞ 미만이면 100m 단계, 5~10㎞ 미만이면 1,000m 단계, 10㎞ 이상이면 10㎞ 단계.

⑥ 만일 시정이 방향에 따라 현저한 차이가 있고, 최단시정이 우시정과 다르고, 또한 1500m 미만이거나 우시정의 50% 미만일 때는 $V_nV_nV_nV_nD_V$에 최단시정과 최단시정의 방향을 일반방향(general direction, 8 방위)으로 표시한다.

예 1400SW라면 최단시정이 SW방향에서 1400m임을 나타낸다.

⑦ 만일 최단시정이 두 방향 이상에서 관측될 때는 운항상 중요한 방향이 D_V에 보고되어야 한다.

⑧ 만일 최단시정이 1500m 미만이고, 또다른 방향에서는 시정이 5000m를 초과하고 있을 때는 최장시정과 그 방향을 보고한다. 이 때 최장시정이 두 방향 이상에서 관측될 때에는 운항상 중요한 방향을 보고한다.

예 1400SW 6000N(최단 시정이 SW쪽으로 1400m이고, 최장시정이 북쪽으로 6000m임.

(4) 활주로가시거리

① 전문 형식 : $RD_RD_R/V_RV_RV_RV_R\,i$ (or $RD_RD_R/V_RV_RV_RV_R \vee V_RV_RV_RV_R\,i$)

② 사용 예 : R24/P1500

③ 활주로가시거리(Runway Visual Range, RVR)의 보고에는 문자 R로 시작되는 그룹에 활주로명이 붙고 /(slush) 다음에 미터 단위의 4자의 RVR값이 보고된다. 필요한 경우에는 최대로 4개의 그룹까지 보고될 수 있다.

예 R24/1100(24방향 활주로의 RVR이 1100m임.

④ RVR이 2000m 이상일 때는 RVR을 P2000으로 보고한다.

예 R24/P2000이라면, 24방향 활주로의 RVR이 2000m를 초과함을 나타낸다.
R24/1800이라면 우시정은 1500m 미만일 수 있지만 RVR은 1850m로 평가됨을 나타낸다.

⑤ RVR이 평가할 수 있는 최소값 이하일 때는 M을 붙여서 평가할 수 있는 최소값 미만임을 나타낸다.

예 R24/M0150이라면, 24방향 활주로의 RVR은 150m 미만임을 나타낸다.

⑥ RVR의 보고 단계는 다음과 같다.

RVR이 400m 미만이면 25m 단계, RVR이 400m~800m미만이면 50m 단계, RVR이 800 이상이면 100m 단계

⑦ RVR 관측값은 각 단계의 가장 가까운 아래 단계로 절하(round down) 한다.

⑧ RVR의 변화 경향을 i에 나타낸다. 관측 10분 동안에 RVR의 증가, 감소, 무변화에 따라 i를 각각 U, D, N으로 표시하는데, 각각 향상(Up), 감소(Down), 무변화(No change)를 나타낸다. 그리고 변화 경향을 결정할 수 없을 경우에는 i를 생략한다.

⑨ 관측 10분 동안에 1분 평균값의 최소값과 최대값이 10분평균값에 대해 50m 이상 다르거나, 또는 20% 이상 변화할 때는 V를 사이에 두고 최소값과 최대값을 $V_RV_RV_RV_R$V$V_RV_RV_RV_R$ 형식으로 나타낸다.

(5) 현재일기

① 전문 형식 : $w'w'$

② 사용 예 : +SHRA

③ 보고해야 할 현재일기는 [표 15-3](Code table 4678)의 각 항목을 고려하여 기호화 한다. **예** 강한 소낙성의 비는 +SHRA로 기호화 한다

④ 만약 둘 이상의 일기 현상이 동시에 관측되면, 각각 별도의 구룹으로 기호화 된다. 그러나 강수현상으로 둘 이상의 현상이라면, 이 강수 현상은 탁월한 형태를 앞세워 단일 구룹으로 보고한다.

예 보통 강도의 비와 눈이 같이 올 때는 눈이 더 탁월한 강수현상이므로 단일군 형태의 SNRA로 기호화 한다.

⑤ 일기 현상에 대한 제한 사항 중 중요한 것은 다음과 같다.

ⓐ 강도(-, 기호 없음, +)는 강수(SH와 TS 포함), 먼지보라, 모래보라에만 적용된다.

ⓑ 빙정(IC, 다이아몬드 더스트), 연기, 연무, 널리 퍼진 먼지, 모래(낮게 날림 모래는 제외) 등은 시정을 5000m 이하로 감소시킬 때만 보고된다.

ⓒ 박무(BR)는 물방울이나 빙정에 의하여 시정이 1000~5000m로 감소될 때 보고된다.

ⓓ 안개(FG)는 물방울이나 빙정에 의하여 시정이 1000m 미만으로 감소될 때 보고된다.

ⓔ 우박(GR)은 관측된 최대 우박덩이의 직경이 5mm 이상일 때만 사용되어야 하고, 직경이 이보다 작을 경우에는 GS를 사용한다.

ⓕ 부근(VC)은 공항 자체는 아니지만, 공항으로부터 8km 이내의 지역이다.

⑥ 시정이 5000m 이하일 때는 시정 감소의 원인이 되는 IC, FU, HZ, DU, SA, BR 중의 한가지가 METAR/SPECI에 보고되어야 한다.

⑦ 시정이 5001~5999m일 때는 METAR/SPECI에 5000으로 표시(가까운

1000m로 절하되기 때문)되지만 IC, FU, HZ, DU, SA, BR 중 어느 것도 표시하지 않는다.

⑧ 수식어(qualifier) TS는 관측시간 10분 사이에 비행장에서 천둥(thunder)을 듣거나 번개(lightning)를 본 경우에 사용된다.

⑨ 상태(descriptor) SH(shower)는 PL(ice pellets, 얼음싸라기)을 동반할 수 없다.

⑩ 자동관측시스템이 운영되기 때문에 강수형태를 인식할 수 없을 경우에는 약어 REUP(REcent Unknown Precipitation)가 사용된다.

[표 15-3] *w'w'* (현재일기) 부호표 (WMO Code table 4678)

수식어		일기현상		
강도 또는 근접도	상태	강수 현상	시정장애 현상	기타
- : Light(약한) (기호 없음): Moderate (보통의) + : Heavy(강한) (PO, FC의 경우는 well developed) VC : In the vicinity (부근의)	MI : Shallow(얕은) BC : Patches(조각진) PR : Partial(부분적) DR : Low drifting (땅날림) BL : Blowing (높날림) SH : Shower(s) (소낙성) TS : Thunderstorm (뇌우) FZ : Freezing (어는)	DZ : Drizzle (이슬비) RA : Rain(비) SN : Snow(눈) SG : Snow grains (쌀알눈) IC : Ice crystal(빙정) PL : Ice pellets (얼음싸라기) GR : Hail(우박) GS : Small hail, Snow pellet (작은우박, 눈싸라기)	BR : Mist(박무) FG : Fog(안개) FU : Smoke(연기) VA : Volcanic ash (화산재) DU : Widespread dust (널리퍼진먼지) SA : Sand(모래) HZ : Haze(연무)	PO : Dust/sand whirl, Dust-devil (먼지/모래 회오리) SQ : Squall(스콜) FC : Funnel cloud, Tornado or Waterspout (깔대기구름, 토네이도, 용오름) SS : Sandstorm (모래보라) DS : Duststorm (먼지보라)

⊙ Drizzle(이슬비, DZ) : 물방울의 직경이 0.5mm 미만으로 매우 작으나 매우 많은 수의 물방울이 바람결을 따라 움직이며, 매우 천천히 거의 일정하게 낙하하는 강수. 특히 안개와 함께 있을 때는 '는개'라고도 한다.

수면에 떨어지는 이슬비 방울의 충격은 감지할 수 없지만 지속적으로 내리는 이슬비에 의한 빗물은 지붕에서 지면으로 흘러내릴 수도 있다. 일어 霧雨(무우)를 직역하여 '안개비'라고도 하나 적절한 용어는 아니다.

⊙ Rain(비, RA) : 직경이 0.5mm 이상 크기의 물방울로 내리는 강수

⊙ Snow(눈, SN) : 단일 또는 덩어리로 된 빙정이 구름으로부터 고체 형태로 떨어지는 강수

⊙ Snow grains(**쌀알눈**, SG) : 이슬비가 언 것으로 층운 형태의 구름에서 내리는 매우 작은 불투명한 흰색 입자 형태의 얼음 강수

⊙ Ice crystals(**빙정**, Diamond dust, IC) : 보통 영하 10℃ 미만의 온도에서 형성되어 공기 중에 부유하는 매우 작은 빙정

⊙ Ice pellets(**얼음싸라기**, PL) : 직경 5mm 이하의 쉽게 부서지지 않는 투명 또는 반투명 입자 형태의 얼음 강수

⊙ Hail(**우박**, GR) : 투명하거나 부분적으로 불투명한 얼음층으로 구성된 보통 5~50mm 정도의 직경을 가지는 얼음덩어리 형태의 강수

⊙ Small hail(**작은 우박**, GS) : 단단한 지면에 떨어질 때는 튀는 소리를 들을 수 있는 직경 5mm 이하의 투명한 입자 형태의 얼음 강수, 눈싸라기와 우박의 중간형태

⊙ Snow pellets(**눈싸라기**, GS) : 직경은 보통 2~5mm이며, 희고 불투명하며 거의 둥근 입자 형태의 얼음 강수, 온도 0℃ 부근에서 눈과 함께 내린다.

⊙ Mist(**박무**, BR) : 눈에 보이지 않는 지극히 미세한 물방울이나 젖은 흡습성 입자가 공기 중에 부유하여 수평시정을 1000~5000m로 감소시키는 현상

⊙ Fog(**안개**, FG) : 매우 작은 물방울 또는 얼음 입자가 공기 중에 부유하여 수평시정을 1000m 미만으로 감소시키는 현상

⊙ Smoke(**연기**, FU) : 연소에 의해 발생되는 조그만 연기입자들이 공기 중에 부유하여 수평시정이 5000m 미만으로 감소시키는 현상

⊙ Volcanic ash(**화산재**, VA) : 활화산이나 화산폭발시에 방출되어 공기 중에 부유하는 다양한 크기의 먼지 입자

⊙ Widespread dust(**널리퍼진 먼지**, DU) : 지면에서 날아올라 공기 중에 부유하는 먼지로 인하여 수평시정이 5000m 이하로 감소되는 현상

⊙ Sand(**모래**, SA) : 지면에서 날아올라 공기 중에 부유하는 모래 입자들로 인하여 수평시정이 5000m이하로 감소할 때의 현상

⊙ Haze(**연무**, HZ) : 눈에 보이지 않는 지극히 미세하고 건조한 입자가 공기 중에 부유하여 수평시

정을 5000m 이하로 감소시키는 현상

⊙ **Dust whirl/sand whirl(먼지회오리/모래회오리, PO)** : 지면에서 날아오른 먼지나 기타 가벼운 물질 또는 모래가 건조한 지면 위에서 급격하게 회전한는 수 미터 직경의 공기 기둥, Dust devil이라고도 한다.

⊙ **Squall(스콜, SQ)** : 풍속이 적어도 16kt(32kmh, 8mps) 이상 급격히 증가하여 22kt(44mph, 11mps) 이상의 강한 풍속으로 적어도 1분 이상 지속되는 강한 바람, Gust(돌풍)에 비해 좀 더 긴 지속 시간을 가진다.

⊙ **Funnel cloud(깔대기구름, FC)** : 적란운으로부터 아래로 드리워져 있으나, 지면까지는 도달하지 않는 기둥모양 또는 깔대기모양의 구름, 직경이 수 m에서 수백 m까지 다양하다. 지상에서 발달한 깔대기구름을 Tornado(토네이도)라 하고, 수면 위에서 발달한 것을 Waterspout(용오름)이라 한다.

⊙ **Sandstorm(모래보라, SS)** : 강하고 급격한 바람에 의하여 날리는 모래 입자의 총체, 모래보라의 전면 부분은 넓고 높은 벽과 같은 모양을 나타낸다.

⊙ **Duststorm(먼지보라, DS)** : 강하고 급격한 바람에 의하여 왕성하게 날리는 먼지 입자의 총체. 보통은 뜨겁고 건조한 바람이 부는 조건 특히 구름이 없는 강한 한랭전선의 전면에서 발생한다. 먼지 입자의 직경은 전형적으로 0.08mm 미만이다.

⊙ **Shallow(얕은, MI)** : 수평시정은 1000m 이상이지만 안개로 인하여 지면으로부터 관측자의 눈높이 정도인 2m 높이까지의 사이에 겉보기시정(apparent visibility)이 1000m 미만인 층이 있는 경우에 사용. 얕은 안개(MIFG)는 활주로의 표지와 등화가 안 보이게 되는 문제점을 일으킨다.

⊙ **Patches(무리진, BC)** : FG(안개)에만 사용하여 안개가 산재해 있는 현상의 경우에 사용

⊙ **Partial(부분적인, PR)** : FG(안개)에만 사용하여 대부분의 구역에 안개가 없으나 일부 구역에 안개가 끼어 있는 경우에 사용

⊙ **Low drifting(낮게 날리는, DR)** : 바람에 의하여 지상 2m 미만의 높이로 상승한 먼지, 모래 또는 눈(snow)을 수식하는 경우에 사용

⊙ **Blowing(높게 날리는, BL)** : 바람에 의하여 지상 2m 이상의 높이로 상승하여 결과적으로 수평시정을 감소시키는 먼지, 모래 또는 눈(snow)을 수식하는 경우에 사용

⊙ **Shower(소나기, 소낙성의, SH)** : 대류운에서 내리는 시작과 종료가 갑작스런 강한 강수(또는 그러한 강수형태의)

⊙ **Thunderstorm(뇌우, 뇌우의, TS)** : 번개와 천둥에 의해서 인식되는 갑작스런 전기적인 방전과 함께 내리는 강수 또는 그러한 방전을 포함한 강수형태의 경우에 사용

⊙ **Freezing(얼(=어는), FZ)** : 물방울 온도가 0℃ 미만으로 과냉각 상태일 때의 안개(FG), 이슬비(DZ) 또는 비(RA)를 수식하는 경우에 사용

(6) 구름(또는 연직시정)

① 전문 형식 : $N_SN_SN_Sh_sh_sh_s$(or VV$h_sh_sh_s$, or NSC or NCD)

② 사용 예 : FEW005 SCT010CB BKN025

③ 구름군은 정상적인 상황에서는 6자리 문숫자로 구성된다. 그 중 앞 3자리는 운량으로서 다음과 같이 3자리의 문자로 표시된다.

ⓐ FEW : 1/8 ~ 2/8(few)

ⓑ SCT : 3/8 ~ 4/8(scattered)

ⓒ BKN : 5/8 ~ 7/8(broken)

ⓓ OVC : 8/8(overcast)

④ 뒤의 3자리는 3,000m(10,000ft)까지는 30m(100ft) 단위, 그 위에서는 300m(1000ft) 단위로 표시되는 운저고도이다. 운저고도에서 30m(100ft) 단위 미만은 끊어버린다.

예 운저고도 1850ft, 운량 3/8인 운층이라면, SCT018로 나타낸다.

⑤ 중요한 대류운 [적란운(cumulonimbus)를 타나내는 CB와 탑적운(towering cumulus)을 나타내는 TCU)] 이외의 구름 형태는 표시하지 않는다.

⑥구름군은 운량 또는 운층별로 보고하기 위하여 오름차순으로 반복될 수 있으나 구름군의 수는 3개군을 초과하지 않는다. 보고될 구름군을 선택할 때는 다음 기준에 의한다.

ⓐ 운량에 관계없이 최하층의 운량

ⓑ 2/8를 초과하는 그 다음 층의 운량

ⓒ 4/8를 초과하는 그 다음 윗층의 운량

⑦ 부가하여 상기 3개군에 보고되지 않은 중요 대류운(CB 또는 TCU)은 운량에 상관없이 반드시 추가적으로 보고되어야 하며, 이때는 3개 군을 초과하지 않는다는 제한을 받지 않는다.

예 운량 1/8이고 운고 500ft의 층운, 운량 2/8이고 운고 1000ft의 적란운, 운량 3/8이고 운고 1800ft의 적운, 운량 5/8이고 운고 2500ft의 층적운이 끼어 있다면, FEW005 FEW010CB SCT018 BKN025로 나타낸다.

⑧ 고산의 관측소에서 운저가 관측소 고도 아래에 있을 때는 구름군은 $N_SN_SN_S$/// 로 표시된다.

⑨ 1,500m(5,000ft)나 가장 높은 minimum sector altitude 중 높은 것 미만 고

도에 연직시정(vertical visibity)에 장애가 없고, CAVOK사용이 적합치 않을 경우에는 Nil Significant Cloud를 나타내는 약자 NSC를 사용한다.

⑩ CB와 TCU의 운저가 동일 고도에 있을 때의 운형은 CB로 하고, 운량은 동일 고도에 있는 모든 운량의 합으로 한다.

⑪ 자동관측시스템이 사용되고 있으며, 운형은 이 시스템이 관측하지 못하는 경우 각 구름 그룹에서 코드 형태는 ///로 표시되고, 이 시스템으로 구름이 감지되지 않는 경우, No Cloud Detected를 나타내는 약자 NCD를 사용한다.

⑫ 하늘이 차폐되고 구름의 세부 사항을 평가할 수 없을 때는 연직시정에 대한 정보를 5문숫자군으로 대체하여, 문자 VV 다음에 30m(100ft) 단위로 연직시정을 표시한다. 하늘이 차폐되어 있고 연직시정을 평가할 수 없을 때는 VV///로 표시한다.

예 VV003(연직시정이 300ft임.)

(7) CAVOK

① 앞의 (3)~(6) 대신에 적절한 경우 약자 CAVOK로 표시한다.

② CAVOK란 'Ceiling And Visibility are OK'라는 말의 약칭이다. 이것은 일기가 다음과 같은 조건을 모두 만족시킬 경우에 VVVV 이하 NCD까지의 모든 정보 대신 사용한다.

ⓐ 시정이 10㎞ 이상

ⓑ WMO code manual의 Code table 4678([표 15-3] 참조)의 주요 일기현상은 없음.

ⓒ 구름은 적란운(Cb)은 없고, 다른 구름이 있다하더라도 고도 1500m(5000ft)나 또는 최고 minimum sector altitude 중 높은 것 미만에는 구름이 없음.
(최고 minimum sector altitude란 항법보조시설을 중심으로 반경 46㎞(25NM)의 원 내의 지역에 들어 있는 모든 지상 물체 위로 300m(1,000ft) minimum clearance가 되는 최고고도이다. 이 고도는 emergency condition에서 사용하게 된다.)

(8) 온도와 이슬점 온도

① 전문 형식 : $T'T'/T'_dT'_d$

② 사용 예 :10/03

③ 관측된 기온과 이슬점 온도를 섭씨온도로 보고한다. 이때 가장 가까운 정수 단위로 반올림하여 2자리 숫자로 보고한다. 섭씨 영하의 온도는 Minus를 표시하는 M을 앞에 붙인다.

예 -9.5℃는 M09로 보고된다(영하온도값의 반올림은 5사6입임).

(9) 기압(QNH)

① 전문 형식 : $QP_HP_HP_HP_H$

② 사용 예 : Q0995

③ 문자 Q 다음에 소수 이하를 끊어버리고 정수 hPa 단위로 4자리의 기압값을 표시한다.

예 995.6hPa의 QNH는 Q0995로 보고한다.

④ 나라에 따라서는 QNH의 단위로 Inch 단위의 수은주의 높이를 소수 2위까지로 소수점 없이 사용한다. 이 경우에는 해당 QNH 값에 문자 Q 대신에 A를 붙인다.

예 30.05인치의 QNH는 A3005로 보고한다.

(10) 보충 정보

① 전문 형식 : RE$w'w'$ WS RD_RD_R(or WS ALL RWY) (WT_ST_S/SS') ($R_RR_RE_RC_Re_Re_RB_RB_R$)

② 사용 예 : RERA WS R24 W19/S4 24451293

③ 이 보충군은 운항에 중요한 최근의 일기현상, 저층의 바람시어 정보, 그리고 지역운항협정이 있다면 해면온도와 상태, 활주로 상태 정보를 보고한다.

④ 만일 이전 관측시간 또는 마지막 관측 이후 나타났었으나 이번 관측 10분 동안에는 관측되지 않으면 Recent를 나타내는 지시문자 RE에 이어 현재일기와 같은 기준으로 다음과 같이 해당 일기에 대한 정보가 최대 3개 그룹까지 보고된다. 이들에 대해 강도 또는 강수의 특징은 표시하지 않는다.

ⓐ 어는(FZ) 강수

ⓑ 보통 또는 강한 강수(소나기 SH 포함)

ⓒ 보통 또는 강한 얼음싸라기(PL), 우박(GR), 작은우박 또는 싸락눈(GS)

ⓓ 높날림 눈(BL)

ⓔ 모래보라(SS) 또는 먼지보라(DS)

ⓕ 뇌우(TS)

ⓖ 깔대기구름(토네이도 또는 용오름, FC)

ⓗ 화산재(VA)

⑤ 중요한 최근일기 현상의 강도는 표시하지 않는다.

예 관측시간 20분 전에 강한 비가 내렸으나 관측시간에는 보통 비가 내리고 있었다면, RERA로 표시된다.

⑥ 자동관측시스템이 운영되고 있는 경우 이 시스템으로 강수형태를 판단할 수 없을 때

는 약자 REUP(REcent Unknown Precipitation)를 사용한다.

⑦ 국지적인 상황이 실제 그렇다면, 500m(1600ft) 이하의 이륙로 또는 접근로 상의 항공기 운항에 중요한 wind shear를 **WS** R$D_R D_R$ 또는 WS ALL RWY로 나타낸다. 여기서 $D_R D_R$ 은 활주로명을 나타낸다.

예 활주로 24의 이륙대나 착륙대에 WS가 있을 때는 WS R24, 활주로 모든 곳에 WS가 있을 때는 WS ALL RWY로 나타낸다.

⑧ W$T_S T_S$/SS' : 지역협정이 있으며 발표할 수 있다.

W, S : 각각 해면온도($T_S T_S$), 해면상태(S', Code table 3700)를 지시하는 기호들([표 15-4] 참조)

[표 15-4] **해면상태(S') 정보의 설명**

코드기호	설 명	코드기호	설 명
0	Calm (glassy, 파고 0m)	5	Rough (2.5~4m)
1	Calm (rippled, 0~0.1m)	6	Very rough (4~6m)
2	Smooth (wavelets, 0.1~0.5m)	7	High(6~9m)
3	Slight (0.5~1.25m)	8	Very high (9~14m)
4	Moderate (1.25~2.5m)	9	Phenomenal (14m 이상)

⑨ R$D_R D_R / E_R C_R e_R e_R B_R B_R$: 지역 협정이 있으면 활주로의 상태를 발표할 수 있다.

R(활주로 정보기호), $D_R D_R$(활주로 명), E_R(활주로 오염상황, Code table 0919)와 C_R(활주로 오염 범위, Code table 0519)를 정리하면 [표 15-5], $e_R e_R$(오염의 두께, Code table 1079)와 $B_R B_R$(제동 마찰계수, Code table 0366)을 정리하면 [표 15-6]과 같다. 비행장이 눈 때문에 닫히게 되면 SNOCLO로 대치되며, 오염으로 닫혔다가 1개 활주로 이상이 재개 되면 CLRD//로 대체된다.

[표 15-5] 활주로 오염에 관한 정보(E_R, C_R)

코드기호	E_R : 활주로 오염상황 (Code table 0919)	C_R : 활주로 오염범위 (Code table 0519)
0	깨끗 건조	–
1	습함	오염범위가 10% 미만
2	부분적으로 젖고 물 있음	오염범위가 11~25%
3	서리(두께 1mm 미만)	–
4	건성눈	–
5	습성눈	오염범위가 26~50%
6	질퍽눈	–
7	얼음	–
8	눈 뭉쳐 있음	–
9	언 바퀴자국 요철	오염범위가 51~100%
/	형태 불명(예: 활주로 정리 과정 중)	불명(예: 활주로 정리 과정 중)

[표 15-6] 활주로상 오염 두께와 제동마찰계수 정보 설명

코드기호	e_Re_R : 오염의 두께 (Code table 1079)	B_RB_R : 제동 마찰계수 (Code table 0366)
00	1mm 미만	마차례수 0.00
01~90	1mm 단위 증가(예, 01: 1mm, 90: 90mm)	마찰계수 0.01 단위 증가(예, 01: 0.01, 90: 0.90)
91	–	제동작용 poor
92	10cm	제동작용 medium~poor
93	15cm	제동작용 medium
94	20cm	제동작용 medium~good
95	25cm	제동작용 good
96	30cm	–
97	35cm	–
98	40cm 이상	–
99	두께 미정이나 눈, 질퍽눈, 얼음, 눈날림 또는 활주로 오염 제거 중	신뢰도 낮음
//	실제적으로 오염이 현저하지 않음	보고 없음, 활주로 사용 않음

3) Trend farecast

> $TTTTT$　$TTGGgg$　$dddffGf_mf_m$ KT(or KMH, or MPS)
> VVVV　$w'w'$(or NSW)　$N_SN_SN_Sh_sh_sh_s$(or VV$h_sh_sh_s$, or NSC)
>   (or CAVOK)
> (or NOSIG)
> (RMK......)

① METAR 또는 SPECI에 붙는 경향예보(Trend forecast)는 예보관이 International Standard Practice에 따라 작성한다.

② 경향예보에 포함되는 정보는 METAR 또는 SPECI 관측시간 이후의 2시간에 대한 예보자의 최적 추정치(예보)라는 점에 유의해야 한다.

③ 경향예보는 METAR 또는 SPECI의 기상상태에 대해 예상되는 중대한 변화를 간략하게 서술한 것이다. 경향예보는 지상풍, 우시정, 일기 및 구름 중의 1개 이상의 요소에 대한 중요한 변화를 나타낸다. 이들 중 어떤 요소에 대해서도 현저한 변화가 예상되지 않을 때는 NOSIG로 표시한다.

④ 구름에 대한 현저한 변화의 경우에는 변화가 예상되지 않는 운층 또는 운량까지를 포함하여 모든 구름군을 표시한다.

⑤ 시정의 현저한 변화의 경우는 시정 감소를 일으키는 해당 일기 현상이 표시된다.

(1) 변화지시자

① 전문 형식 : $TTTTT$　$TTGGgg$(or NOSIG)

② 사용 예 : BECMG FM1100

③ 관측요소들(지상풍, 우시정, 일기, 구름 또는 연직시정) 중 하나 이상의 현저한 변화가 예상될 때는 변화지시자 $TTTTT$에 BECMG 또는 TEMPO 중 하나가 사용된다.

④ 시간군 GGgg는 시간과 분으로서 From을 의미하는 FM, Till을 의미하는 TL, At를 의미하는 AT 중의 적절한 하나의 뒤에 바로 붙여 쓴다.

예 TEMPO FM1030

⑤ 변화지시자 BECMG은 규칙적 또는 불규칙적인 비율로 특정값에 도달하거나 경과하는 변화를 서술하는데 사용된다. 변화의 발생 예보기간 또는 시간은 약어 FM, TL, AT 중 적절한 것을 사용하여 표시한다.

⑥ 경향예보의 기간 내에 변화가 시작되어 종료될 것으로 예상될 때, 변화의 시작과 종료는 시간 그룹과 함께 각각 약어 FM과 TL을 사용하여 표시한다.

예 1000UTC에서 1200UTC까지의 경향예보 기간 중이라면, BECMG FM1030 TL1130의 형태로 표현될 수 있을 것이다.

⑦ 변화가 경향예보의 시작시간과 함께 시작되지만 그 변화가 종료시간 전에 완료될 것으로 예상될 때는 약어 TL과 관련 시간군만 사용하여 변화의 종료를 표시한다.

예 관측시간에 우시정이 6㎞이고 1100UTC에는 박무로 인하여 시정이 3000m로 감소될 것으로 예상될 때는, BECMG TL1100 3000 BR로 표시한다.

⑧ 변화가 경향예보 기간에 시작되어 경향예보의 종료시각에 종료될 것으로 예상될 때는 약어 FM과 관련 시간군을 사용하여 변화의 시작을 나타낸다.

예 BECMG FM1100

⑨ 변화가 경향예보 기간 내의 특정 시각에 발생될 것으로 예상될 때, 관련 시간군과 함께 약어 AT를 사용하여 변화시간을 나타낸다.

예 BECMG AT1100

⑩ 변화가 경향예보 기간의 시작시각에 발생하여 종료시각에 완료될 것으로 예상되거나, 또는 변화가 경향예보 기간 내에 발생되지만 시각이 불확실할 때는 약어 FM, TL 또는 AT와 그들의 관련 시간군들은 생략되고, 변화지시자 BECMG 만 사용한다.

⑪ 변화가 UTC시간 기준으로 일계(日界)에 발생할 것으로 예상될 경우, FM 또는 AT와 관련될 때는 시간을 0000으로, TL과 관련될 때는 2400으로 표시한다.

⑫ 변화지시자 TEMPO는 특정값에 도달하거나 경과하는 기상 상태가 예상되는 일시적 변동을 서술하는데 사용된다. 이때 각각의 일시적 변동이란 지속시간이 1시간 미만이며 일시적 변동의 총 합산 시간이 예보 기간의 절반 미만이다. 일시적 변동의 발생이 예상되는 적절한 시간군을 약어 FM 또는 TL 뒤에 붙여 표시한다.

⑬ 일시적 변동 기간이 경향예보 기간 내에 시작되고 또한 경향예보 기간 내에 종료될 것으로 예상될 때는 적절한 시간군과 함께 약어 FM과 TL을 각각 사용하여 표시한다.

예 경향예보 기간이 1000~1200UTC일 때, TEMPO FM1030 TL1130처럼 표시할 수 있다.

⑭ 일시적 변동이 경향예보 기간의 시작시각과 함께 시작되지만 종료시각 전에 끝날 것으로 예상될 때는 적절한 시간군과 함께 TL 만을 써서 변동의 종료를 나타낸다.

예 TEMPO TL1130

⑮ 일시적 변동 기간이 예보기간에 시작되어 경향예보 기간 내내 지속될 것으로 예상될 때는 시간군과 함께 약어 FM만을 써서 변동의 시작을 표시한다.

예 TEMPO FM1030

⑯ 일시적 변동 기간이 경향예보 기간의 시작시각과 함께 시작되어 경향예보 기간 내내 지속될 것으로 예상될 때는 변화지시자 TEMPO가 단독으로 사용된다.

⑰ 경향예보 기간에 어떤 현저한 변화도 발생하지 않을 것으로 예상될 때는 변화지시군들 대신 No significant change를 의미하는 약어 NOSIG가 사용된다.

⑱ 변화지시군들은 중대한 변화가 예상되는 요소들을 언급하는 군들만 포함된다. 그러나 구름의 경우, 중요한 변화가 예상될 때는 변화가 예상되지 않는 운층과 운량을 포함하여 모든 구름군들을 함께 표시한다.

⑲ 지시자 PROB는 경향예보에서는 사용하지 않는다.

(2) 지상풍

① 전문 형식 : $dddffGf_mf_m$ KT(or KMH, or MPS)

② 사용 예 : 25035G50KT

③ 경향예보는 다음과 같은 지상풍의 변화를 표시한다.

ⓐ 60도 이상의 풍향 변화, 10KT(20KMH, 5MPS) 이상의 풍속 변화

ⓑ 풍속 10KT(20KMH, 5MPS) 이상의 변화

ⓒ 운항상 중요한 값을 경과하는 변화값(단, 이러한 값은 ATS 당국, 기상 당국 그리고 관련 운항자 간의 협의에 의하여 결정된다.)

예 풍속이 경향예보 기간 중 때때로 풍속이 250도 방향 35kt로 증가하며 최대 gust가 50kt가 나타내며 것이 예상된다면, BECMG 25035G50KT로 표현된다.

(3) 시정

① 전문 형식 : VVVV

② 사용 예 : 6000

③ 우시정이 다음과 같은 것으로 예상될 때 변화지시자를 사용한다.

ⓐ 시정이 증가되어 150, 350, 600, 800, 1500 및 3000m 중의 하나 이상에 도달되거나 경과됨.

ⓑ 시정이 감소되어 150, 350, 600, 800, 1500 및 3000m 중의 하나 이상이 경과됨. 시계비행규칙(VFR)에 따라 운영하는 비행기가 많다면 5000m도 앞의 시정 변화보고 기준에 포함시킬 수 있다.

예 경향예보 기간에 안개 속에서 우시정이 740m까지 일시적으로 감소될 것으로 예상될 경우에는 700으로 절하하여 TEMPO 0700으로 표시한다.

(4) 일기현상

① 전문 형식 : *w'w'* (or **NSW**)

② 사용 예 : NSW

③ 시작과 종료 또는 강도의 변화를 표시하는 중요 예보 일기(Code Table 4678 참조)

ⓐ Freezing(FZ) precipitation

ⓑ Freezing(FZ) fog

ⓒ Moderate or heavy precipitation (including shower-SH)

ⓓ Low drifting(DR) dust, sand or snow

ⓔ Blowing(BL) dust, sand or snow (including snowstorm)

ⓕ Duststorm(DS)

ⓖ Sandstorm(SS)

ⓗ Thunderstorm(TS) (with or without precipitation)

ⓘ Squall(SQ)

ⓙ Funnel cloud (tornado or waterspout-FC)

ⓚ Other weather phenomena given in ICAO Code Table 4678 which are expected to cause a significant change in visibility([표 15-3] 참조).

④ 중요한 일기현상 발생의 종료를 표시하려면 *w'w'*군 대신에 Nil significant weather를 뜻하는 약어 NSW를 사용한다.

예 0300~0500의 경향예보 기간 동안에 0300~0430Z에 비를 동반한 뇌우가 예상된다면, TEMPO TL0430 TSRA로 표시한다. 그리고 만일 1430Z에 중요일기가 종료될 것으로 예상되었을 때라면, BECMG AT1430 NSW로 표시된다.

(5) 구름 또는 연직시정

① 전문 형식: $N_SN_SN_Sh_sh_sh_s$ (or $VVh_sh_sh_s$, or NSC)

② 사용 예 : NSC

③ 구름의 중대한 변화는 다음 4가지 중 하나 이상이 예상될 때이다.

ⓐ BKN 또는 OVC의 운저고도가 450m(1,500ft) 미만으로 낮아질 것으로 예상되고, 또한 30, 60, 90, 150, 300 및 450m(각각 100, 200, 300, 500, 1000, 1500ft) 중 어느 하나 이상에 도달 또는 경과할 것으로 예상될 때

예 경향예보의 시작 시간에 운저고도가 점차 낮아져 1130Z에 500ft로 낮아질 것이 예상된다면, BECMG TL1130 OVC005로 표시된다.

ⓑ 운저고도가 450m(1500ft) 미만으로 낮아질 것으로 예상되고, 그리고 운량이 SCT 또는 FEW로부터 BKN 또는 OVC로 증가되거나, 또는 BKN 또는 OVC로부터 SCT 또는 FEW로 감소될 것으로 예상될 때

예 1130Z에 층운의 운량이 SCT로부터 OVC로 급격히 증가될 것이 예상될 때라면, BECMG AT1130 OVC010으로 표시된다.

ⓒ 하늘이 차폐되었거나 차폐될 것으로 예상되고 연직시정 관측이 가능하고, 그리고 연직시정이 30, 60 또는 150m(각각 100, 200 또는 500ft) 중 어느 하나에 도달하거나 경과되는 변화가 예상될 때

ⓓ 경향예보 기간 동안에 구름의 중요한 변화가 없을 때는 구름군들은 보고되지 않는다. 따라서 구름에 대한 상세 설명은 없게 된다.

④ 고도 1,500m(5,000ft)나 최고의 minimum sector altitude(최저 구역고도) 중 더 높은 쪽 것 아래에는 구름이 없게 되는 변화, 그리고 CB 예보가 없고 CAVOK의 사용이 부적절할 때라면 Nil Significant Cloud를 나타내는 약어 NSC를 사용한다.

(6) CAVOK

경향예보 중 VVVV 이하 NSC까지의 시정, 일기, 구름의 전문 구성 과정에서 CAVOK의 조건(p.405에서의 설명과 p.429의 [표 15-15]참조)에 적합하면 CAVOK를 사용한다.

2. AIREP, PIREP 그리고 RAREP

1) AIREP

AIREP(Air Report, 항공기 관측)은 항공기 자체에 의한 것과 항공기에 탑재된 기상 관측기에 의한 것으로 분류된다. 전자는 ICAO 규정에 의해 주로 민간항공기가 관측하는 것이고, 후자는 기상기관, 공군 등이 기상관측항공기를 이용해서 항공로 이외의 공역에서 관측하거나 또는 태풍이나 저기압의 이동과 변화경향 조사를 위해 임시로 관측하는 것이다. 이러한 기상정보를 이용하여 상층 예보의 정확도를 향상시킨다.

다음에 일반적으로 이용되는 AIREP 전문을 설명한다.

(1) 정시 AIREP

① **위치정보군**

ⓐ 항공기 식별부호 : JA635, 33171, NW529처럼 항공기명을 보고한다.

ⓑ 항공기 위치 : 35.53N 128.27E처럼 위경도를 분까지 보고한다.

ⓒ 시간 : 2135처럼 관측시각을 UTC의 시와 분으로 보고한다.

ⓓ 비행고도 또는 고도 : F310처럼 100ft(또는 10m) 단위로 보고한다.

ⓔ 다음 차례의 보고 예상 위치와 통과 예정시간 : 다음 번의 위치 통보점과 그 점을 통과할 예정 시간과 분을 보고하거나, 또는 요청이 있을 경우에는 1시간 후에 비행할 예정위치를 보고한다.

② **운항정보군**

ⓐ 도착예정시각 : ETA RKSI 1535처럼 ETA 다음에 맨 처음 도착예정 비행장 이름 및 그 비행장에 도착하는 예정시각(UTC)의 시와 분을 보고한다.

ⓑ 비행 소요시간 : FUEL에 이어 나머지 비행 소요시간(UTC)을 시와 분으로 또는 잔여 연료를 파운드로 표시한다.

③ **기상정보군**

ⓐ 기온 : 기차 및 기속 보정을 시행한 기온(℃)을 1도 단위로 0℃ 이상의 경우는 PS,

0℃ 이하의 경우는 MS를 앞에 붙여 표시한다. 혹시 안정된 기온을 관측할 수 없는 경우에는 기온군을 생략할 수 있다.

ⓑ 풍향 풍속 : 바람 보고는 그 위치의 SPOT WIND를 나타낸다. SPOT WIND가 측정되지 않는 경우는 위치결정 사이의 평균풍과 풍균풍을 측정한 중첩 위치를 보고할 수 있다. 풍향은 자북 방위의 도 단위, 풍속은 knot 단위이다.

ⓒ 난류(TURB) : 강한 난류(SEV TURB)를 관측한 때에는 가능한한 빨리 AIREP SPECIAL로 통보한다. 현재 위치에 도달하는 10분 사이에 갑자기 나타난 것을 관측한다. 혹시 구름 중에서 만난 경우는 INC를 부기한다. 난류의 강도는 [표 15-7]처럼 분류한다.

[표 15-7] Turbulence(난류)의 강도

강도	기호	현상
1. Light Turbulence (약한 난류)	FBL TURB	난류가 없거나 또는 약한 동요를 지각할 수 있다. 항공기 고도는 현저한 변화가 없다.
2. Moderate Turbulence (보통 난류)	MOD TURB	기체요동이 심하다. 항공기 고도가 자주 변한다. 기내 보행이 곤란하고 안전벨트가 필요하지만 승무원은 심한 불쾌감을 느끼지 않는다.
3. Severe Turbulence (강한 난류)	SEV TURB	때때로 발생하는 심한 요동과 고도변화로 항공기가 흔들리고 안전벨트를 매고 있어도 좌석에 반듯이 앉아 있는 것이 곤란. 부착되어 있지 않은 물체는 좌석 주위를 돌아다닌다. 승무원도 불안을 느낀다.

ⓓ 착빙(ICE) : 강한 착빙(SEV ICE)을 관측한 때는 가능한한 빨리 AIREP SPECIAL로 통보한다. 착빙은 현재 위치에 도달하는 10분 사이에 만난 것을 [표 15-8]처럼 분류한다.

[표 15-8] Icing(착빙)의 강도

강도	기호	현상
Light Icing(약한 착빙)	FBL ICE	진행방향 또는 고도를 변경할 필요가 없음.
Moderate Icing(보통 착빙)	MOD ICE	진행방향 또는 고도 변경이 필요함.
Severe Icing(강한 착빙)	SEV ICE	즉시 진행방향 또는 고도 변경이 필요함.

④ 부가 정보군

요구된 자료 또는 기장의 판단으로 운항상 중요하다고 생각되는 자료를 통보한다. 예를 들면 다음과 같다.

- RA(비)
- SN(눈)
- FZRA(착빙성 비)
- WTSPT(Waterspout)
- TDO(Tornado)
- TS(항로상 또는 부근의 thunderstorm)
- FRONT(Front)
- 정확하게 측정된 경우는 측정된 구름(특히 적란운)의 BASE/TOP 고도와 그 운량(뚫린 틈이 많을 경우는 SCT, 운괴가 많은 경우는 BKN, 연속의 경우는 CNS로 표시)
- D-Value(전파고도계값에서 기압고도계값을 감한 차이)를 m 또는 ft 단위로 PS 또는 MS를 추가하여 보고한다. 기압고도계값은 1013.2hPa에 기차보정 및 위치의 오차를 경정한 값이다.
- 운항상 중요한 기상레이더 에코를 에코 또는 에코라인의 중심으로의 방위(진방위)와 항공기로부터의 거리(해리 단위) 이외에 에코의 증감 및 빈틈의 유무 등을 통보한다.
- 갑자기 나타난 현상과 비행예보와의 사이에 현저한 차이가 있는 경우에 이를 통보한다. 예를 들어, 예보된 뇌우가 실제로 관측되지 않았다든가 또는 관측된 착빙성 비가 예보되지 않은 경우 등이다.

(2) 특별AIREP

위치정보와 기상정보만을 보고한다.

(3) Abbreviated AIREP

Abbreviated AIREP(생략형 AIREP)은 정해진 구역의 Main Collection Center(MCC)에 따라 항공기로부터 보고된 많은 AIREP을 편집해 재방송하는 것을 말한다. 다소 시간이 늦어지기는 하지만, 항공로 상의 위험한 현상 발생 등을 파악할 수 있어 필요하다.

Abbreviated AIREP 통보식과 전문의 예는 [표 15-9]와 같고 이 전문에 표시되는 기상현상은 [표 15-10]과 같다.

기상현상은 한 숫자로 통보한다. 바람은 SPOT WIND이다.

다음 차례의 보고점의 위치, 도착예정시각, 항속시간 및 현재 위치의 바람은 생략될 때가 있다.

[표 15-9] Abbreviated AIREP 통보식과 전문의 예

통보형식	전문의 예
항공기 식별부호	37854
현재 위치(정밀한 위도 경도 또는 지명)	3221N 14930E
시각(UTC)	0030UTC
비행고도(100ft 단위)	350
다음 보고점의 위치(정밀한 위도 경도 또는 지명)	2500N 15530E
도착예정시각(UTC)	0120UTC
항속시간(시와 분)	0507
중간 위치의 바람(36방위, kt 단위)	29085
중간위치(간략한 위도 경도)	30N 152E
기온(℃)	MS43
기상현상([표 15-10] 참조)	027
현재 위치의 바람(36방위, kt 단위)	31132

[표 15-10] Abbreviated AIREP의 기상현상

기호	HAZARD	기호	WEATHER	기호	FLIGHT CONDITION
0	NONE	0	CLR	0	CLR
1	LGT TURBC	1	SCTD CLDS	1	ABV CLD(tops less than 10,000)
2	MDT TURBC	2	BRKN CLDS	2	ABV CLD(tops 10,000 to 18,000)
3	SEV TURBC	3	CONT LAYERS	3	ABV CLD(tops over 18,000)
4	XTRM TURBC	4	LIGHTNING	4	ABV CLD(bases less than 10,000)
5	TRACE ICG	5	DRIZZLE	5	ABV CLD(bases 10,000 to 18,000)
6	LGT ICG	6	CONT RAIN	6	ABV CLD(bases ABV 18,000)
7	MDT ICG	7	CONT SNOW	7	BETWEEN LYR
8	HVY ICG	8	SHOWERS(RAIN or SNOW)	8	IN CLD
9	HAIL	9	THUNDERSTORM	9	IAO CLD

이상으로 대강의 것은 설명했으나 이 AIREP은 조종사가 바쁜 중에 보고하는 경우도 있어서, 반드시 앞에 서술한 형식 또는 약호대로 통보되지 않는 것도 있다. 그러나 약호를 기억해두면 거의 모든 AIREP은 해결할 수 있어서 편리하다.

참고로 AIREP 기상보고의 실제 예를 들어본다.

```
AIREP
40467 5050N 16000E 2255UTC 350 26110 53N 164E MS51 033 25079
50227 4640N 16000E 2244UTC 370 25038 48N 145E MS34 032 27056
```

2) PIREP

(1) PIREP 전문의 형식

PIREP이란 Pilot Weather Report의 약자로서 비행중인 항공기에서 관측한 기상현상에 대해 보고하는 기상관측 전문의 일종이다([표 15-11] 참조).

전문 예시 : RKSW PIREP 10S RKSW 0540 WND 260/82 030 F-4D

[표 15-11] PIREP 전문의 형식

전문형식		전문 예	해설
① 발표 기관		RKSW	수원(RKSW)
② PIREP 전문 표시		PIREP	PIREP 전문
③ 현상의 위치와 관측범위		10S RKSW	RKSW 남방 10n.m
④ 관측시간(UTC)		0540	0540Z
⑤ 기상현상	구름(운저, 운고, 운량, 운형)		
	시정(장애현상과 거리)		
	바람(풍향, 풍속)	WND 260/82	풍향 260도, 풍속 82kt
	비행운(지속여부)		
	뇌우(위치, 강도, 종류)		
	난류(강도)		
	착빙(형태, 고도)		
	기타 악기상		
⑥ 비행고도(100ft 단위 3자)		030	3,000ft
⑦ 항공기 종류		F-4D	F-4D

모든 항공기는 비행 중에 조우한 기상현상에 대해 착륙공항의 기상대에 통보한다.

비행 중인 항공기가 긴급을 요하는 기상현상에 조우했을 때는 지체 없이 관제기관(ARTCC, PMPSV)에 통보한다.

(2) 전문의 예

① CAT 보고의 예

RKSF PIREP 5NE RKNN 0430 MDT CAT 060 C-54

- RKSF(서울)에서 작성된 PIREP임. RKNN(강릉)에서 NE방향 5n.m에서 04:30Z에 C-54항공기가 6000피트 상공에 중정도의 CAT가 있음을 보고함.

② CONTRAIL 보고의 예

RKTN PIREP 10S RKTN 0053 CONTRAIL 450 F-4D

- RKTN(대구)에서 작성된 PIREP임. RKTN 남쪽 10n.m에서 00:53Z에 CONTRAIL이 45000피트 상공에서 형성되었음을 F-4D항공기가 보고함.

③ DUST STORM 보고의 예

RKTH PIREP 15NE 0130 RKTH DUST STORM VSBY 3/4 060

- RKTH(포항)에서 작성된 PIREP임. 01:30Z에 RKTH의 북동 15n.m에서 6000피트 상공에 DUST STORM이 있고 시정이 3/4마일임을 060이 보고함.

④ 방전 보고의 예

RKTN PIREP OVR RKTN 0440 DisCHARGE 025 C-54

- RKTN(대구)에서 작성된 PIREP임. RKTN의 상공 2500피트에서 04:40Z에 번개(DisCHARGE)가 있음을 C-54 항공기가 보고함.

⑤ HAIL 보고의 예

RKSO PIREP 10S RKSW 0320 HAIL 035

- RKSO(오산)에서 작성된 PIREP임. 03:20Z에 RKSW의 남쪽 10n.m의 3500피트 상공에서 HAIL이 있음을 035가 보고함.

⑥ 착빙 보고의 예

RKSO PIREP 5~20N RKSO 0310 MDT ICG 020 ACFT UKN

- RKSO(오산)에서 작성된 PIREP임. 종류 미상의 항공기에 의하면 RKSO 북쪽 5~20n.m지점 2000피트 상공에서 MDT ICG이 있음을 보고함.

⑦ 뇌우 보고의 예

RKSW PIREP 15W RKSW 0420 TSTM 030 UNKN 250 OCNL LTG CC CG

- RKSW(수원)에서 작성된 PIREP임. 04:20Z에 RKSW 서쪽 15마일의 3000피트 상공에서 불확실한 운정 25000피트인 뇌우(TSTM)가 있어서 번개(LTG)가 가끔(OCNL) 구름 속에서와 구름과 지면 사이에서 있음.

⑧ 난류 보고의 예

RKNN PIREP 10NE RKNN 0437 LGT TURB 060 C-54

- RKNN(강릉)에서 작성된 PIREP임. RKNN의 NE 10마일에서 6000피트 상공에서 04:37Z에 LGT TURB(약한 난류)가 있었다는 C-54의 보고임.

⑨ **구름층 보고의 예**

RKTD PIREP 6SE RKTD 0900 036 BRKN 060

- RKTD(대전)에서 작성된 PIREP임. 09:00Z에 RKTD로부터 SE로 6마일 지점의 상공 3600피트와 6000피트 사이에 운량이 BRKN이었음.

(3) 자유형 PIREP

PIREP에는 바람시어나 기타 항공재해성 기상정보가 다뤄지기도 한다.

이러한 정보들을 담기 위해 다음과 같은 약자들이 사용된다.

UA or UUA : PIREP(UA), Urgent PIREP(UUA)

/OV : Location(Station identifier, Radial, or DME)

/TM : Time(UTC)

/FL : Flight level(MSL)

/TP : Aircraft type(예 : CE172)

/SK : Sky cover(운저와 운고(MSL), 운량(SCTD, BRKN, OVC))

/WX : Weather(강수, 시정, 시정장애 등)

/TA Temperature(℃)

/WV : Wind(진북 기준의 풍향과 KT 단위의 풍속)

/TB : Turbulence(LGT, MDT, SEV 등 적절한 표현)

/IC : Icing(TRC, LGT, MOT, SEV 등 적절한 표현)

/RM : Remarks(추가 정보 보고)

PIREP 전문 예시 :

UA/OV OKC 063064/TM 1522/FL 080/TP CE 172/SK 020 BKN 045/060 OVC 070/TA -04/WV 245040/TB LGT/RM IN CLR

전문 해설 :

Routine pilot report, Oklahoma City VOR로부터 63도 radial 64n.m에서 1522UTC에 비행고도 8000ft에서 Cessna 172가 보고한 바에 따르면, BKN 구름이 2000ft로부터 4500ft까지, OVC 구름이 6000ft로부터 7000ft까지 형성됨. 기온은 -4℃, 바람은 245도 방향에서 40kt임. 약한 난류가 있음. 맑은 하늘에서의 관측임.

3) RAREP

(1) 전문의 형식

레이더 기상관측 내용을 통보하는 전문이다([표 15-12] 참조).

전문 예시 : RKJK : 0625 AREA 5R-/NC 353/88 64/63 100/91 191/62 2510 MT U180 MLT LVL 80=

[표 15-12] RAREP 전문의 형식

전문형식		전문 예	해설
① 관측지점:관측종료시간(Z)		RKJK : 0625	RKJK에서 0625Z에 종료된 관측임
② 에코의 상황	Echo 형	AREA	면적형 에코
	Echo 분포 밀도		
	Echo 기상현상	5R	Rain
	Echo 강도/변화경향	-/NC	강도는 약하고 강도변화는 없음
	Echo 범위	353/88 64/63 100/91 191/62	353도 방향 88마일, 64도 방향 63마일, 100도 방향 91마일, 191도 방향 62마일 점들을 잇는 범위
	Echo 이동	2510	250도 방향 10kt의 속도
	Echo 수직고도	MT U180 MLT LVL 80	Max Top이 18,000ft로 Uniform 하고, 빙결고도가 8,000ft임.
③ 기사			

(2) 에코 상황의 설명

① Echo의 형태

CELL	점형
LN	선형

AREA	면적형
SPRL BAND AREA	나선형

② Echo 기상현상

R	Rain
IP	Ice Pellet
ZL	Freezing Drizzle
RW	Rainshower
ZR	Freezing Rain
TRW	Thunderstorm with Rain

S	Snow
A	Hail
T	Thunderstorm
SW	Snowshower
IPW	Icepellet Shower
TRWA	Thunderstorm with Rain and Hail

③ Echo의 강도([표 15-13]참조)

[표 15-13] Echo 강도와 강수 강도 설명

보고 부호	강도 숫자	에코 강도	강수 강도	강수율(inch/h)	
				층상 에코	대류형 에코
–	1	WEAK	LIGHT	0.1 미만	0.2 미만
(없음)	2	MODERATE	MODERATE	0.1~0.5	0.2~1.1
+	3	STRONG	HEAVY	0.6~1.0	1.2~2.2
++	4	VERY STRONG	VERY HEAVY	1.1~2.0	2.3~4.5
x	5	INTENSE	INTENSE	2.1~5.0	4.6~7.1
xx	6	EXTREME	EXTREME	5.1 이상	7.2 이상
U	7	UNKNOWN	UNKNOWN	불명	불명

④ Echo 강도 변화경향

+	강도증가
NC	강도변화 없음

–	강도 감소
NEW	새로이 발생

⑤ Echo 강도의 범위

Echo 형태	전문 예시	해설
CELL	215/27	215도 방향 27NM 거리의 점 에코
원	123/57 D24	123도 방향 57NM 거리에 직경 24NM의 원 에코
LN	315/33 272/57 10W	315도 방향 33NM로부터 272도 방향 57NM까지 10NM 폭을 가진 선형 에코
AREA	33/16 62/23 125/37 232/63	33도 방향 16NM, 62도 방향 23NM, 125도 37NM, 232도 63NM을 잇는 폐곡선 내의 면적 에코

⑥ Echo의 이동

Echo 형태	이동 표시
CELL, AREA	중심점의 이동을 10도 단위의 방향과 kt 단위의 속도로 보고
LN	이동을 선에 대한 수직방향 이동성분을 10도 단위의 방향과 kt 단위의 속도로 보고

※참고: 0000 : 정지 상태, 불명 시는 생략함.

⑦ Echo의 연직고도(100피트 단위)

전문 예시	해설
MT 460 AT 311/33	311도 방향 33NM에 Max Top이 46,000ft임.
MT U280	Max Top이 28,000ft로 Uniform 함.
MT 180 AT 144/30 AVG TOPS 150	144도 방향 30NM에 Max Top이 18,000ft이고, 평균 Top 고도는 15,000ft임.
MT 200 AT 56/15 MOST TOPS BLO 180	56도 방향 15NM에 Max Top이 20,000ft이고, 대부분의 Top 고도는 18,000ft 미만임.
MLT LVL 90	Melting Level이 9,000ft임.

(5) 기사(장비 작동 상황)

용어	설명	용어	설명
PPINE	PPI 스코프 정상작동 중	PPIOM	PPI 스코프 불작동
PPINA	PPI 스코프 관측 불실시	ROBEPS	장비가 작동 중이나 비정상임
ARNO	A-스코프나 A/R 지시계 불작동	RHINO	RHI 스코프 불작동
NIL	관측자료를 제시간에 송신 못함		

NEWS

비행기 좋은 좌석 고르기

장거리 여행 땐 비행기의 좌석을 잘 배정 받아야 편하다. 어떤 좌석이 좋을까? 다음을 참고할 수 있다.

1. 출입구 앞쪽 자리 즉, 등 뒤에 출입구가 있는 자리는 피하는 것이 좋다. 출입구와 구분하기 위해 등 뒤에 간이벽이 설치되어 있어 의자 뒤 공간이 일반 좌석에 비해 좁다.
2. 소음에 민감하다면 날개를 기준으로 앞 또는 옆 좌석을 선택하는 것이 좋다. 엔진에서 발생하는 소음은 후방으로 더 크게 들리기 때문.
3. 다리를 편하게 뻗을 수 있는 넓은 간격의 좌석을 원한다면 출입구 쪽 좌석을 요구하라. 장거리 여행의 경우 복도 쪽 좌석이 유리,
4. 단거리 여행이라면 창가 쪽 좌석이 지루함을 덜어줄 수 있다.
5. 체격이 큰 편이라면 창가 쪽 자리는 피하라. 기종에 따라 기체의 곡선 부분이 불편함을 줄 수 있다.
6. 비수기의 붐비지 않는 노선을 이용한다면 뒷자리의 좌석을 이용하라. 승무원의 양해를 구한 후 팔걸이를 올리고 누울 수도 있기 때문.
7. 기온에 민감한 사람이라면 출입구 전후의 좌석은 피하는 것이 좋다. 온도 조절 장치는 대개 출입구 부근에 위치하므로 기내 온도 변화에 가장 민감하다.

Ⅱ 항공기상 예측정보

항공기상예보 정보로서는 공항에 대해 문숫자로 표시되는 예보인 TAF, 이착륙예보, 그리고 항로, 공역에 대한 예보로서 ROFOR, ARFOR, GAMET이 있으며, 특보 형식으로 SIGMET, AIRMET, 공항특보, 바람시어특보, 태풍특보들이 있고, 예상일기도 형식으로 발표되는 상층의 WINTEM Chart와 특보일기도 형식의 SIGWX Chart가 있다. 이들 정보에 대해 차례로 설명한다.

1. TAF

공항예보(Terminal Aerodrome Forecast, TAF)는 어떤 공항에서 항공기 운항에 영향을 줄 수 있는 지상풍, 시정, 일기, 구름 등의 중요 기상상태에 대한 예보이다[표 15-14].

1) TAF 전문의 형식

[표 15-14] TAF 전문의 형식(FM 51-XIV TAF)

TAF(or TAF AMD, or TAF COR) $CCCC$ $YYGGggZ$

$Y_1Y_1G_1G_1/Y_2Y_2G_2G_2$ $dddff\mathrm{G}f_mf_m$ KT(or KMH, or MPS)(or CNL)

VVVV $w'w'$ $N_SN_SN_Sh_sh_sh_s$(or VV$h_sh_sh_s$, or NSC)

[or CAVOK]

(TXT_FT_F / $Y_FY_FG_FG_F$Z TNT_FT_F / $Y_FY_FG_FG_F$Z)

PROB C_2C_2(or PROBC_2C_2 TTTTT, or TTTTT) $YYGG/Y_eY_eG_eG_e$

[or $TTYYGGgg$]

$dddff\mathrm{G}f_mf_m$ KT(or KMH, or MPS)

VVVV $w'w'$(or NSW) $N_SN_SN_Sh_sh_sh_s$(or VV$h_sh_sh_s$, or NSC)

[or CAVOK]

2) TAF의 개관

① TAF는 예보기간 동안 비행장과 그 상공에서 항공운항에 중요하다고 생각되는 변화를 포함한 기상요소에 대한 완전한 서술이다.

② TAF는 최신 규정을 익힌 전문가가 국제적으로 합의된 실행절차를 따라 발표한다.

③ TAF는 경향예보와 마찬가지로 시, 공간적인 기상요소의 변화성, 예보기술의 한계성 그리고 각 요소의 정의 문제 때문에 예보에 표시된 기상요소의 특정값은 예보기간에 가장 발생 가능할 것으로 보이는 수치로 이해되어야 한다.

④ TAF들은 해당 비행장에서 예상되는 6시간부터 30시간을 넘지 않는 기간에 대해 예측된 우세한 조건을 기술한다. 발표되는 TAF의 유효기간은 Regional Air Navigation Agreement에 따른다.

⑤ 12시간 미만 유효한 TAF라면 매 3시간 간격으로 발표하고, 12~30시간 유효한 TAF라면 매 6시간 간격으로 발표한다.

⑥ 수정예보(TAF AMD, or TAF COR)는 필요할 때 발표한다.

⑦ 나중에 발표된 TAF는 자동적으로 이전에 발표된 TAF를 수정, 대치한다. 그리고 한 비행장에 대해서는 어떤 주어진 시각에 1개의 TAF만 유효하다.

⑧ TAF에 포함하는 정보와 그 순서는, 식별군, 지상풍, 시정, 일기, 구름(또는 연직시정) 및 예상되는 중요 변화들이다.

3) 전문의 해석

(1) 식별군

① 전문 형식 : TAF(or TAF AMD, or TAF COR) *CCCC* *YYGGggZ*

$Y_1Y_1G_1G_1/Y_2Y_2G_2G_2$

② 사용 예1 : TAF RKSI 130530Z 1307/1316

사용 예2 : TAF AMD RKSI 161500Z 1606/1712

③ 식별군은 다음과 같은 8개 부분으로 구성된다.

ⓐ 비행장예보 코드명 TAF. TAF는 각개 비행장 예보의 시작에 표시. 여러 개의 비

행장예보로 구성된 경우는 Bulletin의 시작 부분에만 표시한다.

ⓑ TAF가 개정되는 경우, TAF AMD

ⓒ TAF가 수정되는 경우, TAF COR

ⓓ 예보가 적용되는 비행장의 ICAO 위치 인식자(Location indicator).

ⓔ 예보 발표 날짜와 시각(UTC)

ⓕ TAF가 유실되었을 경우, NIL

ⓖ 예보의 유효 시간(UTC)

(2) 지상풍

① 전문 형식 : $dddffGf_mf_m$ KT(or KMH, or MPS)

② 사용 예 : 31015G27KT

③ 지상풍은 보편적으로 5자리의 숫자군으로서 풍속 단위 약어가 뒤에 붙는다. 앞의 3자리는 진북 기준의 풍향, 뒤의 2자리는 풍속을 표시한다.

예 31015KT

④ 추가적으로, 만일 바람이 돌풍성이고 최대돌풍이 (평균)풍속보다 10kt(20km/h, 5m/s) 이상 강할 것으로 예상되면 이런 돌풍은 (평균)풍속 뒤에 문자 G를 쓰고 그 뒤에 돌풍의 풍속을 붙여 표시한다.

예 031015G27KT

⑤ 풍속이 3kt(6km/h, 2m/s) 미만이거나, 또는 풍속이 3kt(6km/h, 2m/s) 이상이면서 풍향이 180도 이상 변동하거나 단일 풍향을 예상할 수 없을 때는 풍향부분에 VRB을 사용한다.

예 VRB03KT

⑤ 풍속이 100kt(200km/h) 이상으로 예보될 때는 P99KT(P199KMH)로 표시한다.

예 310P99KT

(3) 시정, 일기, 구름

① 전문 형식 : VVVV $w'w'$ $N_SN_SN_Sh_sh_sh_s$(or VV$h_sh_sh_s$, or NSC) (or CAVOK)

② 사용 예 : 8000 SHRA FEW005 FEW010CB SCT018 BKN025

③ 시정군은 예측되는 우시정을 4자리 숫자로 표시한다. METAR 전문에서와 같이 우시정이 10km 이상임을 9999로 나타내는 것을 제외하고는 m 단위를 사용한다.

예 우시정이 8㎞로 예측된다면 8000으로 표시된다.

④ 우시정이 예측되지 못할 때는 예측 최단시정을 사용한다.

⑤ 예보 일기는 Code table 4678에 주어진 적절한 약어를 사용하여 항공기 운항에 중대한 것으로 간주되는 다음과 같은 일기현상을 최대한 3개까지 사용한다.

ⓐ Freezing(FZ) precipitation

ⓑ Freezing fog

ⓒ Moderate or heavy precipitation(including showers-SH)

ⓓ Low drifting dust(DR), sand or snow

ⓔ Blowing(BL) dust, sand or snow

ⓕ Duststorm(DS)

ⓖ Sandstorm(SS)

ⓗ Thunderstorm(TS) (with or without precipitation)

ⓘ Squall(SQ)

ⓙ Funnel cloud(tornado or waterspout-FC)

ⓚ Code table 4678 중 시정에 중요한 변화를 일으킬 것으로 예상되는 기타 일기현상

⑥ 위 표에 정의한 중요한 일기현상이 발생되지 않을 것으로 예상되면 일기군은 생략된다.

⑦ 구름 정보는 METAR에서의 구름 정보와 같은 형식이다. 구름군은 보통 6자리로 구성되어 있으며 앞의 3자리는 예상되는 구름의 운량으로서 Few, Scattered, Broken, Overcast를 각각 나타내는 다음의 약어로 표시된다.

ⓐ FEW: 1/8 - 2/8

ⓑ SCT: 3/8 - 4/8

ⓒ BKN: 5/8 - 7/8

ⓓ OVC: 8/8

⑧ 뒤의 3자리 숫자는 30m(100ft) 단위로 나타내는 운고(운저고도)이다. 이때 운형은 적란운(CB)의 경우에만 이를 운고 뒤에 붙여서 표시한다.

예 고도 1000ft, 운량 2/8의 적란운의 경우는 FEW010CB로, 고도 1800ft, 운량 4/8의 적운의 경우는 SCT018로 표시된다.

⑨ 예보관이 한 층 이상의 구름을 예상할 때는 추가적인 구름군이 다음 규칙에 따라 주어진다.

ⓐ 운량에 관계없이 최저층의 구름

ⓑ 운량이 2/8를 초과하는 다음 구름층

ⓒ 추가적으로 운량이 4/8를 초과하는 그 다음 구름층

ⓓ 상기 구름층 중에 포함되지 않은 적란운(CB)이 예상될 때의 적란운

⑩ 보편적으로 구름군은 3개를 초과하지 않는다. 단 적란운(CB)이 예상되면 적란운은 3개군 이외라도 반드시 표시된다.

⑪ 구름군은 운고가 낮은 것으로부터 순서적으로 표시된다.

⑫ 하늘이 차폐되고 연직시정에 대한 정보가 가능할 때는 문자 VV 뒤에 붙여서 $h_sh_sh_s$에 30m(100ft) 단위의 연직시정을 표시한다.

⑬ 특정 지역에서는 운항상의 구름 정보가 중요한 구름으로 제한되기도 한다. 이는 적란운이 예보되거나, 고도 1500m(5000ft)나 가장 높은 minimum sector altitude 중 높은 것의 고도 아래에 구름이 있을 때이다. 따라서 적란운이 없거나 고도 1500m(5000ft)와 가장 높은 minimum sector altitude 중 높은 것의 고도 아래 구름이 없을 것으로 예상하면서 CAVOK([표 15-15]참조)의 사용이 적절하지 않을 때는 Nil significant cloud를 의미하는 약어 NSC가 사용된다.

예 우시정이 8㎞, 구름은 10000ft 위에 권적운(AC)과 권운(CI)이 예상되면 구름군은 NSC로 대체된다.

⑭ 앞의 시정, 일기, 구름군에서 [표 15-15]의 경우라면 CAVOK로 표시된다.

[표 15-15] TAF 전문에서 CAVOK로 표현될 수 있는 조건

CAVOK는 다음 3가지 사항을 모두 만족할 때 사용 : · 시정이 10㎞ 이상 · 강수 등 중요 일기현상(Code table 4678에 수록)이 없음. · 적란운이 없고, 5000ft와 가장 높은 최저구역고도 중 더 높은 고도 이하에 구름이 없음.

(4) 일 최고기온과 최저기온

① 전문 형식 : $\text{TX}T_FT_F / Y_FY_FG_FG_FZ$ $\quad$ $\text{TN}T_FT_F / Y_FY_FG_FG_FZ$

② 이 그룹은 지역협정으로 정한 경우에 날짜와 시간과 함께 기온예보를 발표하여 사용한다. 정수 ℃단위 2자로 보고하는데, 영하기온은 앞에 M을 붙인다.

(5) 주요 변화의 경향 표현

① 전문 형식 : PROB C_2C_2 (or PROB C_2C_2 TTTTT, or TTTTT), $YYGG / Y_eY_eG_eG_e$)
[or $TTYYGGgg$]

② 사용 예 : PROB30 TEMPO 1314/1316

③ 변화 예상에 대한 확신도가 높지 않지만, 고려되는 예상 요소가 항공기 운항상 중요할 때는 PROB C_2C_2 $YYGG / Y_eY_eG_eG_e$군이 사용된다.

④ PROB는 지시기호이고, C_2C_2는 발생확률(%)로서 30% 또는 40%만 사용된다.

⑤ PROB군 뒤에는 항상 시간군 $YYGG / Y_eY_eG_eG_e$가 붙는다.

예 TAF RKSI 132030Z 1322/1407 27003KT 4000 SCT008 BECMG 1403/1405 1500 BR BKN004 PROB30 1405/1407 0800 FG

해 14일 0500UTC 까지 연무 때문에 시정이 1,500m로 떨어질 것이나, 14일 0500-0700UTC 사이에 안개로 시정이 800m가 될 30% 정도의 확률이 있음.

예 TAF RKSI 130530Z 1307/1316 27015KT 9999 SCT015 TEMPO 1311/1316 4000 +SHRA BKN010CB PROB30 TEMPO 1314/1316 TSRA

해 13일 1100UTC 이후로 강한 강도의 소나기가 내릴 것으로 예상되나 1400UTC 후에 보통 강도의 비를 동반한 뇌우가 발생될 30% 정도의 확률이 있음.

⑥ 만약 발생 확률이 50% 이상이면 확신도가 커서 변경값은 BECMG 또는 TEMPO 중 해당되는 것을 사용하여 표시하게 된다. 발생 확률이 30% 미만일 때는 운항에 중요한 것으로 간주하지 않아서 관련 현상은 언급하지 않는다.

⑦ 일시적 변동이 기간의 1/2 미만 발생하는 것을 의미하는 TEMPO와 30% 또는 40%의 가능성인 PROB를 혼동해서는 안된다. TEMPO는 일시적 변동이 발생한다는 예보자의 확신이며 PROB30은 현상이 발생할 가능성일 뿐이다.

⑧ 변화와 확률군의 수는 최소한으로 해야 하는데, 정상적인 경우 5개군을 넘지 않아야 한다.

⑨ BECMG $YYGG / Y_eY_eG_eG_e$군은 $YYGG \sim Y_eY_eG_eG_e$ 기간 내의 불특정 시각에 예상되는 예상 기상 상태의 규칙적 또는 불규칙적인 변화를 표시한다. 이 기간은 정상적으로는 2시간을 넘지 않아야 하는데 길어도 4시간을 넘어서는 안된다.

변화지시자 다음에는 중요하게 변화할 것으로 예상되는 기상요소들을 서술하는 군만 따른다. 그러나 구름군의 중요 변화의 경우에는 변화가 예상되지 않는 구름까지를 포함한 모든 구름군이 함께 표시된다.

만일 더 이상의 변화군이 사용되지 않는다면, BECMG $YYGG / Y_eY_eG_eG_e$ 뒤에 나타낸 상태가 $Y_eY_eG_eG_e$ 시간 이후부터 예보기간 종료까지 우세할 것으로 예상한다.

예 TAF RKSI 130530Z 1307/1316 27015KT 6000 NSC BECMG 1310/1312 4000 BKN010

해 예보 조건이 1000UTC에 변화하기 시작하여 1200UTC부터 1600UTC까지의 예보는 다음과 같이 예상된다. 지상풍이 270도, 15KT. 시정 4,000m. 일기는 운항 상 중요하지 않음. 구름은 운고 1,000ft, 운량 5/8~7/8이다.

⑩ TEMPO $YYGG/Y_eY_eG_eG_e$군은 $YYGG \sim Y_eY_eG_eG_e$ 기간 중의 어느 시각에 발생될 수 있는 예상 기상 상태의 일시적인 변동을 표시한다. 이러한 군의 뒤에 붙는 기상 상태는 각각의 상황이 1시간 미만 동안 지속되고, 각 변동 시간의 총합이 $YYGG/Y_eY_eG_eG_e$ 기간의 1/2 미만일 것으로 예상되는 것이다.

만일 일시적 변동(temporary fluctuation)이 1시간 이상 지속되거나 또는 각 변동 시간의 총합이 예보기간의 1/2 이상 될 것으로 예상되면, 이러한 상태는 우세한 형태가 되어 변화 지시자 BECMG을 사용하여야 한다.

⑪ 일련의 우세한 일기 상태가 상당히 변화하여 어느 정도의 다른 일기 상태로 현저하게 변화할 것으로 예상될 때는 from의 약어 FM과 UTC의 날짜와 시간을 나타내는 $YYGGgg$를 합한 시간지시군 FM$YYGGgg$가 예보 부분의 시작을 나타낸다. 이 시간군 전에 나타났던 모든 조건은 이런 시간군 이후에 표시된 상태로 변화한다.

예 TAF RKSI 130530Z 1307/1316 27015KT 6000 NSC FM131215 27017KT 4000 BKN010

(6) 요소별 주요변화 임계값

① 전문 형식 : $dddffGf_mf_m$ KT(or KMH, or MPS)

VVVV $w'w'$ (or NSW) $N_SN_SN_Sh_sh_sh_s$ (or VV$h_sh_sh_s$, or NSC)

[or CAVOK]

② 비행장예보에서 중요하다고 간주되고, 따라서 표시되어야 할 필요가 있는 우세 기상 조건(따라서 TAF의 수정 여부를 결정하게 되는 임계값)의 변화는 다음과 같다.

ⓐ 지상풍 : 지상풍이 운항상 중요한 값을 변경하도록 하는 예보. 이 값들은 비행장에 따라 다르며, 해당 기상당국, ATS당국 및 운항자 간의 협의에 의하여 결정된 값이다.

ⓑ 시정 : 지상 우시정 예보에서, 호전되어 150, 350, 600, 1,500 및 3,000m 중의 어느 하나 이상의 값에 도달 또는 경과하는 변화, 또는 악화되어 이 값들의 어느 하나 이상을 경과하는 변화. 단 VFR에 따르는 운항의 수에 따라서는 5,000m가 추가될 수도 있다.

ⓒ 일기 : 앞의 '(4) 일기'에 언급된 일기현상의 예보에서 시작, 종료 또는 강도 변화의 예보. 만일 TAF 전문의 주요 부분으로 표시된 중요한 일기가 종료될 것으로 예보되면, $w'w'$군은 변화구룹 뒤에서 Nil significant weather를 나타내는 약어 NSW로 대체된다.

예 BECMG 1312/1314 NSW SCT025

ⓓ 운고 : 운량이 5/8 이상되는 BKN 또는 OVC의 최저층 구름의 운고가 높아져서 30, 60, 150 또는 300m(각각 100, 200, 500 또는 1,000ft)의 어느 하나 이상에 도달 또는 경과되는 변화, 또는 낮아져서 이들 운고의 어느 하나 이상을 경과하는 변화. 단 VFR 운항의 수에 따라서는 450m(1,500ft)를 추가할 수도 있다.

ⓔ 운량

- 450m(1500ft) 미만의 고도에 있는 운량이 SCT 또는 FEW로부터 BKN 또는 OVC로의 증가 변화, 또는 BKN 또는 OVC로부터 SCT 또는 FEW로의 감소 변화
- CB가 발생하거나 또는 소멸하는 변화
- 연직시정이 향상되어 30, 60, 150 또는 300m(각각 100, 200, 500 또는 1,000ft)의 어느 하나 이상에 도달 또는 경과하는 변화, 또는 감소하여 이들 값의 어느 하나 이상을 경과하는 변화.

ⓕ CAVOK : 위의 시정, 일기, 운고, 운량상태의 예보에서 CAVOK([표 15-15]참조)로의 변화, 또는 CAVOK 상태의 종료

(7) 예보의 개정

앞의 요소별 주요 변화 임계값을 넘나드는 변화에 따라 비행장 예보 TAF의 수정이 필요하게 될 때는 예보기간 뒤에 cancel을 나타내는 CNL을, TAF를 개정하거나 수정할 때는 식별군 TAF 뒤에 AMD 또는 COR를 넣어 수정예보를 표시한다. 이렇게 개정하는 새로운 예보는 원래 TAF의 잔여 유효시간 동안만 유효하다.

예 TAF AMD RKSI 130820Z 1308/1316 ....

해 RKSI에서 13일 0820Z에 개정 발표된 예보. 이 개정 예보의 유효시간은 0800Z부터 1600Z까지이다.

4) 비행장예보 전문 예시와 해석

예 TAF RKSI 130530Z 1307/1316 31015KT 8000 SHRA FEW005 FEW010CB SCT018 BKN025 TEMPO 1311/1316 4000 +SHRA PROB30 TEMPO 1314/1316 TSRA SCT005 BKN010CB

해 13일 0530UTC에 RKSI(인천공항)에서 발표된 유효시간 13일 0700UTC부터 13일 1600UTC까지의 비행장 예보이다. 지상풍은 310도, 15KT, 시정은 8㎞, 보통 강도의 소나기가 있겠고, 고도 500ft에 운량 1/8~2/8, 1000ft 고도에 CB가 있고 운량 1/8~2/8, 고도 1800ft에 운량 3/8~4/8. 2500ft 고도에 운량 5/8~7/8의 구름이 끼겠으나, 13일 1100UTC부터 1600UTC 사이에 한때 강한 소나기가 내리면서 시정이 4000m가 되겠고, 1400UTC부터 1600UTC 사이에는 한때 고도 500ft에 운량 3/8~4/8의 구름과 고도1000ft에 운량 5/8-7/8인 적란운이 끼면서 보통 강도의 비를 동반한 뇌우가 있을 확률이 30%임.

2. Take-Off Forecast

이륙예보(Take-Off Forecast)는 항공기의 적재 중량을 고려한 안전한 이륙을 지원하기 위해 활주로에서 예상되는 바람, 기온, 기압(QNH), 그리고 해당 지역에서 합의된 기타 기상요소에 대한 예보로 구성된다.

이륙예보는 최소한 출발예정시간 3시간 이전에 발표해야 하는데 발표형식은 [표 15-16]과 같은 형식으로 해당 공항기상대에서 발표한다.

① 기상요소 및 용어와 단위는 해당 공항의 정시관측보고에서 사용하는 것과 같아야 한다.

② 이미 작성된 이륙예보를 실황과 비교하여 필요한 경우에는 수정예보를 발표하여야 하며, 이륙예보의 수정 기준은 관련 기상당국과 운항자 간에 합의된 바에 따른다. 우리나라의 경우는 특별관측보고에 설정된 기준과 일치한다.

[표 15-16] 이륙 예보의 형식과 사용 예

TIME (UTC)	WIND (deg/kt)	TEMP (℃)	QNH (inch)	REMARKS
00	24005	21	2995	
01	24008	21	2996	
02	26010	20	2998	-RA
· · ·	· · ·	· · ·	· · ·	· · ·
23	30015	16	3010	

3. Landing Forecast

착륙예보(Landing Forecast)는 해당 공항의 이용자나 해당 공항으로부터 비행시간 1시간 이내에 있는 항공기에 제공하기 위한 해당 공항의 향후 2시간 동안의 지상바람, 시정, 중요 일기, 구름 또는 연직시정 등에 대한 예보로 구성된다. 착륙예보는 2시간 이내에 발생확률 50% 이상인 기상요소에 대하여 경향예보 형식으로 발표된다.

착륙예보는 해당 공항에서 발생이 예상되는 기상상태의 경향에 대해 정시관측(METAR) 및 특별관측(SPECI) 등의 관측보고에 붙여 표시한다. 예상되는 기상상태의 변화는 변화군 지시자 BECMG, TEMPO와 시간군 지시자 FM, TL, AT로 표현한다. 이들은 각각 Becoming, Temporary, From, Till, At를 상징한다.

경향예보(Trend Forecast)에 대해서는 p. 407에서 설명되어 있다(제15장 1절 참조).

4. ARFOR

공역예보(ARFOR : Area Forecast)는 우리나라의 경우 대한민국 FIR(인천 FIR) 내의 특정 공역에서 항공기에 영향을 줄 수 있는 시정, 중요 일기, 구름, 빙결고도, 착빙, 난류, 기온과 바람, 권계면, 제트기류, 최대풍, 중요 변화 등에 대한 예보이다([표 15-17] 참조).

1) 공역예보의 전문 형식

[표 15-17] ARFOR 전문의 형식(FM 53-X Ext. ARFOR)

ARFOR ($YYGGggZ$) $Y_1Y_1G_1G_1G_2G_2$ KT(or KMH, or MPS)
$AAAAA$ (VVVV) ($w_1w_1w_1$) [$N_SN_SN_Sh_Sh_Sh_S$ (or $VVh_Sh_Sh_S$, or SKC, or NSC)]
$7h_th_th_th_fh_fh_f$ $6I_ch_ih_ih_it_L$ $5Bh_Bh_Bh_Bt_L$ ($4h_Xh_Xh_XT_hT_h$ $d_hd_hf_hf_hf_h$) ($2h_P'h_P'T_PT_P$)
(11111 $QL_aL_aL_oL_o$ $h_j'h_j'f_jf_jf_j$)
(22222 $h_m'h_m'f_mf_mf_m$ (d_md_mVV))
$9i_3nnn$;

주) 괄호 안의 군은 생략할 수 있다.

2) 공역예보의 전문 해석

(1) 식별군

① 전문형식 : ARFOR (*YYGGggZ*) $Y_1Y_1G_1G_1G_2G_2$ KT(or KMH, or MPS)

② 작성 예 : ARFOR 131100Z 131212KT

ⓐ ARFOR : 정시 공역예보(routine area forecast), 수정 공역예보(amended area forecast)는 ARFOR AMD로 표시함.

ⓑ *YYGGggZ* : 발표시각(UTC)

ⓒ $Y_1Y_1G_1G_1G_2G_2$: 유효시간(UTC)

ⓓ KT(or KMH, or MPS) : 전문에서 사용된 풍속 단위

(2) 공역명

① 전문형식 : *AAAAA*

② 작성 예 : EAST SECTOR

③ *AAAAA* : 공역명, 우리나라는 공역예보에서 공역 구역을 5개 SECTOR(EAST, WEST, SOUTH, NORTH, CENTRAL)로 구분한다.

(3) 시정

① 전문형식 : (*VVVV*)

② 작성 예 : 5000

③ *VVVV* : 시정, m 단위임.

(4) 일기현상

① 전문형식 : $w_1w_1w_1$

② 작성 예 : 111TS

③ ARFOR의 일기현상 기호는 ROFOR에 쓰이는 일기현상과 같이, [표 15-18]에 표시된 숫자부호에 약어를 붙여 표시한다.

[표 15-18] **예보 일기현상($w_Iw_Iw_I$) 기호표(WMO Code table 4691 참조)**

기상현상	뇌우	태풍	강한선형 스콜	우박	현저한 산악파	광범위 모래보라	광범위 먼지보라	어는 비
숫자부호	111	222	333	444	555	666	777	888
약어	TS	TRS	LSQ	HAIL	MTW	SAND	DUST	FZR

(5) 구름층과 빙결고도

① 전문형식 : $N_SN_SN_Sh_Sh_Sh_S$(or $VVh_Sh_Sh_S$, or SKC, or NSC) $7h_th_th_th_fh_fh_f$

② 작성 예 : SCT030 7090060 OVC060 7160///

ⓐ $N_SN_SN_S$: 운량(단위 : octa)

SKC : 운량 0 (sky clear)

FEW : 운량 1~2 (few)

SCT : 운량 3~4 (scattered)

BKN : 운량 5~7 (broken)

OVC : 운량 8(overcast)

참고 : SKC나 NSC의 경우는 운고, 운량을 언급할 필요가 없음.

ⓑ $h_Sh_Sh_S$: 운저고도(100ft, 또는 30m 단위 3자)([표 15-19] 참조)

[표 15-19] **각종 3자리 코드숫자로 표시되는 고도**

($h_Bh_Bh_B$, h_fh_fh, $h_ih_ih_i$, $h_Sh_Sh_S$, $h_th_th_t$, $h_Xh_Xh_X$, Code table 1690)

코드숫자	설 명
000	100ft 미만
001~990	코드숫자×100ft(예, 001 : 100ft, 990 : 99,000ft)
991~998	–
999	100,00 ft 이상

주) - 30m는 약 100ft에 해당함
- 이 고도들은 discrete value이고, range가 아님.
- 이 table에서 표시된 두 고도 사이의 고도값이 있을 때는 낮은 코드숫자로 보고함.

ⓒ 7 : 구름층의 운정고도와 빙결고도 지시자

ⓓ $h_th_th_t$: 구름층의 운정고도(100ft, 또는 30m 단위 3자)([표 15-19] 참조)

ⓔ $h_fh_fh_f$: 구름층의 빙결고도(100ft, 또는 30m 단위 3자)([표 15-19] 참조)

(6) 착빙, 난류(ROFOR의 경우와 같음)

① 전문형식 : $6I_ch_ih_ih_it_L$ $5Bh_Bh_Bh_Bt_L$

② 작성 예 : 620602 540052

ⓐ 6 : 착빙 지시부

ⓑ I_c : 예상되는 착빙의 형태([표 15-20] 참조)

[표 15-20] **항공기 외부에 대한 착빙 형태**(I_C : Code table 1733)

코드숫자	설 명	코드숫자	설 명
0	icing 없음	5	turbulence와 구름 속에서 중정도 icing
1	약한 icing	6	turbulence와 강수 중에서 중정도icing
2	구름 속에서 약한 icing	7	turbulence와 강한 icing
3	강수 중에서 약한 icing	8	turbulence와 구름 속에서 강한 icing
4	중정도 icing	9	turbulence와 강수 중에서 강한 icing

ⓒ $h_ih_ih_i$: 착빙층의 최저고도(100ft 또는 30m 단위)([표 15-19] 참조)

ⓓ t_L : 착빙층의 두께(1,000ft 또는 300m 단위)(Code Table 4013)

0 : 운정까지

1~9 : 코트숫자×300m

착빙층 두께가 2,700m(Code 숫자 9) 이상일 때는 여러 층으로 나누어 반복 사용한다.

ⓔ 5 : 난류 지시부

ⓕ B : 예상되는 난류의 형태([표 15-21] 참조)

[표 15-21] **항공기 난류의 강도**(B : Code table 0300)

코드숫자	설 명	코드숫자	설 명
0	turbulence 없음	5	구름 속에서 빈번히 중정도
1	약함	6	맑음에서 가끔 강함
2	맑음에서 가끔 중정도	7	맑음에서 빈번히 강함
3	맑음에서 빈번히 중정도	8	구름 속에서 가끔 강함
4	구름 속에서 가끔 중정도	9	구름 속에서 빈번히 강함

ⓖ $h_Bh_Bh_B$: 난류 층의 최저고도(100ft 또는 30m 단위)([표 15-19] 참조)

(7) 상층 기온과 바람

① 전문형식 : ($4h_Xh_Xh_XT_hT_h$ $d_hd_hf_hf_hf_h$)

② 작성 예 : 4300M55 32025

ⓐ 4 : 상층기온과 바람 지시자

ⓑ $h_xh_xh_x$: 기온과 바람의 예보고도(100ft 또는 30m 단위)([표 15-19] 참조)

ⓒ T_hT_h : 기온 ; 영하인 경우 M을 앞에 붙임.

ⓓ d_hd_h : 풍향(10° 단위)

ⓔ $f_hf_hf_h$: 풍속(전문에서 정한 풍속 단위로 3자)

(8) 권계면

① 전문형식 : ($2h_P'h_P'T_PT_P$)

② 작성 예 : 238M53

ⓐ 2 : 대류권계면 지시자

ⓑ $h_P'h_P'$: 대류권계면 고도(1000ft 또는 300m 단위)

ⓒ T_PT_P: 대류권계면 기온(℃), 영하인 경우 M을 앞에 붙임.

(9) 제트기류

① 전문형식 : (11111 $QL_aL_aL_oL_o$ $h_j'h_j'f_jf_jf_j$)

② 작성 예 : 11111 23626 40070

ⓐ 11111 : 제트기류자료 지시부

ⓑ $QL_aL_aL_oL_o$: 지구표면을 8분한 구역 표시(Q : [표 15-21] 참조) 및 정수 단위의 위도와 경도(끝 2자리)

[표 15-21] **지구의 8분위**(Q : Code table 3300)

코드숫자	반구	경도	코드숫자	반구	경도
0	북반구	0°~90°W	4	남반구	0°~90°W
1		90°~180°W	5		90°~180°W
2		180°~90°E	6		180°~90°E
3		90°~0°E	7		90°~0°E

ⓒ $h_j'h_j'$: 1000ft 단위의 제트기류축 고도

ⓓ $f_jf_jf_j$: 제트기류축의 풍속(전문에서 정한 풍속 단위)

(10) 최대풍

① 전문형식 : (22222 $h_m'h_m'f_mf_mf_m$ (d_md_mVV))

② 작성 예 : 22222 50320 6510

ⓐ 22222 : 최대풍 지시부

ⓑ $h_m'h_m'$: 1000ft 단위의 최대풍 고도

ⓒ $f_mf_mf_m$: 최대풍속(전문에서 정한 풍속 단위)

ⓓ d_md_m : 최대풍의 10° 단위 풍향

ⓔ VV : 연직바람시어(kt/1000ft)

(11) 부가군

① 전문형식 : $9i_3nnn$

② 작성 예 : 91004

ⓐ 9 : 부가부가군 지시자

ⓑ i_3 및 nnn : 보충 현상에 관한 지시부 및 최소해면기압 등 보충현상에 관한 설명 ([표 15-23] 참조)

[표 15-23] 보충 현상 지시자(i_3)와 보충 현상의 특성(nnn)에 관한 정보(Code table 1864)

i_3nnn	설 명	
$1P_2P_2P_2$	예보된 최저기압	
$2F_tL_aL_a$	(비행기가 남북으로 진행시) 전선 종류와 위치	
$3F_tL_aL_a$	(비행기가 동서로 진행시) 전선 종류와 위치	
$4F_tGG$	전선 종류와 통과시간	
51//	항로를 따라 점진적 변화	ROFOR에서만 사용
$52L_aL_a$	항로를 따라 북위 L_aL_a에서 변화	
$53L_aL_a$	항로를 따라 남위 L_aL_a에서 변화	
$54L_0L_0$	항로를 따라 동경 L_0L_0에서 변화	
$55L_0L_0$	항로를 따라 서경 L_0L_0에서 변화	
$6GGG_p$	1) G_p=0이면, GG에 시작되는 예보의 설명부분. 이전에 발표된 예보조건들은 모두 실효됨 2) G_p=1~4이면, GG에서 시작되는 G_p로 정해진 기간 중 불특정 시간에 규칙 및 불규칙 변화	
$7GGG_p$	G_p 기간 내에 일어나는 가끔 또는 빈번한 일시적인 변동	
$999C_2$	1) $6GGG_p$와 결합하여 사용하는 경우, C_2는 10% 단위로 나타낸 대체 예보요소 값의 발생 확률 2) $7GGG_p$와 결합하여 사용하는 경우, C_2는 10% 단위로 나타낸 일시적인 변동 발생 확률	
$999G_p$	$999C_2$와 결합하여 사용하여, 예보요소의 대용값이 발생하는 GG에 시작하는 G_p기간	

3) 공역예보 예시와 해석

(1) 공역예보의 예시

AFROR 131100Z 131212KT

EAST SECTOR 111TS SCT030 7090060 OVC060 7160/// 620602 540052 4300M55 32025 238M53 11111 23626 40070 22222 50320 6510 91004=

(2) 해석

13일 11:00(UTC)에 발표한 13일 12:00(UTC)부터 다음 날 12:00(UTC)까지의 공역예보로서 바람 단위는 knot임.

동부 SECTOR에 뇌우가 예상되고, 운량 3~4okta인 구름의 운저고도 3,000ft에서부터 운정고도 9,000ft까지로 예상되며, 빙결고도는 6,000ft로 예상됨. 운량 8okta인 구름은 운저고도 6,000ft부터 운정고도 16,000ft까지로 예상되고, 빙결고도는 앞 군에 표시됨. 착빙은 6,000ft에서부터 2,000ft 두께로 구름 속에서 약하게 발생할 것으로 예상되고, 난류는 지상 500ft로부터 2,000ft 두께로 중정도의 강도로 구름 속에서 가끔 발생할 것으로 예상됨. 상층 30,000ft에서 영하 55도이고 바람은 320도 25kt로 예상됨. 권계면고도는 38,000ft이고 영하 53도, 제트기류는 36N 126E의 40,000ft 상공에 있고 바람은 70kt로 예상됨. 최대풍은 50,000ft 상공에서 320도로 불고, 65kt이며 연직바람시어는 10kt/1,000ft임. 예보기간에 예상되는 최저 평균해면기압은 1,004hPa임. 이상.

5. ROFOR

항공로예보(ROFOR : Route Forecast)는 해당 FIR 내의 항공로 상에서 항공기 운항에 영향을 줄 수 있는 수평시정, 중요 일기, 구름, 구름층의 운정고도, 빙결고도, 착빙, 난류, 기온과 바람, 대류권계면의 기온과 고도 등에 대한 예보이다.

1) ROFOR의 전문 형식

항공로 예보(ROFOR)의 전문형식은 [표 15-24]와 같다.

[표 15-24] ROFOR 전문의 형식(FM54-X Ext. ROFOR)

ROFOR (*YYGGggZ*) $Y_1Y_1G_1G_1G_2G_2$ KT(or KMH, or MPS)

CCCC ($QL_aL_aL_oL_o$) *CCCC* $0i_2zzz$

(*VVVV*) ($w_1w_1w_1$) $N_SN_SN_Sh_Sh_Sh_S$

$7h_th_th_th_fh_fh_f$ $6I_ch_ih_ih_it_L$ $5Bh_Bh_Bh_Bt_L$ ($4h_Xh_Xh_XT_hT_h$ $d_hd_hf_hf_hf_h$) ($2h_P'h_P'T_PT_P$)

(11111 $QL_aL_aL_oL_o$ $h_j'h_j'f_jf_jf_j$)

(22222 $h_m'h_m'f_mf_mf_m$ (d_md_mVV))

$9i_3nnn$;

주) 괄호 안의 군은 생략할 수 있다.

2) ROFOR의 전문 해석

(1) 식별군

① 전문형식 : ROFOR (*YYGGggZ*) $Y_1Y_1G_1G_1G_2G_2$ KT(or KMH, or MPS)

② 작성 예 : ROFOR 090000Z 090113KT

ⓐ ROFOR : 정시 항공로예보(routine route forecast)

ROFOR AMD : 수정 항공로예보(amended route forecast)

ⓑ *YYGGggZ* : 발표시각(UTC)

ⓒ $Y_1Y_1G_1G_1G_2G_2$: 유효시간(UTC), Y_1Y_1일 G_1G_1시로부터 G_2G_2시까지 유효

ⓓ KT(or KMH, or MPS) : 전문에서 사용된 풍속 단위

(2) 항공로 표시군

① 전문형식 : *CCCC* ($QL_aL_aL_oL_o$) *CCCC* $0i_2zzz$

② 작성 예 : RKSS RKPC 09120

ⓐ *CCCC* : 출발공항 (ICAO indicator) **예** RKSS : 김포

ⓑ $QL_aL_aL_oL_o$: 지표를 8분한 구역(Q : [표 15-22] 참조)과 정수 단위의 경위도 끝 2자리씩.

ⓒ *CCCC* : 도착공항 (ICAO indicator) **예** RKPC : 김해

ⓓ $0i_2zzz$: *0* : i_2zzz군의 지시자, i_2(zone type indicator)와 *zzz*(zone specification)는 [표 15-25]를 참조한다.

[표 15-25] **구역 형태와 구역 특성 정보**(i_2zzz : Code table 1863)

i_2zzz	설 명
0000	메시지 처음의 index 번호 사이에서 첫 $QL_aL_aL_0L_0$군으로 나타낸 전향점까지
$1QL_aL_a$	위도 L_aL_a까지
$2QL_0L_0$	경도 L_0L_0까지
3	-
4*nnn*	앞서 언급한 지점으로부터 *nnn*km 거리의 지점까지
50*ZZ*	5° 구역번호에 언급된 구역 동안
$6QL_aL_a$	위도 L_aL_a에서
$7QL_0L_0$	경도 L_0L_0에서
8	-
9*nnn*	앞서 언급한 지점으로부터 *nnn*km 거리의 지점에서

이하 시정, 일기현상, 구름, 착빙, 난류, 상층기온과 바람, 대류권계면, 제트기류, 최대풍 및 부가사항은 공역예보(ARFOR)에서의 경우와 동일하므로 앞의 ARFOR를 참조한다.

3) 항공로예보 예시와 해석

(1) 항공로예보의 예시

ROFOR 090000Z 090113KT

RKSS RKPC 09120 888FZR BKN020 7060160 OVC060 7160/// 620808 540008

4180M17 29030 4300M44 27070 4340M49 26085 4390M52 25100 235M49=

(2) 해석

9일 00:00UTC에 발표한 9일 01:00UTC부터 13:00UTC까지의 항공로 예보로서 바람단위는 knot임. 김포, 제주간의 항공로상 김포로부터 120㎞의 거리에 어는 비가

예상되고, 운량 5~7okta인 구름이 고도 2,000ft에서부터 6,000ft까지 예상됨. 빙결 고도는 16,000ft임. 운량 8okta인 구름이 6,000ft부터 16,000ft까지 예상되고 빙결 고도는 앞 군에서 표시됨. 착빙이 8,000ft부터 8,000ft의 두께로 구름 속에서 약하게 예상됨. 난류가 지상으로부터 8,000ft의 두께로 보통 강도로 구름 속에서 가끔 발생할 것으로 예상됨. 고도 18,000ft의 기온은 영하 17℃, 풍향 290도, 풍속 30kt임. 고도 30,000ft의 기온은 영하 44℃, 풍향 270도, 풍속 70kt임. 고도 34,000ft의 기온은 영하 49℃, 풍향 260도, 풍속 85kt임. 고도 39,000ft의 기온은 영하 52℃, 풍향 250도, 풍속 100kt임. 권계면의 고도는 35,000ft이고 기온은 영하 49℃임. 이상.

6. GAMET

저층공역예보(GAMET : Ground Air METeorological forecast)는 고도 10,000ft 이하로 운항하는 항공기를 위한 공역예보로써 고층공역예보에 해당하는 ARFOR를 지원하기 위하여 ICAO의 평문 약어와 수치를 사용하여 구성한다.

1) GARMET 정보의 기상요소와 평문 약어

GARMET에 포함되는 기상요소와 평문약어는 AIRMET에 쓰이는 기상요소와 평문 약어와 같다(p.449 이하 참조).

2) GARMET전문의 예시와 해설

(1) GAMET 전문의 예시

RKRR GARMET VALID 251600/252200 RKSI - INCHEON FIR

WDSPR SFC WSPD ABV 30KT: 10/12 50KT WDSPR VIS BLW 5000M: 06/08 N OF 51 DEGN 3000M SIGWX: 11/12 ISOL TS MT OBSC: NIL WDSPR BKN/OVC CLD BLW 1000FT: 06/09 OVC 800FT N OF 51 DEGN MOD ICE: FL050/080 MOD TURB: ABV FL090 MOD MTW: NIL SIGMET APPLICBLE: 3, 5=

(2) 해설

전문 형식	예시	해설
① ATS 기관	RKRR	RKRR
② GARMET 식별부호	GARMET	GARMET 전문 식별 머릿기호
③유효시간(UTC)	VALID 251600/252200	25일 1600Z ~ 25일 2200Z에 유효
④ 발표기관	RKSI	항공기상청(인천공항 위치)
⑤ 관련 FIR 또는 아공역 명칭	INCHEON FIR	INCHEON FIR
⑥ 예상 기상현상	WDSPR SFC WSPD ABV 30KT: 10/12 50KT WDSPR VIS BLW 5000M: 06/08 N OF 51 DEGN 3000M SIGWX: 11/12 ISOL TS MT OBSC: NIL WDSPR BKN/OVC CLD BLW 1000FT: 06/09 OVC 800FT N OF 51 DEGN MOD ICE: FL050/080 MOD TURB: ABV FL090 MOD MTW: NIL	- 광범위한 지역에서 지상풍속이 30kt 이상: 10~12UTC에는 50kt 예상 - 광범위한 지역에서 시정이 5000m 미만 : 06~08UTC에는 북위 51도의 북쪽에서 3000m - 중요 기상현상: 11~12UTC에 단독 뇌우 있음 - 산악장애: 없음 - 광범위한 지역에서 BKN/OVC 구름이 지상 1000ft 미만: 06~09UTC에 OVC 구름이 북위 51도의 북쪽에서 지상 800ft - 보통 정도 착빙: 고도5,000~8,000ft 사이 - 보통 정도 난류: 고도 9,000ft 이상 - 보통 정도 산악파: 없음
⑦ SIGMET 적용성	⑦ SIGMET APPLICBLE: 3, 5=	SIGMET: 3, 5의 적용 가능성 있음. 이상.

Ⅲ 항공기상 특보

어떤 공항이나 항공로 상에서 항공기의 안전운항에 영향을 미칠 수 있는 위험 기상현상에 대한 정보는 여러 가지 항공기상특보 형태로 지원된다.

항공기상특보에는 Aerodrome warning(공항경보), Wind shear warning(바람시어경보), Typhoon warning(태풍경보), SIGMET, AIRMET가 있다. 공항기상특보는 해당 공항의 기상대에서 발표하며, 항공로나 공역에 대한 특보(SIGMET, AIRMET)는 해당 비행정보구역의 기상감시소(MWO; Meteorological Watch Office)에서 발표한다.

1. SIGMET

SIGMET(SIGnificant METeorological information, 위험기상정보)는 FL100 이상을 운항하는 항공기에 위험을 초래할 수 있는 기상현상과 이러한 기상현상의 시간적 및 공간적 변화에 대한 정보이다.

1) SIGMET의 기상요소와 약어

SIGMET는 항공로나 공역의 순항고도에서 발생될 기상현상을 [표 15-26], [표 15-27]과 같은 적절한 평문 약어로 발표한다. 항공로나 공역에서 해당 기상현상이 더 이상 발생하지 않을 때는 SIGMET를 취소한다.

뇌우나 태풍과 관련된 SIGMET는 항상 난류와 착빙이 동반되기 때문에 이들 SIGMET에 난류와 착빙에 대한 내용이 포함되지 않았다 하더라도 항상 난류와 착빙이 포함된 것으로 간주하여야 한다.

[표 15-26] SIGMET 전문 중의 약어

약어	설명
OBSC	연무나 먼지에 가려져 희미한
EMBD	여러 구름층에 파묻혀 있는
ISOL	고립되어 있는 (전체의 1/8 미만 지역)
OCNL	산발적으로 여러 군데에 있는 (전체의 1/8~4/8 지역)
FRQ	서로 분리되지 않을 정도로 빽빽한 (전체의 5/8~8/8 지역)

[표 15-27] 순항고도 종류에 따른 SIGMET에 사용되는 기상요소와 평문 약어

구분	기상요소	평문약어
아음속 순항고도	Thunderstorm(뇌우, TS) – obscured thunderstorm – embedded thunderstorm – frequent thunderstorm – squall line thunderstorm – obscured thunderstorm with hail – embedded thunderstorm with hail – frequent thunderstorm with hail – squall line thunderstorm with hail	 OBSC TS EMBD TS FRQ TS SQL TS OBSC TS GR EMBD TS GR FRQ TS GR SQL TS GR
	· Tropical cyclone(열대저기압, TC) – TC with 34kt or more at surface wind	 TC(+Name of TC)
	· Turbulence(난류, TURB) – severe turbulence	 SEV TURB
	· Icing(착빙, ICE) – severe icing – severe icing due to freezing rain	 SEV ICE SEV ICE(FZRA)
	· Mountain wave(산악파, MTW) – severe mountain wave	 SEV MTW
	· Duststorm(먼지보라, DS) – heavy duststorm	 HVY DS
	· Sandstorm(모래보라, SS) – heavy sandstorm	 HVY SS
	· Volcanic ash(화산재, VA) – volcanic ash	 VA(+Name of volcano)
천음속 고도 및 초음속 순항고도	· Turbulence(난류, TURB) – moderate turbulence – severe turbulence	 MOD TURB SEV TURB
	· Cumulonimbus(적란운, CB) – isolated cumulonimbus – occasional cumulonimbus – frequent cumulonimbus	 ISOL CB OCNL CB FRQ CB
	· Hail(우박, GR) – hail	 GR
	· Volcanic ash(화산재, VA) – volcanic ash	 VA(+Name of volcano)

2) SIGMET 전문의 예시와 해설

(1) SIGMET 정보 전문의 예시

RKSI SIGMET 3 VALID 251600/252000 RKSI- INCHEON FIR TC ORCHID OBS 33.2N 126.0E AT1600 FRQ CB TOPS FL500 WI 150NM OF CENTER MOV NE 10KT NC ORCHID TC CENTER 260400 33.4N 126.3E 261000 33.6N 126.8E=

(2) 해설 :

전문형식	예시	해설
① 해당 ATS 기관	RKSI	■ 인천국제공항 ATS
② 전문 식별부호와 당일 발표 순서	SIGMET 3	■ SIGMET : −해당 날짜의 0001UTC 이후의 3번째 발표전문
③ 유효시간(UTC)	VALID 251600/252000	■ 유효시간이 25일 16Z부터 당일 20Z까지 −SIGMET의 유효시간은 보통 4시간(최대 6시간까지)
④ 해당 기상감시소	RKSI	■ 인천국제공항에 위치한 항공기상청
⑤ 적용 FIR 또는 아공역	INCHEON FIR	■ INCHEON FIR
⑥ 기상현상	TC ORCHID	■ 태풍 ORCHID −ORCHID : 태풍 이름
⑦ 기상관측 사항	OBS 33.2N 126.0E AT1600 FRQ CB TOPS FL500 WI 150NM OF CENTER	■ 16Z에 33.2N 126.0E에서 관측한 바에 의하면 태풍중심으로부터 150NM 이내에서 빈번한(많은) 뇌우의 정상이 50,000ft이었음. − 관측된 자료에는 OBS, 예보자료에서는 FCST를 사용.
⑧ 이동	MOV NE 10KT	■ NE 방향으로 10KT로 이동 중
⑨ 강도 변화	NC	■ NC : No change(불변) −INTSF : Intensify(강화) −WKN : Weaken(약화)
⑩ 유효시간 이후의 예측 상황	ORCHID TC CENTER 260400 33.4N 126.3E 261000 33.6N 126.8E=	■ 태풍 ORCHID의 중심이 26일 04Z에는 33.4N 126.3E에, 26일 10Z에는 33.6N 126.8E에 위치할 예정임 =

3) 태풍에 관한 SIGMET 해설

(1) 태풍에 관한 SIGMET의 예시

YUCC SIGMET 3 VALID 251600/252200 YUDO – AMSWELL FIR TC GLORIA OBS N2706 W07306 AT 1600Z CB TOP FL500 WI 150KM OF CENTRE MOV NW 10KT NC FCST 2200Z TC CENTRE N2740 W07345 OTLK 260400Z TC CENTRE N2830 W07430 261000Z TC CENTRE N2912 W07530=

(2) 해설

전문 형식	예시	해설
ATS/MET기관	YUCC	YUCC
전문 발표 일련번호	SIGMET 3	SIGMET이며 3번째 발표
유효기간	VALID 251600/252200	25일 1600Z로부터 25일 2200Z까지 유효
발표 기상감시소-	YUDO	YUDO
FIR/UIR 또는 CTA	AMSWELL FIR	AMSWELL FIR
현상 명칭	TC GLORIA	태풍 GLORIA
관측된 위치와 관측시각	OBS N2706 W07306 AT 1600Z	1600Z 관측결과에 의한 중심위치는 북위 27도06분 서경 073도06분
기상상황	CB TOP FL500 WI 150KM OF CENTRE	CENTRE로부터 150KM 이내에서는 CB TOP이 FL500임.
예상 이동	MOV NW 10KT	NW쪽으로 10KT로 이동 중
강도 변화	NC	변화 없음
유효기간 종료시점의 중심 위치	FCST 2200Z TC CENTRE N2740 W07345	22:00Z에는 태풍의 CENTRE가 북위27도40분, 서경073도45분에 위치할 것으로 예상.
전망지시부호	OTLK	유효기간 이후의 전망
일시 태풍 중심 위치	260400Z TC CENTRE N2830 W07430	26일04:00Z에는 TC CENTRE가 북위28도30분, 서경074도30분에 위치할 것으로 예상.
일시 태풍 중심 위치	261000Z TC CENTRE N2912 W07530	26일10:00Z에는 TC CENTRE가 북위29도12분, 서경075도30분에 위치할 것으로 예상

2. AIRMET

AIRMET(AIRman's METeorological information, 저층위험기상정보)는 10000ft 이하를 운항하는 항공기에 위험을 초래할 수 있는 기상현상과 이러한 현상의 시간적 및 공간적 변화에 대한 정보이다.

1) AIRMET의 기상요소와 평문 약어

AIRMET는 FL100 이하(산악 지역은 FL150 이하) 항공로나 공역에서 항공기에 위험을 초래할 수 있는 기상현상이 발생하거나 또는 발생이 예상되는 경우에 [표 15-28]에서와 같은 적절한 평문 약어로 발표한다.

해당 기상현상이 더 이상 계속되지 않거나 또는 계속되지 않을 것으로 예상될 때는 AIRMET를 취소한다.

뇌우와 관련된 AIRMET는 항상 난류와 착빙이 동반된다는 것을 전제로 발표되기 때문에 이 정보에 난류와 착빙에 대한 내용이 포함되지 않더라도 항상 난류와 착빙을 예상하여야 한다.

[표 15-28] AIRMET에 사용되는 기상요소와 평문 약어

기상요소	평문약어
· 지상풍속 - 지상풍속이 30kt를 초과하는 광범위한 지역	SFC WSPD(+풍속 및 단위)
· 지상 시정 - 시정이 5km 이하인 광범위한 지역	SFC Vis(+시정 및 단위)
· 뇌우 - 단독 뇌우 - 드문드문 있는 뇌우 - 우박을 동반하는 단독 뇌우 - 우박을 동반하는 드문드문 있는 뇌우	ISOL TS OCNL TS ISOL TS GR OCNL TS GR
· 산악장애 - 산악지형의 희미한 은폐	MT OBSC
· 구름 - 지상 1,000ft 미만의 운저고도를 갖는 BKN 또는 OVC 구름 영역	BKN CLD(+운저고도 및 단위) OVC CLD(+운저고도 및 단위)

· 뇌우 없는 적란운 – 단독 적란운 – 드문드문 있는 적란운 – 많이 산재해 있는 적란운	 ISOL CB OCNL CB FRQ CB
· 착빙 – '중정도'의 착빙(대류운 착빙 제외)	 MOD ICE
· 난류 – '중정도'의 난류(대류운 난류 제외)	 MOD TURB
· 산악파 – '중정도'의 산악파	 MOD MTW

2) AIRMET의 전문 예시와 해설

(1) AIRMET의 전문 예시

RKBR AIRMET 3 VALID 251600/252000 RKSI-INCHEON FIR MOD MTW OBS 1505 36 DEG N 126 DEG E AT FL080 MOV ALMOST STNR NC=

(2) 해설 :

전문형식	예시	해설
① 발표 ATS 기관	RKBR	▪ RKBR
② 전문 식별부호와 당일 발표순서	AIRMET 3	▪ AIRMET로서 해당 날짜의 0001UTC 이후로 발표된 3번째 전문
③ 유효시간(UTC)	VALID 251600/252000	▪ 25일 16Z부터 당일 20Z까지 유효 -AIRMET 정보의 유효시간은 보통 4시간(최대 6시간 이내).
④ 발표 기상감시소	RKSI	▪ RKSI(인천국제공항 소재 항공기상청)
⑤ 적용 FIR 또는 아공역	INCHEON FIR	▪ INCHEON FIR
⑥ 기상현상	MOD MTW	▪ Moderate Mountain wave
⑦기상현상의 설명	OBS 1505 36 DEG N 126 DEG E AT FL080	▪ 관측에 의하면 15:05Z에 36N 126E의 FL080에서 있었음. - 관측된 자료일 때 : OBS - 예보자료일 때 : FCST
⑧ 기상현상의 이동 상황	MOV ALMOST STNR	▪ 거의 정체하고 있음.
⑨ 강도변화	NC	▪ NC : No change(불변) -INTSF : Intensify(강화) -WKN : Weaken(약화)

〈계속〉

3. Aerodrome Warning

공항경보(Aerodrome Warning)는 지상 계류 항공기, 공항시설 그리고 항공업무에 나쁜 영향을 줄 수 있는 기상상태에 대한 경보이다.

1) 공항 경보의 내용과 발표 기준

(1) 공항경보의 종류

공항경보의 종류는 태풍, 황사, 시일링, 저시정, 강풍, 호우, 대설, 뇌전, 바람시어 및 ICAO 부속서(Annex 3 Appendix 5)에 언급된 기상현상들이다.

우리나라 항공기상청에서는 [표 15-29]의 기준에 따라 공항경보를 발표한다.

[표 15-29] 우리나라의 공항경보 발표 기준

경보 종류	발표 기준
태풍	강풍경보 발표기준 또는 호우경보 발표기준과 동일 (단 태풍에 의함)
뇌우(뇌전)	뇌전의 발생
대설	신적설 3cm 이상
강풍	매시간 최대풍속이 25m/s 이상 또는 최대순간풍속이 35m/s 이상
시일링	해당 공항의 최저기준값(weather minimum) 이하
저시정	해당 공항의 최저기준값 이하
호우	강우량이 30mm/h 또는 50mm/3h 이상
황사	황사로 시정이 5000m 이하 또는 1시간평균 미세먼지(PM10) 농도 400㎍/㎥ 이상이 2시간 이상 지속
윈드시어	윈드시어 탐측장비로 탐측되었거나, 이륙 및 착륙시 15kt 이상의 정풍 또는 배풍의 변화
다음 각 호 기상현상의 발생: 1.우박, 2.어는 강수, 3.서리. 4.날림모래 또는 날림먼지, 5.모래폭풍 또는 먼지폭풍, 6.스콜, 7.화산재, 8.쓰나미	

(2) 공항경보 전문 양식

nnn AD WRNG nn VALID $Y_1Y_1G_1G_1g_1g_1$ / $Y_2Y_2G_2G_2g_2g_2$ [FREE TEXT] OBS [AT nnnnZ] (or FCST) INTSF (or WKN, or NC)

(3) 전문 양식 해설과 예시

① nnn : 비행장의 위치 표시자

② AD WRNG nn : 공항경보 지시자(AD WRNG)와 경보 번호(nn)

③ VALID $Y_1Y_1G_1G_1g_1g_1$ /$Y_2Y_2G_2G_2g_2g_2$: 공항경보의 유효시간으로 $Y_1Y_1G_1G_1g_1g_1$부터 $Y_2Y_2G_2G_2g_2g_2$까지

④ [FREE TEXT]

예 -저시정: SFC RWY VIS FCST LESS THAN 0400M

-실링: CIG FCST LESS THAN 200FT

-강풍: SFC WND FCST NW 25KT GUST 35KT

-호우: AMOUNT OF RAINFALL IS 30MM UP TO NOW. AMOUNT OF RAINFALL FCST MORE THAN 100MM

-대설: DEPTH OF SNOW IS 2CM UP TO NOW. DEPTH OF SNOW FCST MORE THAN 4CM

-뇌우: MOD TS FCST WITH MOD RA

⑤ OBS [AT nnnnZ] (or FCST) : 관측된 기상현상 또는 예상 기상현상

⑥ INTSF (or WKN, or NC) : 예상되는 강도 변화

2) 기상특보

우리나라 공항에서는 공항경보 이외에도 우리나라 가상청이 운영하는 기상특보를 발표한다. 기상특보의 종류는 강풍, 풍랑, 호우, 대설, 건조, 해일, 한파, 태풍, 황사, 폭염 등이다.

4. Wind Shear Warning

바람시어경보(Wind Shear Warning, WS WRNG)는 활주로 고도 상공 1,600ft(500m) 이상의 이륙상승로, 착륙접근로 또는 순회접근로에 있는 항공기의 안전에 영향을 줄 수 있는 wind shear의 관측 또는 발생 예보에 대해 평문 약어로 작성된 경보이다.

바람시어는 도플러레이더, 저층바람시어경보장비(LLWAS) 등과 같은 지상 탐지장비나 이륙상승 또는 착륙접근 중인 항공기 관측보고에 의해 수집된다.

1) 바람시어경보 전문 예시와 해설

(1) 바람시어경보 전문의 예 :

WS WRNG SURFACE WIND 320/10KT WIND AT 60M 60/25KT IN APCH=

(2) 해설 :

전문형식	예시	해설
① 전문의 식별부호	WS WRNG	바람시어 경보
② 바람시어의 내용 (가급적 6하원칙에 의함)	SURFACE WIND 320/10KT WIND AT 60M 60/25KT IN APCH=	공항 접근로의 지상바람은 320도에서 10kt로 불고, 지상 60m 상공의 바람은 060도에서 25kt임. 이상

* 기타 WS WRNG의 예시 :
-바람시어 탐지장비에 의한 경보 전문.
 • 전문: WS WRNG 30KT AIRSPEED LOSS 2NM FINAL RWY15=
 해설: 바람시어 경보. FINAL RWY 15의 2NM에서 30KT AIRSPEED LOSS가 있음.
-항공기보고에 의한 경보 전문.
 • 전문: WS WRNG B707 REPORTED MOD WS IN APCH RWY15 AT 1510=
 해설: 바람시어 경보. B707 보고에 의하면 15:10Z에 RWY15의 접근로에서 중정도의 바람시어가 있음.
-항공기보고나 바람시어 탐지장비에 의한 소규모 돌풍 감지 경우.
 • 전문: WS WRNG MBST APCH RWY15=
 해설: 바람시어 경보. RWY15의 접근로에서 마이크로버스트가 있음.

(3) 바람시어경보의 해제

도착 항공기 또는 출발 항공기를 위한 바람시어 경보는 바람시어가 더 이상 존재하지 않음을 표시하거나 또는 합의한 경과 시간이 지난 후에 해제된다.

Ⅳ 항공기상 예상도

1. WINTEM Chart

1) WINTEM Chart의 발표

상층바람기온예상도(WINTEM Chart)는 운항자가 비행 전 또는 비행 중에 비행계획을 수립하는데 필요한 일정 격자 간격의 상층 바람과 기온의 예상 자료이다. 상층바람기온예상도는 특정시각의 표준등압면 고도 자료를 기준으로 작성된다.

워싱턴D.C.와 런던의 세계공역예보센터(WAFC)에서는 FL050(850hPa), FL100(700hPa), FL180(500hPa), FL240(400hPa), FL300(300hPa), FL340(250hPa), FL390(200hPa), 그리고 FL450(150hPa)의 바람 기온 예보를 위경도 1.25° 간격의 격자점에 대해 발표한다([그림 15-1] 참조).

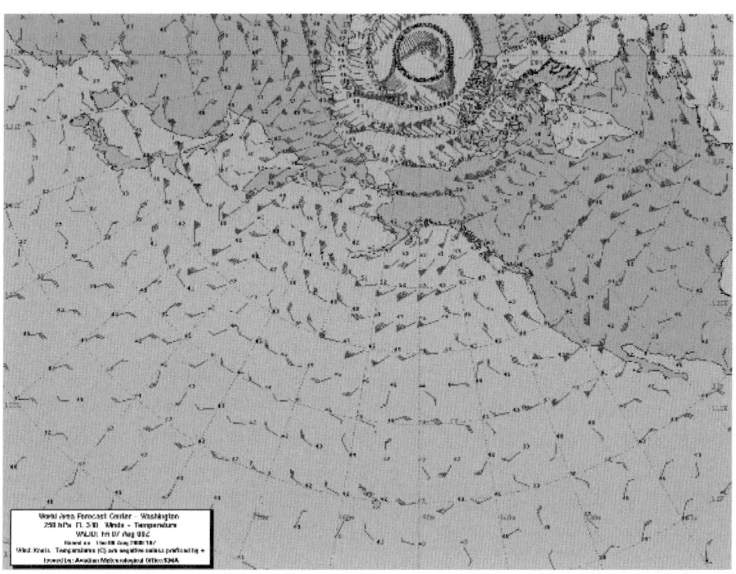

[그림 15-1] WAFC Washington D.C.에서 작성한 2009년8월7일 00Z의 국제항공용 250hPa(FL340) WINTEM Chart

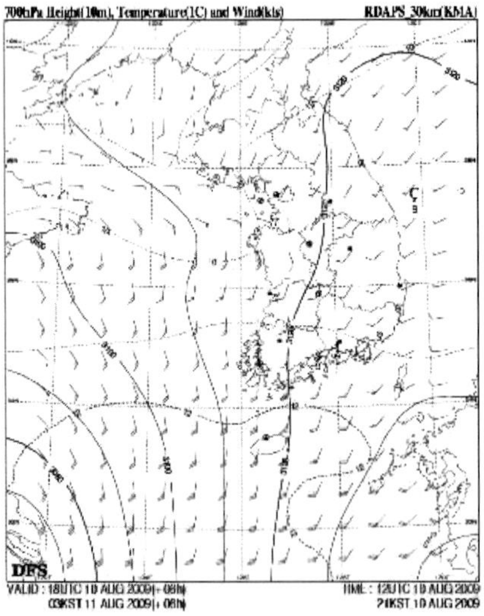

[그림 15-2] 우리나라 항공기상청이 발표하는 WINTEMChart의 예

우리나라 항공기상청에서는 런던과 워싱턴 D.C.의 WAFC에서 발표하는 상층바람기온예상도를 받아 편집하여 제공하고 있다. [그림 15-2]는 우리나라 인천공항의 항공기상청에서 발표하는 국내항공용의 상층바람기온예상도이다.

우리나라의 항공기상청은 INCHEON FIR 내에서 운항하는 항공기를 위해 보다 세밀하게 상층 FL025(925hPa), FL050(850hPa), FL100(700hPa), FL180(500hPa)에 대하여 12시간마다 3시간 간격의 상층바람기온예상도를 발표하고 있다.

2) 상층바람기온예상도(WINTEM Chart)의 해석

(해석) 풍향은 290°, 풍속은 85kt, 기온은 -27℃

예측 자료를 나타내는 격자점(자료의 위치는 풍향 직선의 끝점, 즉 그림에서 기온 27쪽의 끝점)에 바람이 불어오는 풍향의 끝이 닿도록 풍향을 표시한다. 풍속은 삼각 깃은 50kt, 긴 깃은 10kt, 짧은 깃은 5kt를 나타낸다. 기온값은 격자점의 오른쪽에 2자리 숫자로 영하 기온값을 '–'기호 없이 나타낸다.(영상 기온인 경우는 앞에 '+'를 붙인다.)

2. SIGWX Chart

1) SIGWX Chart의 특성

위험기상예상도(SIGWX Chart)는 안전하고 효율적인 항공기 운항에 악영향을 줄 수 있는 예보정보를 그림으로 나타낸 자료로써 지정된 특정 시간에 유효한 예상도이다.

WAFS에 의해서 국제항공 항행을 위한 항공로예보와 공역예보로써 상층바람과 기온, 대류권계면, 최대풍, 그리고 악기상에 대한 정보를 제공하고 있다. WAFC에서는 FL100으로부터 FL250까지의 중층 SIGWX Chart와 FL250로부터 FL630까지의 고층 SIGWX Chart를 발표하고 있다([그림 15-3] 참조).

WAFC에서 발표하는 FL100으로부터 FL630까지의 SIGWX Chart의 요소는 [표 15-30]과 같다.

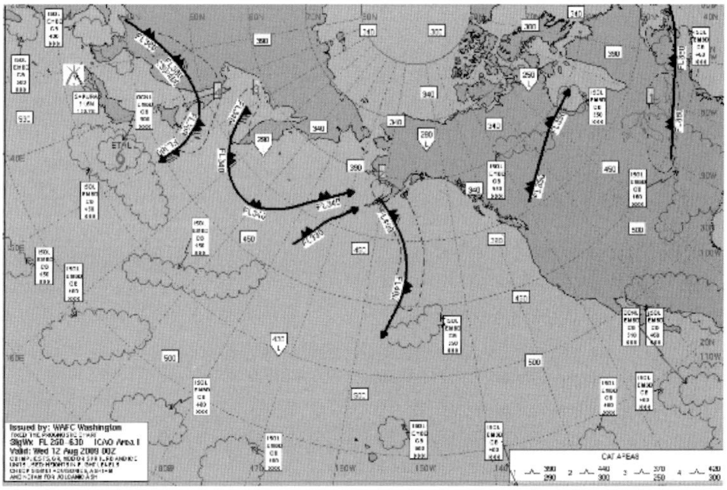

[그림 15-3] WAFC Washington D.C.에서 이 작성한 2009년 8월 12일 00Z의 국제항공용 FL250~630 SIGWX Chart

[표 15-30] WAFC에서 발표하는 SIGWX Chart의 요소

① 뇌우
② 열대저기압(태풍)
③ 강한 스콜선
④ 중 ~ 강한 난류
⑤ 중 ~ 강한 착빙
⑥ 광범위한 모래보라 / 먼지보라
⑦ 뇌우, 태풍, 난류, 착빙, 모래보라/먼지보라 등과 관련된 FL100과 FL250 사이의 구름
⑧ 뇌우, 태풍, 난류, 착빙, 모래보라/먼지보라 등과 관련된 FL250 이상의 구름
⑨ 경계가 뚜렷한 수렴구역
⑩ 전선
⑪ 대류권계면 고도
⑫ 제트류
⑬ 화산활동

2) 국내 SIGWX Chart

우리나라 항공기상청은 INCHEON FIR을 운항하는 항공기의 안전을 위하여 FL250 이하의 SIGWX Chart를 발표하고 있다([그림 15-4]참조).

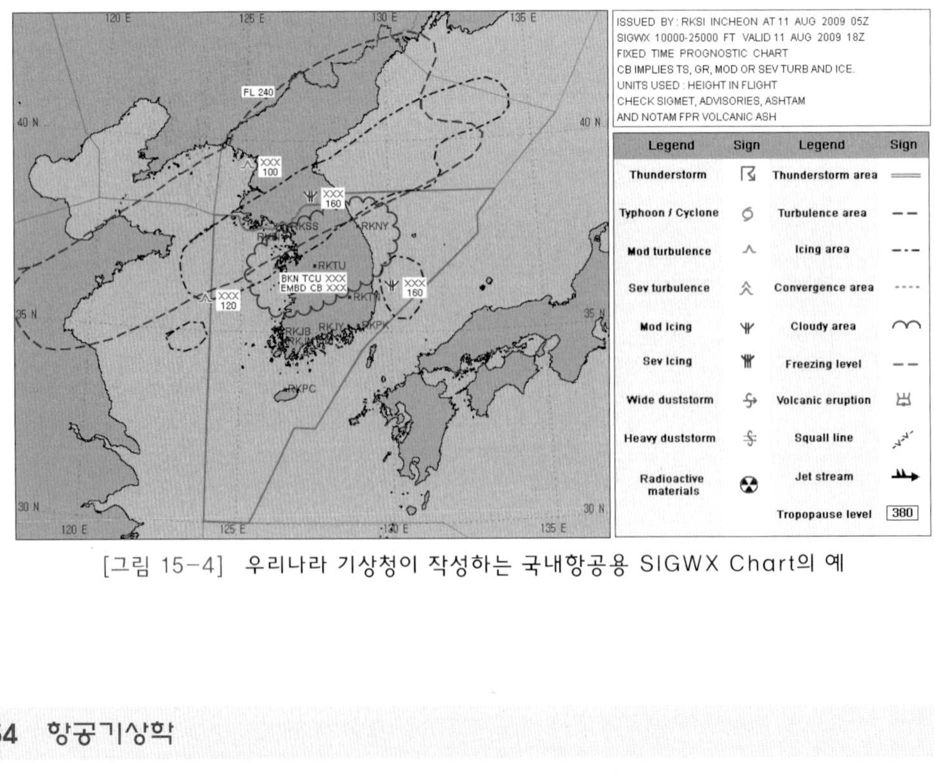

[그림 15-4] 우리나라 기상청이 작성하는 국내항공용 SIGWX Chart의 예

3) SIGWX Chart의 표현 기호

항공기상청에서는 워싱턴D.C.와 런던의 WAFC에서 발표하는 SIGWX Chart를 편집하여 지원하고 있다. 워싱턴 WAFC에서 발표한 태평양 지역의 중층 SIGWX Chart인 [그림 15-3]을 기준으로 표현기호를 설명한다.

(1) 뇌우

① 적란운 등 뇌우활동이 예상되는 구역을 'CB'로 표시

② 뇌우구역은 항상 중~강한 난류와 착빙을 포함

③ 적란운의 발생 구역과 고도 구간을 기호로 표현

뇌우 발생 예상구역의 경계

적란운 발생 최저 고도 및 최대 고도

적란운 발생 예상고도가 예상도 지정고도보다 낮거나 높은 경우에 XXX로 표시

(해석) 적란운의 발생 최저고도는 예상도 하한고도인 FL240 미만이고, 최고고도는 FL450, 적란운은 군데군데 발생

(2) 열대 저기압(태풍)

① 최근에 관측된 열대저기압(태풍)의 중심 위치, 이동 방향, 이동 속도를 표시.

열대저기압(태풍)

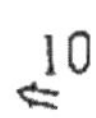

열대저기압의 이동방향과 이동속도(kt)

② 열대저기압(태풍) 주의의 뇌우구역은 열대저기압(태풍)에 의한 적란운 지역을 의미

(3) 스콜선

① 적란운을 동반한 강한 스콜선을 다음 기호로 표시

적란운을 동반한 강한 스콜선

(4) 난류

① 중~강한 난류가 예상되는 구역을 다음처럼 표시

중정도 난류

강한 난류

② 난류의 발생구역과 고도 구간은 다음 기호로 표시

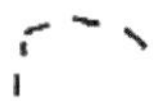
난류 발생 예상구역의 경계

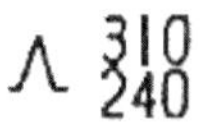
난류 발생 최저고도 및 최고고도(중정도 난류의 발생 최저고도는 FL240미만이고, 최고고도는 FL310)

난류 발생 예상고도가 예상도 지정고도 보다 낮거나 높은 경우에 XXX로 표시

(5) 착빙

중정도~강한 착빙을 따로 표시하지 않고 뇌우 발생지역에 포함하고 있음.

(6) 모래보라 또는 먼지보라

광범위한 모래보라 또는 먼지보라의 예상구역을 다음과 같이 표시한다.

모래보라 또는 먼지보라 예상구역 경계

모래보라 또는 먼지보라의 최저고도 및 최고고도

모래보라 또는 먼지보라의 예상 고도가 예상도 지정고도보다 낮거나 높은 경우에 XXX로 표시

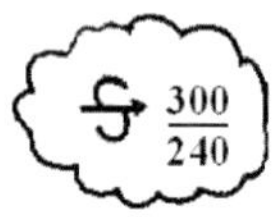
(해석) 모래보라 또는 먼지보라의 발생 최저고도는 FL240 미만이고, 최고고도는 FL300

(7) 수렴구역

열대수렴대와 관련된 적란운 발생지역으로 뇌우구역과 동일하게 표시한다.

(8) 전선

특이기상과 관련된 전선의 위치, 이동속도 및 이동방향 등을 표시

한랭전선의 위치, 예상 이동방향(화살표) 및 이동속도(kt)

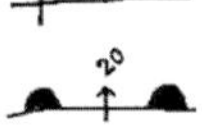
온난전선의 위치, 예상 이동방향(화살표) 및 이동속도(kt)

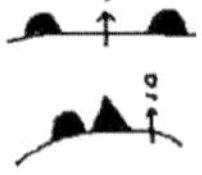
폐색전선의 위치, 예상 이동방향(화살표) 및 이동속도(kt)

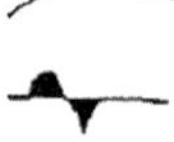
준정체전선의 위치

(9) 대류권계면 고도

대류권계면 고도는 100ft단위의 숫자로 된 사각형을 일정 간격으로 표시한다.

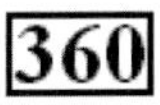

대류권계면 고도(36,000ft)

주위에 비해 낮은 대류권계면 고도(25,000ft)

주위에 비해 높은 대류권계면 고도(57,000ft)

(10) 제트류

중심축이 80kt 이상인 제트류의 높이와 최대풍을 다음과 같이 표시한다.

제트류의 중심축은 풍속이 80kt 이상인 지점으로부터 시작
제트류의 이중사선은 20kt 이상의 풍속 증가 또는 풍속 감소를 표시
제트류에서 최대풍속이 나타나는 곳에 일기도 기입요령의 풍향 · 풍속과 함께 고도를 표시
(최대풍의 풍속이 130kt이고 고도는 FL420임.)

(11) 화산활동

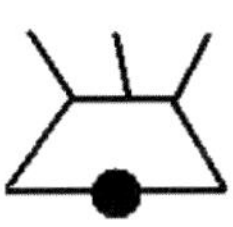

항공기 운항에 영향을 줄 수 있는 화산재구름을 만드는 화산 분출 위치, 화산 명칭, 위·경도, 첫 번째 분출의 날짜와 시각, SIGMET를 발표한다.

V 기상전문에서 일반적으로 쓰이는 약어

A

AAA	(or AAB, AAC......etc, in sequence) Amended meteorological message (message type designator)
ABV	Above
AC	Altocumulus
AFTN‡	Aeronautical fixed telecommunication network
AIREP†	Air-report
AIRMET†	Information concerning en-route weather phenomena which may affect the safety of low-level aircraft operations
ALT	Altitude
AMD	Amend or amended (used to indicate amended meteorological message, message type designator)
APCH	Approach
ARFOR	Area forecast (in aeronautical meteorological code)
AS	Altostratus
ASHTAM	A sperial series NOTAM notifying a pre-eruption or post-eruption change in activity of a volcano, a volcanic eruption and/or volcanic ash cloud of operational significance
AT	At (followed by time at which weather change is forecast to occur)
ATS	Air traffic services

B

BC	Patches (followed by FG =fog, fog patches randomly covering the aerodrome)
BCFG	Fog patches
BECMG	Becoming
BKN	Broken
BL.	Blowing (followed by DU =dust, SA =sand or SN =snow)
BLW	Below
BR	Mist
BTB	Between

C

C	Centre (runway identification)
C	Degrees Celsius (Centigrade)
CALM	Calm
CAT	Clear air turbulence
CAVOK†	(to be pronounced "KAV-OH-KAY") Visibility, cloud and present weather better than prescribed values or conditions
CB‡	(to be pronounced "CEE BEE") Cumulonimbus
CC	Cirrocumulus
CCA	(or CCB, CCC······etc, insequence) Corrected meteorological message (message type designator)
CI	Cirrus
CLD	Cloud
COR	Correct or correction or corrected (used to indicate corrected meteorological message, message type designator)
CS	Cirrostratus
CTA	Control area
CU	Cumulus

D

D	Downward (tendency in RVR during previous 10 mimutes)
DEG	Degrees
DIF	Diffuse
DP	Dew point temperature
DR	Low drifting (followed by DU =dust, SA =sand or SN =snow)
DS	Duststorm
DU	Dust
DZ	Drizzle

E

EMBD	Embedded in a layer (to indicate cumulonimbus embedded in layers of other clouds)
END	Stop-end (related to RVR)

F

FBL	Light (used to indicate the intensity of weather phenomena, interference or static reports, e.g. FBL RA =light rain)
FC	Funnel cloud (tornado or water spout)
FCST	Forecast
FEW	Few
FG	Fog
FIR‡	Flight information region
FL	Flight level
FLUC	Fluctuating or fluctuation or fluctuated
FM	From (followed by time weather change is forecast to begin)
FRONT†	Front (relating to weather)
FT	Feet (dimensional unit)
FU	Smoke
FZ	Freezing
FZDZ	Freezing drizzle
FZFG	Freezing fog
FZRA	Freezing rain

† 무선전화를 사용할 때 약어와 용어들을 대화체로 송신한다.
‡ 무선전화를 사용할 때 약어와 용어들을 각각의 글자들을 비대화체로 송신한다.
* 약어를 해양이동서비스와의 대화에도 사용할 수 있다.

G

GAMET Area forecast for low-level flights
GR Hail
GRIB Processed meteorological data in the form of grid point values expressed in binary form(aeronautical meteorological code)
GS Small hail and/or snow pellets

H

HPA Hectopascal
HR Hours
HURCN Hurricane
HVY Heavy (used to indicate the intensity of weather phenomena, e.g. HVY RA =heavy rain)
HZ Haze

I

IC Ice crystals (very small ice crystals in suspension, also known as diamond dust)
ICE Icing
INC In cloud
INTSF Intensify or intensifying
ISOL Isolated

K

KM Kilometres
KMH Kilometres per hour
KT Knots

L

LAT Latitude
LOC Local or locally or locatton or located
LONG Longitude
LYR Layer or layered

M

M Metres (preceded by figures)
MAX Maximum
MBST Microburst
MET† Meteorologtcal or meteorology
METAR† Aviation routine weather report (in aeronautical meteorological code)
MI Shallow (followed by FG =fog, less than 2 m(6 ft) above ground level)
MID Mid-point (related to RVR)
MIFG Shallow fog
MNM Minimum
MOD Moderate (used to indicate the intensity of weather phenomena, interference or static reports, e.g. MOD RA =moderate rain)
MOV Move or moving or movement
MS Minus
MSL Mean sea level
MT Mountain
MTW Mountain waves
MWO Meteorological watch office

N

N North or northern latitude
N No distinct tendency (in RVR during previous 10 minutes)
NC No change
NE North-east
NIL*† None or I have nothing to send to you
NM Nautical miles
NOSIG† No signtficant change (used in trend-type landing forecasts)
NOTAM† A notice containing information concerning the establishment, condition or change in any aeronautical facility, service, procedure or hazard, the timely knowledge of which is essential to personnel concerned with flight operations
NS Nimbostratus
NSC Nil signtficant cloud
NSW Nil signtficant weather
NW North-west

O

OBS Observe or observed or observation
OBSC Obscure or obscured or obscuring
OCNL Occasional or occasionally
OPMET† Operational meteorological (information)
OTLK Outlook (used in SIGMET messages for volcanic ash and tropical cyclones)
OVC Overcast

P

PE Ice pellets
PO Dust/sand whirls (dust devils)
PR Partial (followed by FG=fog, a substantial part of the aerodrome covered by fog while the remainder is clear)
PRFG Aerodrome partially covered by fog
PROB† Probability
PS Plus

Q

QFE‡ Atmospheric pressure at aerodrome elevation(or at runway threshold)

† 무선전화를 사용할 때 약어와 용어들을 대화체로 송신한다.
‡ 무선전화를 사용할 때 약어와 용어들을 각각의 글자들을 비대화체로 송신한다.
* 약어를 해양이동서비스와의 대화에도 사용할 수 있다.

QNH‡	Altimeter sub-scale setting to obtain elevation when on the ground

R

RA	Rain
RAFC	Regional area forecast centre
RAG	Ragged
RE	Recent (used to qualify weather phenomena, e.g. RERA =recent rain)
RNAV†	(to be pronounced "AR-NAV") Area navigation
ROBEX†	Regional OPMET bulletin exchange (scheme)
ROFOR	Route forecast (in aeronautical meteorological code)
RRA	(or RRB, RRC etc, in sequence) Delayed meteorological message (message type designator)
RID	Delayed (used to indicate delayed meteorological message, message type designator)
RVR‡	Runway visual range
RWY	Runway

S

S	South or southern latitude
SA	Sand
SARPS	Standards and Recommended Practices (ICAO)
SC	Stratocumulus
SCT	Scattered
SEV	Severe (used e.g. to qualify icing and turbulence reports)
SFC	Surface
SG	Snow grains
SH	Showers (followed by RA=rain, SN=snow, PE=ice pellets, GR=hail, GS=small hail and/or snow pellets or combinations thereof, e.g. SHRASN=showers of rain and snow)
SIGMET†	Information concerning en-route weather phenomena which may affect the safety of aircraft operations
SIGWX	Significant weather
SKC	Sky clear
SN	Snow
SPECI†	Aviation selected special weather report (in aeronautical meteorological code)
SPECIAL†	Special meteorological report (in abbreviated plain language)
SQ	Squall
SQL	Squall line
SS	Sandstorm
SST	Supersonic transport
ST	Stratus
STNR	Stationary
SW	South-west
SYNOP	Report of surface observation from a fixed land station

T

T	Temperature
TAF†	Aerodrome forecast
TC	Tropical cyclone
TCU	Towering cumulus
TDO	Tornado
TEMPO†	Temporary or temporarily
TEND†	Trend forecast
TL	Till (followed by time by which weather change is forecast to end)
TO	To (place)
TOPS†	Cloud tops
TS	Thunderstorm (in aerodrome reports and forecasts, TS used alone means thunder heard but no precipitation at the aerodrome)
TS	Thunderstorm (followed by RA=rain, SN=snow, PE=ice pellets, GR=hail, GS=small hail and/or snow pellets or combinations thereof, e.g. TSRASN=thunderstorm with rain and snow)
TURB	Turbulence

U

U	Upward (tendency in RVR during previous 10 minutes)
UIR‡	Upper flight information region
UTC‡	Co-ordinated Uinversal Time

V

VA	Volcanic ash
VC	Vicinity of the aerodrome (followed by FG=fog, FC=funnel cloud, SH=showers, PO=dust/sand whirls, BLDU=blowing dust, BLSA=blowing sand or BLSN=blowing snow, e.g. VC FG=vicinity fog)
VER	Vertical
VHF‡	Very high frequency [30 to 300 MHz]
VIS	Visibiliy
VOLMET†	Meteorological information for aircraft in flight
VRB	Variable

W

W	West or western longitude
WAFC	World area forecast centre
WAFS	World area forecast system
WI	Within
WINTEM	Forecast upper wind and temperature for aviation
WKN	Weaken or weakening
WRNG	Warning
WS	Wind shear
WSPD	Wind speed
WX	Weather

Z

Z	Co-ordinated Universal Time (in meteorological messages)

† 무선전화를 사용할 때 약어와 용어들을 대화체로 송신한다.
‡ 무선전화를 사용할 때 약어와 용어들을 각각의 글자들을 비대화체로 송신한다.
* 약어를 해양이동서비스와의 대화에도 사용할 수 있다.

연 습 문 제

1. METAR 전문에서 활주로가시거리(RVR)를 결정하는 요령을 설명하시오.

(참고 p.399)

2. METAR 전문에서 지상에 안개가 끼어 있을 때의 구름높이(운고) 결정 방법을 설명하시오.

(참고 p.405)

3. QNH를 hPa단위로 보고하는 방법과 inch단위로 보고하는 방법을 각각 설명하시오.

(참고 p.406)

4. 항공기상 전문에서 CAVOK의 조건을 설명하시오.

(참고 p.421, p.429)

5. 공역예보를 설명하시고, 또 공역예보에서 예보되는 기상 요소들을 열거하시오.

(참고 p.434)

6. CAVOK를 정의하고 있다. 다음 중 가장 적합한 것은?

① 시정이 10㎞ 이상, 고도 1,500m 미만에 구름없고, 뇌운 없음.
② 시정이 10㎞ 이상, 고도 5,000ft 미만에 구름없고, 강수나 뇌운 없음.
③ 시정이 10mile 이상, 고도 1,500m 미만에 구름없고, 강수나 뇌운 없음.
④ 시정이 10mile 이상, 고도 5,000ft 미만에 구름없고, 뇌운 없음.

7. 공항 주변의 지평원을 5등분해서 관측했을 때 각 방향의 시정이 각각 5, 4, 3, 2 및 1㎞였다. 우시정(Prevailing visibility)은?

① 4㎞　　② **3㎞**
③ 2㎞　　④ 1㎞

8. 다음 중 Airborne Weather Radar에서 가장 잘 반사하는 목표물인가?

① 짙은 안개
② 빙정으로 구성되어 있는 구름
③ 건조한 눈송이
④ **호우 빗방울**

9. 전 3시간동안 기압변화경향이 큰 마이너스 값이라면 다음 현상 중 가장 적합한 것은?

① 저기압의 통과
② 기온의 급격한 변화
③ **저기압의 접근**
④ 맑고 한랭한 일기의 접근

10. 일반적으로 기압골(Trough)과 관련하여 일기가 좋은 곳은?

① 기압골의 동쪽　　② 기압골이 서쪽
③ 기압골의 전면　　④ **기압골의 후면**

INDEX

ㄱ

ㄴ

ㄷ

ㄹ

ㅁ

ㅂ

ㅅ

ㅇ

ㅈ

ㅊ

ㅋ

ㅌ

ㅍ

ㅎ

영 문 약 자

참고문헌

Dept. of the Air Force, 1981, Weather for Aircrews (Air Force Manual, AFM 51-12, Volume II), 5-16pp+

Lester, P.F., 1995, Aviation Weather, Jeppesen Sanderson Inc., I-12pp(~400pp).

Sanderson, J., 1996, Private Pilot Manual, Jeppensen Sanderson Inc., N-4pp (~450pp).

WMO, 2002, Manual on Codes, Vol. II (Regional Codes & National Codes), WMO-No. 306.

WMO, 2003, Manual on Codes, Vol. I.2 Part B, Binary Codes, Part C, Common Features to Binary & Alphanumeric Codes (International Codes), WMO-No. 306.

WMO, 2007, Manual on Codes, Vol. I.1 Part A, Alphanumeric Codes (International Codes), WMO-No. 306.

橋本梅治, 鈴木義男, 1976, 新しい 航空氣象, 일본기상협회, 639pp.

日本航空協會, 1994, 航空氣象入門, 65pp+

공군 제6751부대, 1986, 기상총감, 802pp.

곽종흠, 소선섭, 1986, 일반기상학, 교문사, 347pp.

기상청, 1996, 국제항공항행을 위한 기상업무(국제표준 및 권고, 국제민간항공 협약 부속서 3), 135pp.

기상청, 1997, 비행장 기상실황과 예보(Aerodrome Reports and Forecasts, WMO- No.782), 52pp.

기상청, 1998, 항공기상실무(Manual of Aeronautical Meterorological Practice, ICAO Doc. 8896-AN/893/4), 199pp.

기상청, 2000, 항공기상과정, 188pp.

기상청(기상인력개발담당관실), 2007, 항공기상실무과정, 12-30pp+(~450pp).

기상청(인력개발담당관실), 2010, 항공기상관측 및 예보의 이해, 83pp.

기상청(인력개발담당관실), 2010, 항공기상예보 및 기상장비, 109pp.

김보희, 1992, 항공기상학, 한국항공대학교 출판부, 382pp.

김상조, 박진석 등, 2003, 항공기상(항공기상실무교재), 항공기상대, 384pp.

박용한, 1990, 공중항법, 한국항공대학 출판부, 278pp.

소선섭, 이천우, 김맹기, 2000, 대기관측법, 교문사, 537pp.

이강희, 1997, 항공기상 · 법규(조종사 학과시험 예상문제), 비행연구원, 276pp.

한국항공대학(항공문제연구소), 1992, 비행원리, 265pp.

한국항공대학(항공문제연구소), 1993, 항공법, 209pp.

항공교통관제기상대(성백랑), 1999, 항공기상, 202pp.

홍성길, 1993, 일기예보이야기, 교학연구사, 206pp

홍성길, 2003, 기상분석과 일기예보(개정증보판), 교학연구사, 530pp.

항공기상학
Aviation Meteorology

초판 3쇄 발행 2019년 3월 30일 | 지은이 홍성길
펴낸이 양진숙 | 펴낸곳 교학연구사
편집 · 디자인 김윤경
주소 서울특별시 마포구 마포대로 14길 4(공덕동 105-67)
전화 02-711-0941 | 팩스 02-703-1140
Home page http://www.교학연구사.com
등록 제10-17호(1980. 4. 14) | 정가 25,000원

ISBN 978-89-354-0497-1 93440